NATUR und REISE

Tunesien

von
Mike Liebscher

NTV Reise

Wegweiser

Bildnachweis

Titelseite:
Großes Bild: Die Midès-Schlucht kann bei Trockenheit durchwandert werden
Bild rechts oben: Juvenile Berbereidechsen (*Timon pater*) zeigen seitlich blaue Punkte
Bild rechts unten: Der Jerusalemdorn (*Parkinsonia aculeata*) stammt aus dem tropischen Amerika

Rückseite:
Bild oben links: Atlasgrasmücke (*Sylvia deserticola*) im Schlichtkleid
Bild oben rechts: Dromedare kreuzen die Fahrbahn
Bild unten: Gewelltblättrige Schwarzwurzel (*Scorzonera undulata*)

Inhaltsverzeichnis:
Seite 1: Im Gipfelbereich des Djebel Chamb
Seite 2/3: Abendstimmung in der Wüste
Seite 4: Stellenweise bilden sich kleine Oasen in der Seldja-Schlucht
Seite 6: Dromedar
Seite 7: Die Kleine Felsgarnele (*Palaemon elegans*) ist nahezu durchsichtig

Alle nicht anders gekennzeichneten Fotos in diesem Buch stammen von M. Liebscher

ISBN 978-3-86659-232-2

© 2016 Natur und Tier - Verlag GmbH
An der Kleimannbrücke 39/41
48157 Münster
Tel. 0251/13339-0, Fax 0251/13339-33
www.ms-verlag.de

Geschäftsfühung: Matthias Schmidt
Redaktion: Heiko Werning
Lektorat: Axel Kwet & Mike Zawadzki
Layout: Mirko Barts, Geitje Enterprises LLC
Druck: Pario Print, Krakau

Vorwort

Badetemperaturen von Mai bis in den November machen Tunesien zu einem idealen Ziel für eine Pauschalreise. So kennen viele Urlauber das Land nur von den Stränden in Hammamet, Sousse, Monastir oder der Insel Djerba. In den Wintermonaten laden angenehm milde Temperaturen zu Ausflügen an den Rand der Sahara oder zu den Zeugnissen der wechselvollen Geschichte Tunesiens ein. Die Ausgrabungen im phönizischen und römischen Karthago, die Tempel und Thermen der Römerstädte Dougga und Sbeitla, das Amphitheater in El Djem, die heilige Stadt Kairouan und die Medina von Tunis werden von zahlreichen lokalen Reiseveranstaltern angeboten und sind beinahe Pflichtprogramm. Bikern und Allrad-Fans dient das Land als Tor zur Sahara, Ausgangspunkt für Touren in die Wüste.

Der Autor im römischen Bulla Regia
Foto: U. Liebscher

Doch wer weiß schon, dass der Gundi ein kleines Nagetier, der Kameltritt eine Pflanze der Halbwüste oder die Sandrose ein Gipskristall der Nordsahara ist? Die wenigsten kennen die weiten Korkeichenwälder der Kroumirie im Nordwesten, die Gebirgszüge der Steppen- und Halbwüstenregionen Zentraltunesiens oder die Nefzaoua-Oasen am Südrand des Salzsees Chott el Djerid. So richtet sich dieser Naturreiseführer an all jene, die Tiere beobachten, Pflanzen fotografieren oder einfach die landschaftlichen Reize Tunesiens entdecken möchten.

Der mediterran geprägte Norden des Landes bietet dem Naturinteressierten eine Fülle an Beobachtungsmöglichkeiten, in den Wäldern des Tell-Atlas oder im Vogelparadies Ichkeul-See beispielsweise. Die Küsten im Norden und Osten verbreiten Urlaubsflair, während es in den Dünen und an Lagunen abseits der Hotelkomplexe Interessantes zu entdecken gibt. Im Inneren des Landes erwarten den Besucher Halfagras-Steppen, mit Akazien bestandene Savannen, Felswüsten und eindrucksvolle Schluchten. Die Sanddünen der Sahara entsprechen dem Tunesienbild der meisten Touristen; sie befinden sich südlich des riesigen Salzsees Chott el Djerid und werden im Südosten durch eine auf den ersten Blick unwirtlich und leblos erscheinende Steinwüste ersetzt.

Die Auswahl der im Buch vorgestellten Tier- und Pflanzenarten erhebt keinen Anspruch auf Vollständigkeit und ersetzt auch ein gutes Bestimmungsbuch nicht. Zur Determination vieler Pflanzen- oder Insektenarten ist ohnehin ein Binokular nötig; Eidechsen lassen sich mitunter nur durch eine Schuppenzählung, Kleinsäuger an der Zahnformel und Vögel durch Vermessen der Handschwingen unterscheiden. Der allgemeine Teil des Buches vermittelt daher einen ersten Überblick über typische Vertreter der Flora und Fauna Tunesiens. Im Reiseteil werden Touren zu den schönsten Landstrichen beschrieben, die aufgrund der besseren Erreichbarkeit und der oft großen Entfernungen mit dem PKW empfohlen sind. Die vorgestellten Wanderrouten haben, wenn nicht anders angegeben, leichten Wegcharakter und erfordern keine erhöhte Kondition. Um möglichst viele Reisende anzusprechen, verzichte ich mit wenigen Ausnahmen auf reine Wüstentouren abseits fester Straßen. Vor allem Routen durch den äußersten Süden Tunesiens erfordern außer einer Genehmigung eine spezifische Ausrüstung und Fahrpraxis mit dem Geländewagen im Sand – sie sind in zahlreichen Internetforen oder darauf ausgerichteten Reisebüchern beschrieben.

Gewidmet ist dieses Buch Eleni und Annika – die Tage in der Wüste im Dezember bleiben unvergesslich, Große! Immer wieder aufs Neue bewährt haben sich Vatis Kescherkonstruktionen und passend dazu Muttis genähte Netze.

Danken möchte ich all jenen, die mir angenehme und geduldige Reisebegleiter waren, Pflanzen und Tiere bestimmten, Hinweise gaben, Kontakte herstellten, Korrektur lasen, Bildmaterial zur Verfügung gestellt oder Literatur besorgt haben und damit maßgeblich zum Gelingen beitrugen. In alphabetischer Reihenfolge sind das: Ulrike Liebscher, Dr. Christoph Muster, Uwe Prokoph, Dr. Hans-Peter Reike, Yvonne Schaarschmidt, Joachim Schulze, Vladimír Skoupý, Pavel Stepanek, Ute und Werner Winde.

Außerdem bin ich dem Natur und Tier - Verlag, Matthias Schmidt und Heiko Werning, zu Dank verpflichtet. Wiederholt bot sich die Möglichkeit, mit dem Verlag an einem Buchprojekt zu arbeiten. Axel Kwet und Mike Zawadzki übernahmen dabei als Lektoren die fachliche Durchsicht, und Mirko Barts entwarf das Layout.

Mike Liebscher
2016

Landeskunde

Lage

Tunesien ist das nördlichste afrikanische Land. Es wird im Westen und Südwesten von Algerien und im Südosten von Libyen umschlossen. Im Norden und Osten bildet das Mittelmeer mit rund 1.300 Küstenkilometern eine natürliche Grenze. Tunesien ist 164.150 km² groß und besitzt damit weniger als die Hälfte der Fläche Deutschlands. Die maximale Nord-Süd-Ausdehnung beträgt zwischen der Halbinsel Cap Bon und der Grenzstation Bordj el Khadra rund 780 km, und von West nach Ost misst das Land zwischen der Insel Djerba und der Oase Nefta etwa 320 km.

Ein Tunesier mit traditioneller weinroter Chechia

Das Land teilt sich in 24 Gouvernorate auf, deren Größe sich an der jeweiligen Einwohnerzahl orientiert. Im Einzelnen sind das: die Hauptstadt Tunis mit Ariana (Aryanah), Ben Arous (Bin 'Arus) und Manouba (Manubah), der Norden mit Beja (Bajah), Bizerte (Banzart), Jendouba (Jundubah), Nabeul (Nabul) und Zaghouan (Zaghwan), der Westen mit El Kef (Al Kaf), Sidi Bouzid (Sidi Bu Zayd), Siliana (Silyanah), Gafsa (Qafsah) und Kasserine (Al Qasrayn), der Osten mit Kairouan (Al Qayrawan), Mahdia (Al Mahdiyah), Monastir (Al Munastir), Sfax (Safaqis) und Sousse (Susah) sowie der Süden mit Gabès (Qabis), Kebili (Qibili), Medenine (Madanin), Tataouine (Tatawin) und Tozeur (Tawzar).

Geschichte

Ursprünglich bewohnten Berber das Gebiet des heutigen Tunesien. Vom 11. Jh. v. Chr. bis ins Jahr 146 v. Chr. herrschten die Phönizier, ein Volk aus dem östlichen Mittelmeerraum, welches in verschiedenen Stadtstaaten unabhängig voneinander lebte. Von den

Römern wurden sie Punier genannt, ein Begriff, der heute der punischen Epoche ihren Namen gibt. Bis etwa 300 v. Chr. stieg das phönizische Karthago zur größten Macht im westlichen Mittelmeerraum auf. Berühmtester Feldherr aus dieser Zeit war Hannibal Barkas (246–183 v. Chr.). Die Machtbestrebungen Roms führten nach den drei Punischen Kriegen zur völligen Zerstörung Karthagos im Jahr 146 v. Chr. Von da an erstreckte sich bis ins 7. Jh. die römische Zeit, und bis 200 n. Chr. war die römische Provinz Africa eine der reichsten.

Zwischenzeitlich herrschten von 439–533 n. Chr. auch die Vandalen, ein ostgermanischer Stamm, später erfolgte bis 670 die Eingliederung der Region in das Byzantinische Reich. Im 8. und 9. Jh. erfolgte die arabische Unterwerfung, die im 15. Jh. mit der völligen Islamisierung des Maghreb ihren Abschluss fand. Die Stadt Kairouan ist in dieser Zeit religiöses und politisches Machtzentrum. Ab dem 15. Jh. begann ein Zustrom hochgebildeter muslimischer und jüdischer Flüchtlinge aus Spanien, welche Kunst und Wissenschaften förderten. Ab 1574 war Tunesien für 300 Jahre eine weitgehend autonome Provinz des Osmanischen Reiches, geführt von aus Konstantinopel gesandten Beys (osmanische Fürsten).

Mitte des 19. Jh. geriet Tunesien in zunehmende Abhängigkeit von europäischen Kolonialmächten; auf der Berliner Kongo-Konferenz 1884/85 wurde die radikale Kolonisierung ganz Afrikas beschlossen. 1890 wurde in einem Abkommen die gesamte Westsahara Frankreich zugesprochen; die französische Kolonialzeit in Tunesien reichte von 1881–1956. Am 20. März 1956 wurde Tunesien in die Unabhängigkeit entlassen.

Bevölkerung

Tunesien besitzt rund 10,2 Mio. Einwohner, von denen etwa 98 % Araber sind. Die meisten sind Muslime, daneben leben einige Christen und Juden im Land. In den Sahara-Oasen gibt es auch höhere schwarzafrikanische Bevölkerungsanteile, bedingt durch frühere Sklavenhaltung.

Die Berber, die Urbevölkerung des Landes, stellen heute mit 1–2 % nur noch eine kleine Minderheit dar. Sie leben vor allem im Süden des Landes, auf der Insel Djerba und im Dahar-Gebirge. Ursprünglich gab es drei große Gruppen der Berber, auf die sich die meisten heutigen Stämme zurückführen lassen: die Masmûda, Sanhâdja und Zenata. Große Stammesverbände gibt es noch in Marokko, Algerien und Libyen, doch die Mehrzahl der Berber ist mittlerweile mit Arabern vermischt. Da sich keine einheitliche Schriftsprache entwickelte, existieren zahlreiche Berbersprachen.

Mit 6,5 Mio. Einwohnern ist die Stadtbevölkerung Tunesiens doppelt so groß wie die auf dem Land. Auffallend ist die Altersstruktur, denn Tunesien ist eine junge Gesellschaft: 30 % aller Einwohner sind unter 15 Jahren und nicht einmal 6 % älter als 65; das Durchschnittsalter beträgt 26 Jahre. Ungefähr 80 % der Einwohner wohnen in den eigenen vier Wänden, es gibt rund 2,2 Mio. Privathaushalte mit durchschnittlich 4,5 Personen.

Seit der Unabhängigkeit von Frankreich vollzieht sich ein Wandel im Familienmodell, und die im Vergleich zu anderen islamischen Ländern sehr liberale Regierung verfolgt eine moderne, weltliche Politik. So investiert Tunesien viel Geld in die Schul- und Ausbildung der Jugend. Das Land besitzt ein gut entwickeltes Schulsystem mit Grundschulpflicht, rund 80 % der Bevölkerung über 15 Jahren können Lesen und Schreiben. Frauen haben in Tunesien mehr Rechte als in anderen islamischen Ländern. Seit 1956 gibt es ein Verbot der Mehrehe und der Scheidung durch Verstoßen; als erstes arabisches Land führte Tunesien das Frauenwahlrecht ein. Außerdem wurde der Schleier in den Schulen abgeschafft, als Beitrag eines bis heute allerdings erfolglosen Versuches, ihn ganz abzuschaffen. Frauen dürfen studieren und Berufe ergreifen, seit 1980 gibt es ein Gesetz mit Recht auf Bildung und

Wohn- und Vorratsbauten mit landestypischem Tonnengewölbe

gleiche Bezahlung. Seit 1961 sind Verhütungsmittel zugelassen und heute als Teil der Familienplanung zum Absenken der Geburtenrate in Apotheken zu bekommen.

Während das gesellschaftliche Leben im Norden des Landes dem Westeuropas nacheifert, sind auf dem Land und ganz besonders im Süden Tunesiens Traditionen noch tief verwurzelt. Moscheenbesuche, pfeiferauchende Männer vor den Cafés und schwer arbeitende Frauen zählen zum Alltag. Doch auch dort lockern sich die Werte. Waren vor Jahren die Dromedare noch der Stolz und Reichtum ihrer Besitzer, verkommen sie mehr und mehr zur Nostalgie und Touristenattraktion. Stattdessen ersetzen heute schicke Geländewagen, Mobiltelefone und andere westliche Errungenschaften alte Statussymbole.

Dennoch sind die Bewohner im Süden meist noch traditionell gekleidet. Die Frauen tragen die „malhfa", ein Gewand aus rechteckigen Tüchern, und die „assaba", ein kapuzenartiges Woll- oder Seidentuch. Die Männer binden sich aus einem langen Tuch den „chech", den Turban, und tragen ein weites helles Gewand mit großem Kopfausschnitt, der oft reich verziert ist. Dieses „djellabia" oder „djebba" genannte Kleidungsstück ist ärmellos und fällt weit über die Arme; es wird auch über Hemd und Hose getragen. Weiter nördlich besitzen die älteren Männer noch die „chechia", eine weinrote Kappe, die Frauen den „sefsari", einen wollenen weißen Schleier. Im ganzen Land ist der Burnus beliebt, eine traditionelle dicke braune oder seltener weiße Berberkutte mit Kapuze, die von den Männern im Winter gegen Kälte und im Sommer als Hitzeschutz getragen wird.

Politik

Tunesien ist eine Präsidialrepublik, deren Rechtssystem auf einer Mischung von französischem Zivilrecht und islamischem Recht beruht. Alle fünf Jahre wird das Parlament demokratisch gewählt, Staatsoberhaupt ist der Präsident.

Habib Bourguiba war der erste Präsident, der 1987 von Ben Ali, damals noch Innenminister, abgesetzt wurde. Bis zu seiner Flucht im Januar 2011 war Ben Ali Staatsoberhaupt und an der Spitze der Regierungspartei „Rassemblement Constitutionnel Démocratique" (RCD). Islamistische und andere Gruppen mit ethnischem oder religiösem Hintergrund waren per Gesetz vom politischen Leben ausgeschlossen.

1995 wurde ein Abkommen über Prinzipien der Menschenrechte und der Demokratie mit der EU unterschrieben, dennoch herrschten im Land Presse- und Internetzensur sowie Einschränkungen der Meinungs- und Versammlungsfreiheit. So kam es im Dezember 2010 zur sog. Jasminrevolution, benannt nach der Nationalblume Tunesiens, in deren Folge am 14. Januar 2011 Ben Ali auf Druck der Öffentlichkeit gestürzt wurde. Fouad Mebazaâ war Parlaments- und Übergangspräsident und wurde im Dezember 2011 von Moncef Marzouki abgelöst.

Tunesien verfolgt eine prowestliche Politik und ist wichtiger Mittler bei nordafrikanischen Interessensfragen.

Wirtschaft

Grundpfeiler der tunesischen Wirtschaft sind der Dienstleistungssektor mit dem Tourismus sowie die Petrochemie, Rohstoffgewinnung, Textilindustrie und Landwirtschaft. Seit 1995 besteht mit der Europäischen Union ein Handelsvertrag, der seit 2008 einen zollfreien Warenverkehr für Industriegüter zwischen Tunesien als erstem arabischem Land und den Ländern der EU ermöglicht. Die EU ist wichtigster Handelspartner, wobei Frankreich an der Spitze steht, gefolgt von Italien und Deutschland.

Etwa die Hälfte der Landesfläche besteht aus Agrarland, doch insgesamt verliert die Landwirtschaft an Bedeutung; 40 % aller Nahrungsmittel werden bereits importiert. Besonderen Wert wird auf ökologische Produktion gelegt: Gab es im Jahr 2000 erst 137 Betriebe, welche diese Form der Landwirtschaft betrieben, waren es 2003/04 bereits 608. Wichtige Anbauprodukte sind Getreide, Tomaten, Orangen, Oliven, Trauben, Mandeln, Zuckerrohr und in den Wüstenoasen Granatäpfel und vor allem Datteln. Tunesien ist der weltgrößte Dattelproduzent, gefolgt vom Iran und Irak, was sich in den Exportzahlen allerdings nicht eindeutig widerspiegelt, denn ein Großteil der Ernte verbleibt im Land. Tunesien ist nach Spanien und Italien der drittgrößte Olivenölhersteller. Auch dieser Umstand fällt nicht sofort auf, da das Öl nach Europa exportiert, dort abgefüllt und teilweise unter anderem Namen vermarktet wird. Tunesien ist ebenso als Weinerzeuger bekannt, im Vergleich zu anderen afrikanischen Ländern jedoch an hinterster Stelle.

In der Fischereiwirtschaft spielen Thunfisch, Sardinen und Makrelen eine größere Rolle. Die Hauptfangperiode der traditionellen Seefischerei reicht von Oktober bis Februar, zum Sommeranfang beginnt die Laichzeit – und damit auch die Schonzeit – der Fische. Um die Nachfrage an Fisch quantitativ und qualitativ auch im Sommer zu erfüllen, werden deshalb vermehrt Aquakulturen angelegt. Auch sog. Vallikulturanlagen, eingedämmte Küstenlagunen, aus denen die Fische nicht entweichen können, tragen zur Fischproduktion bei. Der See von Bizerte ist die für die tunesische Fischzucht bedeutendste und auch im Mittelmeerraum besonders wichtige Lagune des Landes.

Tunesische Datteln sind Exportschlager

Obwohl Tunesien relativ arm an Bodenschätzen ist, kommt dem Abbau von Mineralen eine größere Bedeutung zu. Das Land zählt zu den führenden Phosphaterzeugern. In Zentraltunesien sind bei Gafsa Phosphatvorkommen vorhanden, die das Land nach den USA, Marokko, China und der Russischen Förderation zum fünftgrößten Weltproduzenten von Phosphaten und zum zweitgrößten Phosphatdüngerexporteur machen. Im Norden des Landes werden Bodenschätze wie Eisen, Blei und Zink abgebaut. In Südtunesien lagern fossile Brennstoffe im Wüstenboden. Die Erdgasressourcen werden in großem Umfang genutzt, das geförderte Erdöl wird fast ausschließlich nach Italien geliefert.

Einen Großteil des Bruttoinlandsproduktes (BIP) erzielt die Textilindustrie. Vor allem nach Frankreich, in die USA, nach Italien und Deutschland werden qualitativ hochwertige Kleidungsstücke und Lederwaren exportiert. Im produzierenden Gewerbe spielen ferner auch die Keramikherstellung und das Kunsthandwerk eine wichtige Rolle.

Der Tourismus ist mit einem Anteil von etwa 15 % des BIP eine der Haupteinnahmequellen innerhalb des Dienstleistungssektors. Tunesien investierte seit 1998 pro Jahr 150 Mio. Euro in die touristische Infrastruktur. 2007 kamen etwa 6,5 Mio. Gäste, die 2 Mia. Euro für den Aufenthalt in den etwa 800 Hotels des Landes ausgaben. Gut 80 % der Touristen stammen aus Frankreich, Deutschland und Russland. Durch die Terroranschläge vom 11. September 2001 in New York und am 11. April 2002 auf der Insel Djerba ging das Touristenaufkommen allerdings fast um die Hälfte zurück. Kamen 2001 noch 935.000 Deutsche nach Tunesien, waren es 2008 nur 522.000. Als Folge der instabilen politischen Lage nach der Revolution brach der Tourismus im ersten Halbjahr 2011 im Vergleich zum Vorjahr um 60 % ein.

Im Dezember ist Haupterntezeit der Datteln

Klima

Die Lage am Mittelmeer beschert Tunesien ein relativ ausgeglichenes, mildes Klima. Die kältesten Monate fallen auf Dezember und Januar, dann herrschen Temperaturen von minimal 7 °C bis durchschnittlich 12–15 °C; in größeren Höhen fällt das Thermometer kurzzeitig auch gegen Null. In der Sahara können nachts ebenfalls Temperaturen um den Gefrierpunkt auftreten, während tagsüber wieder frühsommerliche Werte erreicht werden. In diesen Wintermonaten liegt mit 9–13 Tagen auch das Maximum an Regentagen, in den Höhenlagen ab 1.000 m ü. NN schneit es dann nicht selten. Höchsttemperaturen von über 30 °C werden im Juli und August gemessen, Regen bleibt dann die Ausnahme. Die Wassertemperatur des Mittelmeeres erreicht im Sommer 25 °C und sinkt im Winter nicht unter 15 °C.

Das Klima Nordafrikas wird von drei Windgürteln bestimmt, von denen wiederum die Niederschlagsmengen abhängig sind. So bringt der Westwindgürtel im Winter von Norden dem mediterranen Norden Tunesiens feuchte Luft vom Atlantik. Aus Nordost bläst außerdem der Passatwindgürtel, der in Nordtunesien für nahezu regenlose Sommer und in der tunesischen Sahara auch im Winter für regenarmes Wetter sorgt. Aus trockenen Kontinentalregionen stammend, führt dieser Wind fast keine Feuchtigkeit mit sich. Auf dem Weg zum Äquator wird der Passatwind wärmer und nimmt dabei viel Wasser auf, wodurch sich der Feuchtigkeitsgrad am Boden verringert.

Der dritte Windgürtel schließlich, der einen starken Einfluss auf das Klima Tune-

Lichtblick

siens hat, entsteht am meteorologischen Äquator, der sich im Mittel am 5. nördlichen Breitengrad befindet. Die starke Sonneneinstrahlung lässt dort heiße Luft aufsteigen, was zur Wolkenbildung und zu daraus resultierenden heftigen Sommerregen führt. Die warmen Luftmassen sinken zwischen dem 25. und 40. Grad nördlicher Breite langsam nieder, erwärmen sich dann und nehmen Feuchtigkeit in Gasform auf; Wolken lösen sich auf, und die relative Luftfeuchte nimmt ab. Tunesien liegt genau in diesem windschwachen Bereich des subtropischen Hochdruckgürtels. In Bodennähe strömt die Luft anschließend wieder zurück in die äquatoriale Tiefdruckrinne. Diesen Vorgang zwischen Äquator und Passatwindgürtel nennt man Innertropische Konvergenz (ITC) oder nach ihrem Entdecker Hadley-Zirkulation. Sie existiert sowohl auf der Nord- als auch auf der Südhalbkugel. Im tunesischen Sahel kann es bedingt durch die ITC auch im Sommer regnen, im Winter bleibt es wegen der Passatwinde oft trocken.

Auch das Relief spielt bei der regionalen Klimaentstehung im Land eine entscheidende Rolle und bildet drei große Klimazonen aus. Der bergige Norden besitzt ein mediterran-humides Klima mit durchschnittlichen Jahresniederschlägen von 500–800 mm. Im Nordwesten erreichen einzelne Berge Höhen zwischen 800 und 1.000 m ü. NN. Zwischen ihnen werden die Wolken gestaut, sodass in der Kroumirie sogar bis 1.600 mm Jahresniederschlag gemessen wird und der nördlich an der Küste gelegene Ferienort Tabarka jährlich etwa 2.000 Sonnenstunden weniger hat als Tunis. Aufgrund der Höhenlage sind die Temperaturen im Nordwesten während des Sommers angenehm mild.

Zentraltunesien gehört dem semiariden Klima mit Jahresniederschlägen von 200–400 mm an, und südlich von Cap Bon verläuft der aride Sahelgürtel an der Ostküste entlang, mit Niederschlägen unter 200 mm im Jahr.

In der Sahara tritt mit Beginn des Sommers der aus Südwest bis Südost wehende Scirocco auf. Dieser von den Tunesiern auch Ghibli, Chebili oder Chili genannte heiße Wüstenwind lässt die Temperaturen manchmal innerhalb weniger Stunden um bis zu 10 °C ansteigen. Der Wind bläst gewöhnlich mit einer Stärke von 4–6 Beaufort, kann aber auch Sturmstärke (ab 8 Beaufort) erreichen. Er ist dann stark mit Sand angereichert, der mitunter bis nach Europa befördert wird. Der Scirocco entsteht in Nordafrika, wenn sich über dem Meer ein Tief befindet, das Luft aus dem höher gelegenen Atlasgebirge ansaugt. Verlagert sich dieses Tief nach Norden, wird auf der Vorderseite extrem heiße Saharaluft ins Mittelmeergebiet und selten auch bis nach Mitteleuropa mitgerissen. Zieht dieses Tief schnell nach Osten ab, dauert der Scirocco nur einen halben bis ganzen Tag. Er kann mitunter auch mehrere Tage anhalten, lässt aber am Abend meist nach. Die Rückseite des Tiefs bringt dann starke Abkühlung und durch den Temperaturunterschied wiederum heftigen Wind mit sich.

Im Hochsommer ist es dagegen oft windstill und der Himmel wolkenlos. Durch die heiße Luft werden dann feinste Staubpartikel hochgerissen und sorgen für einen Grauschleier in der Luft.

Reisezeit

Auf die Frage nach der besten Reisezeit lässt sich keine allgemein gültige Antwort geben, da die Beweggründe für eine Reise unterschiedlich ausfallen. Badeurlauber kommen von Juni bis September in den Genuss angenehmer Wassertemperaturen von bis zu 25 °C. Wer jedoch naturkundliche Exkursionen unternehmen möchte, sollte die heißen Sommermonate meiden.

Ab Mitte März beginnen die ersten Geophyten zu blühen – mehrjährige Stauden, deren Überdauerungsorgane im Boden liegen. Den April und Mai hindurch stehen die meisten anderen Pflanzen in Blüte. In dieser Zeit liegen die Temperaturen meist schon um die 20 °C und darüber, Regentage kommen aber noch häufiger vor, vor allem im bergigen Norden. Im Mai und Juni beginnt die Aktivitätsphase vieler Insekten und Reptilien, die meisten Vogelarten führen schon ihre Jungen.

Im Herbst wird es nach den ersten Regenfällen noch einmal für den Botaniker interessant. Der Vogelzug im September und Oktober, wie auch im zeitigen Frühjahr, bietet ebenfalls zahlreiche Beobachtungsmöglichkeiten. Da in Tunesien viele europäische Vogelarten überwintern, sind die Wintermonate bestens geeignet für ornithologische Exkursionen.

Jerusalemdorn (*Parkinsonia aculeata*)

Geografie

Das Relief gliedert das Land in drei Großräume. Im Norden erstreckt sich die Fortsetzung des algerischen Tell-Atlas mit den Kroumir- und Mogod-Bergen. Die nordwestlich gelegene Kroumirie mit ihren 800–1.100 m hohen Bergen ist noch großflächig mit dichten Korkeichenwäldern bewachsen, während das etwas niedriger gelegene Mogod-Bergland im Nordosten hauptsächlich mit Sekundärbewuchs aus mediterraner Macchie überzogen ist. Südlich des Berglandes fließt der Oued Medjerda, Tunesiens größter und einziger ganzjährig wasserführender Fluss, durch die Medjerda-Ebene; seine Quelle entspringt in Algerien. Im Nordosten nimmt der Medjerda seinen Lauf über eine weite Küstentiefebene zwischen Tunis und dem nördlich an der Küste gelegenen Bizerte. Diese Ebene zählt zu den wichtigsten Agrargebieten Tunesiens. Die im Nordosten des Landes befindliche Halbinsel Cap Bon, deren Nordspitze nur 140 km von Sizilien entfernt ist, stellt ein wichtiges Anbaugebiet für Obst und Gemüse dar. Eine untermeerische Erhebung von 400 m Höhe trennt das Meer an dieser Stelle in östliches und westliches Mittelmeer.

Der Osten des Landes besteht vor allem aus Ebenen, welche die landwirtschaftliche Nutzzone Tunesiens bilden und im Nordosten nur durch Einzelbergmassive

Berberziegen und Breitschwänzige Fettschwanzschafe sind die häufigsten Nutztiere

des Djebel Serdj, Dj. Zaghouan, Dj. Ressas und Dj. Bou Kornine unterbrochen werden. Südlich schließen sich die Küstenebenen um Sousse und Sfax an, die vor allem mit Ölbaumhainen bestockt sind. Die Ostküste entlang der großen Urlaubszentren Hammamet, Sousse und Monastir/Mahdia gehört dem tunesischen Sahel an. Im arabischen beschreibt das Wort Sahel den Übergangsraum zwischen Sahara und Feuchtsavanne – und als jenen Raum, in dem die natürlichen Ressourcen ein Überleben von Mensch und Tier sichern können. Nicht zu verwechseln ist dieser Lebensraum mit der südlich der Sahara verlaufende Sahelzone, aber auch nicht mit der administrativen Einheit der Sahelstaaten, die historisch durch die Kolonialherrschaft Frankreichs gewachsen sind. Die Ostküste Tunesiens verzeichnete im Gegensatz zur Nordküste keine größeren tektonischen Bewegungen und stimmt daher weitgehend mit den Rändern des einstigen Urmeeres Tethys überein. Die passiven Kontinentalränder sind flach und besitzen typischerweise Sandstrände.

Geologisch junge Faltengebirgsketten bilden zusammen die Dorsale, das orografische Rückgrat Tunesiens; dieser vielgliedrige Gebirgsrücken stellt den Ostausläufer des Atlasgebirges dar. Die Faltenachse der Dorsale verläuft von Norden, beginnend auf Cap Bon, landeinwärts nach Südwesten und findet westlich von Gafsa Anschluss an den Algeriden genannten Sahara-Atlas Ostalgeriens. Dort entstand im Bereich einer Umbiegung der Dorsale eine große „Stauungsintensität", und im Anschluss daran bildet eine wieder nach Osten verlaufende Bergkette einen Ausläufer.

Nach Osten fallen die Gebirge flach ab, zwischen der großen Faltenachse der Dorsale finden sich immer auch kleinere Querfalten eingeschoben. An den Kreuzen der Faltungen erheben sich Domberge. Die auch Glocken-, Helm- oder Zuckerhutberge genannten Dome sind steilwandig und besitzen eine konvexe Form mit annähernd runder Grundfläche. Um Tunis entstanden einige Domberge wie der Djebel Bou Kournine oder der Dj. Zaghouan.

Bei Kairouan beginnen die Steppentiefländer Zentraltunesiens. In den weiten Ebenen mit ihrem wasserundurchlässigen Boden aus Ton und Silt liegen flache Salzseen oder -sümpfe, die nahezu nur durch Niederschlagswasser gespeist werden. Im Arabischen heißt je nach Transliteration ein solcher Salzsee Sebkha oder Sebkhet. Die Salzkonzentration dieser Gewässer richtet sich nach dem Füllstand. Die Böden des Umlandes neigen durch die im Niederschlags- oder abgeleiteten Bewässerungswasser gelösten Salze, welche bei Verdunstung Ablagerungen bilden, zur Versalzung. Zusätzliche Salze gelangen bei erneutem Vernässen der Fläche durch die Kapillarkräfte aus dem Boden und mit dem Wasser an die Oberfläche. Als Sebkha oder auch Sebkhet werden ebenfalls die flachen Lagunen der Sahelküste bezeichnet, da sie oft nur saisonal vom Meer überschwemmt werden und später langsam austrocknen.

Dem Sahel und Steppentiefland schließt sich südlich des Djebel Bou Hedma eine noch ursprüngliche Savannenlandschaft mit den für Afrika typischen Akazienbäumen in einer Graslandschaft an. Etwas weiter südlich, auf der Linie Gafsa – Gabès, beginnt dann die Wüstenzone. Die Stadt Gabès selbst liegt in einer großen Bucht von insgesamt 100 km Länge am Golf von Gabès, der früher als

Kleine Syrte bezeichnet wurde. Auch die Kerkennah-Inseln vor Sfax und die Insel Djerba liegen im Golf von Gabès.

Djerba ist mit 514 km² die größte tunesische Insel. Sie ist durchgehend flach und wird hauptsächlich landwirtschaftlich genutzt. Wegen ihrer Sandstrände ist sie für den Tourismus besonders attraktiv. Im Westen des Landes, unweit der Stadt Kasserine, erhebt sich der Djebel Chambi aus einer Hochebene. Mit 1.544 m ü. NN ist er der höchste Berg des Landes. Das umgebende Steppenhochland geht in Richtung Gafsa in eine steinige Halbwüste über. Westlich von Gafsa befindet sich die Umbiegung der Dorsale, die südlich der Stadt nach Osten bis zum Djebel Bou Hedma verläuft. Südlich des Faltenlandes befinden sich großflächige Sättel und Mulden zwischen kleineren Dombergen, und es treten erste echte Salzseen, sog. Chotts, auf. Der letzte Gebirgszug des tunesischen Atlas ist der Djebel Tebaga mit 469 m Höhe.

Die Sahara ist in Tunesien im Nordwesten durch das Chott el Djerid begrenzt. Dieser größte Salzsee Nordafrikas, an dessen Südwestrand die Nefzaoua-Oasen liegen, wird direkt von Niederschlägen und abfließendem Grundwasser aus den Bergregionen gespeist. Da die Verdunstungsrate sieben Mal größer als der Wassereintrag ist, besteht dieser Salzsee oft nur aus einer riesigen, trockenen Ebene. Allenfalls ist eine kleine Wasserfläche vorhanden, an deren Rändern Salze auskristallisieren. Das Salz stammt aus marinen Gesteinen und Sedimenten, die vor Jahrmillionen abgelagert wurden, sowie aus dem abfließenden Niederschlagswasser der Bergregionen. Neben dem im Wasser gelösten Natriumchlorid lagern sich auch Glaubersalz (ein geschmackloses Natriumsulfat),

Ein großes Problem stellt die Müllentsorgung dar

Bittersalz (bitteres Magnesiumsulfat) und Gips (geschmackloses Kalziumsulfat) in der Wüste ab. Aufgrund seiner schlechten Löslichkeit kristallisiert Gips oft aus: Reine Gipskristalle sind glasklar, mit Sand durchsetzt bilden sie die bekannten gelb- bis rotbraunen Sandrosen.

Die Sahara nimmt etwa 40 % der Landesfläche ein, wobei die weiten Sanddünenfelder des Großen Östlichen Erg nur einen Teil der Wüsten im Südwesten des Landes bilden. In der tunesischen Sahara findet man hauptsächlich zwei Sanddünentypen: die Sichel- und Parabeldünen. Barchane oder Sicheldünen entstehen, wenn Sand beim Transport auf ein Hindernis trifft. Auf der Luvseite (dem Wind zugekehrte Seite) steigen Sicheldünen langsam an und fallen leewärts (dem Wind abgewandt) steil ab; sie sind in der Regel vollkommen vegetationslos. Parabeldünen dagegen werden bei hoher Windgeschwindigkeit ausgeblasen. Sie besitzen ebenfalls Sichelform, ihre Kammlinie verläuft im Gegensatz zu den Barchanen jedoch entgegengesetzt zur Windrichtung, und nicht selten sind sie mit kleineren Sträuchern bewachsen. Da Windrichtung und -stärke meist nicht konstant sind, formen sich die Dünen aber fast immer komplizierter.

Im Osten geht die Sandwüste in ein typisches Stein- und Kieswüstengebiet über. Die Stein- oder Geröllwüste wird als Reg oder Hammada bezeichnet und besteht aus größeren, kantigen Gesteinsbrocken. Durch weitere Verwitterung bildet sich eine Kieswüste, Serir genannt, die sich aus gleichförmigen, kleinen bis mittelgroßen Steinen zusammensetzt. Das Feinmaterial ist in der Kieswüste vom Wind ausgeblasen.

Bei der Wüstenentstehung spielt neben der chemischen Verwitterung durch Salze die physikalische Erosion durch Wind und Hitze die Hauptrolle. Der Wechsel von extrem hohen Temperaturen am Tag und einer signifikanten Abkühlung in der Nacht sprengt das Gestein förmlich auseinander. Bei einer Windgeschwindigkeit von etwa 18 km/h setzt die Sandbewegung ein – die Sandkörner kriechen; man spricht von Reptation, und es kommt zur Rippelmarkenbildung. Ab etwa 46 km/h werden diese wieder eingeebnet. „Sandsturm" setzt bei ungefähr 54 km/h ein. Der optische Eindruck gleicht allerdings eher einem gelblichen, kaum mehr als 1 m hohen Bodennebel. Die Sandkörner beginnen zu springen (Saltation) und werden in die Luft geschleudert. Durch dieses „Sandstrahlen" wird das anstehende Felsgestein der Wüste geschliffen. Besonders an Felsen, aber auch an Gesteinsbrocken entstehen charakteristische Formen des Abriebs in Form von Riffelungen, gänzlich glatten Flächen oder sog. Windkantern. Letztere bilden durch einseitige Erosion scharfe Kanten aus.

Knapp über dem Boden, in 20–40 cm Höhe, erfolgt die stärkste Abrasion; auf diese Weise entstehen markante, am unteren Ende schmal geschliffene Felsnadeln. Südlich von Gabès erhebt sich das Dahar-Gebirge, das 100 km in Nord-Süd-Richtung verläuft und östlich zur Djeffara-Ebene abfällt. Auffallend sind dort die durch Starkregen tief in den Berg eingeschnittenen, aber die meiste Zeit des Jahres trockenen Flusstäler. In Tunesien werden die im arabischen Sprachraum Wadis genannten, zeitweise trockenen Flussbetten dem französischen Oued gleichgesetzt.

Geologie

Tunesiens Relief, so wie wir es heute sehen, entstand mit Beginn der Kreidezeit vor 145–65 Mio. Jahren. Doch bereits zuvor, im Jura vor 200–150 Mio. Jahren, zerbrach der riesige Urkontinent Pangäa in zwei Teile: Laurasia und Gondwana. Pazifik und Atlantik begannen sich zu bilden, und vor 65 Mio. Jahren, am Anfang des Paläogens (frühere Bezeichnung Tertiär), war das einstige Urmeer Tethys nur noch die Verbindung zwischen den großen Ozeanen. Südamerika brach von Afrika ab, welches sich in Richtung Eurasische Platte schob.

In der Mittelkreide dehnte sich das Urmeer am weitesten nach Süden aus und überspülte selbst Teile Südtunesiens. Ein langsames Abfließen des Meeres begann in der Oberkreide und setzte sich im Paläogen weiter fort. Zu Beginn des Paläogens zog sich das Meer weiter zurück, sodass sich gegen Ende des Oligozäns die Kroumir-Berge Nordwesttunesiens und das Bergmassiv um Thala in Zentraltunesien aus dem Meer erhoben. Das Gebiet zwischen Bizerte und Kairouan sowie die Küstenebenen um Sfax bis zur libyschen Grenze blieben marin, ab Gafsa war Südtunesien kontinental.

Das abfließende Meer führte riesige Mengen Sediment mit sich und bildete gewaltige Ströme, die sich an einigen Stellen verwirbelten und dort die heutigen Chotts füllten. Solche Ablagerungen aus dem Paläogen sind oft fossilführend. Zuletzt fielen im Pleistozän, im mittleren Neogen (frühere Bezeichnung Quartär), die Küstenbecken um Sousse und Sfax sowie Südtunesien trocken. Bei Gafsa belegen das Funde des ausgestorbenen Nashorns *Rhinoceros tichorhinus*. Pleistozäne Ablagerungen bei Bizerte brachten Molaren (Backenzähne) des Elefanten *Elephas atlanticus* und des Nilpferdes *Hippopotamus amphibicus* zutage.

Im Osten der Tethys wurde die Meeresverbindung am Ende des Paläogens vor 20 Mio. Jahren geschlossen, als Afrika sich an die Arabische Halbinsel schob. Es entstand das Mittelmeer. Durch die Eisbildung an den Polkappen sank der Meeresspiegel der Ozeane um 50–100 m, und das Mittelmeer trocknete aus. Während dieser sog. Messinischen Salinitätskrise vor 6–5 Mio. Jahren war es eine Wüste mit Salz-, Brack- und teilweise auch Süßwasserseen;

Eukalyptus wird häufig als Alleebaum gepflanzt

Fossilienfunde dieser Art sind nicht selten

z. B. bildete die Donau im östlichen Mittelmeerbecken einen großen Süßwassersee.

Vor ca. 5,3 Mio. Jahren gab es ein gewaltiges Erdbeben, bei dem die Schwelle von Gibraltar zerbrach. Wissenschaftler vermuten, dass daraufhin der gewaltigste Wasserfall aller Zeiten entstand: 1.200 Mal mächtiger als die Niagarafälle ergoss sich der Atlantik über Hunderte bis mehrere Tausend Jahre ins ausgetrocknete Mittelmeer. Dadurch sank der Wasserspiegel der Ozeane um 10–20 m. Auch heute kommt der Straße von Gibraltar die Schlüsselrolle zur Aufrechterhaltung des Mittelmeeres zu, denn der Wasserverlust durch Verdunstung ist im Mittelmeer so hoch, dass der Wasserspiegel durchschnittlich 10–15 cm tiefer als der der Weltmeere liegt. Nicht einmal die Hälfte des Verlustes kann durch Niederschlag, Flüsse und das Schwarze Meer wieder eingespeist werden; die Differenz wird vom Atlantik ergänzt.

Tunesien ist in drei erdgeschichtliche Gesteinsdecken gegliedert: Obenauf befindet sich die liasisch-paläozoische (jurassisch-numidische) Decke. Unter ihr liegen die oberkretazisch-eozäne Decke und darunter eine Trias-Decke. Diese Decken sind wiederum nach der Zeit ihrer Entstehung in Zonen eingeteilt. So befindet sich im Norden des Landes von der Kroumirie bis vor Bizerte die Unterzone des Flyschs. Die aufliegenden Gesteine des Flysch-Tell sind aus geologisch jüngerer Zeit des Paläozoikums. Nur stellenweise sind durch Vulkanismus im Paläogen Tiefen- und Ergussgesteine aus der Erdurzeit, dem Präkambrium, etappenweise an die Oberfläche gelangt. Sie bilden heute den Küsten-Tell Nordtunesiens und die Galite-Inseln.

Die Kroumirie wird durch das magmatische Gestein, das in der Nefza-Ebene endet, vom Mogod-Bergland getrennt. Dort lagern auf kreidezeitlichen Gesteinen, die häufig Muscheln der Gattung *Inoceramus* enthalten, nummidische Sandsteine (Flysch) und Tone aus dem Eozän bis Oligozän. Gesteine der Kreidezeit liegen im Tell-Atlas nur selten an. Tone und Mergel sorgen in der Flysch-Zone für eine hohe Labilität; so treten hier öfter Hangrutschungen auf.

Die Unterzone der Kreide erstreckt sich von Bizerte und Tunis westlich bis Le Kef. Viele Hügel zwischen Tunis und Le Kef bestehen aus fossilreichen Gesteinen der Mittel- und Oberkreide, so bei El Fahs, Bou Arada und Siliana. Die Vorzone des tunesischen Sahara-Atlas, der Algeriden, verläuft von Nefza bis Bizerte und wird südlich vom Medjerda-Tal und von den Bergen um Téboursouk begrenzt. Sie beinhaltet eine Schichtfolge von der Trias bis ins älteste Paläogen, dem Pliozän, und ist wiederum in drei Abschnitte gegliedert, von denen der südlichste die erdbebenreichste Gegend in Nordtunesien ist. Während die Schichten des Flysch-Tell eine kontinuierliche Serie bilden, sind jene aus der Oberkreide und altpaläogenen Teile der Vorzone oft zerstückelt oder ganz unterdrückt.

Im zentralen Nordtunesien, zwischen Jendouba, Le Kef und Sbeitla, befinden sich miozäne Löss-Ablagerungen, die vor etwa 5–20 Mio. Jahren entstanden. In diesen sog. Kechabata-Formationen fand man zahlreiche fossile Überreste verschiedenster damals lebender Tierarten, darunter den Igel *Schizogalerix moedlingensis*, eine Spitzmaus (Soricidae), ein Pfeifhase (*Prolagus* sp.), ein Erdhörnchen (*Atlantoxerus* sp.), die Hamster *Zramys jaegeri* und *Myocricetodon seboui*, mehrere Stachelmausarten (*Anthracomys* spp.) und ein Pferd (*Hipparion* sp.), welches als erste Pferdegattung den afrikanischen Kontinent von Eurasien her erreichte.

Die gefalteten Gesteinsdecken der Dorsale sind wiederum in einzelne Schuppen gegliedert. Die Zone dieser Schuppen beginnt unterhalb von Tunis und reicht über den Djebel Zaghouan bis Tebessa in Algerien. Die Ausläufer des Sahara-Atlas, welche von Metlaoui bis vor Gabès und nördlich bis Kairouan reichen, gehören der Zone der jurassischen Falten an, die auch unter dem Chott el Djerid anliegt. Unterhalb Douz folgt eine Tafelzone.

Cap Bon, der Sahel bis Djerba und der Große Östliche Erg haben ihren Ursprung in der Erdneuzeit, dem Känozoikum. Auch die Felsen der Sandwüste sind rezente Gesteine. Paläontologisch interessant sind besonders die südliche Bergkette des Djebel

Gesattelt warten Dromedare auf Touristen

Tebaga und das Dahar-Gebirge. Während in weiten Teilen Tunesiens nur Gesteine ab der Kreidezeit anliegen, reicht in diesen Gebirgen das Spektrum bis ins Silur. Im Dahar-Gebirge weisen die sandigen Tonsteine zwischen Matmata und Tataouine die fossilen Wohnröhren von Graptolithen auf. Hierbei handelt es sich um marine, polypenähnliche Tiere, die wie Korallen in Kolonien lebten.

Bekannt geworden ist das Gebiet um Tataouine aber durch seine fossilreichen Juraablagerungen: Zwischen mittlerem und spätem Jura entstanden eine etwa 30 m dicke Ammonitico-rosso-Decke und später auch Radiolarienkalke. Außerdem wurden etliche Skelette von Dinosauriern im Gebiet gefunden. Am Djebel Tebaga liegen Kalksteinbänke aus dem Perm an, die Brachiopoden, Korallen und Foraminiferen führen. Foraminiferen sind einzellige, bis zu 15 mm große „Kammerlinge“, die ein Kalkgehäuse schützt. Abgestorben bildeten sie stellenweise große Kalkbänke, wie die nach der Gattung *Nummulites* benannten Nummulitenkalke des Paläogens in Nordtunesien. Auch Radiolarien oder Strahlentierchen, winzige Einzeller, die ein festes Außenskelett aus Opal schützte, waren vielfach gesteinsbildend.

Dattelpalmen im Wüstensand

Obwohl Tunesien recht arm an Bodenschätzen ist, gibt es doch einige, die für das Land von großer Bedeutung sind. 1885 entdeckte der französische Tierarzt und Hobbygeologe Philippe Thomas in der Seldja-Schlucht westlich von Gafsa Phosphatvorkommen. Phosphat wird zur Dünge- und Waschmittelherstellung und für viele andere Produkte benötigt. Das mit Sandstein verkittete Kalkphosphat sollte zum wichtigsten Abbauprodukt werden. In den Bergen bei Metlaoui, Redeyef und Moulares liegen die größten Vorkommen, weiter östlich bei Meheri Zebbeus, Maknassy und Mdilla befinden sich noch kleinere Vorkommen.

Im Mogod-Bergland wird in Sandstein eingebettetes Eisenerz gewonnen, Blei und Zinkerz an vielen Stellen im Land in Form von Galenit und Sphalerit. Am bekanntesten und vielleicht ergiebigsten ist das Vorkommen am Djebel Ressas (Bleiberg). Beim nördlich von Ghardimaou gelegenen Thuburnica wird aus Arseneisenerz Mangan gewonnen. Auf Cap Bon wird Braunkohle mit einem 25–50 %igen Kohlenstoffanteil abgebaut, und um Monastir lagern Lignite, gering inkohlte Braunkohle mit noch größerem Holzanteil.

Tunesiens größtes Flussspatvorkommen befindet sich nahe Zaghouan in Hammam Zriba. Die Firma Fluobar fördert hier seit 1958 Fluorit, Baryt und in geringen Mengen auch Galenit und Sphalerit. Das gewonnene Fluorit wird als Flussmittel in der Metallindustrie und als Ausgangsmaterial für die Herstellung optischer Linsen genutzt. Auch Coelestin und Pyrit treten auf. Eine Lagerstätte mit ähnlicher Paragenese befindet sich unweit bei Hammam Djedidi. Die hier vorkommenden Flussspatkristalle sind alle farblos bis zart rosa. Seltener tritt das Kalziumcarbonatmineral Aragonit in der Variation Celestit auf.

Umwelt- und Naturschutz

Das erste Umweltministerium in der arabischen Welt wurde 1992 in Tunesien geschaffen. Die Verbesserung der Umweltqualität, Vermittlung des Umweltschutzgedankens an die Bevölkerung, Umweltverträglichkeitsprüfungen vor Baugenehmigungen, Einführung der Mülltrennung und Beseitigung bestehen-

„Souvenir" Dornschwanz

Skorpione gibt es als lebendes oder getrocknetes Souvenir

der Verschmutzungsquellen sowie den Ausbau der Solarenergie hat die tunesische Regierung zum Ziel erklärt. Doch scheint es, dass dem Land bis dahin ein langer Weg bevorsteht, denn noch bebauen reiche, vorwiegend arabische Investoren mit riesigen Hotel- und Golfanlagen die Strände und zerstören damit ganze Ökosysteme, werden Bauschutt und Zivilisationsmüll am Stadt- oder Dorfrand entsorgt und wildlebende Tiere des Kommerzes oder der Tradition wegen gefangen.

Als Maskottchen Labib wirbt der Fennek für den tunesischen Umweltschutz

Bereits im Römischen Reich begann das Abholzen der natürlichen Waldbestände zur Nutzholzgewinnung. In jüngerer Zeit wurde versucht, den fehlenden Primärwald durch schnellwachsende Eukalyptusbäume zu ersetzen, was nur solange erfolgreich war, bis der große Feuchtigkeitsbedarf der Bäume den Wasserhaushalt des Bodens nachhaltig geschädigt hatte. Die zahlreichen Köhlereien haben einen enormen Holzbedarf zur Herstellung von Holzkohle, mit der die traditionellen Hammelgrills beheizt werden; vor allen in der Sahara dienen die letzten Bäume und Sträucher als Feuerholz. Tunesien unternimmt seit einigen Jahren immerhin große Anstrengungen, den Waldbestand zu vergrößern und dabei vermehrt autochthone, also heimische Hölzer anzupflanzen.

Ein großes Problem ist der weiter zunehmende Bestand an Weidetieren. Bereits in den 1970er-Jahren war der Viehbestand in Nordafrika angesichts der damaligen Vegetation doppelt so hoch wie vertretbar. Pferde, Rinder und Schafe benötigen Vegetation von qualitativ höherer Güte als die anspruchslosen Ziegen oder Dromedare. Durch Überweidung sinkt jedoch der Wert der Weideflächen, denn Futterkräuter und mehrjährige Gräser nehmen ab und werden durch Disteln und andere Pflanzen mit geringem Nährwert ersetzt. Die Folge ist eine weitere Zunahme des Anteils an Ziegen und Dromedaren, was den Effekt noch verstärkt. Da Ziegen praktisch alles verbeißen – die Tiere klettern selbst in Bäume und fressen dort Triebe und Blätter ab –, werden die dunklen Berberziegen in Nordafrika auch als schwarze Heuschrecken bezeichnet.

Durch den Huftritt der Weidetiere kann sich der Boden derart verdichten, dass die Infiltrationsrate sinkt und der Abfluss des Niederschlagswassers steigt. Die Folge ist eine Bodenerosion durch Wasser und Wind. Der jährliche Verlust an Boden durch Abtragung beträgt in Tunesien fast 16 Tonnen pro Hektar. Bereits seit Ende der 1970er-Jahre wurden in Tunesien daher Schutzgebiete angelegt, um die heimische Tier- und Pflanzenwelt zu bewahren oder auch ursprünglich vorkommende Arten wieder anzusiedeln. Seit den 1990er-Jahren wird dieses Wiedereinbürgerungsvorhaben stark forciert. Beispielgebend ist der „Sahara Conservation Fund“ (SCF), welcher besonders den Erhalt der Säbelantilope, aber auch vieler anderer Tiere und Pflanzen der Sahara zum Ziel hat und dafür Partnerschaften zwischen internationalen Vertretern aus Politik, Wirtschaft, Wissenschaft, Zoos und Geberorganisationen initiiert (www.saharaconservation.org).

Leider benötigt man für die meisten Nationalparks eine Besuchserlaubnis, die nicht immer einfach zu erhalten ist. Ohne dieses Papier bleibt man Zaungast, und nicht einmal die Besichtigung der extra für Besucher eingerichteten Ökomuseen ist möglich. Hier steht der Naturschutzgedanke kontra zur Sensibilisierung der Besucher für Tunesiens Natur. Der Einlass in den Nationalpark Djebel Chambi erfordert z. B. eine Genehmigung der Nationalparkbehörde in Tunis, obwohl praktisch auch das Forstministerium in Kasserine eine solche erteilt. Im Park selbst ist Fotografieren wegen der Militärpräsenz auf dem Gipfel allerdings offiziell verboten, das Museum steht seit vielen Jahren schon „kurz vor der Eröffnung“, und am Gipfel türmt sich eine von der Armee verursachte wilde Müllkippe im Hang. In einigen Nationalparks ist es hilfreich, wenn man die französische Sprache etwas beherrscht, um die Wärter auf nette Art zum Einlass zu überreden. Auch ein heimischer Guide oder Fahrer kann dabei von großem Nutzen sein.

Handelsware Wildtier

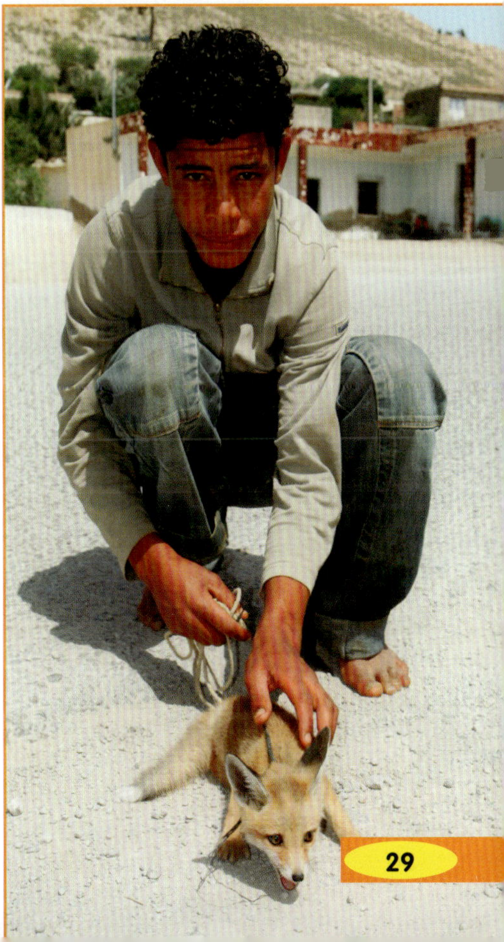

Pflanzen

Parks und Gärten

Wegen ihrer Blütenpracht werden in den Stadtparks, Gärten und Hotelanlagen Tunesiens oft Sträucher und Bäume aus tropischen Ländern gepflanzt. Der Botanische Garten in Tunis und der Paradiesgarten von Tozeur zählen zu den schönsten des Landes; Ersterer besitzt sogar einen offiziellen Schutzstatus. In diesen Parks begegnet man einheimischen Gehölzen und Blumen wie auch tropischen Gewächsen, die mittlerweile im Mittelmeerraum allgemein weit verbreitet sind.

Sehr beliebt bei den Tunesiern ist der aus Asien stammende Großblütige Jasmin (*Jasminum grandiflorum*). Diese den ganzen Sommer über blühende Kletterpflanze trägt stark duftende, weiße Blüten, die als Stimmungsmacher und auch Aphrodisiaka gelten. Bei Treffen werden oft kleine Sträußchen Jasminblüten (meshmoum) überreicht – Frauen tragen Jasminblüten als Kette, Männer hinter dem Ohr. Steckt der Jasmin hinter dem linken Ohr, sind Männer auf der Suche nach einer Frau, Rechtsträger sind bereits vergeben. Jasminöl ist eines der teuersten ätherischen Öle überhaupt, da zur Ölgewinnung sehr viele Blüten nötig sind: Aus 8 Mio. Blüten mit einem Gewicht von rund 1 Tonne wird nur 1 kg Öl gewonnen. Als Zierpflanze wird weiterhin der von Herbst bis Frühjahr weißblühende Echte Jasmin (*Jasminum officinalis*) gepflanzt.

Die prächtige Bougainville oder Papierblume (*Bougainvillea glabra*) kommt besonders gut an weiß getünchten Hauswänden und Mauern zur Geltung. Zwischen drei violetten Hochblättern verbergen sich die gelblich weißen Blüten dieser aus Brasilien stammenden Kletterpflanze, die temperaturabhängig meist im Sommer, aber auch ganzjährig blüht. Neben dieser Art gibt es noch weitere Bougainvillen, welche statt der violetten Hochblätter orange oder rosarote tragen,

Die Bougainville oder Papierblume *Bougainvillea glabra* schmückt Mauern und Häuserwände

Die Blüten des Echten Jasmins (*Jasminum officinalis*) liefern Jasminöl

B. spectabilis z. B. besitzt mit Dornen besetzte Äste.

Der Paradiesvogelstrauch (*Caesalpinia gilliesii*) ist ein tropisches Johannisbrotgewächs, welches am Mittelmeer den Sommer über blüht. Der Strauch oder kleine Baum trägt gefiederte Blätter und gelbe Blüten mit langen roten Staubblättern. Die Samen reifen in einer Hülse. Zur gleichen Familie gehört auch der Jerusalemdorn (*Parkinsonia aculeata*). Er besitzt ebenfalls gefiederte Blätter, die bei großer Trockenheit abgeworfen werden können. Seine Blüte ist gelb, das obere Kronenblatt orange. Der aus dem tropischen Amerika stammende Strauch blüht in Tunesien zu Beginn des Sommers. Der Karminrote Zylinderputzerbaum (*Callistemon citrinus*), ein Myrtengewächs, blüht zur gleichen Zeit. Dieser kleine Baum stammt aus Australien und trägt lanzettförmige Blätter. Seine roten Blüten stehen traubig angeordnet und erinnern an eine Flaschenbürste.

Das Wandelröschen (*Lantana camara*) zählt zur Standardbepflanzung jeder Hotelanlage und jedes städtischen Grünstreifens. Der aus Südamerika stammende Strauch, der einen Pfefferminzduft verströmt, blüht ganzjährig oder bei kaltem Wetter von Frühjahr bis Herbst. Es gibt ihn in verschiedenen Formen, die häufigste trägt gelbe und orange Blütendolden, eine andere Zuchtform blüht weißlich und violett. Die brombeerähnlichen Früchte sind schwarz. Auch die Blaue Prunkwinde (*Ipomoea acuminata*) wird wegen ihrer großen blauen, violetten und auch weißen, rosa oder mehrfarbigen Blüten gern gepflanzt.

Oleander wird als Ziergehölz gepflanzt

Diese schnellwachsende Schlingpflanze besitzt herzförmige Blätter und wurde aus dem tropischen Amerika eingeführt.

Aus Südostasien gelangten der Roseneibisch oder Hibiskus (*Hibiscus rosa-sinensis*) und der Straucheibisch (*H. syriacus*) ans Mittelmeer. Diese Malvengewächse blühen beinahe das ganze Jahr über in, je nach Sorte verschiedenen, Rot- und Orangetönen. Ihre Blüte hält nur 1–2 Tage.

Ein heimischer Strauch, der wegen seiner Blütenpracht oft gepflanzt wird, ist der Oleander (*Nerium oleander*). Von Juni bis August blüht er rosa oder weiß, seine Blätter sind länglich und recht derb. Der Oleander ist in allen Teilen sehr giftig.

Ein beliebter Zierbaum ist die Zimmer- oder Norfolk-Tanne (*Araucaria excelsa*). Sie weist einen sehr regelmäßigen Wuchs auf. Ihre Äste sind quirlförmig am Stamm angeordnet und besitzen regelmäßig abstehende Zweige mit anliegenden, weichen Nadeln, die entfernt Palmwedeln ähneln. Die Zapfen dieses Baumes, der von der Norfolk-Insel nördlich vor Neuseeland stammt, sind fast kugelig.

Auch der aus Brasilien kommende Palisanderbaum (*Jacaranda mimosifolia*) mit seinen leicht hängenden, gefiederten Blättern ist beliebt; er steht in Tunesien häufig in Parks oder auf Plätzen und trägt von April bis Juni große violette Blütentrauben, die manchmal noch vor dem Blattaustrieb erscheinen.

Als Parzellenbegrenzung wird vielerorts die Kaktusfeige oder Opuntie (*Opuntia ficus-indica*) angepflanzt. Dieser ursprünglich aus Mexiko stammende Kaktus besitzt flachovale Sprossteile und bildet aus seinen gelben Blüten Kaktusfeigen, die im Inneren ein rotes, essbares Fruchtfleisch besitzen.

Kulturpflanzen

Mit dem mediterranen Klima verbindet man allgemein den Ölbaum (*Olea europaea* ssp. *sativa*) oder umgangssprachlich Olivenbaum. Er symbolisiert förmlich die mediterrane Landschaft und gilt als Leitform bei der Definition der Grenzen des Mittelmeerraumes. Heute ersetzen Ölbaumhaine vielerorts die fehlenden Wälder. Der Ölbaum wird seit etwa 5.000 Jahren angepflanzt. Irgendwo im Osten der Levante, zwischen Syrien, Palästina und Israel, wurde er aus dem Wilden Ölbaum (*Olea europaea* ssp. *oleaster*), einem kleinen, dornigen Strauch der Macchie, kultiviert. Bis der Ölbaum in Nordafrika ankam, vergingen jedoch noch einige Tausend Jahre.

Der Ölbaum trägt schmale und silbrig schimmernde Blätter, seine Blütezeit fällt ins Frühjahr von April bis Anfang Juni. Im Winter können von November bis Februar die Früchte, die Oliven, geerntet werden. Aufwendig mit der Hand gepflückt, mit Stöcken vom Baum geschlagen und mit einem Netz unter dem Baum aufgefangen oder mit Vibrationsmaschinen geerntet, kommen durchschnittlich 30–50 kg Oliven pro Baum zusammen. Zwischen dem 25. und 100. Lebensjahr des Baumes wird die beste Ernte erzielt. Die Oliven haben einen Ölgehalt von 15–40 %, sodass je nach Sorte für einen Liter Öl 3–7 kg Oliven benötigt werden. Das wohlschmeckende Öl der ersten, kalten Pressung ist aufgrund des hohen Gehaltes an Vitamin E, Antioxidanzien und essenziellen Fettsäuren auch eines der gesündesten. Ältere Ölbäume haben eine schöne knorrige Gestalt, die durch den holzzerstörenden Pilz *Polyporus*

Der Granatapfel (*Punica granatum*) ist bei Tunesiern sehr beliebt

Granatapfelblüte

Die Feige (*Ficus carica var. domestica*) wird in Oasen kultiviert

fulvus hervorgerufen wird, welcher den Baum nach und nach aushöhlt. Dennoch erreichen die Bäume ein bemerkenswertes Alter, manche sollen über 1.000 Jahre alt sein. Allerdings ist eine genaue Altersbestimmung anhand der Jahresringe dann meist nicht mehr möglich.

Einen besonderen Stellenwert haben die Oasen der Wüsten- und Halbwüstenregionen. Mit Ausnahme von wenigen Bergoasen ist dort überall eine ganzjährige Wasserversorgung gewährleistet und damit die Grundlage zur Bewirtschaftung von Dattelpalmenhainen. So bildet die Dattelpalme (*Phoenix dactylifera*) neben dem Ölbaum ein weiteres wirtschaftlich wichtiges Standbein des Landes. Gab es 1883 nur 160.000 Palmen, waren es 1956 bereits 800.000 Bäume. Heute wachsen schätzungsweise über 4 Mio. Dattelpalmen im Land.

Aus etwa 150 Dattelsorten ging die Deglet en Nour (Finger des Lichtes) hervor, die heute wegen ihrer Exportqualität vorwiegend angebaut wird. Dies hat zu Monokulturen geführt, sodass die Palmenhaine durch den Pilz *Fusarium oxysporum* bedroht sind, der sich von Marokko über ganz Nordafrika ausbreitete, in den Stamm eindringt, die Blätter welken lässt und später die Palme zum Absterben bringt. Zwar gibt es Fungizide, doch dauerhaft werden wohl nur resistente Sorten dem Pilz standhalten.

Dattelpalmen sind getrenntgeschlechtlich. Man findet unter 50 weiblichen nur 1–2 männliche Palmen, die aber zur Bestäubung völlig ausreichen. Die weiblichen Bäume tragen später die Früchte, welche in Rispen herabhängen. Datteln haben im südlichen Tunesien einen Stellenwert, der mit dem der Kartoffel in Europa vergleichbar ist. Die wohlschmeckenden,

Die Früchte der Kaktusfeige oder Opuntie (*Opuntia ficus-indica*) sind essbar

besonders süßen Datteln sind für den Export bestimmt, während die stärkereichen Früchte Grundnahrungsmittel und die schlechten Datteln das Viehfutter bilden.

In den Oasen wird meist eine Drei-Etagen-Wirtschaft betrieben, auch wenn diese Bewirtschaftungsform immer mehr zurückgeht. Am Boden unter den Palmen werden Gurken, Kichererbsen, Tabak, Winterweizen als Grünfutter, Mohrenhirse, Zwiebeln, Rüben, Auberginen und Melonen angebaut. Gering salzhaltige Böden werden mit Salat, Tomaten und Futterluzerne bestellt, wogegen Kartoffeln, Sojabohnen und Karotten sehr empfindlich auf Salz reagieren. Bei guter Düngung sind bis zu drei Ernten im Jahr möglich.

Die zweite Etage unter den Palmen bilden Sträucher und kleine Bäume. Oft werden Granatapfel-, Orangen-, Feigen-, Pfirsich- und Bananenbäume kultiviert, auf salzigen Böden Zitronen, Mandel- und Aprikosenbäume und auf trockenen Flächen auch Ölbäume. Besonders beliebt bei den Tunesiern ist der Granatapfel (*Punica granatum*), aus dessen roter Blüte eine apfelförmige Frucht mit einer ledrigen, rötlich braunen Schale wird. Die essbaren Samen im Innern sind mit Fruchtfleisch umhüllt, das säuerlich schmeckt und meist mit Zucker gegessen wird. Der Granatapfelbaum ist ein hoher Strauch oder seltener auch ein kleiner Baum, mit derben, glänzenden, sattgrünen Blättern, die im Winter abgeworfen werden.

Auch Feigen stehen in der Beliebtheitsskala der Tunesier weit oben. Die Gattung *Ficus* umfasst 800–900 Arten in den

Blüte einer Dattelpalme

Tropen. Einzige Art im Mittelmeerraum ist der Feigenbaum, der wahrscheinlich aus dem Nahen Osten stammt, wo sich aus der Wildpflanze zwei Formen entwickelt haben: die Bocks-, Holz- oder Caprifeige (*Ficus carica* var. *caprificus*) und die essbare Kulturfeige (*F. c.* var. *domestica*). Die ungenießbare Bocksfeige spielt bei der komplizierten Vermehrung eine wesentliche Rolle, denn die Bestäubung der Feigenbäume wird durch wenige Millimeter große Gallwespen (*Blastophaga psenes*) hervorgerufen, die sich in den Fruchtständen der Bocksfeige entwickeln. Einige Feigensorten sind allerdings parthenocarp, d. h., ihre Früchte entwickeln sich auch ohne Bestäubung. Feigen bringen drei Mal im Jahr Fruchtstände hervor: im Juni, von August bis Oktober und von Dezember bis Januar. Die ersten Früchte fallen meist noch vor der Reife ab, die zweite und vor allem die dritte Ernte werden gepflückt.

Die Pistazie (*Pistacia vera*) und der Mandelbaum (*Prunus dulcis*) sind zwei Bäume, welche Trockenheit und Hitze gut vertragen. Während die Pistazie meist in kleinen Anpflanzungen steht, kommen Mandelbäume mancherorts, wie um Sfax, in großen Plantagen vor. Gelegentlich sieht man vereinzelte und verwilderte Mandelbäume aber auch in der Nähe von Ortschaften. Der Mandelbaum blüht bereits ab Januar und bis in den März hinein, noch vor dem Austrieb der schmal lanzettförmigen Blätter. Dann überziehen Tausende rosa Blüten den ganzen Baum. Die von einer filzig behaarten Schale umgebenen Mandeln werden zwischen Juli und September reif. Dagegen blüht die Pistazie mit ihren länglich ovalen Blättern etwas später im Mai, und aus ihren 2 cm großen Früchten werden erst im Oktober die Pistaziennüsse geerntet. Im Winter werfen beide Arten ihr Laub ab.

Die Wassermelone (*Citrullus lanatus*), die zu fast 95 % aus Wasser besteht, ist eine typische Feldfrucht in Tunesien. Sie gedeiht sowohl auf bewässerten wie auch auf unbewässerten Feldern. Die einjährige Pflanze ähnelt in Blattform und kriechendem Wuchs der Gurke, auch ihre Blüten sind gelb. Die reifen Wassermelonen haben eine hellgrüne Schale, die ein Muster aus dunkelgrünen Streifen besitzt. Das innere Fruchtfleisch ist rot, die Samen sind dunkelbraun. Ab Mai oder Juni werden bis in den Oktober Wassermelonen auf Märkten und direkt vom Lastwagen verkauft.

Die Honigmelone (*Cucumis melo*) ist ebenfalls einjährig und erinnert an die Gurke, ihre Blätter besitzen aber abgerundete Spitzen. Die Aussaat erfolgt im März, unter Bewässerung ist eine Ernte schon ab Mai möglich. Von der Honigmelone gibt es viele Sorten, häufig ist die gelbschalige, im Innern grünlich weiße Sorte. Melonen gehören zu den Kürbisgewächsen und zählen daher trotz ihres süßen Geschmackes zum Gemüse.

Ein Baum, der gern in Park- und Gartenanlagen gepflanzt wird, ist die Japanische Mispel (*Eriobotrya japonica*). Sie besitzt große länglich ovale, unterseits bräunliche Blätter. Im April und Mai sind die 5 cm großen, runden und gelben Früchte reif. Sie haben einen großen Kern und schmecken angenehm säuerlich süß, nach dem Pflücken bekommen sie aber schnell braunschwarze Flecken und verderben.

Der Weiße Maulbeerbaum (*Morus alba*) gilt wegen seiner großen, am Rand gesägten Blätter als hervorragender Schattenspender. Außerdem besitzen seine an eine längliche Brombeere erinnernden, weißrosa Früchte einen fad süßlichen Geschmack und werden oft auf Märkten angeboten. Besser noch schmecken allerdings die rötlich schwarzen Früchte der Schwarzen Maulbeere (*M. nigra*). Sie gleichen im Geschmack ebenfalls einer süßen Brombeere, werden in Nordafrika aber seltener kultiviert. Ursprünglich waren Maulbeerbäume in Ostasien verbreitet.

Stellenweise trifft man in Tunesien auch auf den hauptsächlich als Zierpflanze genutzten Rizinus (*Ricinus communis*). Der aus dem tropischen Afrika stammende Busch hat große fingerförmig gelappte Blätter von grüner bis rotbrauner Farbe. Aus den kleinen Blüten bilden sich weichstachelige, rotbraune Früchte, in denen sich die äußerst giftigen Samen befinden. Diese

Henna- oder Ägyptischer Färbestrauch (*Lawsonia inermis*)

finden sowohl pharmazeutisch als auch industriell Verwendung.

Mit der Orientalisierung des Maghreb gelangten weitere neue Nutzpflanzen nach Nordafrika, wie Zuckerrohr, Reis, Zitruspflanzen, Indigo, Safran und Henna. Neben der Dattelpalme ist der Henna- oder Ägyptische Färbestrauch (*Lawsonia inermis*) eine der wichtigsten Nutzpflanzen der Sahara. Der aus Indien und dem Orient stammende, 50–150 cm hoch wachsende Strauch besitzt 5 cm lange, gegenständige, ganzrandige Blätter. Getrocknet und pulverisiert ergeben sie ein Färbemittel, welches bei Geburt, Schwangerschaft und Heirat traditionell verwendet wird, um Füße und Hände zu bemalen. Die in Rispen stehenden Blüten des Hennastrauches sind weiß gelblich bis rosa, die kugeligen Früchte rotbraun.

Wälder

Die ausgedehntesten Wälder findet man im Nordwesten Tunesiens. Hier herrscht ein relativ humides Klima, welches im gleich hinter der Küste ansteigenden Bergland der Kroumirie einen üppigen Waldwuchs zulässt. Die Jahresniederschlagsmengen liegen bei weit über 1.000 mm – um Ain Draham bis 1.600 mm – und im östlich angrenzenden Mogod-Bergland immerhin bei 600–800 mm.

Dominierende Baumart dieser Wälder ist die Korkeiche (*Quercus suber*). Sie gedeiht auf sauren Silikatböden bis in Höhen von über 1.000 m ü. NN. Diese Bäume können bis zu 20 m hoch werden, meist bilden sie einen Hochwald von 6–15 m Höhe. Erkennbar sind die Korkeichen an ihrer dicken, rissigen Borke. Kork ist das wichtigste Wirtschaftprodukt der Region. Frisch abgeschälte Stämme der Korkeiche sind hellrotbraun, mit der Zeit dunkeln sie nach. Die Blätter sind eiförmig und haben mehr oder weniger stark gewellte Ränder. Das Laub der noch weiträumig existierenden Korkeichenwälder schattet den Boden stark ab, sodass sich stellenweise kaum eine Krautschicht entwickeln kann. Nur dort, wo die Bäume zur Korkgewinnung

Algerische Eiche (*Quercus canariensis*) in Blüte

genutzt und gelichtet werden, ist eine dichtere Krautschicht vorhanden.

Im Nordosten wächst die Korkeiche gemeinsam mit Arten der Macchie in zwei Höhenstufen. Bis in 350 m ü. NN bilden Mastixstrauch (*Pistacia lentiscus*), Wilder Ölbaum (*Olea europaea* ssp. *oleaster*) und Stechender Spargel (*Asparagus acutifolius*), in höheren Bereichen dagegen Eingriffeliger Weißdorn (*Crataegus monogyna*), Bergminze (*Satureja clinopodium*), Dreiblütiger Geißklee (*Cytisus villosus*) und der Salbei-Gamander (*Teucrium scorodonia*) die Gebüsch- und Strauchformationen innerhalb der Eichenwälder.

In höheren Lagen gedeiht auch die Algerische Eiche (*Quercus canariensis*), die vereinzelt zwischen den Korkeichen auftritt oder seltener lockere Bestände bildet. Diese zwischen 10 und 18, selten bis 35 m hoch werdende Eiche ist je nach Standort winterkahl bis halbimmergrün. In thermisch begünstigten Lagen bleiben bis 20 % der Blätter des Vorjahres erhalten. Die Blätter ähneln in der Form denen der Buche, sind jedoch gelappt und unterseits behaart.

Während sich unter dem dichten Kronendach der Korkeichen kaum eine Krautschicht entwickelt, weisen die Bestände

Die Kork-Eichenwälder wirken durch Holzlese ausgeräumt

der Algerischen Eiche einen artenreicheren Unterwuchs auf. In Nordwesttunesien und Teilen Algeriens entstand aus Kork- und Algerischer Eiche eine natürliche Hybride, die sich genetisch, morphologisch und ökologisch von ihren Elternarten so erheblich unterscheidet, dass sie Artstatus erlangte. *Quercus afares* ist endemisch und zeichnet sich durch die im Vergleich zur Korkeiche etwas dünnere Rinde aus.

In mittleren und damit wärmeren Lagen gesellt sich neben der immergrünen Korkeiche die ebenfalls ganzjährig blättertragende Steineiche (*Quercus ilex*) hinzu und seltener die Rundblättrige Eiche (*Q. rotundifolia*), die manchmal auch nur als Unterart der Steineiche angesehen wird. Beide haben elliptische bis eiförmige, ganzrandig bis gezähnte dunkelgrüne Blätter, die unterseits dicht grau behaart sein können. In den niedrigen Höhenlagen der immergrünen Hartlaubzone sind diese Eichen mit typischen Vertretern der Macchie vergesellschaftet, wie Kermeseiche (*Q. coccifera*), Baumheide (*Erica arborea*) und Westlichem Erdbeerbaum (*Arbutus unedo*).

In Nordtunesien bildet in bachdurchflossenen Tälern mittlerer Lagen um 400–800 m ü. NN die sommergrüne Schwarzerle (*Alnus glutinosa* var. *subrotunda*) Auen- und Quellwälder. Oft ist sie

Die Schreckliche Akazie (*Acacia karoo*) besitzt bis zu 10 cm lange Dornen

mit der Schmalblättrigen Esche (*Fraxinus angustifolia*) vergesellschaftet. Besonders die Bruchwälder in Küstennähe zwischen Tabarka und dem Cap Serrat treten als Erlen-Eschen-Formation auf. Der Unterwuchs dieser Wälder enthält auffallend viele mitteleuropäische Florenelemente.

Bei Makthar in Zentraltunesien stocken in montaner Lage auf 1.300 m Höhe sommergrüne Eschen-Wälder mit *Fraxinus dimorpha*. An ganzjährig wasserführenden Flüssen – hauptsächlich trifft das auf den Medjerda zu – gedeihen neben oder in den Erlen-Eschen-Wäldern auch Schwarz- (*Populus nigra*) und Silberpappel (*P. alba*), die Weide *Salix pedicellata*, Vogelkirsche (*Prunus avium*) und Feldulme (*Ulmus minor*). Das Laub der Ulme ist als Viehfutter sehr beliebt. Diese flussbegleitenden Galeriewälder weisen meist einen hohen Anteil von Lianen auf: So ranken Wildrebe (*Vitis silvestris*), Windendes Geißblatt (*Lonicera implexa*), Kletten-Krapp (*Rubia peregrina*), Raue Stechwinde (*Smilax aspera*), Macchien-Waldrebe (*Clematis cirrhosa*) und Efeu (*Hedera helix*) zwischen den Bäumen.

Die Krautschicht trägt auch hier deutlich mitteleuropäischen Charakter und ist mit nordafrikanischen Vertretern wie dem Afrikanischen Alpenveilchen (*Cyclamen africanum*) ergänzt. Diese Art, deren Hauptverbreitungsgebiet allerdings in Nadelwäldern liegt, besitzt die größten Blätter aller wildwachsenden Alpenveilchen überhaupt; sie sind efeuartig und herzförmig, dunkelgrün und schwach marmoriert. Die Blüte des Afrikanischen Alpenveilchens erscheint von Ende August bis Oktober und ist blass- bis dunkelrosa gefärbt, die Basis dunkelkarminrot, und die Staubbeutel im Innern sind gelb.

Die Goldene Kranz-Akazie (*Acacia cyanophylla*) blüht im Frühjahr

Die größten Nadelwaldvorkommen befinden sich im Innern des Landes. Etwa auf der Linie Le Kef – Téboursouk, zwischen Kasserine und Feriana, um den Djebel Chambi und ferner um Makthar, erstrecken sich natürliche, spontanwüchsige Aleppo-Kiefernwälder. Die Aleppo-Kiefer (*Pinus halepensis*), die eine Höhe von 7–15, maximal 20 m erreicht, ist die wichtigste und am weitesten verbreitete Konifere Tunesiens. Zwischen 500 und 1.500 m ü. NN, bei einem Jahresniederschlag von 400–700 mm, bilden die Bäume lockere, oft sehr lichte Wälder. Meist werden sie von Kleinstrauchgesellschaften mit Rosmarin (*Rosmarinus officinalis*), Strauchiger Kugelblume (*Globularia alypum*), Vielblütiger Heide (*Erica multiflora*) und manchmal auch von Steineichengebüsch (*Quercus ilex*) begleitet. Die Aleppo-Kiefer ist sehr feuerresistent, nach einem Brand schlägt sie in kurzer Zeit wieder aus.

Eine zweite Kiefernart, die Sternkiefer (*P. pinaster* ssp. *renoui*) (= Seestrand-Kiefer, *P. maritima*), wird meist zur Aufforstung der Küstendünen verwendet. Sie bildet zwei Formen, von denen eine in Marokko lebt, die andere z. B. an der Küste um Tabarka gedeiht und hier ein Alter von 200 Jahren erreicht. Die Sternkiefer kommt in Nordtunesien bis in 800 m ü. NN vor und ist am Grenzbereich zu den Korkeichenwäldern auch mit den für diesen westmediterranen Waldtyp charakteristischen Gebüschen vergesellschaftet. Im Gegensatz zur Aleppo-Kiefer, die in Nordtunesien 65 % des gesamten Nadelwaldbestandes bildet, ist die Sternkiefer mit nur 1 % vertreten. Von der Aleppo-Kiefer unterscheidet sich die Sternkiefer durch längere und doppelt so dicke Nadeln. Bei der Sternkiefer sind sie 100–250 mm lang und 2 mm dick, bei der Aleppo-Kiefer dagegen nur 60–150 mm lang und 0,7 mm dick. Auch die Zapfen der Sternkiefer sind fast doppelt so lang wie die der Aleppo-Kiefer.

Die Baumförmige Akazie (*Acacia raddiana*) ist in Tunesien autochthon

Blüten des Eukalyptus-Baums

Versuche, die Schirmpinie (*Pinus pinea*) und die aus Kalifornien stammende Monterey- oder Radiata-Kiefer (*P. radiata*) zu forstwirtschaftlichen Zwecken anzupflanzen und zu ernten, waren nur von mäßigem Erfolg gekrönt. Lediglich die Schirmpinie gedeiht im Norden auf den Dünensanden der Küstenzone.

Vereinzelt kommen bei Hammam Lif, auf Cap Bon und um Zaghouan noch ausgedehnte Bestände von Sandarakbäumen (*Tetraclinis articulata*) vor. Der auch Gliederzypresse oder Berber-Thuja genannte Baum, der meist unter 5 m bleibt und maximal 12 m Höhe erreicht, bildet dichte und großflächige Bestände. Die Bäume werden zwar oft als Thuja bezeichnet, gehören jedoch nicht zu den nordamerikanischen Lebensbäumen der Gattung *Thuja*. Wie die Zypresse besitzt auch die

Das Holz der aus Australien stammenden Kängurubäume *Casuarina* spp. zählt zu den Eisenhölzern

Mittelmeer-Zypressen (*Cupressus sempervirens*) wachsen im Land spontan

Berber-Thuja kleingliedrige, schuppige Blätter. Die Pflanze ist einhäusig, männliche und weibliche Blüten befinden sich also auf demselben Baum. Das Holz wird für kunsthandwerkliche Produkte verwendet, aus dem aromatischen Harz wurden früher ähnlich Weihrauch Räuchermittel und Firnisse hergestellt. Heute befinden sich in Schutzgebieten vielfach Bestände dieser Bäume, die leicht entflammbar sind, danach aber rasch wieder Stockausschläge zeigen. Auf degradierten Flächen wird die Berber-Thuja von Rosmarin und Vielblütiger Heide ersetzt.

Im westlichen Mittelmeerraum wird die langgestreckte, spitz zulaufende *stricta*-Form der Mittelmeer-Zypresse (*Cupressus sempervirens*) oft in Siedlungen oder als Windfang zwischen den Feldern angepflanzt, doch in Tunesien gedeiht dieser 4–6 m hoch werdende Baum auch spontan. Weniger häufig kommt die eher im östlichen Mittelmeerraum beheimatete, ausladende *horizontalis*-Form vor.

Im Gegensatz zu den geschlossenen Beständen der Berber-Thuja wächst Wacholder punktförmig. Der Großfrüchtige Stech- oder Zedernwacholder (*Juniperus oxycedrus* ssp. *macrocarpa*) wird besonders in Nordtunesien oft als Dünengehölz gepflanzt. Er wächst relativ zügig zu einem 2–4 m hohen Strauch heran und fixiert mit seinem Wurzelwerk den Sand. Stechwacholder besitzt über 1 cm lange spitze Nadeln, seine an Beeren erinnernden bläulichen Zapfen unterscheiden sich gut von den verholzten Zapfen der Zypresse. In Zentraltunesien gibt es im Bergland von Matmata, Gafsa und Feriana auch noch primäre Bestände des Phönizischen Wacholders (*Juniperus phoenicea*). Im Unterschied zum Stechwacholder sind seine Nadeln ganz kurz, dreiquirlig und eher stumpf. Die beerenähnlichen Zapfen sind rotbraun. Wacholder ist im Gegensatz zur Zypresse und Berber-Thuja zweihäusig; männliche und weibliche Blüten befinden sich also auf getrennten Bäumen.

In den 1960er- und 1970er-Jahren wurden große Flächen in Tunesien mit den schnellwüchsigen Eukalyptusbäumen aufgeforstet. Die Gründe, sich für diese und gegen autochthone (ursprünglich vorkommende) Baumarten zu entscheiden, lagen damals auf der Hand: Anzucht und Pflanzung waren preiswerter, und auf mit Wasser gut versorgten, tiefgründigen Böden gedeihen diese Bäume optimal – sie sind dazu wenig krankheitsanfällig, haben einen enormen Holzzuwachs von durchschnittlich 7,5 bis maximal 12 Kubikmetern pro Hektar im Jahr und können im Mittel schon nach 15 Jahren geerntet werden. Zudem profitieren auch die Landpächter von den staatlich gelenkten Aufforstungen mit Eukalyptus. Während die Einnahmen des ersten Umtriebs zur Kostendeckung an den Landeigner gehen, was zumeist der Staat vertreten durch die Forstverwaltung ist, können die Pächter der Forstflächen weitere Hiebe und deren Erlöse nutzen. Da Eukalyptusbäume zu starken Stockausschlägen neigen, lohnt sich das durchaus. Etwa 20 von über 700 *Eucalyptus*-Arten findet man daher heute auch im Mittelmeerraum. Ihre ursprüngliche Heimat sind Australien und Tasmanien.

Tunesien begann gleich zu Beginn mit über 150 Arten und Formen zu experimentieren, was zu einer starken Hybridisierung führte. Ursprünglich wurden Eukalyptusbäume im Mittelmeerraum zur Trockenlegung von Sümpfen und der damit verbundenen Malariabekämpfung angepflanzt. Da *Eucalyptus* dem Boden sehr viel Wasser entnimmt, war er hierfür ideal. Trocknet der Boden aber aus, bleiben auch die Bäume sehr kleinwüchsig.

Wichtigster Holzlieferant ist der Camaldoli-Eukalyptus (*Eucalyptus camaldulensis*), der häufig auch als Alleenbaum angepflanzt wurde. *Eucalyptus astringens* und *E. gomphocephala* sind Holzlieferanten zweiten Ranges und eher Ausgangsrohstoff für die Papierherstellung. Zur Gewinnung des ätherischen Eukalyptusöls eignen sich der Blaugummibaum (*E. globulus*) und dessen Unterart *E. g. maidenii* sehr gut; beide besitzen im Unterschied zu allen anderen angepflanzten Arten einzelne Blüten und über 1 cm große, helle Fruchtkapseln mit vier Rippen. Andere Arten, wie *E. diversicolor*, werden lediglich als Zierbaum angepflanzt.

Die Berber-Thuja (*Tetraclinis articulata*) wird aufgrund ihrer Ähnlichkeit auch Gliederzypresse genannt

Eukalyptusbäume – oder auch Fieberbäume – erkennt man an der hellen, glatten Rinde, die sich im Alter in Platten ablöst. Junge Exemplare haben ovale bis längliche, blaugrüne und gegenständig angeordnete Blätter, die der ausgewachsenen Bäume sind lanzettförmig lang und einfarbig grün bis graugrün.

In den *Eucalyptus*-Monokulturen herrscht eine ausgesprochene Artenarmut an Krautpflanzen. Zum einen hindern das viele Laub und die plattig abgelöste Borke ein Aufkommen anderer Pflanzen, zum anderen hemmen die Blätter mit ihren Ölen andere Vegetation am Wachstum und schalten damit Wasserkonkurrenten aus. Die meisten *Eucalyptus*-Arten blühen im Sommer und bringen kleine cremefarbene Blüten hervor, wobei einige Arten auch Ausnahmen bilden: So blüht *E. cosmophylla* im Oktober, und *E. filicifolia* besitzt auffallend rote Blüten.

Zu den Neubürgern Tunesiens zählen auch zahlreiche Akazienarten. Akazien eignen sich durch ihr weitverzweigtes Wurzelwerk sehr gut zur Dünenbefestigung. Von allen allochthonen (eingebürgerten) Arten werden vor allem die Goldene Kranzakazie oder Blaublättrige Akazie (*Acacia cyanophylla*) sowie *A. cyclops* angepflanzt. Die Goldene Kranzakazie tritt als Strauch oder bis 10 m hoher Baum auf. Sie hat 10–20 cm lange Blätter, welche an die der Eukalyptusbäume erinnern. Ihre Blütezeit fällt in die Monate Februar und März. *Acacia cyclops* bleibt mit 3 m Höhe dagegen kleiner. Im Unterschied zur vorigen Art hat sie kleinere Blätter, blüht etwas später im April, und ihre Samen besitzen rote Stiele, mit denen sie im Innern der Hülse befestigt sind.

Eine weitere eingeführte Art ist die Kätzchenakazie (*Acacia longifolia*), deren lange „Kätzchen“ aus vielen kugeligen, gelben Einzelblüten im Februar erscheinen und die beim Floristen hierzulande als „Mimosen“ angeboten werden. Auch ihre Blätter sind länglich. Die aus Südafrika stammende Schreckliche Akazie (*A. karroo*) wird in Tunesien gern zur Begrenzung von Feldern gepflanzt. Sie bildet einen bis 4 m hohen Busch und ist leicht an den bis 10 cm langen Dornen und den gefiederten Blättern erkennbar. Die gelben, kugeligen Blüten erscheinen im September. In Reihe gepflanzt, bildet sie undurchdringliche Hecken. Da das sehr harte Holz der Akazien nicht weiter verwertbar ist, wird es nur zur Holzkohleherstellung genutzt, während das Laub als gutes Viehfutter dient. Das ist auch der Grund, weswegen man Akazien in den ersten Jahren nach dem Anpflanzen schützen muss, da sie sonst schnell der Beweidung zum Opfer fallen. Die eingebürgerten Akazien wachsen nahezu im gesamten Land. Man trifft sie in den Küstendünen wie auch an Flussläufen oder in Steppenlandschaften.

Reste der mit schirmförmigen Akazien bestandenen Baumsavanne, wie sie einst in weiten Teilen Tunesiens vorherrschte, sind im Bou-Hedma-Nationalpark und dessen Umland zu sehen. Die Baumförmige Akazie (*Acacia raddiana*) ist in Tunesien autochthon und bildet hier eine Busch- und Baumsavanne. Junge Bäume sind aufgrund des Weidedruckes stark bedornt, mit zunehmender Größe überwiegen die gefiederten Blätter. Die kugeligen, gelblichen Blüten erscheinen im April und sind bis weit in den Sommer zu sehen. Die Samen bilden sich in verholzten spiraligförmigen Hülsen.

Macchie und Garigue

Infolge anthropogener Nutzung wurden die typisch westmediterranen Kork- und Steineichenwälder in Tunesien größtenteils vernichtet und durch Degradationsstadien ersetzt. Die Langholzgewinnung, die seit der Antike erfolgte, zerstörte den ursprünglichen Hochwald, durch Holzkohleherstellung und Brennholzauslese wurde ein Niederwald erzielt. Außerdem verhindert die Laubheugewinnung Stammzuwachs, Beweidung und Brände sorgen für die Auslese und Massenverbreitung resistenter Arten. So ist die rezente (heutige) Flora des Mittelmeerraumes eine Sekundärflora aus Buschwald, der Macchie, Kleinstrauchvegetation und Garigue mit vielen Zwergsträuchern (Chamaephyten), deren Erneuerungsknospen knapp über dem Boden gebildet werden.

Rund um das Mittelmeer ist die immergrüne Hartlaubzone dominierend. In Tunesien gehören dieser mediterranen Klima- und Vegetationszone allerdings nur der nördliche und nordwestliche Landesteil an. Das sind die Kroumerie und das Mogod-Bergland, große Teile südlich dieser Berglandschaften, das Gebiet um den Ichkeul-See und den See von Bizerte, die Medjerda-Ebene sowie die Halbinsel Cap Bon. Die immergrüne Hartlaubzone beginnt nur wenige Meter über dem Meeresspiegel und steigt bis auf einige Hundert Meter ü. NN an.

Die Pflanzen sind einen Großteil des Jahres eher ungünstigen Umweltbedingungen ausgesetzt; starke Sonneneinstrahlung und Wassermangel von Mai bis Oktober erfordern spezielle Anpassungen. Die sklerophyllen (harten immergrünen) Gewächse besitzen daher derbe, ledrige Blätter, die als Verdunstungsschutz oft behaart sind, Wachsüberzüge haben, eingerollt sind oder zu Stacheln und Dornen degenerierte Blätter besitzen. Diese immergrünen Sträucher und Bäume verlieren ihre Blätter auch im Winter nicht und sparen so wertvolle Wasserreserven. Der Blattwechsel erfolgt sukzessiv, beim Mastixstrauch jährlich, bei der Steineiche nur alle zwei Jahre und beim Buchsbaum (*Buxus sempervirens*) und der Stechpalme (*Ilex aquifolium*) erst nach mehreren Jahren.

Rosmarin (*Rosmarinus officinalis*) ist in Nordafrika die wichtigste Art der Garigue

Zwergpalmen (*Chamaerops humilis*) sind Macchie bildend

Die immergrüne Hartlaubzone Tunesiens wird hauptsächlich von der Macchie gebildet, die die Wälder ersetzt, welche die sich ausbreitende Bevölkerung verdrängt hat. Macchie ist eine Gebüschformation, die dem hohen Weidedruck vor allem durch Ziegen standhält und relativ feuerresistent ist. Sie regeneriert sich recht schnell und ist nahezu undurchdringlich. Man unterscheidet zwischen der niedrigen Macchie, die aus kleineren Büschen besteht, und der hohen Macchie mit bis zu 5 m großen Büschen und Bäumen.

Je nach Bodenverhältnissen bilden sich unterschiedliche Macchieformen mit verschiedenen Leitarten. Eine der häufigsten Formen sind die omnimediterran verbreiteten *Olea-Pistacia*-Gehölze, die aus Wildem Ölbaum (*O. europaeus oleaster*) und Mastixstrauch (*P. lentiscus*) bestehen. Sie wachsen auf tiefgründigen Böden bis etwa 500 m ü. NN, bei 400–800 mm Niederschlag im Jahr, sind fast ständig durchweidet und durch menschliche Einflüsse, beispielsweise Holzkohlegewinnung, bereits dezimiert. Der Wilde Ölbaum – eher ein Busch – hat an seinen bedornten Ästen, im Gegensatz zur kultivierten Form, kleinere Blätter und auch kleinere Früchte. Der Mastixstrauch gehört zu den Pistaziengewächsen. Er besitzt dunkelgrüne, fiedrig angeordnete Blätter und bildet schwarze Steinfrüchte aus. Eine recht ähnliche Art ist die Terpentin-Pistazie (*P. terebinthus*). Sie bildet ebenfalls Macchie und besitzt im Unterschied zu voriger Art mit 6 cm doppelt so große Blätter, deren Stiele unge-

Die Samen des Johannisbrotbaums (*Ceratonia siliqua*) dienten als Edelsteingewicht

flügelt sind; auch die 15 cm langen Blütenstände sind gegenüber dem Mastixstrauch fünf Mal so lang.

In der Ölbaum-Pistazien-Macchie tritt immer eine Reihe von Begleitarten auf, oft wächst der Johannisbrotbaum (*Ceratonia siliqua*) darin. Ursprünglich nur im östlichen Mittelmeergebiet verbreitet, tritt er heute zirkummediterran auf, alleinstehend als Baum oder in der Macchie als Busch. Er besitzt dunkelgrüne, leicht gewellte und paarig angeordnete Blätter. Die kleinen Blüten brechen direkt aus den Ästen heraus, was in der Botanik als Kauliflorie bezeichnet wird. Bekannt sind die in 10–30 cm langen Hülsen befindlichen Samen als Edelsteingewicht: Die Hülse, Karobe genannt, enthält Samenkörner, von denen man früher annahm, ihr Gewicht wäre stets gleich, nämlich ein Karat. Tatsächlich wiegt jeder Samen durchschnittlich 200 mg, es treten aber auch Abweichungen um bis 25 % auf. Zur Nahrungsmittelherstellung findet Johannisbrotkernmehl vielfach Verwendung.

Behaarter Dornginster (*Calycotome villosa*)

Blüte und Beere des Europäischen Bocksdorns (*Lycium europaeum*)

Fast immer tritt in der Macchie auch die Schmalblättrige Steinlinde (*Phillyrea angustifolia*) und gelegentlich die Steinlinde (*P. media*) auf. Letztere wird oft nur als Form der Breitblättrigen Steinlinde (*P. latifolia*), welche auch in Tunesien vorkommt, angesehen. Steinlinden gehören zu den Ölbaumgewächsen und werden auch Steinliguster genannt. Ihre Blätter ähneln dem Liguster, die kleinen weißen Blüten stehen dicht in den Blattachseln, und die Steinfrucht ist blauschwarz.

Je nach Standort häufige Sträucher sind in diesem Macchietyp auch Strauchiger Jasmin (*Jasminum fruticans*), Myrte (*Myrtus communis*), Lorbeer (*Laurus nobilis*), Immergrüne Rose (*Rosa sempervirens*), Stechender Spargel (*Asparagus acutifolius*), Weißstängeliger Spargel (*A. albus*) und Blattloser Spargel (*A. aphyllus*) sowie Stechender Mäusedorn (*Ruscus aculeatus*), verschiedene Ginsterarten (*Genista* spp.), Ölbaum-(*Rhamnus lycioides*) und Myrtenblättriger Kreuzdorn (*R. myrtifolia*). Windende und kletternde Gewächse, wie Klet-

Immergrüner Kreuzdorn (*Rhamnus alaternus*)

Die Raue Stechwinde (*Smilax aspera*) umschlingt Gebüsche der Macchie

ten-Krapp (*Rubia peregrina*), Färberröte (*R. laevis*), Windendes Geißblatt (*Lonicera implexa*) und vor allem die überall auftretende Raue Stechwinde (*Smilax aspera*), überwuchern die Sträucher und bilden ein undurchdringliches Dickicht.

Zwischen den Büschen gedeihen am Boden viele krautige Pflanzen. Häufige Arten, die auch in anderen Macchie- und Gariguetypen immer wieder auftreten, sind Strauchiger (*Teucrium fruticans*) und Kopfiger Gamander (*T. capitatum*), Großer Klippenziest (*Prasium majus*), Kronwicke (*Coronilla pentaphylla*), Purpur-Storchschnabel (*Geranium purpureum*), Wohlriechendes Flohkraut (*Pulicaria odora*), Römisches Gliedkraut (*Sideritis romana numidica*), Lochschlund (*Anarrhinum pendatum*), Strauchiges (*Bupleurum fruticosum*) und Gibraltar-Hasenohr (*B. gibraltaricum*) sowie Gräser, wie Zweizeilige oder Kamm-Segge (*Carex distachya*), Blaugrüne Segge (*C. flacca*), Grundblütige Segge (*C. halleriana*) und Mittelmeer-Perlgras (*Melica minuta*).

Ein ganz ähnlicher Bodenbewuchs präsentiert sich in den *Erica-arborea-Arbutus*-Macchien. Die Baumheide (*Erica arborea*) und der Westliche Erdbeerbaum (*Arbutus unedo*) – beide Arten gehören zu den Heidekrautgewächsen – sind hier bestandsbildend. Die Baumheide ist ein hoher Strauch, nur selten wächst sie zu einem Baum heran. Ihr Holz besitzt einen hohen Anteil an Kieselsäure und ist daher so gut wie nicht brennbar. So werden aus dem gut polierbaren Holz bevorzugt Pfeifenköpfe hergestellt. Während die Baumheide einem baum- oder strauchförmigen Heidekraut entspricht, sieht der Erdbeerbaum mit seinen elliptischen Blättern kaum danach aus. Erst ein Blick

Die Früchte des Erdbeerbaums (*Arbutus unedo*) färben sich zur Reife rotorange

Stechpalme (*Ilex aquifolium*)

Die Gelbe Zistrose (*Halimium halimifolium*) ist mit der Kermeseiche Macchie bildend

Die Clusius-Zistrose (*Cistus clusii*) ist die häufigste weiß blühende Zistrose

auf die kleinen glockenförmigen, rosa bis grünlichen Blüten, welche in Trauben herabhängen, lässt die Zugehörigkeit zu den Heidekrautgewächsen erkennen. Im Herbst reifen an diesen Bäumen kugelige, warzige, rotorange Früchte, die wenig schmackhaft sind. Der lateinische Artname *unedo* bedeutet treffend „eine ess ich".

Eine weitere Form der Macchie stellt die *Quercus-coccifera-Halimium*-Macchie dar. Hier bilden die Kermeseiche (*Quercus coccifera*) und die Gelbe Zistrose (*Halimium halimifolium*) auf lockeren, gut durchlässigen Silikatböden üppige Bestände. Die Kermeseiche ist mit ihren kleinen, am Rand gewellten und stacheligen Blättern gut

Die Graubehaarte Zistrose (*Cistrus creticus*) ist weit verbreitet

Die Flachblütige Seide (*Cuscuta planiflora*) schmarotzt auf Gehölzen

Der Kopfige Thymian (*Coridothymus capitatus*) zählt zu den Heil- und Gewürzpflanzen

Der Zistrosenwürger (*Cytinus hypocistis*) lebt schmarotzend an den Wurzeln der Zistrosen

gegen Verbiss gewappnet, während die Gelbe Zistrose Bitterstoffe enthält, die sie für Weidetiere unattraktiv machen.

An Stellen, an denen die Macchie stark degradiert ist oder die aufgrund der Bodenbeschaffenheit keinen üppigen Bewuchs zulassen, wächst die Garigue. Oft handelt es sich um Flächen mit wenig tiefgründigen Böden, Felszonen, Brandflächen und starker Überweidung. Die Garigue besteht aus niedrigen, kaum mehr als 50 cm hohen Sträuchern. Häufig sind drei Formen der Garigue: Auf unterschiedlichen Bodentypen wächst die *Ceratonia-Chamaerops*-Garigue, bestehend aus Johannisbrotbaum (*Ceratonia siliqua*) und Zwergpalme (*Cha-*

Schmalblättriger Gamander (*Teucrium pseudo-chamaepitys*)

Die Strauchige Kugelblume (*Globularia alypum*) ist ein immergrüner Vertreter der Garigue

maerops humilis), wobei Zwergpalmenbestände kalkhaltige Böden bevorzugen. Die *Erica-Cistus*-Garigue dagegen gedeiht auf oberflächlich entkalkten Böden oder auf gut durchlässigen Silikatböden und wird von Heidekrautarten und Zistrosen gebildet. Die *Rosmarinus-Lavandula*-Garigue schließlich breitet sich bevorzugt auf Kalk aus. Alle Gariguetypen sind jedoch weniger streng an bestimmte Bodenverhältnisse gebunden wie beispielsweise manche Vegetationsformationen in Mitteleuropa.

Rosmarin (*Rosmarinus officinalis*) ist in ganz Nordafrika die wichtigste Art der Garigue wie auch der Macchie. Der maximal 0,5–2 m hohe Strauch trägt kleine schmale Blättchen und hellblaue Blüten, die nahezu das ganze Jahr über zu sehen sind. Er gehört zu den Lippenblütlern, genau wie die oft mit Rosmarin vergesellschafteten Lavendelarten. Besonders häufig ist der Schopflavendel (*Lavandula stoechas*) in Nordtunesien, der höchstens 1 m hoch wird; meist bleibt er kleiner. Graugrüne nach oben gerichtete schmale Blätter und violette Blüten, die im Frühjahr eine Scheinähre am Stängelende bilden, zeichnen ihn aus.

Die Garigue beherbergt neben diesen beiden Pflanzen viele weitere Heil- und Gewürzpflanzen. So wächst auch der Kopfige Thymian (*Coridothymus capitatus*) hier. Seine blassvioletten Blüten entfaltet er von Mai bis September. Die Strauchige Kugelblume (*Globularia alypum*), ein immergrüner Vertreter der Garigue, ist ein bis 1 m hoher Strauch mit ledrigen Blättern und endständigen, kugelförmigen blauvioletten Blütenköpfen. Die Blütezeit dieser Art fällt in das Winterhalbjahr. Während die Baumheide (*Erica arborea*) mit ihrer Wuchshöhe von bis zu 4 m eher eine Vertreterin der Macchie ist, kommt sie als kleiner Strauch doch auch in der Garigue vor. Hauptsächlich ist hier jedoch die Vielblütige Heide (*E. multiflora*) verbreitet. Diese Art bleibt meist unter 1 m und trägt 6–11 mm lange, nadelartige Blätter. Die Baumheide dagegen besitzt 3–5 mm lange Blättchen.

Die Heidekrautarten und viele Zistrosen haben sowohl in der Macchie als auch in der Garigue dieselben Wuchsstandorte. Die weißblühende Clusius-Zistrose (*Cistus clusii*) und die Montpellier-Zistrose (*C. monspeliensis*) mit derselben Blütenfarbe sind die häufigsten Arten. Die Clusius-Zistrose besitzt drei, die Montpellier-Zistrose fünf Kelchblätter am Blütenkelch; außerdem sind ihre Blätter drüsig-klebrig; die der Clusius-Zistrose sind viel schmaler bis fast nadelförmig. Eine häufige, rosablühende Art ist, neben einigen anderen Arten, die Graubehaarte Zistrose (*C. creticus*), mit 4–6 cm breiten Blüten. Häufig trifft man in Zistrosenbeständen auch auf den Zistrosenwürger (*Cytinus hypocistis*), der schmarotzend an den Wurzeln dieser Pflanzen lebt. Weitere kleiner bleibende Zistrosenarten, bei denen auch die Blüten nur 2–3 cm breit werden, wie das gelbblühende Thymianblättrige Nadelröschen (*Fumana thymifolia*) oder die Sonnenröschen (*Helianthemum* spp.) mit ihren meist gelben, aber auch weißen und rosa Blüten, wachsen auch außerhalb der *Erica-Cistus*-Formationen und dringen selbst bis in die Halbwüste vor.

Vereinzelt stehen in der Garigue auch Zwergpalmen (*Chamaerops humilis*), die nur selten größere Flächen bewachsen. Die Zwergpalme wird oft nur 80 cm hoch, lediglich bei ungestörtem Wuchs ohne Beweidungsdruck, an unzugänglichen Felsstandorten oder in Parks, erreicht sie mit 2–7 m Baumgröße. Bei Verbiss bilden Zwergpalmen nur einen Busch aus fächerförmigen Blättern an einem langen, gezähnten Stiel. Ihre Früchte sind ungenießbar.

Baumheide (*Erica arborea*) in Blüte

Schopf-Lavendel (*Lavandula stoechas*) ist in der Garigue häufig

Pilze

Den wenigsten ist bekannt, dass man in Tunesien im Herbst auch ausgezeichnet Pilze suchen kann. Bekanntester Vertreter der Röhrenpilze in den Eichenwäldern und Macchien des Nordens ist der mediterran verbreitete Schwarzhütige Steinpilz (*Boletus aereus*), der sich durch seine besonders dunkle Hutoberseite von anderen Steinpilzarten unterscheidet. Während diese Art in warmen Gebieten Mitteleuropas eine Ausnahmeerscheinung ist, kommt er in Tunesien jährlich in so großer Zahl vor, dass er als Exportgut dient.

Auf den frischen Bergwiesen der Kroumirie wächst der Wiesenchampignon (*Agaricus campestris*). Er kann beinahe das ganze Jahr über gesammelt werden. Der helle Pilz besitzt altersabhängig hellbraune bis fast schwarze Lamellen und ist leicht mit anderen Blätterpilzarten zu verwechseln.

Im Süden gedeiht der Sand- oder Saharatrüffel (*Terfezia leonis*). Er wird auch als Löwentrüffel oder Weißer Trüffel bezeichnet, ist jedoch kein echter Trüffel, wie die Pilze der Gattung *Tuber* in Südeuropa. Das gelbblühende Sonnenröschen *Helianthemum lippii* ist die Wirtspflanze des unterirdisch wachsenden, wie eine Kartoffel aussehenden Pilzes. Ein weiterer sog. „Arme-Leute-Trüffel" in Tunesien ist die ähnliche *Tirmania nivea.*

Auch in der Sahara wachsen einige Pilzarten

Geophyten

Vor allem im Frühjahr, aber auch ab Herbst bis in den Winter hinein blühen in der Garigue und an den Rändern der Macchie zahlreiche Zwiebel- und Knollenpflanzen. Solche Geophyten-Fluren entwickeln sich am besten in lichten *Tetraclinis*- und *Pinus*-Wäldern auf flachgründigen Substraten, aber selbst Schlagflächen werden schnell erobert. Mit zunehmender Walddichte nimmt die Anzahl der Geophyten-Arten signifikant ab.

Im Frühjahr entfalten viele Liliengewächse ihre Blüten, und besonders artenreich ist die Familie der Hyazinthen. Sehr häufig ist der Peru-Blaustern (*Scilla peruviana*). Er besitzt 40–60 cm lange, relativ breite Blätter und blaue bis rosa oder weißliche Blüten, die pyramidenförmig angeordnet sind. Sein lateinischer Name ist etwas irreführend, denn diese Pflanze ist autochthon, also hier ursprünglich heimisch. LINNÉ folgte der Namensgebung des niederländischen Arztes und Botanikers CLUSIUS, welcher den Blaustern von einem Schiff mit dem Namen Peru erhielt, das Kartoffeln, Dahlien und andere südamerikanische Pflanzen geladen hatte und in England anlandete. Offensichtlich wurde der Blaustern allerdings bei einem Zwischenstopp in Spanien gesammelt, und CLUSIUS, der sich gerade in Bristol aufhielt, bekam die Pflanze in England.

Die blaublühende Schopf-Traubenhyazinthe (*Muscari comosum*), deren röhrenförmige Einzelblüten sich endständig zu einem Schopf verdichten, und die Maurische Hyazinthe (*Bellevalia mauritania*) mit ihren locker stehenden weißen, manchmal an der Basis bläulich bis bräunlich überlaufenen Blüten sind weitere häufige Frühjahrsblüher. Das Schweifblatt (*Dipcadi serotinum*), eine zarte 10–40 cm hohe Hyazinthe mit gelblichen, grünlichen bis bräunlichen Blüten, erkennt man an den drei äußeren zurückgebogenen Hüllblättern.

Im Herbst blüht der zierliche und recht unscheinbare Herbst-Blaustern (*Scilla autumnalis*). Die weißblühende Graslilie *Anthericum liliago* ssp. *algeriense* und die Mattiazzi-Graslilie (*Simethis mattiazzi*) sind zwei zarte Lilien mit verzweigten Blütenständen, welche häufig auf mit Steinen durchsetzten Wiesen in Hanglage wachsen. Letztere besitzt auch weiße Blüten, die im Gegensatz zur Gattung *Anthericum* dicht wollige Staubfäden haben.

Bei der Messinischen Schachblume (*Fritillaria messanensis algeriensis*) hängen die bis 3 cm großen, glockenförmigen Blüten nach unten. Sie sind bräunlich, und jedes Blütenblatt zeigt einen grünen Mittelstreifen. Die Blätter dieser 10–30 cm

Der Stechende Mäusedorn (*Ruscus aculeatus*) ist eine Zwiebelpflanze

Als einzige Art blüht die Große Affodeline (*Asphodeline lutea*) gelb

Glöckchen-Lauch (*Allium triquetrum*) liebt feuchten Laubwaldboden

hoch wachsenden Pflanze sind wie bei allen Liliengewächsen schmal. Die Blüte der Wilde Tulpe (*Tulipa sylvestris australis*) ist gelb und oft rötlich überlaufen. Während die Wilde Tulpe nur in der lichten Macchie und in der Garigue wächst, sprießen die 60 cm langen Blütenstängel des Rosen-Lauchs (*Allium roseum*) überall, selbst in den Stranddünen. An ihrem Ende sitzt eine halbkugelige Scheindolde aus vielen rosa bis weißen Einzelblüten.

Zu den Schwertliliengewächsen zählt der Großblütige Scheinkrokus (*Romulea bulbocodium*), eine Art, die bereits ab Januar und bis in den April hinein blüht. Scheinkrokusse besitzen sehr schmale gebogene und oft leicht eingerollte Blätter sowie 2 cm kleine weiße bis violette Blüten mit gelbem Schlund. Nach den ersten Regenfällen am Ende des Jahres erscheinen die gelben Blüten des Herbst-Goldbechers (*Sternbergia lutea*), der einem Krokus sehr ähnelt.

Die häufigste Iris ist die Mittags-Schwertlilie (*Gynandriris sisyrinchium*). Die kleine 5 bis höchstens 50 cm hohe Lilie trägt blaue Blüten, deren Blütenblätter in der Mitte weiß sind und einen gelben Fleck aufweisen. Jede Blüte öffnet sich nur für einen Nachmittag. Die Flachblättrige Schwertlilie

Persische Alpenveilchen (*Cyclamen persicum*) blühen im Frühjahr

Dolden-Milchstern (*Ornithogalum umbellatum*)

(*Iris planifolia*) bringt von Herbst bis Frühjahr ungestielte lavendelblaue Blüten mit gelbem Grund hervor.

Vor allem auf brachliegenden Äckern und an Feldrändern wachsen in großer Zahl die Saat- (*Gladiolus italicus*) und die Byzanz-Siegwurz (*G. byzantinus*). Sie sind an ihren rosaroten, einseitswendigen Blüten erkenntlich. Bei der Saat-Siegwurz umschließen die beiden seitlichen Blütenblätter das obere Blütenblatt, was bei der Byzanz-Siegwurz nicht der Fall ist. Bei ihr befindet sich auf dem unteren Blütenblatt ein weißer, purpurn umrandeter Fleck.

Von allen Aronstabgewächsen ist der Krummstab (*Arisarum vulgare*) neben dem Italienischen Aronstab (*Arum italicum*) der häufigste. Die Blüte des Krummstabs besteht aus einem Hochblatt, welches den Blütenkolben fast ganz umschließt. Dieser verströmt einen Aasgeruch, welcher Fliegen anlockt, die wiederum die Pflanze bestäuben. Das Hochblatt ist weiß und trägt olivgrüne oder seltener braunviolette Streifen. Meist blüht der Krummstab im Frühjahr, gelegentlich aber auch schon im Winter. Beim im Frühjahr blühenden Italienischen Aronstab sind die Blätter und auch das grünlich weiße, halbseitig offene

Italienischer Aronstab (*Arum italicum*)

Der Kleinfrüchtige Affodill (*Asphodelus aestivus*) ist im Norden weit verbreitet

Hochblatt größer. Der seltenere Aronstab *Ambrosinia bassii* zeigt im Winterhalbjahr seine kleine 4–8 cm hohe Spata, ein weißliches und mit bräunlichen Tupfen versehenes Hüllblatt.

Das Persische Alpenveilchen (*Cyclamen persicum*), das seine Hauptverbreitung im ostmediterranen Raum hat, kommt auch in Tunesien vor. Die Blätter sind auffallend marmoriert, die weißen bis

Der Peru-Blaustern (*Scilla peruviana*) zeigt dekorative blaue bis weißliche Blüten

Schopf-Traubenhyazinthe (*Muscari comosum*)

Die häufigste Iris ist die Mittags-Schwertlilie (*Gynandriris sisyrinchium*)

rosa Blütenblätter besitzen an der Basis je einen rechtwinkligen purpurroten Fleck. Im Gegensatz zum herbstblühenden Afrikanischen Alpenveilchen (*C. africanum*) blüht diese Art im Frühjahr, von März bis April.

Wegen der Überweidung durch Schafe, Ziegen und Rinder ist es mancherorts schwer, blühende Pflanzen aller Art zu finden. Doch selbst wenn alle Frühblüher abgeweidet sind, so wird man mit Sicherheit auf Affodill-Arten treffen. Diese Liliengewächse sind nämlich giftig und werden von Tieren gemieden. So kann der Affodill sich ungehindert vermehren und bildet oft Massenbestände. Die schmalen Blätter des Affodills sind grundständig. An den langen, am Ende verzweigten Blütenstielen sitzen die weißen, 1–2 cm breiten Blüten, deren Blütenblätter je nach Art einen grünen oder braunen Mittelnerv besitzen. Die einzige Ausnahme bildet die Große Affodeline (*Asphodeline lutea*), deren Blüten gelb sind. Von den vorkommenden Arten ist im Norden der Kleinfrüchtige Affodill (*Asphodelus aestivus*) am häufigsten, südlicher bis in die Halbwüsten reicht das Verbreitungsgebiet des Schmalblättrigen Affodills (*A. tenuifolius*). Wenn es auf den Herbst zugeht, schiebt die Gewöhnliche Meerzwiebel (*Urginea maritima*) ihre bis 1 m langen, mit vielen kleinen weißen Einzelblüten versehenen Blütenstiele empor. Die breiten, ausladenden Blätter erscheinen erst im Frühjahr und verwelken im Sommer wieder. Die Meerzwiebel ist giftig und wird daher ebenfalls von den Weidetieren verschmäht.

Orchideen

Orchideen zählen zu den botanischen Höhepunkten jeder Exkursion. In Tunesien beschränkt sich das Vorkommen auf den humiden und subhumiden Norden. So sind im Nordwesten die Kroumirie und das Mogod-Bergland, im Nordosten die Domberge Dj. Bou Kornine, Dj. Ressas und Dj. Zaghouan sowie die Kiefernwälder zwischen Téboursouk und Le Kef besonders orchideenreich.

Ab Ende März beginnt die Blütezeit. Der April verspricht die meisten Gelegenheiten, blühende Pflanzen zu finden, und Anfang Mai verblühen die letzten Orchideen. Nur ganz wenige Arten tragen bis in den Sommer hinein Blüten.

Orchideen besitzen eine reich gegliederte Blüte. Sie besteht aus drei äußeren Blütenblättern, den Sepalen. Eines steht senkrecht, die beiden anderen waagerecht bis schräg. Zwei innere Blütenblätter, die Petalen, befinden sich zwischen den Sepalen. Bei einigen Gattungen formen die Blütenblätter einen sog. Perigonhelm.

Am größten und oft prächtig gefärbt ist die Lippe der Orchidee. Sie ist gerade bei der Gattung *Ophrys* auffallend gezeichnet, da diese Orchideen auf bestäubende Insekten angewiesen sind. Jede Art der Gattung *Ophrys* hat ihr ganz spezifisches Zeichnungsmuster, das jeweils nur eine bestimmte Insektenspezies, etwa eine bestimmte Hummel oder Langhornbiene, anlockt. Die Staubblätter sitzen über der Lippe auf der Narbe.

Einige Orchideengattungen haben an der Blüte einen Sporn. Dazu zählen die Knabenkräuter der Gattung *Orchis*. Die vielen Einzelblüten dieser Pflanzen stehen in einer dichten Traube oder lockeren Rispe, die meist weithin sichtbar ist. Ihr Blütenstiel strebt aus einer grundständigen Blattrosette hervor. Der Stiel selbst besitzt keine weiteren Blätter. Allgemein häufig ist das Italienische Knabenkraut (*Orchis italica*). Bei dessen rosa bis rosavioletter Blüte ist die Lippe fadenförmig zu fünf Zipfeln verlängert. Die Einzelblüten bilden eine dichte Traube. Das ebenfalls weit verbreitete Langspornige Knabenkraut (*O. longicornu*) besitzt violette Blüten, die einen ausgeprägt langen, nach oben gerichteten Sporn besitzen und in einer lockeren Rispe stehen. Besonders prächtig ist die Blüte des Großblütigen Schmetterlings-Knabenkrautes (*O. papilionacea grandiflora*). Es besitzt die größten Blüten aller Knabenkräuter; sie sind weiß bis weißrosa und besitzen rosa bis hellrote Strichel. Die Lippe ist etwa 18 x 25 mm groß und fächerförmig verbreitert. Diese Art kommt zerstreut auf Kalkböden vor. Einander recht ähnlich und nur sporadisch verbreitet sind Hügel- (*O. collina*) und Wanzen-Knabenkraut (*O. coriophora*). Sie bilden rosarote bis bräunlich überlaufene Blüten.

Ein Endemit, der nur im Tell-Atlas im algerisch-tunesischen Grenzgebiet wächst, ist das gelbblühende Algerische Knabenkraut (*O. laeta*). Es ist vom Aussterben bedroht. Tritt die Pflanze mit dem violettblühenden Südfranzösischen Knabenkraut (*O. mascula*) in einem Biotop auf, bilden beide Hybriden. Dieser im Orchideenreich häufige Vorgang erschwert mitunter das Bestimmen der Pflanzen. Auch die im tunesischen Tell-Atlas liegenden Bestände des purpurviolett blühenden Atlas-Knabenkrautes (*O. patens*) sind fast erloschen. Erwähnt seien noch die Hohe Fingerwurz

Die Spiegel-Ragwurz (*Ophrys speculum*) ist eine häufige Orchidee

Pyramiden-Hundswurz (*Anacamptis pyramidalis*)

(*Dactylorhiza elata*) und die Römische Fingerwurz (*D. romana markusii*), die den Knabenkräutern recht ähnlich sehen, aber extrem selten sind. Bei dieser Gattung besitzt der Blütenstiel neben den grundständigen Blättern noch weitere Blätter.

Eine Orchidee, die selbst in Siedlungsgebiete vordringt, ist die Pyramiden-Hundswurz (*Anacamptis pyramidalis*). Auch bei ihr besitzt der Blütenstiel Blätter. Die dichte Blütentraube aus vielen kleinen Einzelblüten ist pyramidenförmig aufgebaut. Ihre Blütenfarbe reicht von Zartweißrosa bis zu Rosarot.

Die Blüten des Tunesischen (*Serapias lingua tunetana*) und des Kleinblütigen Zungenstendels (*S. parviflora*) weichen vom typischen Habitus einer

Orchideenblüte ab. Ein Tragblatt und die Kelchblätter formen einen langen Helm, aus dem das Lippenblatt wie eine Zunge hervorschaut. Die Blüten sind mehr oder weniger intensiv rot, das Blüteninnere und die Lippe weisen meist eine dunklere Färbung auf. Dunkel sind auch die gut sichtbaren Nerven auf den Blütenblättern. Im Mittelmeerraum gibt es mehrere Arten, die teilweise nur durch den inneren Aufbau der Blüte und die Abmessungen der Blütenblätter genau bestimmt werden können.

Am buntesten sind die Blüten der Ragwurzarten. Lippe und obere Sepale zusammengefasst, ist die Blüte je nach Art zwischen 15 und 30 mm groß. Die Rotbraune Ragwurz (*Ophrys fusca*), Doppelhalbmond-Ragwurz (*O. f. bilunulata*) und Zypressen-Ragwurz (*O. f. funerea*) sehen der Kleinblütigen Regenbogen-Ragwurz (*O. iricolor* ssp. *maxima*) recht ähnlich. Alle haben grüne Sepalen und eine braune, am Ende gebuchtete und am Grunde blaue Lippe. Bei der *fusca*-Gruppe sind die Petalen grün, bei *O. iricolor* jedoch braunoliv. Die *fusca*-Gruppe ist in ihrer Morphologie und Färbung recht variabel, sodass immer wieder neue Formen oder Arten beschrieben werden, wie *O. africana* und *O. gazella*, die von vielen Botanikern aber nicht anerkannt werden.

Die Gelbe Ragwurz (*O. lutea*), die Kleinblütige Gelbe Ragwurz (*O. l. minor*) und Murbecks Ragwurz (*O. l. murbecki*) besitzen gelbgrüne Sepalen und eine gelbe Lippe mit einer braunen Zeichnung von unterschiedlicher Ausdehnung im Zentrum. Bei der Schnepfen-Ragwurz (*O. scolopax*) und der endemischen Tunesischen Ragwurz (*O. s. apiformis*) sind die Sepalen weißlich grün bis rosa, die bauchige Lippe braun mit einer hellen verzweigten H-Zeichnung und einem grüngelben Anhängsel. Die Spiegel-Ragwurz (*O. speculum*) hat grüne Sepalen, die seitlichen dieser Blütenblätter besitzen einen braunen Mittelnerv. Die Lippe zeigt einen blauen Spiegelfleck, der Lippenrand ist auffallend braun behaart. Die Spiegel-Ragwurz ist neben den Arten der *fusca*- und *lutea*-Gruppen eine der häufigsten Ragwurze und wächst in der Macchie und Garigue ebenso wie in lockeren Kiefernwäldern. Seltener kommen Wespen- (*O. tenthredinifera*), Bienen- (*O. apifera*), Drohnen- (*O. bombyliflora*) und eine Unterart der Atlas-Ragwurz, Hayeks Ragwurz (*O. atlantica hayekii*), vor.

In Kiefernwäldern und in der Kermeseichen-Macchie wächst der Violette Dingel (*Limodorum abortivum*), der von April bis in den Juni hinein blüht. Er ist eine Orchidee, die kein Blattgrün besitzt. An einem bis zu 80 cm hohen Stängel trägt diese Pflanze zahlreiche violette Blüten, die über 4 cm groß werden können. Der Dingel ist ein Rhizom-Geophyt, der von totem organischem Material lebt, möglicherweise ist er auch ein Schmarotzer. Künkeles Waldhyazinthe (*Platanthera kuenkelei*), Ohnsporn (*Aceras anthropophorum*), Roberts Mastorchis (*Barlia robertiana*), Weißes (*Cephalanthera damasonium*), Schwertblättriges (*C. longifolia*) und Rotes Waldvögelein (*C. rubra*), Zweiblättriger Grünstendel (*Gennaria diphylla*), Bocks-Riemenzunge (*Himantoglossum hircinum*) sowie Keusch-Orchis (*Neotinea maculata*) zählen mehr oder weniger zu den Raritäten unter den in Tunesien vorkommenden Orchideen.

Felsflora

In gebirgigen Abschnitten bildet sich eine Felsspaltenvegetation, deren Wuchs aufgrund einer besseren Wasserversorgung bis hin zu sonnengeschützten Lagen besonders begünstigt ist. Im Nordwesten Tunesiens gedeiht beispielsweise auf Felsen aus Silikatgesteinen in beschatteten, luftfeuchten Standorten eine Vielzahl von Farnarten. Durch die Wasserundurchlässigkeit des Gesteins reichert sich der ankommende Niederschlag oberflächlich im Bodensubstrat an und versorgt die Wurzeln der Pflanzen optimal. Letztlich ermöglicht die hohe Luftfeuchte selbst bei fast völligem Fehlen von Substrat ein Wachstum von Gezähntem Moosfarn (*Selaginella denticulata*), Schuppen- oder Pelzfarn (*Cheilanthes hispanica*), Frühlings-Nacktfarn (*Anogramma leptophylla*), Südlichem Tüpfelfarn (*Polypodium cambricum*) sowie Billots (*Asplenium billotii*), Eiförmigem (*A. obovatum*) und Spitzem Streifenfarn (*A. onopteris*).

Der Südliche Tüpfelfarn (*Polypodium cambricum*) wächst bevorzugt an Eichen

Auch das Hängende Nabelkraut (*Umbilicus rupestris*) und das Nabelkraut *U. gaditanus* gedeihen auf den Silikatfelsen. Die zu den Dickblattgewächsen gehörenden Pflanzen, welche auch Venusnabel genannt werden, siedeln sich auch schnell an Legesteinmauern an. Sie besitzen schildförmige Blätter an dicken, fleischigen Stielen und einen kräftigen Blütenstängel, der mit vielen kleinen grünlich weißen Blüten besetzt ist.

Auf Kalkstein ist die Wasserversorgung deutlich ungünstiger, da der ankommende Niederschlag vom Fels aufgenommen und unterirdisch abgeleitet wird. Somit gelangt nur ein Teil an die Wurzeln der Pflanzen. Die Vegetation auf Kalk ist weniger farnreich; es herrschen Pflanzen vor, die in ihren Blättern ausreichend Wasser speichern können. So gedeiht eine Reihe von Dickblattgewächsen, wie die Mauerpfefferarten *Sedum majellense* und *S. tuberosum*, direkt auf dem Fels. Besteht ein ausreichender Bodengrund, siedeln darauf die zu den Nelken gehörenden Mauermiere *Paronychia aurasiaca* und das Seifenkraut *Saponaria depressa*.

Charakterpflanzen der Kalkgebirge sind die Glockenblume *Campanula numidica* und der Erdrauch *Fumaria numidica*, die mit dem Labkraut *Galium perralderii*, dem Felsen-Habichtskraut (*Hieracium saxatile*), Kümmel (*Carum montana*) und den Fuchsschwanzgewächsen *Oreobliton thesioides* sowie Knorpelkraut *Polycnemum fontanesii* gemeinsam auftreten.

Ackerunkrautgesellschaften und Ruderalfluren

Im humiden und semihumiden Norden Tunesiens gedeihen unterschiedliche Unkrautfluren mit jeweils ganz spezifischen Leitarten. Von den über 2.150 Blütenpflanzen Tunesiens ist ein sehr hoher Artenanteil in diesen Ackerunkrautfluren vertreten. Auf den traditionell bewirtschafteten Ackerflächen wächst eine ähnliche Vielfalt an Therophyten, also kurzlebigen Sommerpflanzen, wie auf natürlichen, nicht anthropogen beeinflussten Flächen. Selbst bei normaler Düngung sind die Unterschiede zwischen diesen Flächen und ungedüngten Feldern verschwindend gering. Erst mit der maschinellen Bearbeitung und dem Sprühen von Herbiziden gehen die Ackerunkräuter stark zurück.

Die Zusammensetzung der Unkrautfluren richtet sich in erster Linie nach dem Bodentyp und den klimatischen Bedingungen. Im Nordwesten, in der Kroumirie, überwiegen schwere entkalkte und tonhaltige Böden. Im Sommer trocknen diese mitunter stark aus und werden sehr hart. Im Winter dagegen vernässen die durch den Ton gut abgedichteten Böden infolge des großen Niederschlagvolumens von 600–1.600 mm im Jahr.

In variierender Artenzusammensetzung bilden verschiedenste Pflanzenfamilien an die Niederschlagsmenge angepasste, spezifische Gesellschaften. Häufige Korbblüter dieser Region sind die Flockenblumen *Centaurea schouwii* und *C. napifolia*, Gelbe Margerite (*Coleostephus myconis*), Gewöhnliche Wegwarte (*Cichorium intybus pumilum*), Natternkopf-Bitterkraut oder Wurmlattich (*Helminthotheca echioides*), Wollige Eberwurz (*Carlina lanata*), Milchfleckdistel (*Galactites tomentosa*), Gefleckte Golddistel (*Scolymus maculatus*), das Greiskraut *Senecio delphinifolius*, Gewöhnliches Filzkraut (*Filago vulgaris*), das Ferkelkraut *Hypochoeris achyrophorus* und die Kamille *Otospermum glabrum*. Diese Arten treten zusammen mit Doldengewächsen, wie *Capnophyllum peregrinum*, den Möhrenarten *Daucus aureus* und *D. muricatus*, Distelartigem Mannstreu (*Eryngium triquetrum*), Knotigem Klettenkerbel (*Torilis nodosa*), Fal-

Wegerichblättriger Natternkopf (*Echium plantagineum*)

schem Fenchel (*Ridolfia segetum*) und dem Hasenohr *Bupleurum odontites* auf.

Aus der Familie der Schmetterlingsblütler trifft man in diesen Fluren auf Gefransten Schneckenklee (*Medicago ciliaris*) und *M. echinus*, den Stacheligen (*Scorpiurus muricatus subvillosus*) und Wurmförmigen Skorpionsschwanz (*S. vermiculatus*), den Steinklee *Melilotus infesta*, Feld- (*Trifolium campestre*) und Schuppenklee (*T. squamosum*) sowie Persischen (*T. resupinatum*), Schmalfrüchtigen (*T. isthmocarpum*) und Schmalblättrigen Klee (*T. angustifolium*).

Weitere charakteristische Arten sind der aus der Familie der Primelgewächse stammende Blaue Gauchheil (*Anagallis coerulea*) mit sattblauen Blüten, das zu den Enziangewächsen zählende Tausendgüldenkraut *Centaurium candelabrum*, die zu den Lippenblütlern gehörende Polei-Minze (*Mentha pulegium*) und Basilikum-Ziest (*Stachys ocymastrum*), der Rapsdotter *Rapistrum orientale*, ein Kreuzblütler, sowie das zu den Rachenblütlern gehörende Leinkraut *Linaria lanigera*.

Sehr häufige Süßgräser dieser Pflanzengesellschaften sind Tauber Hafer (*Avena sterilis*) und Finger-Hundszahn oder Bermudagras (*Cynodon dactylon*). Der Taube Hafer wird 50–150 cm hoch und besitzt einen lockeren Blütenstand. Wichtigstes Erkennungsmerkmal sind zwei gekniete Grannen an jeder Blüte. Der Finger-Hundszahn ähnelt einer Quecke. Er bildet oberirdische Ausläufer mit verhältnismäßig kurzen, spitz zulaufenden Blättern und wird bis 40 cm hoch. Typisch sind seine fingerartigen, oft violett angelaufenen Blütenähren. Raues (*Gastridium scabrum*) und Südliches Nissengras (*G. ventricosum*) sowie vor allem in Küstennähe der

Ringel- und Wucherblumen bilden mit Natternkopf, Roter Spargelbohne, Wachsblume und Reseda eine Unkrautflora

Gekrümmte Dünnnschwanz (*Parapholis incurvatus filiformis*) komplettieren die Liste der häufigsten Gräser. Stellenweise gedeihen auf den schweren, tonhaltigen Böden auch verschiedene Wolfsmilcharten, so die Kleine Wolfsmilch (*Euphorbia exigua*) sowie *E. achenocarpa* und *E. medicaginea*.

Viele der aufgezählten Begleitarten sind wenig spezialisiert, sondern tolerieren die verschiedensten Bodentypen und sind folglich in ganz Nord- und Zentraltunesien in den unterschiedlichsten Flurentypen anzutreffen. Die meisten Böden im Land enthalten Kalk. Bereits im östlich der Kroumirie benachbarten Mogod-Bergland lagern schwere, kalkhaltige Böden mit stellenweise größeren Humusanteilen. Das semihumide Gebiet mit Jahresniederschlägen von 450–700 mm weist hauptsächlich *Convolvulus-tricolor-Hedysarum*-Gesellschaften auf. Dreifarbige Winde (*Convolvulus tricolor*) und Süßkleearten wie der Kronen-Süßklee (*Hedysarum coronarium*) sind hier die Leitarten, die mit der Winde *Convolvulus cupanianus*, der Flockenblume *Centaurea nicaeensis*, verschiedenen Wolfsmilcharten wie *Euphorbia reboudiana*, der zu den Baldriangewächsen gehörenden Fedie *Fedia caput-bovis* und einem Mohngewächs, der Bastard-Roemerie (*Roemeria hybrida*), vergesellschaftet sind. Des Weiteren zählen zur typischen Artenzusammensetzung der zu den Schmetterlingsgewächsen gehörende Raue Schneckenklee (*Medicago polymorpha*), der Doldenblütler Echter Venuskamm (*Scandix pecten-veneris*), die zu den Labkrautgewächsen zählende Ackerröte (*Sherardia arvensis*) und der Lippenblütler Gamander (*Teucrium spinosum*). Die häufigsten Süßgräser der Winden-Süßklee-Fluren sind Steifes Weidelgras (*Lolium rigidum*) und Keil-Glanzgras (*Phalaris truncata*).

In Nord- und Mitteltunesien bilden sandig-lehmige oder nährstoffreiche und kalkhaltige Böden die Grundlage für eine der schönsten und farbenprächtigsten Ackerunkrautfluren. Die Bodenbeschaffenheit ist hier so gut, dass diese Flächen auch ohne jeglichen Einfluss zum Ackerbau geeignet sind. Die semihumiden Gebiete erhalten mit 400–550 mm Jahresniederschlag noch

Große Wachsblume (*Cerinthe major*)

ausreichend Wasser, um prächtig bunte *Chrysanthemum-Calendula*-Fluren gedeihen zu lassen. Die Kronen-Wucherblume (*Chrysanthemum coronarium*) und die Acker-Ringelblume (*Calendula arvensis*) sind hier bestandsbildend und überziehen im Frühjahr als dichter Blütenteppich Feldraine und ungenutzte Flächen. Zahlreiche weitere Ruderalpflanzen bilden darin interessante Farbtupfer. So gedeihen etliche Mohngewächse, wie Roter Hornmohn (*Glaucium corniculatum*), Bastard- (*Papaver hybridum*) und Klatschmohn (*P. rhoeas*), Dichtblütiger (*Fumaria densiflora*), Kleinblütiger (*F. parviflora*) und Gewöhnlicher Erdrauch *F. officinalis* sowie *F. agraria* und der erdrauchähnliche Ährige Breitsporn (*Platycapnos spicatus*). Im Gegensatz zum Mohn hat Erdrauch in dichten Trauben stehende, röhrenförmige, zweilippige Blüten, die am Ende einen sackförmigen Sporn besitzen. Erdrauch gehört in eine Unterfamilie der Mohngewächse und ist im Mittelmeeraum keine Seltenheit.

Süßklee *Hedysarum* sp.

Zahlreich sind in diesem Vegetationstyp auch die Korbblütler. Neben der Acker-Ringelblume tritt auch die Algerische Ringelblume (*Calendula algeriensis*) auf sowie Stängellose Flockenblume (*Rhaponticum acaule*), Spanische (*Scolymus hispanicus*) und Großblütige Golddistel (*S. grandiflorus*), Färberdistel (*Carduncellus acaulis*), die Flockenblume *Centaurea duriaei*, Kreta-Röhrenkraut (*Hedypnois cretica*), das Greiskraut *Senecio leucanthemifolius* und Keulen-Bertram (*Anacyclus clavatus*), eine Kamillenart.

Die Doldenblütler sind mit dem Lanzettblättrigen Hasenohr (*Bupleurum lancifolium*) sowie *B. odontites*, dem Knollenkümmel (*Bunium incrassatum*) und Feld-Mannstreu (*Eryngium campestre*) vertreten. Je nach Standort gedeihen Eibischblättrige Winde (*Convolvulus althaeoides*), Weiße Reseda (*Reseda alba*), Skorpions-Kronwicke (*Coronilla scorpioides*), Gefurchter Steinklee (*Melilotus sulcatus*), Rote Spargelbohne (*Lotus tetragonolobus*), Gesägte (*Euphorbia serrata*) und Sonnwend-Wolfsmilch (*E. helioscopia*), Anis-Labkraut (*Galium verrucosum*), Bastardsenf (*Hirschfeldia geniculata*), Hederich oder Acker-Rettich (*Raphanus raphanistrum*), Zurückgebogenes (*Linaria reflexa*) und Dreiblättriges Leinkraut (*L. triphylla*), Scheiben-Feldsalat (*Valerianella discoidea*), der Rittersporn *Delphinium pentagynum* und das Johanniskraut *Hypericum crispum*. Besonders hübsche blaue Blüten besitzt die Italienische Ochsenzunge (*Anchusa italica*), die zu den Raublattgewächsen zählt. Stängel und Blätter von Pflanzen dieser Familie sind dicht behaart. Eine Ausnahme bildet die Große Wachsblume (*Cerinthe major*): Ihre blaugrünen Blätter sind fast kahl, die röhrige Blüte ist gelb und am Grund violett überlaufen. Beide Arten sind in dieser und weiteren Ruderalfluren weit verbreitet.

In der Medjerda-Ebene, die im semihumiden bis semiariden Klima mit Niederschlägen von 350–550 mm im Jahr liegt und von guten Ackerflächen umgeben ist, herrschen schwere, kalkhaltige Böden vor. Auf Brachen und an Ackerrändern gedeiht eine Pflanzengesellschaft aus Glanzgräsern und Knorpelmöhre. Diese *Phalaris-Ammi*-Gesellschaft besteht hauptsächlich aus Kurzährigem (*Phalaris canariensis brachystachys*) und Sonderbarem Glanzgras (*P. paradoxa*) sowie Großer (*Ammi majus*) und Echter Knorpelmöhre (*A. visnaga*). Die Glanzgräser bevorzugen feuchte bis frische Standorte und entwickeln dort ein saftiges Grün. Je nach Wasserversorgung erreichen sie eine Höhe zwischen 40 cm und bis zu über 1 m. Auch die Knorpelmöhren entwickeln je nach Standort unterschiedliche Wuchshöhen, im Normalfall 80–100 cm. Die Blätter sind gefiedert bis lanzettförmig, die weißen Blüten zu einer großen Dolde zusammengefasst.

Die Klimabedingungen der Medjerda-Ebene lassen sich auch auf den Nordosten Tunesiens einschließlich der Halbinsel Cap Bon übertragen. Der Boden wird in diesem Landstrich agrarwirtschaftlich sehr intensiv genutzt, nur auf den vorhandenen Kalksanden existieren stellenweise noch kleinere Unkrautgesellschaften. Die

Ringel- und Wucherblumen vergesellschaftet mit Königskerze und Süßklee

Dekorative Blütenköpfe der Wilden Artischocke (*Cynara cardunculus*)

Die Dreifarbige Winde (*Convolvulus tricolor*) ist eine Leitpflanze der Unkrautflora

Leinblättriger Gauchheil (*Anagallis monelli*)

großflächigen typischen Fluren, wie sie in anderen Landesteilen vorkommen, sind aufgrund der Düngung und Bodenbearbeitung jedoch verschwunden. Auf feinerdigen, nährstoffreichen Böden findet man gelegentlich Wildhafer-Lupinen-Fluren, die sich aus Barthafer (*Avena barbata*) und anderen Haferarten sowie aus mehreren Lupinenspezies, wie der Schmal- (*Lupinus angustifolius*) und Kleinblättrigen Lupine (*L. micranthus*), zusammensetzen. Oft ist auch der Walch (*Aegilops ovata*), ein Süßgras, in diesen Fluren vorhanden. Er ist mit dem Weizen eng verwandt, besitzt aber nicht nach oben gerichtete, sondern mit zunehmender Reife seitlich abgestellte Grannen.

Artenreiche Trockenrasen gibt es vor allem in Nordosttunesien. Dort dominieren Horstgräser wie Zweiähriges (*Andropogon distachyos*) und Behaartes Bartgras (*Hyparrhenia hirta*), Zweiährige Zwenke (*Brachyopodium distachyon*) sowie mehrere Dringras-Arten der Gattung *Aristida*. In mittleren Lagen treten mitunter als Sekundärbewuchs infolge von Waldvernichtung Diss-Hochgrasfluren auf. Diss (*Ampelodesmos mauritanicus*) ist ein mit 1–3 m sehr hoch wachsendes Süßgras, das in Horsten steht.

Im semiariden Zentrum des Landes, wo die Niederschläge auf 300–400 mm im Jahr zurückgehen, wachsen die letzten Unkrautfluren, bevor diese in eine Therophyten-Vegetation der Steppenlandschaft übergehen. Typische Arten der Feldraine Zentraltunesiens sind Hoden-Hohlsame (*Bifora testiculata*) und Knollenkümmel (*Bunium incrassatum*), beides Doldenblütler, sowie Korbblütler wie Färberdistel (*Carduncellus pinnatus*) und Sternlattich (*Rhagadiolus stellatus*). Niederliegende Lappenblume (*Hypecoum procumbens*), eine Mohnblumenart, Gestrichelte Winde (*Convolvulus lineatus*), das Labkraut *Galium valantia*, ein Rötegewächs, Rachenblütler wie Dreiblättriges Leinkraut (*Linaria triphylla*), das zu den Nelkengewächsen gehörende Leimkraut *Silene muscipula* sowie Kreuzblütler wie Finkensame *Neslia apiculata* und Schleifenblume *Iberis odorata* zählen ebenso zu den markanten Gewächsen. Letztere wird oft als Gartenblume angepflanzt. Auch der Nickende Sauerklee (*Oxalis pres-caprae*) ist in trockeneren Regionen oft vertreten. Er stammt aus Südafrika und ist an den hängenden gelben Blütenköpfen zu erkennen. Kleines Glanzgras (*Phalaris minor*) und Steifes Weidelgras (*Lolium rigidum*) sind die häufigsten Süßgräser der Feldraine in der Übergangszone zwischen Nord- und Zentraltunesien.

In nahezu allen Vegetationstypen ist der Riesenfenchel (*Ferula communis*) anzutreffen. Der auch Gemeines Ruten- oder Steckenkraut genannte 1–3 m hohe Doldenblütler besitzt auffällige gelbe, reichverzweigte Blütendolden. Sie locken, wie auch die der Knorpelmöhre, zahlreiche Insekten an. Seine fiedrigen Blätter dienen Schmetterlingsraupen, wie denen des Schwalbenschwanzes, als Nahrung, und in dem dicken Stängel entwickeln sich verschiedene Käferlarven. Besonders an Straßenrändern oder entlang der Eisenbahnschienen wächst diese Art, die im Unterschied zu einigen verwandten Arten medizinisch keine Verwendung findet.

In der Ruderalvegetation vieler Regionen ist der aus Südafrika stammende Sodomsapfel (*Solanum sodomaeum*) vertreten. Der kleine stachelige Strauch ist eine Zeigerart für warme Standorte. Aus den 2 cm großen blauvioletten Blüten entwickeln sich 2–3 cm große, gelbe bis braune Beeren. Der Sodomsapfel gehört zu den Nachtschattengewächsen und ist giftig.

Der Riesenfenchel (*Ferula communis*)

Vegetation der Süßgewässer

Die Wasser- und Sumpfpflanzenvegetation hat ihren Schwerpunkt hauptsächlich im humiden und semihumiden Norden des Landes. Es herrschen Arten vor, die in der gesamten Holarktis oder sogar kosmopolitisch verbreitet sind. Größere Feuchtgebiete befinden sich nur im Nordosten, zum einen nördlich von Tunis im Mündungsbereich des Medjerda und zum anderen der Ichkeul-See mit seinem temporär überschwemmten Südufer. Im Nordwesten des Landes bieten größere Stauseen, Barrages genannt, Tümpel und Wassergräben Lebensraum für aquatische und amphibische Pflanzen. Die Artenvielfalt und -zusammenstellung richtet sich grundsätzlich nach dem Vorhandensein oder der Intensität einer Strömung, der Wassertiefe, der Temperatur und dem Nährstoffgehalt.

Die Ufervegetation aller stehenden Süßgewässer, aber auch die einiger Salzseen (Sebkhas) sowie mancher Flüsse wird meist von Breitblättrigem Rohrkolben (*Typha latifolia*) und dem Schilf *Phragmites communis* sowie *P. australis* gebildet. Seltener wachsen die Schwanenblume (*Butomus umbellatus*), die an langen Blütenstielen rosarote Blüten trägt, und die gelbblühende Sumpfschwertlilie (*Iris pseudacorus*) im Schilfgürtel der Stillgewässer. Das Spanische Rohr (*Arundo donax*) steht oft an Bachläufen und anderen feuchten Stellen. Dieses Riesenschilf stammt wahrscheinlich ursprünglich aus Asien. An seiner an Bambus erinnernden Gestalt und der enormen Höhe von bis zu 6 m kann man es gut erkennen.

Im Sumpf- und Verlandungsbereich stehen Stechende Binse (*Juncus acutus*) und Kröten-Binse (*J. bufonius*). Bei diesen in Horsten wachsenden Pflanzen sind die Blätter röhrig umgebildet, hart und am Ende sehr spitz. Die umliegenden feuchten Wiesen beherbergen Rosen-Lauch (*Allium roseum*) und Messinische Schachblume (*Fritillaria messanensis*). Obgleich beide Arten keine echten Sumpf- oder Wasserpflanzen sind und auch in der Macchie vorkommen, sind sie doch typisch für diesen Biotoptyp, so z. B. am Ichkeul-See.

Die Schwimmblattzone stehender und langsam fließender Gewässer setzt sich aus Arten zusammen, die zum einen im Boden wurzeln und deren Blätter ganz auf der Wasseroberfläche schwimmen, wie die Weiße Seerose (*Nymphaea alba*), die aquatische Form des rosablühenden Wasserknöterichs (*Polygonum amphibium*) oder die an ihren rhombischen Blättern erkenntliche Wassernuss (*Trapa natans*), welche bedornte und essbare Früchte hervorbringt. Wassernuss ist selten und kommt nur in nährstoffreichen Gewässern vor, neigt im Sommer aber zur Massenvermehrung. Zum anderen gibt es reine Schwimmpflanzen, welche frei auf der Wasseroberfläche treiben. Das sind Bucklige (*Lemna gibba*), Kleine (*L. minor*) und Dreifurchige Wasserlinse (*L. trisulca*) sowie die zu den kleinsten Blütenpflanzen zählende Zwerglinse (*Wolffia arrhiza*). Diese Arten bedecken oft die gesamte Oberfläche kleiner Tümpel oder Gräben.

Auch der Schwimmfarn (*Salvinia natans*), Vertreter einer hauptsächlich in den Tropen vorkommenden Gattung, treibt an der Oberfläche. Wie die Wassernuss ist er eher selten, neigt aber bei Eutrophierung des Wassers ebenfalls zu Massenvermehrung.

Einige Pflanzen leben sowohl unter als auch über Wasser und bilden dann verschiedene Blattformen aus. Unter Wasser sind ihre Blätter viel feinfiedriger als über Wasser, wo elliptische Blattformen vorherrschen. Zu diesen Arten zählen der Gemeine (*Ranunculus aquatilis*) und der Haarblättrige Wasserhahnenfuß (*R. trichophyllus*), deren weiße Blüten oft die gesamte Wasseroberfläche überziehen, der ebenfalls weißblühende, aber runde bis nierenförmige Schwimmblätter tragende Froschbiss (*Hydrocharis morsus-ranae*), Schwimmendes Laichkraut (*Potamogeton natans*) und das Laichkraut *P. oblongus* sowie die Wassersterne *Callitriche vernalis* und *C. pedunculata*.

Die Unterwasserflora, sog. submerse Wasserpflanzen, wird von einander recht ähnlich aussehenden Gattungen und Arten bestimmt, die alle langgestielt sind und ein gefiedertes oder längliches Blattgrün tragen. Wechselblütiges (*Myriophyllum alterniflorum*), Ähriges (*M. spicatum*) und Quirlblättriges Tausendblatt (*M. verticillatum*) besitzen quirlförmig angeordnete, kammartig feingefiederte Blätter, während Raues Hornblatt (*Ceratophyllum demersum*) quirlförmig angeordnete, feinst gegabelte Blätter und Glänzendes Laichkraut (*P. lucens*) sowie Kamm- (*P. pectinatus* und *P. p.* var. *tenuifolius*), Haar- (*P. trichoides*) und Zwerg-Laichkraut (*P. pusillus*) wechselständige, längliche Blätter aufweisen.

Kleines (*Najas minor*) und Großes oder Meer-Nixenkraut (*N. marina* var. *delilei*) sowie *N. muricata* und die vorwiegend in den Tropen verbreitete *N. graminea* var. *vulgata* haben lange, schmale und mehr oder weniger gezähnte Blätter. Der Sumpf-Teichfaden (*Zannichellia palustris genuina*) hat ebenfalls sehr schmale Blätter und besiedelt, wie auch einige Nixenkräuter, das Brackwasser.

Relativ häufig ist noch der Echte Wasserschlauch (*Utricularia vulgaris*) vertreten, an dessen bis zu 1 m langen Stängel gefiederte Blätter und zahlreiche kleine Fangblasen sitzen, mit denen er kleinste Wassertierchen erbeutet. Seine gelbe, in Ober- und Unterlippe geteilte Blüte ragt an einem langen Stiel bis 30 cm aus dem Wasser. Auch die Gemeine Sumpfschraube (*Vallisneria spiralis* var. *numidica*) kommt mancherorts vor.

An Bach- und Flussläufen gedeiht oft ein Oleander-Auengebüsch, in dem Oleander (*Nerium oleander*) mit Myrte (*Myrtus communis*) vergesellschaftet ist und das im Nordwesten auch als mediterranes Auengebüsch mit Keuschbaum oder Mönchspfeffer (*Vitex agnus-castus*) vorkommt. Sowohl an ständig wasserführenden wie auch im Sommer trockenliegenden Bächen und Flüssen gibt es diesen Vegetationstyp, deren Arten auch in der Macchie wachsen.

Oleander wächst oft Fluss begleitend

Küsten- und Stranddünenvegetation

Eine Pionierpflanze am Strand ist der Meersenf (*Cakile maritima*). Er bildet die typische Spülsaumvegetation zusammen mit der Melde *Atriplex tornabeni*, Großfrüchtiger Rübe (*Beta macrocarpa*) und Strandrübe (*B. maritima*), Sumpfquendel-Wolfsmilch (*Euphorbia peplis*), Dreihörniger Levkoje (*Matthiola tricuspidata*) und der Levkoje *M. sinuata*, Kali-Salzkraut (*Salsola kali tragus*), Soda-Salzkraut oder Mönchsbart (*S. soda*) sowie Strand-Ziest (*Stachys maritimus*). In den Stranddünen ersetzt Strandhafer (*Ammophila arenaria* var. *arundinacea*) die eher auf Schlick wachsenden Quecken *Elymus* spp. Im südlichen Tunesien und vereinzelt auch im Nordosten lösen den Strandhafer Dünengräser der Gattungen *Aristida* und *Imperata* ab. Vor allem an küstenferneren Dünen sind sie die dominierenden Süßgräser.

Die Sanddünenvegetation mit Meerwassereinfluss besteht im Wesentlichen aus Stechendem Vilfagras (*Sporobolus pungens* var. *arenarius*), Dünen-Zypergras (*Cyperus capitatus*), Strandquecke (*Agropyron junceum mediterraneum*), der Winde *Convolvulus soldanella*, Fleischigem Leimkraut (*Silene succulenta*), Schneeweißer Strandfilzblume (*Otanthus maritimus*), Stranddistel (*Eryngium maritimum*), Strand-Wolfsmilch (*Euphorbia paralias*), Kreta-Hornklee (*Lotus creticus*), Strand-Schneckenklee (*Medicago marina*), Dünen-Trichternarzisse (*Pancratium maritimum*), Strandkresse (*Malcolmia littorea*) und Meerfenchel (*Crithmum maritimum*).

Häufig bilden auch die Rote (*Carpobrotus acinaciformis*) und die Gelbe Mit-

Kristall-Mittagsblume (*Mesembryanthemum crystallinum*) bevorzugt Salzböden

tagsblume (*C. edulis*) in den Stranddünen dichte Matten. Sie eignen sich aufgrund ihrer raschen Verbreitung gut zur Dünenbefestigung. Beide stammen aus Südafrika und sind heute weltweit verbreitet. Ihre sukkulenten Blätter sind dickfleischig und dreikantig. Die 10 cm großen karminroten bzw. gelben Blüten öffnen sich bei Sonnenlicht jeweils um die Mittagszeit. Eine weitere Mittagsblume ist die Kristallmittagsblume (*Mesembryanthemum crystallinum*). Sie wächst eher auf salzigen Ruderalstandorten in Küstennähe. Ihre weißlich durchscheinende Blüte bleibt mit 2–3 cm wesentlich kleiner als die der vorigen Arten.

Um die zahlreichen Küsten-Sebkhas der Ostküste gedeiht eine mehr oder weniger salztolerante Vegetation. Bei sehr geringem Salzgehalt des Bodens wachsen Strandbinsen-Gesellschaften mit Stechender (*Juncus acutus*) und Meerstrand-Binse (*J. maritimus*), auf Brackwasser-Schlickflächen das Schlickgras *Spartina patens* var. *juncea*. Wenn die Salinität ganz geringfügig höher ist, gedeihen mehrjährige *Suaeda*-Salzmarschen, die die Grenze zum nicht-halophilen Bereich markieren.

An den meisten Sebkhas im Norden findet man die kugeligen Büsche der Sode *Suaeda longifolia*, der Strauchigen Sode (*S. vera*) sowie der beiden Salzkrautarten *Salsola longifolia* und *S. vermiculata*. Mehrere Frankenien- und Strandfliederarten sind die auffälligsten Blütenpflanzen dieser Standorte.

Im Süden sind die Sebkhas mit den Soden *Suaeda longifolia* und *S. pruinosa* sowie den Salzkräutern *Salsola longifolia*, *S. sieberi* var. *vesceritensis*, *S. tetrandra* und *S. vermiculata* bewachsen. Auch dort gedeihen Frankenien und Strandflieder. Bei mittlerem Salzgehalt bilden Gliedermelden-Fluren einen dichten Bewuchs an den Rändern der Salzsenken. Strauchige (*Sarcocornia fruticosa*) und Graue Gliedermelde (*Arthrocnemum macrostachyum*) sind vergesellschaftet mit der mehrjährigen Portulak-Salzmelde (*Atriplex portulacoides*), im Süden auch mit dem Strandflieder *Limonium pruinosum*, sofern der Salzgehalt nicht zu hoch ist. *Halocnemum*-Salzmarschen sind der salzverträglichste Vegetationstyp. Die mehrjährigen *H.-strobilaceum*-Sträucher werden 20–80 cm, maximal 120 cm hoch und stehen sehr vereinzelt in der Ebene. Ihre Verbreitung grenzt an die Flächen, welche wegen des zu hohen Salzgehaltes vegetationslos sind. Begleitarten sind in geringer Anzahl Strauchige und Graue Gliedermelde.

An einigen Strandabschnitten türmen sich auch Bänke von Seegrasresten, vor allem abgestorbenes und angeschwemmtes *Posidonia*-Seegras aus vorgelagerten Seegraswiesen. Diese Bänke können in einem Jahrhundert bis zu 1 m Mächtigkeit erreichen. Pro Jahr und Hektar entsteht eine Trockenmasse von 20 Tonnen Seegras. Heimische Wälder werfen auf einer Fläche gleicher Größe nur etwa halb so viel Gewicht an Laub ab. Seegraswiesen spielen in der Meeresökologie daher eine große Rolle und erzeugen am Tag 1–14 Liter Sauerstoff pro Quadratmeter. Auffällig sind am Strand auch die in ihrer Größe recht konstanten kleinen Bällchen aus den faserigen Blattresten des Neptungrases (*Posidonia oceanica*). Dieses Seegras erreicht im Meer eine Länge bis 1,20 m.

Suaeda-Sode auf Salzboden

Steppen- und Halbwüstenflora

Zwischen dem semiariden Zentraltunesien und der im Süden gelegenen Sahara breiten sich Steppen- und Halbwüstenvegetationen aus. Obwohl diese noch zum mediterranen Florentyp gehören, gibt es doch beträchtliche Abweichungen gegenüber der mediterranen immergrünen Hartlaubzone. Allein die geringfügigen Niederschläge von nur 100–350 mm im Jahr lassen in den semiariden und ariden Gebieten keine bodenbedeckenden Fluren mehr zu. Die Übergänge von der Savanne und Steppe in die Halbwüste und schließlich in die Wüste sind fließend, sodass viele Pflanzenarten in unterschiedlichen Vegetationstypen vertreten sind.

Steppen sind gekennzeichnet durch eine baumlose und an Gräsern und krautigen Pflanzen artenarme Flora. Ausgedehnte Steppen befinden sich besonders in den Tieflandebenen um Kairouan, Sfax und auf den Hochebenen um Feriana und Kasserine. Das stark überweidete Umland von Kairouan ist mit Harmel-Steppenfluren bewachsen. Harmel (*Peganum harmala*) gehört zu den Jochblattgewächsen und gedeiht besonders gut an stark stickstoffhaltigen Stellen in Steppen und Halbwüsten. Die Lagerstellen der Schaf- und Ziegenherden, welche durch die Ausscheidungen der Tiere einen erhöhten Nitratgehalt aufweisen, sind daher gute Standorte für Harmel. Allein wegen ihres Geruches wird diese Pflanze vom Vieh gemieden. Ihre Blätter sind lang gefingert und sehen dadurch linear aus, die Blüten sind weiß, die Samen giftig. Vergesellschaftet sind die Harmel-Steppenfluren vor allem mit Finger-Hundszahn oder Bermudagras (*Cynodon dactylon*), Eisenkraut-Salbei (*Salvia verbenaca battandieri*) und Drüsiger Fagonie (*Fagonia glutinosa*).

Die Winde *Convolvulus supinus* wächst in der Halbwüste

Die Fagonie zählt ebenfalls zu den Jochblattgewächsen und besitzt ein Sekret als Fraßschutz. Sie tritt als dorniger, niederliegender Strauch auf, der dreigeteilte Blätter besitzt. Aus den rosavioletten Blüten mit jeweils fünf Blütenblättern wird später eine Kapselfrucht. Weitere mit Harmel oft auftretende Arten sind Klein-

Frankenien (*Frankenia spp.*) sind recht salztolerante Pflanzen

Die Blätter der Behaarten Spatzenzunge (*Thymelaea hirsuta*) sind extrem reduziert

blütige (*Malva parviflora microcarpa*) und Ägyptische Malve (*M. aegyptia*), Roter Hornmohn (*Glaucium corniculatum* var. *phoeniceum*), verschiedene Wegerícharten, wie *Plantago ciliata*, *P. notata* und Indischer Flohsamen (*P. ovata*), Arabische Reseda (*Reseda arabica*) und die Reseden *R. neglecta* und *R. propinqua*, die zu den Nelkengewächsen zählende Mauermiere *Paronychia arabica* var. *cossoniana* sowie die Kamille *Matricaria pubescens* und das Bitterkraut *Picris coronopifolia* ssp. *saharae*, beides Korbblütler.

Die Garten-Senfrauke oder Öl-Rauke (*Eruca sativa*) bildet stellenweise dichte, über 1 m hohe Bestände. Das einjährige Kraut besitzt sehr vielgestaltige und meist lange Blätter, die gebuchtet bis gezähnt sind. Die kleinen Blüten sind weiß bis violett überlaufen. Die Öl-Rauke gehört zu den Kreuzblütlern, wie auch die Schlaffe oder Glanz-Rauke (*Sisymbrium irio*), die tief gefiederte Blätter und gelbe Blüten besitzt und ebenfalls dichte Unkrautfluren in der Steppe bildet. Beide Arten sind auch in Nordtunesien weit verbreitet. Auf leicht salzhaltigen Steppenböden bilden Gänsefußgewächse, wie die Dornmelde *Bassia muricata* und der Mauer-Gänsefuß (*Chenopodium murale* var. *microphyllum*), dichte Matten.

Esparto-Gras (*Lygeum spartum*)

Blasen-Ampfer (*Rumex vesicarius*) mit roten, geflügelten Samen

In den Steppen der mittleren Höhenlagen, ab 500 m ü. NN, dominieren Horstgräser, allen voran das Halfagras (*Stipa tenacissima*). Auf sandigen, leicht durchlässigen Böden, aber auch auf kalkhaltigen, schweren Böden steht es mehr oder weniger locker versprengt. Es ist empfindlich gegenüber Nässe und anthropogenen Einflüssen. Da Halfagras in den Regionen, in denen es zahlreich vorkommt, ein wichtiger Wirtschaftsfaktor ist, wird es schonend behandelt und ist dementsprechend noch weit verbreitet. Das Halfagras wird 60–150 cm hoch. Im Frühjahr sind seine Blätter grün, im Sommer vertrocknet und zusammengerollt.

Auch das Espartogras (*Lygeum spartum*) bestimmt in vielen Regionen das Bild der Steppe und schließt auf schweren, zeitweise auch vernässenden Böden die Verbreitungslücke des Halfa-Grases. Dieses Horstgras bleibt mit 20–80 cm kleiner als die vorige Art und wird ebenfalls genutzt, z. B. zur Herstellung hochwertiger Papiere.

Auf degradierten Flächen stellen sich mehrjährige Horstgräser wie die beiden beschriebenen Arten kaum wieder ein, stattdessen bilden sich dort Beifuß-Steppen. Auf schweren Böden wächst Weißer Beifuß oder Wermut (*Artemisia herba-alba*),

Hauhechel *Ononis* sp.

der als Viehfutter geschätzt wird, weswegen die Beifuß-Steppe eine hervorragende Weidefläche darstellt. Die auch Kampfer genannte Pflanze besitzt weißlich grüne, tief geteilte Blätter, die behaart sind und nach Wermut riechen. Ihre Blütenköpfe sind gelb und sehr klein. Auf leichten Böden gedeiht dagegen Feld-Beifuß (*A. campestris*), der häufig mit Spatzenzunge

Die Strohblume *Helichrysum* sp. gedeiht in der ariden Zone

(*Thymelaea*), Sonnenröschen (*Helianthemum*), Bruchkraut (*Herniaria*), Dornlattich (*Launaea*), Andorn (*Marrubium*), zu den Doldenblütlern gehörenden *Pituranthos*-Arten und Fagonien (*Fagonia*) vergesellschaftet ist. Zusammen bilden diese Pflanzen eine Gemeinschaft, wie sie auch typisch in den Halbwüsten ist. Da die großen Horstgräser sehr lückig stehen, kann sich in den Zwischenräumen, je nach Niederschlagsangebot und Bodenart, eine reichhaltige Ruderalvegetation aus annuellen (einjährigen) oder zweijährigen Distelarten und Therophyten bilden.

Im Bereich der Halfagras-Steppen gedeihen besonders viele Endemiten. Im Frühjahr, spätestens zu Beginn des Sommers, entfalten Wollige Färberdistel (*Carthamus lanatus*), Stängellose Distel (*Onopordon acaule*), die Eselsdistel *O. arenarium*, Spanische Golddistel (*Scolymus hispanicus* ssp. *grandiflorus*), Gitter-Spindelkraut (*Atractylis cancellata* var. *eremophila*), die Mariendisteln *Silybum eburneum* und *S. marianum*, die Distel *Carduus gaetulus* sowie die distelähnliche Stern-Flockenblume (*Centaurea calcitrapa*) ihre reiche Blütenpracht in gelben, rosa- und blauvioletten Farben.

Aus der Familie der Raublattgewächse gibt es zahlreiche Arten, die den ganzen Sommer über blühen; die Igelsamen *Lappula patulum* und *L. spinocarpos*, die Ägyptische Ochsenzunge (*Anchusa aegyptiaca*) sowie die Natternkopfarten *Echium australe*, *E. chium* und *E. vesicaria* gehören dazu. Weitere typische Pflanzen aus der Familie der Korbblütler sind Schafgarbe (*Achillea leptophylla*), Zwerggänseblümchen (*Bellium rotundifolium*), Rasselblume (*Catananche arenaria*), Wucherblume (*Chrysanthemum decipiens var. getulum*), Hundskamille (*Anthemis monilicostata*) und Tanger-Reichardie (*Reichardia tingitana discolor*). Dagegen sind Schwarznessel (*Ballota bullata*), ein Lippenblütler, und die zu den Kreuzblütlern zählenden Rauken *Sisymbrium coronopifolium* und *S. crassifolium*, Orientalische Rauke (*S. orientale*), Besenrauke oder Sophienkraut (*Descurainia sophia*), die Steinkräuter *Alyssum macrocalyx* und *A. scutigerum*, Einjährige Carrichtera (*Carrichtera annua*), das Schildkraut *Clypeola cyclodonta*, Brennender Doppelsame (*Diplotaxis harra*) sowie *Didesmus bipinnatus* und *Reboudia erucarioides* recht unauffällige krautige Pflanzen, die typische Steppenunkräuter darstellen.

Stellenweise werden Esparto- und Halfagras auch von anderen Süßgräsern ersetzt. Darunter befinden sich häufige Arten wie *Ammochloa palaestina*, *Cutandia dichotoma*, *C. divaricata*, diverse Quecken wie *Elymus buonapartis*, das Dreigrannengras oder Drin *Aristida adscensionis pumila*, das Schillergras *Koeleria pubescens salzmanni*, der Dünnschwingel *Nardurus cynosuroides* und im Übergangsbereich zur Halbwüste Gedrehtes Federgras (*Stipa capensis*; syn. *S. tortilis*), ein sehr weit verbreitetes einjähriges Horstgras, das etwa 50 cm hoch wird.

Im südlichen Zentraltunesien stehen auf sandigen Böden als Inseln zwischen agrargenutzten Flächen oft *Ziziphus*-Gebüsche, die vom Zickzackdorn (*Z. lotus*) gebildet werden. Der dornige Strauch hat zickzackförmige Zweige, an denen ovallängliche Blätter mit zwei dornig ausgebildeten Nebenblättchen – eins gerade und lang, das andere krumm und kurz – wachsen. In den Blattachseln sitzen die kleinen gelbgrünen Blüten, aus denen eine 1 cm große, gelborange und essbare Steinfrucht reift. Der Zickzackdorn wächst auch in der Wüste und tritt dort manchmal als kleiner Baum auf. Der Unterwuchs dieser *Ziziphus*-Gebüsche wird von Dreigrannengras *Aristida plumosa*, Liebesgras oder

Resedengewächs *Reseda* sp. in der Halbwüste

Die getrockneten Bitteräpfel (*Citrullus colocynthis*) sind federleicht

Zwerghirse (*Eragrostis papposa*), dem distelähnlichen Spindelkraut *Atractylis candida*, dem Dornginster *Calycotome intermedia*, Silbrigweißem Wegerich (*Plantago albicans*), der Skabiose *Scabiosa arenaria*, der Nelke *Dianthus crinitus*, dem Raublattgewächs *Echiochilon fruticosum* und dem Hornklee *Lotus halophilus* gebildet. Der zu den Schmetterlingsgewächsen zählende Hornklee ist mit mehreren Arten in Tunesien vertreten, von denen vor allem in der Wüste manche stark blausäurehaltig und somit absolut giftig sind.

Bedeckt die Bodenvegetation höchstens noch 25 % des Bodens, spricht man von einer Halbwüste. Der Halbwüstengürtel verläuft etwa von Gafsa im Westen bis zur Insel Djerba im Osten. Für die Halbwüstenvegetation charakteristisch sind Klein- und Halbsträucher in steinigem Terrain, das einen guten Wasserabfluss garantiert. Bei viel feinkörnigem Bodenmaterial wird der Alkali-Anteil nicht ausgespült, was zu einer Häufigkeitszunahme von Gänsefußgewächsen führt.

Schwach basische Böden toleriert der Arabische Bocksdorn (*Lycium arabicum*), ein bis zu 3 m hoher Busch mit schmal spatelförmigen Blättern, aus dessen kleinen weißen bis blassvioletten Einzelblüten sich rote Beeren entwickeln. Der Bocksdorn gehört zur Familie der Nachtschattengewächse und ist giftig. An Stellen mit höherem Gipsanteil, der eine Versalzung des Bodens bedeutet, gedeihen die zu den Fuchsschwanzgewächsen zählende Strauch-Melde (*Atriplex halimus*) und die Fettpflanze oder Stumpfe Nitrarie (*Nitraria retusa*), ein Jochblatt. Beide Arten treten als verzweigte Sträucher auf. Während die Strauch-Melde schmale, weißlich grüne Blätter besitzt, trägt die Stumpfe Nitrarie an bedornten Zweigen fleischige, kleine

Die Natternkopf-Gattung *Echium* ist sehr artenreich

Blätter. Aus den kleinen weißen Blüten der Nitrarie gehen rote Beeren hervor, die wie auch die wasserreichen Blätter von vielen Tieren geschätzt werden. Weit verbreitet ist auch *Reaumuria vermiculata*, ein Tamariskengewächs. Bei gut durchlüfteter sandiger Feinerde herrschen *Aristida*- und *Stipa*-Gräser vor, die nur selten durch andere Süßgräser, wie *Cutandia dichotoma* oder das aus den USA stammende Memphis-Gras (*C. memphitica*), ersetzt werden.

Die Krautflora in tiefgelegenen Halbwüstengegenden mit durchlässigen Böden ist vor allem durch annuelle Therophyten gekennzeichnet. Diese dem Wassermangel der trockenen Regionen angepasste Pflanzen sichern durch Samenbildung ein Fortbestehen der Art im darauffolgenden Jahr. Vielfach sind es Korbblütler, die hier als Therophyten, aber auch als mehrjährige Kleinsträucher gedeihen. Die Verbreitung der Samen erfolgt entweder durch den Wind oder über Tiere, welche die mit speziellen Klettmechanismen ausgestatteten und so am Fell haftenden Samen weitertragen.

Typische Asteraceen der semiariden Halbwüsten sind Schmalblättriger Goldstern (*Nauplius graveolens*) und der Goldstern *N. hierochunticus*, der Pippau *Crepis radicans*, Gewelltblättrige Schwarzwurzel (*Scorzonera undulata*), die Wucherblume *Chrysanthemum fuscatum*, die Hundskamille *Anthemis tuberculata*, der Bertram *Anacyclus valentinus* sowie *Rhanterium suaveolens*, *Chlamydophora pubescens*, *Spitzelia saharae*, *Andryala arenaria* und *A. spartioides*. Von den distelähnlichen Korbblütlern sind *Ifloga spicata*, die Wüstendistel *Atractylis delicatula*, die Spindelkräuter

Die Acker-Moricandie (*Moricandia arvensis*) ist ein gutes Viehfutter

Atractylis babelii und *A. flava*, die Dornige Distel (*Echinops spinosus*) und die Kugeldistel *E. bovei*, der Mannstreu *Eryngium ilicifolium*, die Kugelkopf-Flockenblume (*Centaurea sphaerocephala*) und die Flockenblumen *C. dimorpha*, *C. trifurcata* sowie *Volutaria crupinoides* häufig.

Die Therophyten- und Kleinstrauchflora beinhaltet auch zahlreiche Schmetterlingsblütler, so die Hauhechel *Ononis villosissima*, den Wundklee *Anthyllis henonia*, Einblütigen Silberklee (*Argyrolobium uniflorum*), Gelappten (*Medicago laciniata*) und Vielhörnigen Schneckenklee (*M. polyceratia*), Sternförmigen Hornklee (*Trigonella stellata*) und den Bockshornklee *T. anguina* sowie verschiedene Tragant-Arten der großen Gattung *Astragalus*, die allein im mediterranen Raum mit etwa 400 Spezies vertreten ist. Letztere bilden meist niederliegende, stachelige Polsterbüsche oder seltener kleine aufrechte Sträucher, wie die Bewaffnete Bärenschote (*A. armatus*), deren verholzten Äste spitze Stacheln tragen. Ihre kleinen Blätter sind wechselseitig gefiedert, und die weißrosa Blüten stehen in einer dichten Traube. Nach der Blüte gibt sich dieser ausgesprochen häufige Tragant an den stark aufgeblasenen Hülsenfrüchten zu erkennen.

Lokal auftretende Begleitarten der Halbwüstenvegetation sind die Skabiosen *Scabiosa monspeliensis* und *S. adenocalyx*, Kleinfrüchtiges Adonisröschen (*Adonis microcarpa*) sowie die Nelkengewächse *Loeflingia saharae*, das Leimkraut *Silene villosa* und zahlreiche Bruchkräuter der Gattung *Herniaria*. Die Zehnstaubblättrige Nacktfrucht (*Gymnocarpos decander*) ist eine der wenigen Nelkenpflanzen, die verholzen. Sie besitzt dickfleischige Blätter und rotviolette Blüten mit gelben Staubblättern.

Auch die Raublattgewächse sind reich vertreten. Im Frühjahr sind die blauen Blüten der Ochsenzunge *Anchusa hispida* und die rosavioletten Blüten der Moltkie *Moltkia callosa* zu sehen. Die Moltkie ist am Grund meist verholzt, die Blätter sind stachelig und für Raublattgewächse typisch dicht behaart. Sie ist mit den Natternkopf-Arten der Gattung *Echium* leicht zu verwechseln.

Auffallend sind im Frühsommer auch die rosaroten, häutigen und geflügelten Samen des Blasen-Ampfers (*Rumex vesicarius*), die aus traubenständigen Blüten entstehen. Die einjährige krautige Pflanze ist an vielen Stellen häufig und stellt, wie auch die Spatzenzungen (*Thymelaea* spp.), keine großen

Kugelkopf-Flockenblume (*Centaurea sphaerocephala*)

Ansprüche an die Bodenbeschaffenheit, sondern gedeiht in der Garigue ebenso wie auf Wüstenböden. Die Spatzenzunge ist ein Seidelbastgewächs, das sich durch extreme Reduzierung der Blätter der Aridität seiner Standorte angepasst hat. Während die meisten Seidelbast-Arten normale Blätter ausbilden, besitzen Spatzenzungen winzige, schuppenförmige Blättchen, die dunkelgrün, leicht fleischig und bei einigen Arten schwach behaart sind. Die kleine weißliche Blüte erscheint von Dezember bis April. Mediterran weit verbreitet ist auch die Behaarte Spatzenzunge (*Thymelaea hirsuta*), viele andere Arten kommen kleinräumig vor.

Auf überweideten Flächen dominiert der Schmalblättrige Affodill (*Asphodelus tenuifolius*), der von den meisten Tieren aufgrund seiner Inhaltsstoffe gemieden wird. Verschiedene Kreuzblütler (Brassicaceae) stellen dagegen für Nutztiere hervorragende Weidekräuter dar. Sie enthalten viel Wasser und sind im Vergleich zu anderer Wüstenpflanzen – mit Ausnahmen – kaum giftig.

Überall sehr häufig ist z. B. die Acker-Moricandie (*Moricandia arvensis*). Mit ihren leicht gedrehten Stängeln und den Stängel umfassenden, herzförmigen, blaugrünen Blättern erinnert sie an die Schwalbenwurzgewächse. Die einjährige Pflanze trägt im Frühjahr violette Blüten, die Frucht ist eine Schote. Neben dieser gedeihen in Nordafrika weitere Arten wie *M. suffruticosa*, deren Blätter den Stängel nicht umfassen. Moricandien bilden in günstigen Lagen große Bestände und eigenen sich gut als Viehfutter; sie sind teilweise auch im Gebirge zu finden.

Die Purpurrote Schouwie (*Schouwia purpurea*) ist ebenfalls eine gute Futterpflanze. An ihren runden, Stängel umfassenden Blättern und den violetten, an der Basis eingeschnürten und dunkler gefärbten Blütenblättern ist sie gut von den Moricandien zu unterscheiden. Weitere

Tanger-Reichardie (*Reichardia tingitana discolor*)

Die Kretische Fagonie (*Fagonia cretica*) zählt zu den Jochblattgewächsen

Igel-Ginster (*Erinacea anthyllis*)

Mannstreu *Eryngium* sp.

allgemein verbreitete Arten der Brassicaceae sind *Morettia canescens*, *Muricaria prostrata* und die Ägyptische Farsetie (*Farsetia aegyptiaca*). Sie alle tragen weißliche bis blassviolette Blüten, die aus vier kreuzförmig angeordneten Blütenblättern bestehen. Die Farsetie ist ein Strauch mit verzweigten Stängeln und schmalen lanzettähnlichen Blättern, deren weißliche Haare Hautreizungen hervorrufen.

Viele der Arten reichen in ihrer Verbreitung von der Ebene bis in die Berglagen. Da die Gebirgszüge der Halbwüsten mit 600–1.000 m ü. NN keine ausgeprägte Vegetationszonierung aufweisen, gleicht die Pflanzenwelt der Berghänge jener der Ebene. So wächst das Sahara-Sonnenröschen (*Helianthemum lippii*) in der Ebene auf sandigen Böden und ist dort die Wirtspflanze des Sand- oder Saharatrüffels (*Terfezia leonis*); mit vielen anderen gelbblühenden Arten, darunter *H. kahiricum* und *H. tunetanum*, gedeiht es aber auch im Gebirge.

Unter den Lippenblütlern gibt es eine Reihe charakteristischer kleine Sträucher bildender Arten, die graufilzig bis wollig weiß behaart sind, schmale Blätter haben und oft stark verbissen sind. Der Kopfige Gamander (*Teucrium capitatum*) ist an seinen kleinen, weißen Blüten, die in einem Blütenkopf zusammenstehen, gut zu erkennen. Der Wüsten-Andorn (*Marrubium deserti*) trägt in den Blattachseln kleine rote Blüten und der Moschus-Günsel (*Ajuga iva*) besitzt rosa bis purpurne Blüten. Der Ägyptische (*Salvia aegyptiaca*) und der Wollige Salbei (*S. lanigera*) gelten als Heilpflanzen und tragen hellblaue Blüten.

Auch in anderen Pflanzenfamilien findet man Arten, die eine dichte Behaarung als Verdunstungsschutz tragen. Die glasfaserartigen Härchen der Zähen Forskalea (*Forskalea tenacissima*) bleiben mitsamt den Blättern an Haut oder Fell haften; möglich ist das durch kleine Häkchen an den Haarenden. Dieses Brennnesselgewächs besitzt rötliche Stängel und dunkelgrüne Blätter. Unter den Winden ist *Convolvulus supinus* dicht behaart, während der ansonsten recht ähnliche *C. trabutianus* zahlreiche Dornen besitzt und zwei Formen ausbildet: eine nahezu blattlose und eine mit lanzettähnlichen Blättern. Beide Formen tragen im Frühjahr weiße trichterförmige Blüten.

Die felsigen Hänge werden recht schnell vom Dornigen Kapernstrauch (*Capparis spinosa*) erobert, der große ovale, fleischige und blaugrüne Hauptblätter sowie kleine dornige Nebenblätter besitzt. Seine Blütenknospen werden in Essigsud eingelegt und als Kapern verschiedenen Speisen beigegeben. Die attraktive Blüte ist weiß und besitzt lange rosaviolette Staubfäden. Ein anderes Kaperngewächs arider Regionen ist die Arabische Spinnenpflanze (*Cleome arabica* ssp. *amblyocarpa*). Sie trägt dreiteilige Blätter, und ihre Blüte, aus der eine giftige Schote hervorgeht, ist weiß bis violett.

In Tunesien weit verbreitet ist auch der Dreilappige Essigbaum (*Rhus tripartitus*), ein Strauch oder seltener bis 2 m hoher Baum mit dornigen, dunkelgrün glänzenden Blättern, die gefingert angeordnet sind. Seinen Namen erhielt dieses Sumachgewächs (Familie Anacardiaceae), weil die Beere der verwandten Art *R. coriaria* aus dem Mittelmeerraum und Asien früher zur Essigherstellung genutzt wurde. Sie verstärkte den Essiggeschmack und fand gemahlen als Gewürz (Sumak) Verwendung.

Harmel (*Peganum harmala*) ist eine Pflanze der Steppe

Der Dornige Kapernstrauch (*Capparis spinosa*) besiedelt Felshänge recht schnell

In der Übergangszone zwischen Halbwüste und Sahara wurde der Mesquite-Strauch oder Süßhülsenbaum (*Prosopis stephaniana*) angepflanzt, um die Wüstenausbreitung zu verhindern. Er hat große elliptische, fiederständige Blätter, bildet Hülsenfrüchte und zeichnet sich durch rasches Wachstum aus, was wiederum den einheimischen Pflanzenwuchs hemmt – die Vertreter dieser Gattung sind ursprünglich vor allem in Südamerika, aber auch in Asien beheimatet.

In den Chottregionen ist der Strandflieder *Limoniastrum guyonianum* häufig

Pflanzen der Wüste

Geografen setzen die Vollwüstengrenze im Norden bei 100 mm und im Süden bei 150 mm Jahresniederschlag, während Botaniker als Wüstenbegrenzung die Ausbreitung von Halfagras im Norden und von Cram-Cram-Gras (*Cenchrus biflorus*) im Süden betrachten – entscheidender Punkt beider Betrachtungsweisen ist die Aridität des Gebiets.

In der Fels- oder Steinwüste ist der Feuchtigkeitsgrad im Boden relativ hoch, denn das Regenwasser versickert zwischen den Steinen und ist dort vor Sonne und somit vor Verdunstung geschützt. In der Kies- oder Schotterwüste dagegen ist das Feinmaterial zwischen dem Gestein vom Wind ausgeblasen; die Steine bilden ein Wüstenpflaster, welches nur sehr wenig Wasser festhalten kann; durch die dichte Gesteinsschicht können Pflanzen kaum aufkeimen.

Sanddünen speichern das wenigste Wasser, denn loser Sand ist ständig in Bewegung – er ist nur von Ausläufer bildenden Pflanzen besiedelbar. Unbeweglicher Sand allerdings ist ein guter Wasserspeicher, da in ihm kaum Kapillarkräfte auftreten, die das Wasser an die Oberfläche befördern – somit verdunstet es wesentlich langsamer. Schon 50 mm Niederschlag reichen aus, um Gräser mit ihren langen Wurzelausläufern gedeihen zu lassen, während in einem Sandboden mit Tonbeimengungen 400 mm Regen nötig wären. Im Ton herrschen hohe Kapillarkräfte, sodass Wasser schnell verdunstet, noch ehe es die steinharte Tonschicht durchsickert hat.

Wüstenpflanzen stehen meist vereinzelt, weil ein weit verzweigtes Wurzelsystem den Wasserbedarf sichert und keinen Platz für weitere Pflanzen in unmittelbarer Nähe zulässt. Das Wurzelgeflecht krautiger Pflanzen nimmt mitunter eine Fläche von mehr als 100 m^2 ein. Bäume dagegen sind vom Grundwasser abhängig. Sie dringen mit ihren Wurzeln, die bis zu acht Mal länger als die Baumhöhe sind, tief in den Boden ein. Am Rande der Oueds oder verstreut auf Schwemmebenen folgt der Baumwuchs immer dem Wasser. Auch an Straßen fällt oft ein Randbewuchs auf, weil der wenige Niederschlag an die leicht zur Seite abfallenden Ränder fließt.

Viele krautige Pflanzen haben ähnliche Anpassungen an die Wasserarmut entwickelt wie die Vegetation der mediterranen Hartlaubzone: Silbrige Behaarung der Blätter zur Reflektion des Sonnenlichts, Wachsüberzug oder Verholzung der Blätter gegen die Verdunstung, feinere Wurzelhaare zum Aufsaugen des Wassers, Samen- und Zwiebelbildung bei annuellen Pflanzen bzw. Geophyten. Im Gegensatz zu den Kakteen Amerikas treten in der Sahara allerdings nur wenige Sukkulenten auf. Lediglich einige wenige Arten, wie die Jochblätter der Gattung *Zygophyllum*, zeigen Sukkulenz und besitzen saftige, wurstförmige Blätter.

Echte Wüstenpflanzen haben ihre Anpassung an die klimatischen Gegebenheiten noch perfektioniert. Fast sämtliche Pflanzen müssen tagsüber durch die Spaltöffnungen in ihren Blättern Kohlendioxid (CO_2) für die Fotosynthese aufnehmen. Das Sonnenlicht wird über das Chlorophyll der Pflanzen absorbiert und in chemische Energie umgewandelt. Mit dem Reduktionsmittel Wasser wird das Kohlendioxid reduziert, und es entsteht Sauerstoff, der von der Pflanze abgegeben wird. Durch die tagsüber geöffneten Spaltöffnungen verlieren die Pflanzen infolge Verdunstung aber viel Wasser. Einige Arten halten sie in den heißesten Tagesstunden daher geschlossen. Das für ihr Wachstum notwendige CO_2 nehmen diese Pflanzen stattdessen zu kühleren Tageszeiten auf; es wird in spe-

Der Rutenginster ist ein typisches Gewächs der Sahara

ziellen Zellen zu Apfelsäuresalzen (Malaten) umgewandelt, gespeichert und diese Malate dann tagsüber zur Fotosynthese genutzt. Dieser sog. C4-Prozess erfordert sehr viel Licht und hohe Temperaturen und tritt daher vorwiegend in Wüsten auf. Besonders manche Gräser, Seggen, Fuchsschwanz- und Gänsefußgewächse zählen zu den C4-Pflanzen.

Die sog. CAM-Pflanzen haben diese Art des Stoffwechsels noch optimiert, indem sie ausschließlich nachts Kohlendioxid aufnehmen und dann am Tag, bei geschlossenen Spaltöffnungen, Fotosynthese betreiben. Jochblattgewächse wie *Calligonum* sind solche CAM-Pflanzen. Diesen diurnalen (tageszyklischen) Säurestoffwechsel kann man sogar schmecken, da die Blätter morgens viel saurer als am Abend sind. Der pH-Wert sinkt bei dieser (nicht räumlich in den Zellen getrennten, sondern nur zeitlich verschobenen) nächtlichen Malatbildung von sechs auf vier.

Allgemein heißt es: Wenn es in der Wüste einmal regnet, grünt und blüht es binnen weniger Tage. Die meisten Pflanzensamen beginnen allerdings nicht gleich beim ersten Regenschauer zu keimen. Lediglich der sog. Acheb-Flora reichen oft nur etwa sechs Wochen für ihren Entwicklungszyklus, denn diese Regenflora besteht aus einjährigen, ephemeren (schnell vergänglichen) Pflanzen. Im Unterschied zur europäischen Flora, wo der Entwicklungszyklus einer ephemeren Pflanze vom Frühjahr bis zum Herbst reicht, müssen die einjährigen Wüstenpflanzen bei Regen innerhalb weniger Wochen vom Keimling bis zur Samenbildung gelangen.

Die Samen vieler Sommerpflanzen (Pluvio-Therophyten) bleiben mehrere

Jochblattgewächs *Zygophyllum* sp.

Jahre keimfähig; im Keim befinden sich hemmende Stoffe, die verhindern sollen, dass der Same schon beim ersten kurzen Regenschauer aufgeht und danach gleich wieder vertrocknet. Erst ab 15–25 mm Niederschlag werden die Hemmstoffe so weit ausgewaschen, dass die Pflanze ihren Lebenszyklus beginnen kann.

Bei mehrjährigen Gehölzen müssen nach dem Auskeimen einige günstige Jahre aufeinanderfolgen, um die Pflanze heranwachsen zu lassen. Die meisten großen Bäume der Sahara sind über hundert Jahre alt. Ihr Holz ist sehr hart und durch

Der Strandflieder *Limoniastrum guyonianum* bildet kleine Büsche

Strandflieder *Limoniastrum guyonianum*

das recht ausgeglichene Klima meist frei von Jahresringen. Sind Jahresringe vorhanden, deutet das auf größere unterschiedliche Niederschlagsmengen zwischen den Jahren hin. Die Pflanze muss sich zudem vor Beweidung schützen. Aus diesem Grund haben viele Gewächse gegen den Verbiss Dornen entwickelt. Ziegen und Kamele stört das allerdings wenig, sodass die Pflanze dazu noch widerlich schmecken oder am besten giftig sein sollte. Schwalbenwurzgewächse beinhalten zum Beispiel Steroid-Herzgifte, welche teils in Medikamenten Verwendung finden. Höher entwickelte Tiere wie Säugetiere halten diese Gifte vom Fraß ab, sodass man sicher sein kann, dass die in abgefressenen Gras- und Polsterbüschen noch vorhandenen Pflanzen toxisch sind.

Insekten allerdings stören sich an giftigen Inhaltsstoffen nicht. Bei einigen Arten ist das Gegenteil der Fall: Sie fressen gezielt die Blätter von Schwalbenwurzgewächsen, um selbst giftig zu werden und so Fressfeinde abzuhalten. Abgesehen von Wanderheuschrecken fällt Pflanzenfraß durch Insekten aber ökologisch kaum ins Gewicht.

Eine Charakterpflanze der Fels- und Berghänge in Wüsten- und Halbwüstengebieten ist die Glatte Baumschlinge oder Hörnerranke (*Periploca angustifolia*). Dieses Schwalbenwurzgewächs tritt meist als kleiner, verbissener Strauch auf, weiter nördlich im Land rankt er auch 1–2 m an anderen Büschen der Macchie hoch. Seine Blätter sind schmal, und aus den bis 2 cm großen gelbroten Blüten bilden sich zwei am Grund zusammengewachsene hörnerähnliche Balgfrüchte. Die unterschiedlichsten ariden und semiariden Standorte, besonders aber Salzböden, besiedelt die

Lianen-Schwalbenwurz (*Cynanchum acutum*). Diese windende Pflanze blüht in Abhängigkeit vom Klima den ganzen Sommer hindurch. Ihre kleinen weißen Blüten stehen traubenartig dicht, die am Grund tief ausgeschnittenen blaugrünen Blätter besitzen eine für viele Schwalbenwurze typische pfeil- bis herzförmige Gestalt.

Häufig ist auch die Filzige Pergularie (*Pergularia tomentosa*). Ihre graugrünen, filzig behaarten Blätter sind rundlicher, ihre gelblich braunen Einzelblüten hängen an langen Stielen. Die eiförmigen Früchte dieser ebenfalls rankenden Pflanze sind stachelig, im Gegensatz zur vorigen Art, deren Samen in einer glatten Hülse sitzen.

Aus den afrikanischen und asiatischen-Tropen stammt der heute weltweit verbreitete Oscher- oder Fettblattbaum (*Calotropis procera*). In der Sahara wächst er als Strauch oder 2–4 m hoher Baum, der eine helle, stark gefurchte Rinde hat. Die bis 15 cm langen Blätter sind dick, weißlich behaart und mit Wachs überzogen. Aus den weißvioletten Blüten geht eine 5–10 cm große, mangoähnliche Frucht hervor, die sehr leicht ist und auch Sodomsapfel genannt wird. Wie alle Schwalbenwurze, die auch als Seidenpflanzengewächse bezeichnet werden, besitzt der Oscherbaum einen sehr giftigen Milchsaft. Bereits ein Tropfen im Auge kann die Sehfähigkeit einschränken.

Afrikanische Tamariske (*Tamarix africana*) in Blüte

Die Lianen-Schwalbenwurz (*Cynanchum acutum*) ist giftig

Häufig sind in der Wüste Schmarotzerpflanzen aus der Familie der Sommerwurze mit den Gattungen *Orobanche* und *Cistanche* anzutreffen. Sommerwurze besitzen kein Blattgrün und betreiben keine Fotosynthese, sondern zapfen die Wurzeln ihrer Wirtspflanzen an. Sie können in der Landwirtschaft großen Schaden anrichten, wenn sie zum Beispiel Kartoffeln, Tomaten, Paprika oder Bohnen befallen. Erscheinen die Blüten der Schmarotzerpflanzen, ist eine Bekämpfung bereits zu spät – die befallenen Nutzpflanzen bringen kaum mehr Ertrag. Die blassen Blütenstiele der Sommerwurze schieben sich im Frühjahr durch den Sand. Ihre Samen sind bis zu 10 Jahre keimfähig und müssen mit einer Wirtswurzel in Kontakt kommen, deren Ausscheidungssubstanzen den Keimvorgang einleiten. Daher treten Sommerwurze überall dort vermehrt auf, wo künstliche Erdbewegungen stattgefunden haben. Häufige Arten sind die Violette Cistanche (*Cistanche violacea*) mit weißen, violett gerandeten Blüten, die Gelbe Cistanche (*C. tinctoria*) mit gelben und die Ägyptische Sommerwurz (*Orobanche aegyptiaca*) mit einfarbig blauvioletten Blüten. Das Vorkommen der Sommerwurzarten beschränkt sich nicht auf die Wüste, doch im Sand fallen sie durch ihre Farbenpracht besonders auf.

Auch andere Pflanzen sind durch auffällige Merkmale oder einen charakteristischen Wuchs leicht zu erkennen: So hat die Rose von Jericho (*Anastatica hierochunticus*) längst Einzug in heimische Wohnzimmer gehalten. Die einjährige kleine Pflanze aus Nordafrika ist mit ihren graugrünen Blättern und den kleinen weißen Blüten recht unauffällig. Im Laufe des Sommers verdorrt sie, und die braunen Hüllblätter umschließen die reifen Samenköpfchen. Kommt die Rose von Jericho erneut mit Feuchtigkeit in Berührung, geben die Hüllblätter die Samen wieder frei. Diese hygroskopischen Bewegungen beruhen auf physikalischen Quellmechanismen und sind auch im Wohnzimmer gut zu beobachten, wenn sich die kugelige, verdorrte Pflanze in einer flachen, mit Wasser gefüllten Schale wieder ausbreitet.

Der Kameltritt (*Neurada procumbens*) besitzt unverwechselbar geformte, gelappte und behaarte Blätter. Seine weißen Blüten bringen harte, scheibenförmige Samen hervor, die einseitig bedornt sind und sich an die Beine von Tieren heften – auf diese Art werden sie verbreitet. Ein barfüßiger Tritt auf die Samen ist recht schmerzhaft, und selbst an Schuhsohlen haften sie fest. Obwohl er mit einer Rose kaum Ähnlichkeit besitzt, ist Kameltritt das einzige Rosengewächs der Sahara und wird daher auch Sahararose genannt.

Auf salz- und gipshaltigen Böden können die Jochblätter der Gattung *Zygophyllum* großflächige Bestände bilden. Diese sukkulenten Pflanzen besitzen dickfleischige, kleine längliche Blätter. Eine in der Sahara häufige und endemische Art ist *Z. gaetulum*. Dieses Jochblatt ist an den Y-förmig geteilten Blättern gut zu erkennen.

Einzigartig sind die Früchte des Bitterapfels (*Citrullus colocynthis*). Das kriechende Gewächs besitzt gelbe Blüten, aus denen 4–12 cm lange, einfarbig gelbe oder gelblich grün gestreifte Kürbisse entstehen. Die fleischigen Früchte trocknen bis zum folgenden Frühjahr ab. Durch den Wind werden die dann federleichten Kürbisse weggerollt, bis sie aufplatzen und ihre Samen breit streuen. Der Bitterapfel wird auch Koloquinte genannt und ist giftig. Seine zytotoxischen Substanzen (Zellgifte) wirken stark abführend und nierenschädigend.

Die zahlreich in der Wüste vertretenen Latticharten erkennt man meist an einer grundständigen Blattrosette, die aus löwenzahnähnlichen Blättern gebildet wird, und einem langen, am Ende verzweigten Blütenstiel mit einigen gelben Blüten. Häufige Arten sind Nacktstängeliger (*Launaea nudicaulis*) und Resedenblättriger Dornlattich (*L. resedifolia*). Während die Triebe dieser beiden Arten nach der Blüte abwelken, verholzen sie beim Arabischen (*L. arabica*) und Strauch-Dornlattich (*L. arborescens*). Mit den Jahren wachsen diese Arten so zu einem meist blattlosen Strauch mit zickzackförmigen, dornigen Zweigen heran. Werden die Zweige verletzt, tritt ein Milchsaft hervor.

Dem Dornlattich gleicht – zumindest in der Trockenzeit – der Kameldorn (*Zilla spinosa*): Auch er ist ein stacheliger Busch mit zickzackförmigen Zweigen, besitzt aber wenige winzige fleischige Blättchen. Der Kreuzblütler trägt violette Blüten und zur Samenreife eine geflügelte, rundliche Schote. Die ähnliche *Z. macroptera* unterscheidet sich durch eine ungeflügelte Frucht.

Federgräser (*Stipa* spp.) sind in der Wüste und Halbwüste weit verbreitet

Viele Wüstenpflanzen haben die Fähigkeit entwickelt, ihre Blätter zu reduzieren oder abzuwerfen und damit Wasser besser halten zu können. So ist das zu den Gänsefußgewächsen gehörende Kalikraut *Anabasis articulata* bei großer Trockenheit nahezu blatt- und zweiglos. Bei geringer Wasserversorgung schiebt das etwa 50 cm große Gewächs sukkulente, schupppig verwachsene Blätter hervor, die stängelumfassend sind und ein gliedriges Aussehen der verholzt erscheinenden Äste bewirken. Die gelblich weißen Blüten sind klein und unscheinbar. Kalikraut ist giftig und wird von Weidetieren gemieden, sodass es kräftige Bestände entwickeln kann.

Violette Cistanche (*Cistanche violacea*)

Ganz ähnlich sieht der Gegliederte Saxaul (*Haloxylon articulatum*) aus. Seine schuppenförmigen Blätter färben sich schwarz, wenn sie austrocknen. Nach der Regenzeit entfalten sich dann seine kleinen weißrosa Blüten, die fünfblättrig sind und in Trauben stehen. Die Afrikanische Randonie (*Randonia africana*), die zur Familie der Resedagewächse gehört, ist ebenfalls ein meist blattloser Strauch. Er besitzt dünne Zweige, die in langen, spitzen Dornen enden. Die winzigen anliegenden Blättchen sind nur wenige Millimeter klein, die gelblichen Blüten stehen in lockeren Rispen.

Aufgrund der wenigen äußerlichen Unterscheidungsmerkmale ist es gerade im Sommer mitunter sehr schwer, Wüstenpflanzen zu bestimmen. Bei vielen Arten überdauern die heiße Jahreszeit nur der Stamm und die Hauptzweige. So gleicht das Geflügelte Meerträubel (*Ephedra alata*) den Hackenkopfarten der Gattung *Calligonum* sehr, obwohl das Meerträubel wie die Koniferen zu den Nacktsamern (Gymnospermen) und der Hackenkopf wie auch die Blütenpflanzen zu den Bedecktsamern (Angiospermen) gehört. Lediglich zur Blütezeit sind beide Arten gut zu unterscheiden. Dann ergrünen die gegliedert aussehenden, langen Zweige. Das Meerträubel entwickelt auf getrennten Pflanzen unscheinbar zapfenförmige weibliche und büschelige männliche Blüten, aus denen an der weiblichen Pflanze eine fleischige, rötliche Frucht entsteht. *Calligonum*-Arten tragen bommelartige gelbgrüne Blüten, die zu einer 1–2 cm großen rotbraunen, behaarten Nuss reifen. Der Schopfige Hackenkopf (*Calligonum comosum*) sowie *C. azel* sind häufige Vertreter dieser Knöterichfamilie.

Eine Charakterpflanze der Wüste ist auch der Rutenginster (*Retama raetam*). Er besitzt lange herabhängende Zweige von rötlicher Farbe, an denen nur wenige Schuppenblätter wachsen; die 8–10 mm großen, weißen Blüten stehen in Trauben. Vereinzelt ist Rutenginster an geeigneten Standorten auch bis Nordtunesien zu finden, doch weit verbreitet ist dieses Schmetterlingsgewächs nur in der Sahara; es gedeiht vor allem in der Sandwüste, seltener in der Hammada. In der Steinwüste wird der Rutenginster von Sahara-Ginster (*Genista saharae*) ersetzt, an dessen fast blattlosen und bedornten Zweigen nach der Regenzeit die für Ginster typischen gelben Blüten erscheinen.

Auch Kraut- und Staudenpflanzen haben ihre Blätter in der Wüste rückgebildet. So sind die Doldenblütler der Gattung *Pituranthos* fast blattlos. Sie haben binsenartig lange Stängel, die je nach Art unterschiedlich verzweigt sind. Die weißen Doldenblüten verströmen einen Anisgeruch, die Blütenpollen verursachen Augenreizungen und Allergien. *Pituranthos tortuosus virgatus* ist in Südtunesien weit verbreitet. Er und weitere Arten werden durch die zunehmend bessere Infrastruktur weit getragen und entwickeln sich zu einem Unkraut entlang der Straßenränder.

Der Weißhaarige Ammodaucus (*Ammodaucus leucotrichus*) ist ein Doldenblütler von eher niedrigem Wuchs. Die krautige, nach Anis riechende Pflanze besitzt tief eingeschnittene Blätter. Ihre kleinen weißen Blüten sind in zwei- bis vierstrahligen, stark behaarten Dolden zusammengefasst.

Unter den Korbblütern sind Aschgraue Laugenblume (*Cotula cinerea*), Gekräuseltes Flohkraut (*Pulicaria crispa*), Duftendes Bubonium (*Bubonium graveolens*) und *Brocchia cinerea* recht häufig; sie alle besitzen schmale Blätter und gelbe Blütenköpfe. Während die meisten Korbblüter als krautige Pflanzen auftreten, ist das Duftende Bubonium ein verholzter, niedriger Strauch mit stark behaarten und gezähnten Blättern. Die bis 3 cm großen gelben Blüten sind vielfach orange überlaufen.

Auffallende Zwiebelpflanzen sind in der Wüste selten. Die Trichter- oder Pankraz-Lilie (*Pancratium trianthum*) aus der Familie der *Amaryllidae* ist die am weitesten verbreitete Lilie der ariden Zone. Sie besitzt nur 2–4 schmale Blätter, die weißen Blüten sind am Grund röhrenförmig. Nach den ersten winterlichen Regenfällen schieben die aus der Familie der Herbstzeitlosen (Colchicaceae) stammenden *Androcymbium punctatum* und *A. gramineum* ihre 3 cm großen Blüten durch den Sandboden ins Freie. Sie ist weiß mit rotrosa Linien und besitzt einen weit in den Boden reichenden unterirdischen Stiel. Die Nachtblühende Meerzwiebel (*Urginea noctiflora*) entfaltet ihre schmutzig rosa Blüten in der Dunkelheit. Abgeblüht erkennt man sie an den spiralig eingerollten, leicht verdickten Blättern, die einen Wachsüberzug besitzen. Während die vorgenannten Arten eher in der Sandwüste gedeihen, ist die Nachtblühende

Schopfiger Hackenkopf (*Calligonum comosum*) mit gattungstypisch bommelartiger Blüte

Meerzwiebel ein Gewächs der Felswüste und wie viele Liliengewächse giftig.

Die Gattung *Aristida* stellt mit über 20 in der Sahara vorkommenden Arten die typischsten Süßgräser dieser Region. In Tunesien am weitesten verbreitet ist das Stechende Dringras (*Aristida pungens*). Es wächst in einzelnen Horsten und wird bis 1 m hoch. Seine am Ende spitzen Blätter sind vor allem bei Trockenheit seitlich eingerollt. Wie sehr viele Süßgräser der Wüste bedient es sich der oben erwähnten C4-Methode. Sämtliche *Aristida*-Arten sind schwer bestimmbar und selbst von anderen Süßgräsern nicht immer leicht zu unterscheiden. Das Stechende Dringras ist die einzige Art der Gattung, bei der die Grannen an den Spelzen jeweils drei behaarte Grannenäste besitzen.

Die horstartig wachsende Geschwollene Rispenhirse (*Panicum turgidum*) ist ausgesprochen resistent gegenüber Trockenheit und kann mehrere Jahre ohne Wasser überdauern. Sie wird oft als Schutz gegen Versandung angepflanzt. Markant sind ihre noch bis weit oben verzweigten Stängel, die von den anliegenden Blättern komplett umhüllt sind. Aus der rispenartigen Blüte entwickelt sich eine Hirse, die von großer ökologischer Bedeutung für Nager und Weidevieh ist.

Das in Horsten stehende Mekka-oder Kamelgras (*Cymbopogon schoenanthus*) ist an seiner durch Wind zerfleddert wirkenden Blüte gut erkennbar. Die Blütenähre, welche einen Zitronenduft verströmt, besitzt wechselseitig je eine gestielte Blüte ohne Granne und eine anliegende, begrannte Blüte. Das Mekkagras bildet lange, um die Achse gerollte Blätter aus.

Während andere in Tunesien vorkommende Zypergrasarten an feuchte Biotope gebunden sind, wächst das Geknäulte Zypergras (*Cyperus conglomeratus*) auch im Sand. Es bildet binsenartige, dreikantige Stängel aus, an denen sich kugelförmig zusammengefasste, kompakte Blütenähren befinden.

In viele Teile der Welt, so auch nach Nordafrika, wurde das Japanische Blutgras (*Imperata cylindrica*) verschleppt. Es stammt aus Japan, Korea und China und wird auch Alang Alang genannt. Es ist ein zähes, scharfkantiges Ziergras mit breiten Blättern, die sich ab dem Sommer auffallend rotfärben.

Die Salzvegetation der Chotts, Hmadha genannt, wird je nach Salinität von unterschiedlichen Pflanzen zumeist aus der Familie der Gänsefußgewächse gebildet. Bei geringem Salzgehalt überziehen unterschiedliche Salzkrautarten der Gattung *Salsola* in recht dichten Matten die Ränder der Chotts. An Standorten mit steigendem Salzgehalt wachsen nur noch vereinzelt Gliedermelden, wie die auch an den Küstensebkhas häufige Strauchige

(*Sarcocornia fruticosa*) und Graue Gliedermelde (*Arthrocnemum macrostachyum*). Die salztoleranten Frankenien- und Strandfliederarten der Sebkhas wachsen ebenfalls in trockenliegenden Chotts.

Zu den Erstbesiedlern salzhaltiger Böden zählen die Tamarisken. Die Afrikanische (*Tamarix africana*) und die Gegliederte Tamariske (*T. articulata*) sind in Tunesien die häufigsten Arten. Sie bilden 2–4 m hohe Sträucher oder – einzeln stehend – bis 6 m große Bäume. Tamarisken wachsen sehr rasch, aus ihren Samen können innerhalb weniger Tage 20 cm hohe Pflanzen werden. Die winzigen Blätter liegen eng und zweigumfassend an, sodass Tamarisken blattlos wirken. Salzausscheidende Drüsen an den Blättern machen die Tamariske salzresistent; vor allem morgens sind ihre Zweige von Salz überzogen. Mit ihren Wurzeln, die bis zu acht Mal länger als die Baumhöhe sind, erreichen sie auch an den Rändern trockener Oueds Feuchtigkeit führende Bodenregionen. Häufig sind an den Zweigen gerbsäurehaltige Gallen zu beobachten. Im Frühjahr und Sommer trägt die Tamariske in Trauben stehende, rosa Blüten.

Ausgesprochen häufig auf Salzböden wie auch auf Sand und in Halbwüsten mit Feinsedimentböden ist der zu den Bleiwurzgewächsen gehörende Strandflieder *Limoniastrum guyonianum*. Wie die Tamariske kann er mit dem Wasser aufgenommenes Salz wieder ausscheiden. Dieser Strandflieder, dessen schmalen Blättchen graugrün sind, bildet je nach Standortbedingungen kleine Sträucher oder bis 3 m hohe Büsche aus. Seine radiäre, aus fünf violetten Blütenblättern bestehende Einzelblüte unterscheidet sich von den Strandfliederarten der Gattung *Limonium*, deren kleinere Blüten in Ähren angeordnet sind.

Jochblätter *Zygophyllum* spp. besitzen y-förmige Blätter

Tiere

Insekten

Zu den schönsten Insekten gehören zweifellos die Tagfalter. Der Norden Tunesiens beherbergt aufgrund der üppigeren Vegetation die Mehrheit aller Schmetterlingsarten des Landes. Von den 24 tunesischen Edelfaltern (Nymphalidae) ist der Distelfalter (*Vanessa cardui*) einer der häufigsten. Er ist überall im Land verbreitet. Da er mehrere Generationen hervorbringt und keine Diapause einlegt, ist er das ganze Jahr über zu beobachten. Die Raupe des orange, braun und schwarz gemusterten Falters frisst an den unterschiedlichsten Pflanzen, wobei Disteln zur bevorzugten Nahrung zählen.

Im Norden fliegt der Admiral (*V. atalanta*). Dieser schwarzbraune, eine ziegelrote Zeichnung tragende Falter erscheint nach der Überwinterung im März oder April – einzelne Falter fliegen auch an warmen Wintertagen – und stirbt bald nach er-

Wüstenameisen *Cataglyphis bombycinus*

folgter Paarung bzw. Eiablage. Die Raupe frisst an Brennnesselgewächsen, und von Juni bis in den Oktober ist die neue Faltergeneration zu sehen. Distelfalter und Admiral zählen zu den Wanderfaltern, da sie im Sommer nach Europa einfliegen.

In trockenen, mit Gras bestandenen Habitaten des Nordens, an denen Trespen der Gattung *Bromus* wachsen, lebt die zu den Augenfaltern gehörende Berghexe (*Chazara briseis*).

Die Familie der Weißlinge und Gelblinge (Pieridae) ist in Tunesien mit 14 Arten vertreten. Hierzu zählt der Kleopatra-Falter (*Gonepteryx cleopatra*), welcher dem heimischen Zitronenfalter (*G. rhamni*) sehr ähnlich ist. Das Männchen besitzt jedoch auf den Vorderflügeln einen großen, fast den gesamten Flügel einnehmenden orangefarbenen Fleck; beim Weibchen ist diese Region blassgelb. Der Kleopatra-Falter bewohnt bis auf den äußersten Süden das gesamte Land und bringt eine Generation hervor, die überwintert. In ganz Tunesien ist der Gelbling *Euchloe charlonia* das gesamte Jahr über zu sehen, im Winter allerdings seltener. Seine gelben Vorderflügel besitzen eine schwarze Spitze und je einen schwarzen Fleck in der Mitte des Basalrandes, die Hinterflügel sind gelbgrün.

Der Schwalbenschwanz (*Papilio machaon*) ist eine der vier Ritterfalterarten (Papilionidae) Tunesiens. Der auffallend große, gelbe bis cremefarbene Falter trägt eine dunkle Zeichnung, auch die Flügeladern sind schwarz. Charakteristisch sind seine Hinterflügel mit je einem Schwanzfortsatz und blauem Feld mit abschließendem rotem Punkt. Der Schwalbenschwanz fliegt im Norden des Landes von Februar bis Oktober. Seine Raupe, welche an den unterschiedlichen Doldenblütlern wie Steckenkraut, Meerfenchel, Hasenohr und Knorpelmöhre frisst, überwintert als Puppe. Im Süden wird die Art durch den Sahara-Schwalbenschwanz (*P. saharae*) ersetzt. Dieser sehr ähnliche Falter lässt sich nur durch die Fühler sicher unterscheiden, da er nur 30–31 Fühlersegmente besitzt – im Unterschied zu *P. machaon* mit 33–36 Segmenten. Die Puppe des Sahara-Schwalbenschwanzes kann bei ungünstigen Klimaverhältnissen, wie extremer Trockenheit, 2–4 Jahre überdauern. Bekannt ist eine solche Anpassung auch von den Gelblingen.

In Nord- und Zentraltunesien fliegt der dem Schwalbenschwanz recht ähnliche Segelfalter (*Iphiclides podalirius*), der aber an den senkrechten schwarzen Streifen seiner blassgelben Flügel zu erkennen ist. Nur im Norden des Landes lebt der Spanische Osterluzeifalter (*Zerynthia rumina*). Er ist viel kleiner als die drei anderen Ritterfalter, besticht aber durch seine Färbung: Auf mehr oder weniger gelbem Grund trägt er ein schwarzes Zeichnungsmuster mit vereinzelten roten Punkten. Seine Raupe frisst an verschiedenen Osterluzeiarten, der Falter selbst ist ein Frühjahrsinsekt, das von März bis Mai erscheint. Mitunter bringt er aber eine zweite Generation von August bis Oktober hervor.

Im Hinterland der gesamten Küstenzone fliegt der Erdbeerbaumfalter (*Charaxes jasius*) in mit Wald und Macchie bestandenen Gebieten; seine grüne gehörnte Raupe lebt am Erdbeerbaum. Dieser Falter ist die einzige im Mittelmeerraum vorkommende Art einer hauptsächlich in den Tropen verbreiteten Gattung. Die dunkelbraune Oberseite seiner Flügeldecken ist gelborange gerandet, an den Hinterflügeln befinden sich je zwei schwarze Schwänzchen. Die Unterseite ist bunt gefärbt, verfehlt aber ihre Tarnwirkung nicht. Der Erdbeerbaumfalter fliegt in zwei Generationen im Mai und Juni und dann wieder im August und September. Mit 85 mm Flügelspannweite ist er der größte Tagfalter im Gebiet.

Einer der schönsten und auch am häufigsten zu beobachtenden Schmetterlinge ist der Afrikanische Monarch (*Danaus chrysippus*). Dieser über ganz Tunesien verbreitete Falter fliegt von März bis Oktober, vereinzelt auch im Winter.

Die Erdholztermite (*Reticulitermes lucifugus*) bildet Kasten

Er ist gelborange, die Vorderflügel haben eine schwarze Spitze mit einem weißen Fleckenband darin. Die Hinterflügel sind schwarz gerandet und tragen dunkle Flecken in der Mitte. Die Futterpflanzen der Raupe sind *Pergularia*-Arten, Schwalbenwurze der Gattung *Cynanchum* und möglicherweise *Calystegia*-Winden. Die Art legt als Wanderfalter große Strecken zurück und fliegt in manchen Jahren in den östlichen Mittelmeerraum ein.

Nachts kann man vom Licht der Straßenbeleuchtung angelockte Schwärmer (Sphingidae) beobachten. Die mehrere Zentimeter großen Nachtfalter haben einen massigen, fein behaarten Körper. Ihre Vorderflügel sind langgestreckt und kräftig, die Hinterflügel viel kleiner. Nachtfalter sind weniger auffallend gezeichnet als ihre tagaktiven Verwandten. Allenfalls die Hinterflügel weisen rosa oder rötliche Töne auf. Häufig zu beobachtende Schwärmer sind vor allem im Norden der Kleine Weinschwärmer (*Deilephila porcellus*), der dem Wolfsmilchschwärmer ähnliche *Hyles nicaea*, der mit dem Pappelschwärmer verwandte *Laothoe austanti* sowie Ligusterschwärmer (*Sphinx ligustri*), Linienschwärmer (*Hyles lineata livornica*) und Abendpfauenauge (*Smerinthus ocellatus*). Die letztgenannte Art ist von allen Nachtfaltern gut an den Pfauenaugen am Unterrand der Hinterflügel zu unterscheiden. Die großen, oft bunten Raupen aller Schwärmer tragen auf dem Rücken am Hinterende ein Horn.

Die wenigen klaren Gewässer des Landes sind Entwicklungsstätten der Libellen. Ihre Larven leben in steinigen Bachläufen, flachen Randzonen der Seen und Staubecken wie auch in Wassergräben und selbst in Beton gefassten Becken. Vorwiegend in halbschattigen Bereichen von Bächen fliegen die Blauflügel-Prachtlibellen *Calopteryx virgo meridionalis*, *C. exul* und *C. haemorrhoidalis*. Die Männchen fallen durch ihre schwarzblauen bis schwarzgrünen Flügel auf. Die Weibchen

Elefantenschrecke der Gattung *Pamphagus*

Elefantenschrecken sind flugunfähig

haben mehr ins Bräunliche gehende Flügel, ihre Vorderflügel besitzen einen weißen Basalfleck.

An stehenden oder langsam fließenden Gewässern sind Blaupfeile der Gattung *Orthetrum* weit verbreitet, dessen Männchen hellblau und Weibchen gelbbraun gefärbt sind. Der Körper dieser Großlibellen ist leicht abgeflacht. Bei der ebenfalls häufigen Feuerlibelle (*Crocothemis erythraea*) ist das Männchen strahlend rot und das Weibchen gelbbraun. Libellen jagen im Flug nach kleineren Insekten, und auch die im Wasser lebenden Larven ernähren sich räuberisch. Zur letzten Häutung kriechen sie an Land und nehmen meist einen exponierten Punkt ein, wie Grasstängel oder überhängende Zweige. Nachdem die Rückenhaut aufgeplatzt ist, schiebt sich die fertige Libelle heraus und verharrt noch 1–2 Stunden, bis ihre weichen Flügel ausgehärtet sind und sie losfliegen kann.

Die Ameisenjungfer *Palpares libelluloides* ist den Libellen nicht unähnlich. Sie erreicht eine Flügelspannweite bis 16 cm und ist damit auch der größte Vertreter der Netzflügler im Land. Vorder- und Hinterflügel sind durchsichtig und mit dunklen Flecken geziert. Der Körper ist teilweise intensiv gelb gefärbt. Ihre Larve, die auch Ameisenlöwe genannt wird, lauert nicht wie die anderer Arten am Grunde eines Trichters im Sand, sondern lebt räuberisch in der Bodenstreu. Kleinere Vertreter der Ameisenjungfern der Gattung *Myrmeleon* und der Familie der Fadenflügler (Nemopteridae) fliegen abends oft ans Licht.

Unter den Hautflüglern sind die Dolchwespen, die man auf Blüten der unterschiedlichsten Pflanzen findet, durch Größe und Färbung unverkennbar. Zwei imposante Vertreter sind die bis 4 cm großen Dolchwespen *Triscolia maculata flavifrons* und *T. bidens*. Während die Erstgenannte schwarze Antennen trägt, besitzt *T. bidens* rostrote. Dolchwespen sind schwarz gefärbt, der vordere Kopfbereich ist gelb, und auf dem Hinterleib befinden sich vier große gelborange Flecken. Andere Dolchwespenarten im Mittelmeerraum sind wesentlich kleiner. Dolchwespen haben eine sehr interessante Fortpflanzungsbiologie: Das Weibchen legt seine Eier an die Larven der Nashornkäfer, nachdem diese mithilfe des Giftstachels paralysiert, also betäubt wurden. Die aus den Eiern schlüpfenden Larven fressen bis zu ihrer Verpuppung von der noch lebenden Käferlarve.

Auch die Ameisen gehören zu den Hautflüglern. Schon im Hotel wird man oft den winzigen Pharaoameisen (*Monomorium pharaonis*) begegnen; die nur 2–2,5 mm große Ameise kann in menschlichen Behausungen zur Plage werden. Kaum vorstellbar, dass der Gattung neben diesem Winzling auch die über 2 cm große *M. santschii* angehört. Ihre enorme Größe und ihr dunkel- und gelbbrauner Körper machen diese Ameise einzigartig. Sie lebt nur im Süden Tunesiens und weist eine bemerkenswerte Biologie auf: Die Art lebt parasitisch und besitzt keine Arbeiterkaste. Die Königin dringt in die Nester verschiedener anderer Arten ein und bringt deren Arbeiter mit speziellen Pheromonen dazu, ihre eigene Königin zu töten und die fremden Nachkommen aufzuziehen.

In trockenem, vorzugsweise sandigem Terrain leben Wüstenameisen der Gattung *Cataglyphis*. Zwei weit verbreitete Arten sind die schwarze *C. fortis* und die rotbraune *C. bicolor*. Erkennbar sind die etwas über 1 cm langen Tiere an ihrem großen Kopf, dem nach hinten zugespitzten Hinterleib und an der Fortbewegung. Um so wenig Bodenhitze wie möglich aufzunehmen, rennen sie hochbeinig, mit nach oben gerichtetem Kopf und Hinterleib äußerst flink umher. Eine andere Eigenschaft zur Minderung der Wärmeaufnahme in der Wüste macht sich dagegen *C. bombycinus* zunutze: Sein Körper ist mit silbrig glänzenden, feinen Härchen besetzt, welche das ankommende Sonnenlicht reflektieren. Wüstenameisen bilden mehrjährige Staaten. Ihre Nester legen sie im Boden an, an der Oberfläche zeugt nur das Eingangsloch davon. Sie haben einen bemerkenswerten Orientierungssinn, und mittels des polarisierten Himmelslichtes finden sie über Hunderte Meter zu ihrem Nest zurück.

Überall vertreten sind auch Ernteameisen, wie *Messor barbaricus*. Sie sammeln neben ihrer tierischen Nahrung vor allem die Samen von Gräsern und tragen diese in ihr unterirdisches Nest. Dort werden sie zerkaut und eingespeichelt; aus der Stärke bildet sich Zucker, der den Larven als Nahrung dient. Die Samenschalen werden außerhalb des Nestes auf festgelegten Plätzen entsorgt, sodass in der Wüste oft die damit eingetragenen Samen das Terrain im Umkreis der Nester begrünen.

Aufgeschreckt fliegt die Nasenschrecke *Truxalis nasuta* ein Stück davon

Neben Bienen, Wespen und Ameisen bilden auch Termiten soziale Staaten. Man findet sie unter Steinen oder im Holz, wo sie komplizierte Baue anlegen, in denen ein ganz bestimmtes, gleichwarmes Mikroklima herrscht. Eine im gesamten Mittelmeerraum häufige Art ist die Erdholztermite (*Reticulitermes lucifugus*). Die weißlichen Tiere sind je nach Kaste verschieden gebaut. Die 5 mm großen Soldaten besitzen an ihrem massigen rotbraunen Kopf zwei mächtige Kiefer, mit denen sie den Bau und seine Insassen verteidigen können. Die 2–3 mm kleinen Arbeiter übernehmen verschiedene Aufgaben, dazu zählen das Füttern und die Körperpflege der augenlosen Soldaten und der Geschlechtstiere sowie Arbeiten am Termitenbau.

Die 6–9 mm langen dunkelbraunen Geschlechtstiere dagegen bekommen mit Vollendung ihrer Metamorphose Flügel und schwärmen zur Paarfindung zwischen

Gut getarnt verharrt die Stabschrecke *Bacillus rossi* in der Vegetation

Oothek (Eipaket) einer Fangschrecke

Juli und Oktober aus. Nach der Begattung brechen die Flügel an einer Sollbruchstelle ab, und das Paar geht nun auf einen Hochzeitsmarsch. Es legt einen neuen Bau an und gründet später mit seinen zahlreichen Nachkommen einen neuen Staat. Mit der Zeit wird der Hinterleib des Weibchens, der Königin, durch die enorme Eiproduktion immer größer, und bald ist es bewegungsunfähig. Entgegen den anderen staatenbildenen Insekten stirbt bei den Termiten das Männchen nicht, sondern begattet als König seine Partnerin immer aufs Neue. Stirbt die Königin, können die Arbeiter aus den Larven eine neue Königin aufziehen.

Die nächsten Verwandten der Termiten sind die Schaben. Die Gemeine Küchenschabe oder Orientalische Schabe (*Blatta orientalis*) lebt im ganzen Land in vielen Hotels, Restaurants und Wohngebäuden, wo sie sich von Küchenabfällen ernährt. Bei dieser Art haben die Männchen rotbraune Flügel, die Weibchen nur kurze dunkle Flügelstummel. Die kosmopolitisch vorkommenden Insekten sind lichtscheu, weswegen man sie am Tag nicht so oft beobachten kann. Die Amerikanische Schabe (*Periplaneta americana*) lebt ebenfalls in Gebäuden, aber auch im Freiland. Sie ist hellrotbraun und besitzt am Hinterrand des Halsschildes eine gelbliche Binde. Ausgewachsen erreicht sie eine beachtliche Größe bis zu 4 cm.

In der Kraut- und Strauchschicht der Garigue und Macchie lebt eine Vielzahl von Gottesanbeterinnen, Heuschrecken und Stabschrecken. Durch ihre grünliche bis bräunliche Färbung und teils auch wegen ihres bizarren Körperbaues sind sie in ihrem Lebensraum perfekt getarnt. Am Besten führen uns das die äußerst schlanken Stabschrecken *Bacillus rossi*, *B. tripolitanus* und *Clonopsis gallica* vor Augen: Die einen Grashalm oder Zweig imitierenden Insekten sind nur sehr schwer zu entdecken, wenn sie mit langgestreckten Vorderbeinen in der Vegetation harren.

In nordafrikanischen Ländern sitzt die Furcht vor Heuschrecken tief, denn Wanderheuschrecken bilden die bekannten Schwärme, die sich mit 20 km/h über das Land bewegen und ganze Ernten vernichten können. Wanderheuschrecken leben bei geringem Nahrungsangebot einzeln. Erst bei Nahrungsüberangebot, etwa auf Feldern, vollzieht sich eine Massenvermehrung. Übersteigt die Individuenzahl dann das Nahrungsangebot, entstehen Stressfaktoren, welche die Heuschrecken veranlassen, in Massen weiterzuwandern: Die adulten Tiere fliegen, die Larven laufen. Vor allem die Steppen-Wanderheuschrecke (*Locusta migratoria*) ist für diese Wanderungen bekannt. Weniger häufig bilden Wüsten-Wanderheuschrecke (*Schistocerca gregaria*) und Ägyptische Wander-

Larve der Ägyptischen Gottesanbeterin

heuschrecke (*Anacridium aegypticum*), die an ihrer Größe, den gestreiften Augen und den orangen Innenseiten der Hinterschenkel gut von den beiden anderen Arten zu unterscheiden ist, solche Schwärme. Steppen- und Wüsten-Wanderheuschrecken sind in ihrer Ruhephase eher grün, in der Wanderphase dagegen bräunlich gefärbt, ihre Flügel tragen ein dunkles Muster, und die Hinterschenkel sind gelblich gefärbt. Die Larven sind intensiver grün, schwarz und gelblich gefärbt.

Ägyptische Gottesanbeterin (*Blepharopsis mendica*)

Sofort ins Auge fallen die Elefantenschrecken genannten Arten der Gattung *Pamphagus*, wenn diese träge über Straßen und Wege kriechen. Die massig wirkenden, flugunfähigen Tiere sind grün oder braun gefärbt. Während *P. tunetanus* in Tunesien weit verbreitet ist, kommen *P. meridionalis* in Zentraltunesien, zwischen Feriana und dem algerischen Djelfa, und *P. cristatus* in Nordtunesien, in der Kroumirie, endemisch vor. Nach Sonnenuntergang bewegt sich die zu den Sattelschrecken gehörende *Eugaster guyoni* aus ihrem Versteck, um zu fressen. Sie ist ebenfalls flugunfähig, schwarzbraun gefärbt und besitzt rot gefärbte Dornen am sattelförmigen Halsschild. Die Schrecke kann zur Abwehr ein öliges Sekret verspritzen.

Gut getarnt sitzen die Gewöhnliche Nasenschrecke (*Acrida ungarica*) und die Nasenschrecke *Truxalis nasuta* in der niedrigen Vegetation. Beide sind grün, braun oder gemischt gefärbt und haben oft einen Längsstreifen vom Auge bis zum Flügeldeckenende. Sie sind von sehr schlanker Gestalt und besitzen einen stark nach oben verlängerten Kopf mit kurzen, am Ende zugespitzten Fühlern. Werden Nasenschrecken aufgeschreckt, springen sie hoch und fliegen ein ganzes Stück weit, sodass die sonst unter den Deckflügeln verborgenen Hinterflügel zu sehen sind. *Acrida ungarica* besitzt einfarbig gelbe und *T. nasuta* lila gefleckte Hinterflügel.

Zur Familie der Grillen gehört ein wahrer Riese: *Brachytrupes megacephalus*, ein fast 5 cm langes Insekt. Es ist hellbraun, hat einen riesigen Kopf und für Grillen typische lange Fühler. Am Tage wird man von dieser Grille nichts weiter sehen als die mauselochgroßen Eingänge zu ihren

Ein Riese unter den Grillen: *Brachytrupes megacephalus*

Gängen im Boden. In der Nacht muss man vorsichtig ihrem Gesang nachgehen, um sie aufzuspüren. Das Männchen hat an seinen Flügeln Schrilladern, die beim Aneinanderreiben ein enorm lautes und schrilles Zirpen verursachen. Damit wird das Weibchen, das selbst keine Laute erzeugen kann, angelockt. Man erkennt es an der langen Legeröhre am Hinterleib, mit der es die Eier im Boden absetzt.

Nachts ist die Afrikanische Maulwurfsgrille (*Gryllotalpa africana*) oberirdisch aktiv

Singzikaden erzeugen lang anhaltende, schrill zirpende Töne

In die Nacht fällt auch die oberirdische Aktivitätsphase der Afrikanischen Maulwurfsgrille (*Gryllotalpa africana*). Tagsüber lebt sie in selbstgegrabenen Röhren im Boden und sucht nach Wurzeln, die sie verzehrt. Die etwa 3 cm große Grille hat einen langgestreckten, walzenförmigen Körper. Durch das zu Grabschaufeln umgestaltete erste Beinpaar ist sie praktisch nicht zu verwechseln. Was ihre plumpe Körpergestalt nicht vermuten lässt: Sie fliegt recht gut und wird nachts häufig vom Licht angelockt.

Die Fangschrecken faszinieren durch die besondere Art ihres Beuteerwerbs: Sie sind außerordentlich gefräßig und ergreifen mit den vorderen Fangbeinen blitzschnell jedes Insekt, das ihnen zu nahe kommt. Selbst Spinnentiere und Reptilien bis zur eigenen Körpergröße können sie überwältigen. Interessant ist das Paarungsverhalten der grün oder gelblich braun gefärbten Gottesanbeterin (*Mantis religiosa*). Nach oder noch während der Kopulation frisst die weibliche Gottesanbeterin gelegentlich das Männchen auf. Im September/Oktober heftet das Weibchen die pergamentartigen, doch sehr stabilen Eipakete, die 200–300 Eier enthalten, an Zweige oder Steine. Die Larve einer Gottesanbeterin erkennt man an ihren Stummelflügeln; erst im Hochsommer nach der letzten Häutung, bei der die Fangschrecke das Erwachsenenstadium erreicht, wird sie zum geflügelten Vollinsekt – allerdings ist nur das Männchen flugfähig. Es gibt in Tunesien noch eine Reihe kleinbleibender Arten in verschiedenen Gattungen, wie die ungeflügelte *Geomantis larvoides*.

Bizarr geformt ist die Empuse (*Empusa pennata*). Sie ist schlank, grün und braun gefärbt und weist auf dem Kopf, an den Schenkeln und dem Hinterleib diverse Anhänge auf, die sie im Gelände sehr gut tarnen. Während man von anderen Arten erst im Spätsommer und Herbst vollentwickelte Tiere findet, vollenden Fangschrecken der Familie *Empusidae* bereits im Mai ihre Metamorphose. Sind die Empuse und vor allem die Gottesanbeterin hauptsächlich im mediterranen Klimagebiet verbreitet, kommt die Ägyptische Gottesanbeterin oder Kleine Teufelsblume (*Blepharopsis mendica*) in Halbwüsten- und Wüstengebieten vor. Diese ebenfalls zu den Empusen gehörende Fangschrecke sieht der vorigen Art recht ähnlich, ist aber an den weiß und grün marmorierten

Flügeln erkennbar. In der Wüste leben auch die Wüstengottesanbeterinnen der Gattung *Eremiaphila*. Die kleinen, flügellosen Fangschrecken bewegen sich flink über den Sand, leben aber auch in der Steinwüste und sind farblich perfekt dem Untergrund angepasst: hell sandfarben oder in verschiedenen Erdtönen.

Lang ist die Liste weiterer Insektenordnungen. Da gibt es bunte, meist rot und schwarz gefärbte Raubwanzen aus der Familie Reduviidae, die ihre Insektenbeute mit einem Stich ihres Rüssels töten, oder Baumwanzen der Familie Pentatomidae, welche an die Farbe der Rinde angepasst sind und Pflanzensaft saugen.

In der Macchie, auf Bäumen und Wiesen leben Singzikaden. Sie besitzen hyaline (durchscheinende) Flügel und erzeugen während der Tageshitze permanent schrille, zirpende Laute mit einem Trommelorgan an der Unterseite ihres Hinterleibes. Die größte im Mittelmeergebiet vorkommende Art ist die Gemeine Zikade (*Lyristes plebeja*). Ihr Körper ist schwarz und bei frischen Tieren von einem grauen Toment, mikroskopisch kleinen Härchen, überzogen. Die Flügel erreichen eine Spannweite von 10 cm.

Bis in die 1950er-Jahre war die Malaria im Mittelmeerraum noch verbreitet, und sehr selten treten auch heute noch Fälle dieser Krankheit auf. Hauptüberträger der Malaria war und ist im Gebiet die *Anopheles*-Mücke *A. maculipennis*. Diese Mücken sind Endwirte des einzelligen Parasiten *Plasmodium*. Beim Stich durch eine mit *Plasmodium*-Sporentierchen infizierte weibliche Mücke – die Männchen stechen nicht – gelangen die Sporozoiten, ein Ent-

Raubwanzen der Gattung *Rhinocoris* können mit ihrem Rüssel empfindlich stechen

Die Dolchwespe *Triscolia maculata* ist einer der größten Vertreter der Hautflügler

wicklungsstadium der Sporentierchen, in den menschlichen Körper. Der Mensch als Zwischenwirt wird dann zur Massenvermehrung genutzt, was vor allem Fieberschübe und Nierenschädigungen auslöst.

Einer der schönsten Schmetterlinge ist der Afrikanische Monarch (*Danaus chrysippus*)

Eine der artenreichsten Insektenordnungen sind die Käfer. Bereits am Strand trifft man in den Dünen etliche Schwarzkäferarten (Tenebrionidae), in den ariden Gebieten Südtunesiens ist ihr Artenspektrum jedoch am größten. Wie schon ihr Name besagt, sind diese Käfer, von denen allein in der Sahara 340 Arten vorkommen, fast alle schwarz. Die Flügeldecken der meisten Arten sind zusammengewachsen, sodass diese Insekten flugunfähig sind. Schwarzkäfer ernähren sich von allem, was sich verzehren lässt. Häufig sind die rundlichen Feistkäfer der Gattung *Pimelia*, deren Flügeldecken alle gekerbte, gekörnelte oder gezähnte Rillen aufweisen. Häufig sind in den Stranddünen *P. grandis* und *P. interstitialis*, in der Halbwüste und Wüste *P. angulata* und *P. valdani*. Ausgesprochen häufig ist *Trachyderma hispida*, der einen länglich ovalen Körper besitzt. Seine Flügeldecken sind vor allem an den Rändern mit kleinen Zähnchen versehen, der ganze Käfer ist kurz behaart. Von allen Schwarzkäfern der Sahara ist *Prionotheca coronata* mit 4 cm der größte. Seine glatten Flügeldecken sind an den Rändern mit einer Reihe spitzer Zähne bewehrt und machen den Käfer unverwechselbar.

Der Totenkäfer *Blaps gigas* ist überall in trockenen Arealen anzutreffen. Sein Körper ist vollkommen glatt, die Flügeldecken, vor allem die des Männchens, sind nach hinten zipfelartig ausgezogen. Fühlt sich dieser Käfer bedroht, nimmt er eine typische Abwehrstellung ein: Er streckt den Hinterleib nach oben und stößt ein gelbbraunes, öliges Sekret aus, das unangenehm riecht und bitter schmeckt. Einmal einen solchen Käfer in die Hand genommen, haftet dieses dunkle Sekret noch tagelang an der Haut.

Schwarzkäfer kann man, im Gegensatz zu den meisten anderen Käfern, das ganze Jahr über beobachten. Tagsüber halten sich viele Arten allerdings versteckt, erst ab dem späten Nachmittag kommen die Insekten hervor. Doch Ausnahmen bestätigen die Regel. So sind die kahnförmigen Schwarzkäfer der Gattung *Adesmia* ausgesprochene Tagtiere und flitzen bei größter Hitze umher. Eine weit verbreitete Art dieser hochbeinigen Gattung ist *A. dilatata*, die glatte Rillen auf den grob gekörnelten Flügeldecken trägt.

In den küstennahen Sandgebieten leben die imposanten Grablaufkäfer *Scarites buparius* und *S. eurytus*. Die glänzend schwarzen, 3–4,5 cm großen Käfer haben einen nach vorn stark verbreiterten Halsschild und einen breiten Kopf mit kräftigen Mandibeln, mit denen sie ihre aus Insekten bestehende Nahrung erbeuten. Die Tiere graben waagerechte Gänge in den Sand und jagen auch von dort aus. Nachts verlassen sie ihre Gänge, weshalb man die Käfer vor allem in der Dämmerung oder früh morgens sieht. Während *S. buparius* glatte, ovale Flügeldecken besitzt, weist *S. eurytus* parallel verlaufende, gestreifte Decken auf.

Am Strand, aber auch an sandigen oder lehmigen Flussufern und Rändern der Sebkhas trifft man bei sonnigem Wetter oft auf Sandlaufkäfer (Cicindelidae), die über den Boden rennend nach Beute suchen. Bei Annäherung fliegen sie rasch auf, landen aber nach ein paar Metern wieder. Die 14 in Tunesien vorkommenden Sandlaufkäferarten sind metallisch grün oder bronzefarben und tragen auf den Flügeldecken weiße Punkte oder Binden. Sehr häufig ist *Cicindela flexuosa*, die ein Bindenmuster aus drei geschwungenen und abgeknickten Linien sowie je einem weißen Punkt in der Mitte an der Flügeldeckennaht besitzt. Die Larve lebt in senkrechten Röhren im Boden, wo sie ihrer Beute

Der Distelfalter (*Vanessa cardui*) ist das ganze Jahr über zu beobachten

Der Bockkäfer *Agapanthia irrorata* entwickelt sich in den Stängeln des Fenchels

auflauert. Sandlaufkäfer sind alle tagaktiv, bis auf eine Ausnahme: *Megacephala euphratica* jagt nur nachts. Man findet diesen mit 2,5 cm Länge größten Sandlaufkäfer im Mittelmeergebiet an Flussufern und den Rändern der Sebkhas und Oasengewässer. Er ist metallisch hellgrün gefärbt, mit einem Fleck am Flügeldeckenende, die Beine sind blassgelb.

Die größten Laufkäfer (Carabidae) leben in der Wüste, und mit 5 cm längste Art Tunesiens ist *Thermophilum venator*. Dieser schwarze Laufkäfer, der früher in der Gattung *Anthia* geführt wurde, besitzt glatte, gewölbte Flügeldecken, die an den Schultern einen weißen Fleck aus kleinsten Härchen und an der Flügeldeckenspitze einen weißen Randmakel aufweisen. Er macht je nach Jahreszeit nachts oder auch am Tag Jagd auf andere Insekten. Wird der Käfer bedroht oder gar ergriffen, stößt er eine ätzende Substanz aus, die auf empfindlicher Haut und an den Schleimhäuten unangenehme Reizungen hervorrufen. Käfer dieser und der folgenden Gattung nennt man aufgrund dieses Abwehrverhaltens auch Essigkäfer.

Ein kleinerer Vertreter dieser Gruppe ist *T. sexmaculatum*, der etwa 3,5 cm lang wird und ebenfalls schwarz ist; sein Körper erscheint im Vergleich zu voriger Art

Der Spanische Mondhornkäfer (*Copris hispanus*) fliegt nachts ans Licht

abgeflachter. Die Flügeldecken sind leicht gerillt und besitzen je drei weiße Makel – auch der Halsschild ist am Rand weiß. Diese Art ist am Tag in den Dünen sehr mobil. Im Unterschied zu *T. venator*, der Sand bewohnt, reicht seine Verbreitung weiter nach Norden, bis vor Gafsa.

Der viel kleinere *Graphipterus serrator* erinnert mit seiner Zeichnung stark an die beiden vorigen Arten, gehört aber zu einer anderen Unterfamilie, den Harpalinae. Er ist schwarz, stark abgeflacht, und die Flügeldecken erscheinen zusammen fast kreisrund. Die Ränder des Halsschildes und der Flügeldecken sind weiß behaart, die Flügeldecken gepunktet. Die flinken, tagaktiven Käfer leben in der Wüste wie auch in Steppen. Bei Gefahr suchen sie Schutz in dichten Sträuchern und erzeugen bei Erregung ein zirpend-zischendes Geräusch, was möglicherweise das Zischen einer Schlange imitieren soll, um Angreifer in Schach zu halten. Während sich die meisten anderen Vertreter der Harpalinae von Gräsern und Sämereien ernähren, frisst diese Art hauptsächlich Ameisen.

Die Familie der Bockkäfer (Cerambycidae), die durch ihre meist körperlangen Fühler ihren Namen erhielten, hat ihren Verbreitungsschwerpunkt im Norden Tunesiens. Ihre Entwicklung vollzieht sich vor allem in Laub- und Nadelholz, die einiger Arten auch in Palmen, in Stängeln krautiger Pflanzen oder unterirdisch an Graswurzeln. Viele farbenprächtige Bockkäfer sind Blütenbesucher, so besucht der Purpur- oder Blutbock *Purpuricenus desfontainii* gern Distel- und Ginsterblüten. Bei diesem rot gefärbten Bockkäfer sind der Halsschild und die Flügeldeckenenden schwarz gefleckt.

In Disteln und Fenchel entwickeln sich auch verschiedene Arten der Distelböcke, deren Verbreitung bis weit nach

Der Bombardierkäfer *Pheropsophus africanus* besitzt eine explosive Abwehr

Süden reicht. Gattungstypisch sind ihre hell und dunkel geringelten Fühler. Besonders hübsch ist die schwarze *Agapanthia irrorata* mit einer Form, die auf den Flügeldecken weiße, filzige Punkte trägt. Die meisten anderen Distelböcke sind dagegen mit einem gelbbraunen bis grünbraunen Toment aus feinsten Härchen überzogen.

Mit den Eukalyptusmonokulturen wurden auch verschiedene Holzschädlinge im Mittelmeerraum eingeschleppt. Zuerst machte sich der ursprünglich in Australien lebende Eukalyptusbohrer, *Phoracantha semipunctata*, über die Eukalytusbestände her, später dann *P. recurva*. Beide Käfer sind schwarz, die Flügeldecken mehr oder weniger gelborange gezeichnet; ihr Halsschild ist beiderseits mit einem Dorn bestückt.

Ausgesprochene Blütenbesucher sind Ölkäfer (Meloidae) und Buntkäfer (Cleridae). Von beiden Käferfamilien kommen zahlreiche Arten in mehreren Gattungen in Tunesien vor – und ebenso vielfältig ist ihre Färbung. Ölkäfer sind meist gelb, orange oder rot und tragen dunkle Punkte oder Bänder; es gibt aber auch einfarbig blaue oder grüne Arten. Ölkäfer durchlaufen eine komplizierte Entwicklung, bei der die Larven Eigelege von Heuschrecken oder Schaben parasitieren; einige Arten leben auch in den Nestern von Solitärbienen. Buntkäfer sind gelborange bis rot und tragen meist grüne oder blaue Bandmuster. Auch ihre Larven leben räuberisch, einige ernähren sich von Bienenlarven, was ihnen den Namen Immenkäfer einbrachte.

An sonnigen Tagen im Frühjahr und Frühsommer fliegen metallisch schillernde Prachtkäfer (Buprestidae) der Gattung *Julodis* laut brummend umher. Die fünf in Tunesien lebenden Arten ähneln sich alle: Sie sind 2–3,5 cm lang, metallisch grün bis bronzefarben und weiß oder gelblich behaart. Die Haarbüschel auf Halsschild und Flügeldecken formen charakteristische Längslinien oder Punkte, durch die sich die Arten meist gut unterscheiden. An bewölkten Tagen sitzen die Prachtkäfer regungslos auf ihren Futterpflanzen, die Larven entwickeln sich in den Stängeln der krautigen Vegetation.

In den Korkeichenwäldern der Kroumirie im Nordwesten Tunesiens lebt der Hirschkäfer *Pseudolucanus barbarossa*, dessen Geschlechter einen ausgeprägten Sexualdimorphismus zeigen. Beim Männchen, das eine Gesamtgröße von

Heiliger Pillendreher (*Scarabaeus sacer*) mit Dungkugel

5–6 cm erreicht, fallen sofort die zangenförmigen Kiefer ins Auge, die über eine beträchtliche Kraft verfügen. Dagegen bleibt das Weibchen, dem auch die vergrößerten Kieferzangen fehlen, kleiner. Die Entwicklung der Hirschkäfer vollzieht sich über mehrere Jahre im morschen Holz alter Eichen. Bilden die Eichenwälder durch forstwirtschaftliche Nutzung nur einen Niederwald, entwickeln diese Insekten eine Kümmerform mit merklich kleinerem „Geweih", da die Bäume mangels Größe und Umfang den Larven nicht genug Nahrung bieten können.

Häufigste Hirschkäferart ist *Dorcus musimon*. Bei diesem schwarzen Käfer sind die Kiefer des Männchens zwar bei Weitem nicht so stark vergrößert, doch auch hier kann man das Männchen im direkten Vergleich mit dem Weibchen an den größeren Kiefern erkennen. Die Larve dieser kleinen Hirschkäferart entwickelt sich unter der Rinde toter Korkeichen und im weißfaulen Holz.

Morsche Laubholzstubben sind auch die Entwicklungsstätte des Nashornkäfers (*Oryctes nasicornis grypus*). Seine Larve, der Engerling, passt sich wie die Hirschkäferlarve dem Nahrungsangebot an, das später über die Größe der schlüpfenden Käfer entscheidet. Das bis 5 cm große Nashornkäfermännchen ist leicht erkennbar durch sein langes, nach hinten gebogenes Horn auf dem Kopf, das dem Weibchen fehlt bzw. nur angedeutet ist. Dieser glänzend kastanien- bis schwarzbraune Käfer fliegt in Nordtunesien im Frühjahr und Frühsommer. Ein ähnlicher, aber kleinerer Nashornkäfer ist *Phyllognathus excavatus*. Dieser Käfer ist

Ein Abwehrsekret gab dem Laufkäfer *Thermophilum sexmaculatum* den Namen Essigkäfer

Laufkäfer *Thermophilum venator* in Copula

Mit 5 cm ist *Thermophilum venator* der größte Laufkäfer Tunesiens

Aufgeregt erzeugt der Laufkäfer *Graphipterus serrator* zirpende Laute

Der Prachtkäfer *Julodis lucasi* fällt durch Metallglanz und Behaarung auf

ebenfalls kastanienbraun, beim Männchen ist das Horn aber mehr in Richtung des stark eingebuchteten Halsschildes gebogen. Dagegen ist das Weibchen hornlos. Er ist im ganzen Land weit verbreitet, ebenso wie die Nashornkäfer der Gattung *Pentodon*, bei denen beide Geschlechter hornlos sind. Alle vier in Tunesien vorkommenden Arten dieser Gattung sind mattschwarz, eine der häufigsten ist *P. algerinum*. Alle Nashornkäfer fliegen in der Dämmerung und werden vom Licht der Straßenlaternen angelockt. Auffällig sind die Käfer durch ihre plumpe Bewegungsweise.

Von den Blüten besuchenden Rosenkäfern ist die Gattung *Oxythyrea* am häufigsten. Die kleinen Käfer sind schwarz gefärbt und mit einem leichten Erzschimmer versehen. Während *O. funesta* dezente weiße Punkte auf den Flügeldecken besitzt und überall im Land auf den verschiedensten Blüten anzutreffen ist, zeigt *O. pantherina* kräftig reinweiße Punkte und ist nur im Süden häufig. Neben diesen beiden Arten kommen noch weitere, schwer unterscheidbare Arten vor.

In der Nähe von Weidetieren wird man mit Sicherheit auf dungfressende Käfer treffen. Einer der populärsten und zugleich interessantesten ist der Pillendreher oder Skarabäus. Von den mehreren Arten Tunesiens ist der Heilige Pillendreher (*Scarabaeus sacer*) die häufigste. Er ist im ganzen Land, einschließlich der Wüstenoasen, verbreitet. Die Färbung des 2–3 cm großen Käfers ist mattschwarz, seine Flügeldecken sind glatt, der halbkreisförmige Kopfschild trägt spitze Zacken. Die ebenfalls gezackten Vorderschienen verraten die Grabtätigkeit dieser Art und bilden ein ideales Werkzeug zum Formen des Kots pflanzenfressender Säuger zu „Dungpillen". Durch Rollen befördert der Käfer die Dungkugel an einen geeigneten Ort, um sie dort einzugraben. Unter der Erdoberfläche formt das Weibchen in einer kleinen Kammer die Pille zu einem birnenförmigen Gebilde um und legt ein Ei darin ab. Die geschlüpfte Larve verbraucht den Vorrat aus weichem Dung in der Umgebung, ausgewachsen verpuppt sie sich dann im Inneren.

Pillendreher fliegen nachts oft ans Licht, genauso wie der Spanische Mondhornkäfer (*Copris hispanus*). Dieser nur im Norden lebende Käfer ist glänzend schwarz, seine aufgewölbten Flügeldecken sind gerippt. Das Männchen trägt auf dem Kopf ein langes, nach hinten gebogenes Horn, beim Weibchen ist dieses nur sehr kurz. Der Mondhornkäfer vergräbt seinen Dungvorrat gleich direkt unter dem Dunghaufen. Von einem senkrechten Gang zweigen mehrere Brutkammern ab, in die der Kot transportiert wird; das Weibchen legt in jede Kammer ein Ei.

Entgegen allen anderen Sandlaufkäfern jagt *Megacephala euphratica* nachts

***Prionotheca coronata* ist der größte Schwarzkäfer der Sahara**

Spinnentiere

Spinnen rufen bei den Menschen entweder Abscheu oder Faszination hervor. Oft steht auch die Frage nach der Giftigkeit der achtbeinigen Tiere im Raum. So wurde in der Vergangenheit besonders dem Biss der Tarantel, durch den man in eine Art Tanzwut verfallen soll, Bedeutung beigemessen. Tatsächlich ist dieser Biss aber nur mit dem Stich einer Wespe vergleichbar.

Unter Steinen in mediterranen Gebieten kann man an trockenen, sonnigen Stellen die Apulische Tarantel (*Lycosa tarentula*) entdecken. Von allen Taranteln im Gebiet ist sie die größte. Das Weibchen erreicht 3 cm Körperlänge, das Männchen bleibt etwas kleiner. Die Grundfarbe weiblicher Spinnen ist Bräunlich, der männlichen Tiere ein weißliches Grau. Auf dem Vorderkörper tragen beide Geschlechter zwei schwarze Längsbänder, der Hinterleib weist mehrere dunkle Längsstreifen auf; die Beine sind besonders auf der Unterseite deutlich schwarz gefleckt. Neben dieser Art kommt auch die etwas kleinere Schwarzbäuchige Tarantel (*L. radiata*) vor, die gut an ihrem schwarz gefärbten Bauch zu bestimmen ist. Taranteln halten sich meist in ihrer selbst gegrabenen, 30 cm langen Wohnröhre auf. Nach der Paarung im Frühjahr baut das Weibchen einen Eikokon mit einigen Hundert Eiern, der an die Spinnwarzen geheftet und auf dem Rücken den warmen Sonnenstrahlen ausgesetzt wird, bis die Jungspinnen schlüpfen und zahlreich auf dem Rücken der Mutter Schutz suchen.

Die wohl am meisten gefürchtete Spinne ist aber die Schwarze Witwe (*Latrodectus tredecimguttatus*). Bei dieser kleinen Spinne, die allgemein nicht sehr häufig ist, werden die Weibchen nur bis 1 cm groß, die Männchen bleiben noch wesentlich kleiner. Wie alle Kugelspinnen hat diese Art einen kugeligen Hinterleib, die Beine sind recht lang. Ihr schwarzer Körper zeigt dreizehn rote Punkte, die oft weiß umrandet sind

Die Apulische Tarantel (*Lycosa tarentula*) liebt Trockenrasen

und auch zu Flecken miteinander verschmolzen sein können. Auf der Unterseite des Hinterleibs befindet sich ein roter Makel, der an eine Sanduhr erinnert. Die Schwarze Witwe lebt verborgen in der Vegetation und baut ihr haubenförmiges Nest gern an überhängende Grasbüschel. Ihr Name bezieht sich auf den Umstand, dass das Männchen bei der Paarung Gefahr läuft, vom Weibchen gefressen zu werden.

Ein Biss der Schwarzen Witwe wird meist erst nach 10–60 Minuten bemerkt, wenn die Lymphbahnen anschwellen und sich erste Schmerzen einstellen. Durch Neurotoxine (Nervengifte) kommt es zur Verkrampfung vor allem der Gesichts- und Bauchmuskulatur, seltener auch der Atemmuskulatur. Ob ein Arzt aufgesucht werden muss, ist individuell zu entscheiden, gewöhnlich sind die Symptome nach 1–3 Tagen wieder verschwunden.

Etwas häufiger, vor allem im Süden, tritt die Braune Witwe (*L. geometricus*) auf. Meist ist sie braun gefärbt und der Hinterleib weiß gepunktet, seltener auch schwärzlich oder sehr hell gezeichnet – ihr Aussehen ändert sich mit jedem Entwicklungsstadium. Die Beine sind hell und dunkel gebändert. Typisch wie bei allen Witwen ist die rote Sanduhrzeichnung auf der Unterseite. Vollständig schwarze Exemplare sind manchmal nur schwer von der Schwarzen Witwe, bei der ebenfalls Schwärzlinge vorkommen, zu unterscheiden. In diesem Fall ist das Gelege, der Eisack, bei der Bestimmung behilflich, denn im Gegensatz zum runden Gelege der Schwarzen Witwe fertigt die Braune Witwe einen mit kleinen Fortsätzen und dadurch stachlig aussehenden Eikokon an. Die Braune Witwe hat eine hohe Fortpflanzungsrate, pro Saison kann ein Weibchen bis zu 5.000 Jungspinnen hervorbringen, und drei Jahre lebt das Weibchen selbst. Diese Spinne ist besonders in Gebäuden aller Art anzutreffen. Ihr Gift ähnelt dem der Schwarzen Witwe, der Bissverlauf ist vergleichsweise weniger akut, doch medizinisch ebenfalls bedeutsam.

Die Fettspinne oder Falsche Witwe (*Steatoda paykulliana*) ist mit der Schwarzen Witwe auf den ersten Blick leicht zu verwechseln. Sie ist ebenfalls kugelig, aber etwas abgeflachter und zeigt am Vorderrand des Hinterkörpers ein rotes Band. Diese Art hält sich gern unter Steinen auf und ist wesentlich häufiger als die Schwarze Witwe. Auch der Fettspinne wird eine Giftwirkung nachgesagt, die aber als weniger stark einzustufen ist.

Die Fettspinne (*Steatoda paykulliana*) ist eine giftige Kugelspinne

Die Radnetzspinne *Argyope lobata* baut ihre Netze in hoher Vegetation

Zwischen hohen Gräsern oder Büschen baut die Radnetzspinne *Argyope lobata* ihr großes Netz. Die Männchen dieser Spinne sind nur wenige Millimeter klein, häufiger sieht man die viel größeren Weibchen. Oberseits ist diese Radnetzspinne silbrig, was ihr ein Leben in der prallen Sonne ermöglicht, da so die Lichtstrahlen reflektiert werden. Ihr Hinterleib ist abgeflacht und an den Rändern gewellt. Ihre Unterseite mit einem Muster aus gelben, weißen und schwarzen Streifen ähnelt der Färbung einer Zebraspinne.

Am Boden fallen die großen, ausgebreiteten Fangnetze der Trichterspinnen der Gattung *Agelena* auf. Ihre Netze sind weit gespannt und laufen am Hinterende zu einer trichterartigen Röhre zusammen, in der die Spinne auf Beute lauert.

Die Familie Theraphosidae (Vogelspinnen) ist in Tunesien mit drei Arten vertreten, deren Verbreitung vom Norden bis ins südliche Tunesien reicht. Vogelspinnen, die ihre Wohngespinste unter Steinen oder Holz bauen, fehlen nur in den Wüstengebieten. Die drei Arten *Ischnocolus tunetanus*, *I. algericus* und *I. fuscostriatus* bleiben gegenüber ihren tropischen Verwandten mit 2–3 cm Körperlänge recht klein. Sie sind braun behaart und können ihre Hinterleibshaare bei Gefahr mehrere Zentimeter wegschleudern, was zu Hautreizungen führen kann.

Die vor allem im Süden weit verbreiteten Walzenspinnen (Solifugidae) könnten ein Bindeglied zwischen Spinnen und Skorpionen darstellen. Sie haben einen langgestreckten Vorderkörper mit kräftigen Kieferklauen, den Cheliceren, darüber befinden sich zwei Hauptaugen und seitlich davon kleinere Nebenaugen. Der weiche Hinterleib ist walzenförmig und segmentiert. Auf der Unterseite tragen diese Tiere hammerförmige Organe, von denen man annimmt, dass es sich um Chemorezeptoren handelt. Walzenspinnen sind besonders an den Beinen und langen Kieferntastern mit zahlreichen Tasthaaren versehen.

Ischnocolus tunetanus ist ein kleiner Vertreter der Vogelspinnen

Auch das erste der vier Beinpaare wird als Taster benutzt, sodass Solifugen praktisch nur auf sechs Beinen laufen.

Walzenspinnen sind bräunlich bis sandfarben, bei einigen Arten verläuft ein dunkles Band über den Hinterleib. Die

Die Walzenspinne *Paragaleodes tunetanus* ist ausgesprochen flink

großen Solifugen, welche bis 7 cm Körperlänge erreichen, gehören vor allem der mit mehreren Arten in Tunesien vertretenen Gattung *Galeodes* an, doch auch *Paragaleodes tunetanus* ist eine große Walzenspinne, die sich von der vorigen Gattung durch das Fehlen der Kralle am ersten Beinpaar unterscheidet. Die Tiere führen eine nächtliche Lebensweise und jagen Insekten, die sie mit ihren kräftigen Mundwerkzeugen zerkauen. Walzenspinnen sind nicht giftig, können aber schmerzhaft zubeißen. Sie kommen nachts auch ans Licht, um angelockte Insekten aufzuspüren. Bemerkenswert ist, dass Solifugen mithilfe von Haftorganen an den Pedipalpen (umgewandelten Extremitäten im Kopfbereich) Wände und selbst Glasscheiben hochklettern können. Walzenspinnen zeigen auch ein interessantes Paarungsverhalten: Das Männchen wirft das Weibchen auf den Rücken, dann bringt es mit seinen Cheliceren eigens entnommene Spermatropfen in die Geschlechtsöffung des Weibchens. Das Weibchen baut eine etwa 20 cm tiefe Brutkammer und legt darin eine große Anzahl Eier ab, die es bis zum Schlüpfen der Jungspinnen bewacht.

Skorpione sind in Tunesien mit mindestens 12 Arten vertreten. Erst 2006 wurden vom Djebel Chambi *Buthus chambiensis* und von Remada *B. dunlopi* neu beschrieben. Manche Arten sind weniger häufig, manche nur kleinräumig oder auf vorgelagerten Inseln verbreitet – auf vier Arten wird man jedoch immer wieder stoßen, sofern man nach den Tieren sucht.

Der häufigste und am weitesten verbreitete Skorpion in Nord- und Zentraltunesien ist *Buthus tunetanus*, der vor nicht allzu langer Zeit gemeinsam mit *B. paris* als Unterart des Okzitanischen Skor-

Der Maurische Skorpion (*Scorpio maurus*) ist an den breiten Scheren erkennbar

pions (*B. occitanus*) geführt wurde. Der Vorderkörper aller Skorpione besteht aus einer Rückenplatte, auf deren Mitte zwei Hauptaugen sitzen. Am Vorderrand besitzen die Tiere jeweils 2–5 Nebenaugen, davor befindet sich bei *B. tunetanus* eine lyraförmige Erhebung. Der Hinterkörper besteht aus sieben Segmenten und der Schwanz aus weiteren sechs; das letzte Segment ist die Giftblase mit Stachel. Der Stich erfolgt über den Rücken nach vorn. Die für die Familie Buthidae typischen schlanken Scheren (Pedipalpen) verraten die potenzielle Giftigkeit dieser Tiere. Da der Skorpion damit nicht so kräftig zupacken kann wie Arten mit breiten Scheren, benötigt er ein wirksames Gift, um seiner Beute habhaft zu werden.

Das Weibchen ist stets größer als das Männchen. Eindeutig unterscheidbar sind die Geschlechter nur an den Kammorganen, den Pectines, auf der Bauchunterseite. Über die Funktion dieser seltsamen Gebilde ist bisher wenig bekannt, doch sind die Kämme des Männchens immer deutlich länger als die des Weibchens. Dieser Skorpion hat eine gelbe bis lehmgelbe Farbe, auf dem Rücken trägt er mitunter dunkel angedeutete Längslinien. Am Tag ruht er versteckt unter Steinen, in Erdspalten oder hinter Baumrinde, nachts jagt er Insekten. Nicht selten findet man die Skorpione im Lichtkegel der Straßenlaternen, wo sie auf anfliegende Beutetiere warten.

Skorpione sind Einzelgänger und kommen nur zur Paarung zusammen. Bei der Begattung ergreift das Männchen die Scherenhände des anfangs meist noch recht aggressiven Weibchens. Es folgt ein Paarungstanz, bei dem die Partner manchmal stundenlang „Hand in Hand“ umherlaufen und sich mit den Mundwerkzeugen, den Cheliceren, betasten. Schließlich setzt das Männchen ein Spermienpaket auf einem flachen Stein ab und zieht seine Partnerin darüber. Nach ungefähr fünf Monaten bringt das Weibchen 20–30 weißliche, pigmentlose Junge zur Welt, die bis zur ersten Häutung auf dem Rücken der Mutter herumgetragen werden.

Dickschwanzskorpion *Androctonus bicolor aenas*

***Buthus tunetanus* ist eine der häufigsten Skorpione**

Im Süden Tunesiens kommt einer der giftigsten Skorpione weltweit vor, der Sahara-Dickschwanzskorpion (*Androctonus australis*). Der mit 10 cm größte Skorpion des Landes ist blassgelb gefärbt, die Scherenspitzen und die Giftblase sind meist angedunkelt, was aber je nach Unterart variieren kann. Am sichersten erkennt man die Art an ihrem dicken Schwanz, deren Glieder mindestens genauso breit wie die Giftblase sind. Giftblase und Scherengelenke sind blasig aufgewölbt, die Scherenschenkel dagegen schmal. Tagsüber sitzt der Dickschwanzskorpion versteckt in einer selbstgegrabenen Wohnhöhle im festen Sand, Lehmboden oder unter Steinen. Er lebt in Halbwüsten- und Wüstengebieten südlich von Gafsa, und auch auf Djerba fehlt er nicht. In felsigen Abschnitten des Südens und nördlich bis vor Kairouan kommt noch ein zweiter Dickschwanzskorpion vor: *Androctonus bicolor aenas*. Er ist braunschwarz gefärbt, und seine Scheren sind an den Gelenken nicht erweitert, sondern schlank.

Einer der giftigsten Arten ist der Sahara-Dickschwanzskorpion (*Androctonus australis*)

Bei allen drei Skorpionen ist die Giftwirkung sehr hoch, und es sollte nach einem erfolgten Stich unbedingt ein Arzt aufgesucht werden. Das Pasteur-Institut in Tunis stellt ein Antivenin (Gegengift) gegen das Gift von *Androctonus australis* und *Buthus occitanus* her, doch ist seine Verabreichung umstritten. Der Sahara-Dickschwanzskorpion ist für 80 % aller Unfälle mit Skorpionen und für 95 % aller Todesfälle in Nordwestafrika verantwortlich. Einer algerischen Studie zufolge resultierten aus 20.164 registrierten Unfällen mit dieser Art rund 1,27 % Todesfälle bei Erwachsenen, 3,66 % bei Schulkindern und 7,78 % bei Kleinkindern. Trotz der potenten Giftwirkung ist gerade dieser Skorpion in Deutschland ein beliebtes Terrarientier.

Noch giftiger ist nur der eher selten in Südtunesien vorkommende Fünfstreifenskorpion (*Leiurus quinquestriatus*), dessen Stich bei Kleinkindern in manchen Sahara-Ländern zu einer Todesrate von fast 50 % führt. Der sandfarbene Fünfstreifenskorpion besitzt fünf dünne Längskiele auf dem Rücken und eine verdickte, dunkle Giftblase.

Fast harmlos ist dagegen der glänzend dunkelbraune Maurische Skorpion (*Scorpio maurus*), der große verbreiterte Scheren besitzt. Seine Beine sind etwas heller braun bis gelblich. Er lebt in Zentraltunesien zwischen Téboursouk im Norden und Gafsa im Süden, wo er unterschiedliche Lebensräume besiedelt: subhumide Nadelwälder wie auch aride felsige Schluchten.

Der Gürtelskolopender (*Scolopendra cingulata*) lebt in einer flachen Wohnmulde unter Totholz und Steinen, die an ein verzweigtes Gangsystem im Boden angebunden ist; dort ist er tagsüber vor dem Austrocknen geschützt. Der mit rund 10 cm Länge größte Hundertfüßer in Tunesien besitzt einen abgeflachten, in Segmente gegliederten Körper mit je einem Beinpaar pro Segment. Seine Färbung reicht von Gelbbraun bis Olivgrün, die Segmente sind mitunter dunkel gerandet. Beine, Fühler und Anhänge sind gelb bis rötlich. Nachts jagt dieses flinke Tier Würmer und Insekten, die es mit einem Giftbiss lähmt. Auch für den Menschen ist der Biss recht schmerzhaft. Skolopender zeigen eine interessante Fortpflanzungsbiologie, indem das Weibchen nach der Eiablage in der Erde Brutfürsorge bis zum Schlüpfen der Jungen betreibt.

Ein weiterer häufiger Vertreter der Hundertfüßer ist der Spinnenläufer (*Scutigera coleoptrata*). Das kleine Gliedertier besitzt 15 Paar sehr langer, spinnenartiger Beine. Oberseits ist es von gelbbrauner Farbe und hat drei dunkle Längsstreifen. In der Natur findet man den Spinnenläufer tagsüber verborgen unter Steinen oder loser Rinde an nicht zu trockenen Orten, häufig hält er sich auch in Häusern auf. Er ist ein unglaublich schneller Insektenjäger, der erst nachts aktiv wird. Mit den Kieferfüßen, an deren Enden Giftdrüsen sitzen, fängt er seine Beute und lähmt sie mit einem Giftbiss. Auch für den Menschen ist solch ein Biss sehr unangenehm.

Ebenfalls unangenehm sind die weit verbreiteten Zecken. Die wenige Millimeter großen Weibchen saugen das Blut ihrer Wirte und schwellen dabei bis auf 2 cm Größe an – dagegen nehmen die Männchen überhaupt nichts zu sich oder zapfen die Weibchen an. Die zunächst noch sechsbeinigen Larven parasitieren häufig auf Reptilien. Während *Hyalomma dromedarii* an Dromedaren Blut saugt, zapfen *H. aegyptiacum*, *H. marginatum* und *H. excavatum* andere Säuger und auch den Menschen an. Zecken der Gattung *Hyalomma* übertragen Virusinfektionen, wie das Krim-Kongo-Fieber.

Der Gürtelskolopender (*Scolopendra cingulata*) lebt versteckt unter Steinen

Landschnecken

Im humiden und subhumiden Norden sind die Landschnecken recht artenreich vertreten. Besonders gut ist die Molluskenfauna der archäologischen Ausgrabungsstätten zwischen Le Kef und Zaghouan dokumentiert. Da Schnecken generell feuchtere Habitate bevorzugen, finden sie an diesen Orten gute Lebensräume, denn unter den zahlreichen großen Steinen bilden sich Mikroklimate, die auch im Sommer nicht ganz austrocknen. Durch die Umzäunung der antiken Stätten ist die Vegetation meist von Beweidung verschont und dementsprechend gut entwickelt. Sie schattet den Boden ab, der dann wiederum länger die Feuchtigkeit hält. Zudem ernähren sich die meisten Schnecken von krautigen Pflanzen und Detritus. Außerhalb dieser Orte sind vor allem die Halbinsel Cap Bon und die Gebirgsgegend um Matmata im Süden Tunesiens reich an endemischen Landschnecken.

Im Norden Tunesiens ist die Gefleckte Weinbergschnecke (*Helix aspersa elata*) weit verbreitet. Diese Art wird, wie auch andere Schnecken, von der Bevölkerung gesammelt und verzehrt. Durch die kommerzielle Züchtung ist sie mittlerweile weltweit verschleppt. Auf dem hellbraunen Gehäuse dieser Schnecke befinden sich bei den meisten Tieren dunkelbraune Bänder und eine weißliche bis gelbbraune Fleckenmusterung. Die Gehäusemündung endet in einer weißen Lippe, was sie von der Schwarzmündigen Weinbergschnecke (*Helix melanostoma*) unterscheidet, deren Lippe kastanienbraun ist. Das Gehäuse dieser Art ist außerdem rötlich graubraun und zeigt – mehr angedeutet – drei helle Streifen. Es hat vier Umgänge, von denen der letzte stark aufgebläht ist; die Spitze ist dagegen sehr klein. Diese Schnecke wird mit 4 x 5 cm noch etwas größer als die vorige Art.

Gefleckte Weinbergschnecke (*Helix aspersa elata*)

Weinbergschnecken gehören zur Familie der Schnirkelschnecken (Helicidae) und benötigen einen gewissen Feuchtigkeitsgradienten in ihrem Lebensraum. Andere Schnirkelschnecken dagegen sind recht gut an ein Leben in trockenen Sand- und Steppengebieten angepasst. So kommt die circummediterran verbreitete Divertikelschnecke (*Eobania vermiculata*) auch in weiten Teilen Tunesiens vor. Ihr leicht gedrücktes Gehäuse erreicht fast 3 cm Durchmesser, die Mündung geht in eine breite, helle Lippe über. Fünf dunkel- bis rötlich braune Bänder zieren das Schneckenhaus, das oberseits zudem gitterartig weißlich oder gelblich gemustert ist. Die in ihrer Färbung sehr variable Art bringt innerhalb des ausgedehnten Gesamtverbreitungsgebiets mehrere Unterarten hervor, so ist *E. v. uticensis* in Tunesien endemisch.

Eine Reihe weiterer Schnirkelschnecken der Gattung *Otala*, welche mit *Eobania* nahe verwandt ist, machen Artbestimmungen zu einer schweren Disziplin. Im westmediterranen Raum, genauer auf der

Iberischen Halbinsel und in Nordwestafrika, ist *Otala lactea* weit verbreitet. Ihr 2–4 cm breites Gehäuse ist außerordentlich variabel gefärbt, typisch ist eine gelblich graue Farbe mit dunkelbraunen Bändern und einer Sprenkelmusterung, seltener sind Schnecken mit rein kalkweißen Gehäusen. Ein weißes, wachsglänzendes Gehäuse besitzt die häufige *Alabastrina tingitana*. Das Schneckenhaus dieser Art erinnert an Alabaster, wie der Gattungsname treffend beschreibt.

Wenn die Tagestemperaturen im Verlauf des Jahres ansteigen, flüchten viele Schnecken vom heißen Boden und heften sich an höhergelegene Stellen. So sind trockene Pflanzenstängel im Sommer nicht selten über und über mit der Mittelmeer-Sandschnecke oder Dünenschnecke (*Theba pisana*) besetzt. Wie alle Schnecken verschließt sie bei großer Trockenheit ihr Haus mit einem pergamentartigen Kalkdeckel. Das 1–2,5 cm breite Gehäuse ist weiß und trägt braune Bänder, die sehr variabel unterbrochen, verwaschen oder miteinander verschmolzen sind. Während der Nabel bei beiden vorigen Arten auf der Unterseite verwachsen ist, besitzt die Mittelmeer-Sandschnecke einen kleinen, engen Nabel.

An oder unter Steine geheftet sind die Vertreter der Schließmundschnecken (Clausillidae). Ihre schlanken, langgestreckten Gehäuse sind kaum mehr als 3 mm breit. Die Windungen sind glatt oder kräftig und regelmäßig gerillt. In der Mündung befinden sich Zähnchen und Falten, die zur Artbestimmung herangezogen werden. Häufige Vertreter der Schließmundschnecken sind zum Beispiel *Mauritanica perinni* und *M. tristrami* mit gerippten Gehäuse sowie *Papillifera papillaris* mit glatten Windungen und tiefen Einkerbungen in den Zwischenräumen.

Die Familie der Bodenschnecken (Cecilioididae), die weltweit in warmen Gebieten vorkommt, ist in Tunesien mit den Turmschnecken *Ferussacia carnea* und *F. gronoviana* vertreten. Die zugespitzten Gehäuse dieser Schnecken sind glatt, glänzend und langgestreckt, die Mitte ist verbreitert.

Im gesamten Mittelmeergebiet ist die Stumpfschnecke (*Rumina decollata*) verbreitet. Sie ist hier die einzige Vertreterin der hauptsächlich in den Subtropen und Tropen beheimateten Familie der Ahlenschnecken (Subulidae). Adulte Exemplare verlieren die oberen Windungen ihrer Gehäuse, die dann stumpf sind. Die Umgänge sind kaum gewölbt, fast glatt und grau bräunlich glänzend. Die Stumpfschnecke frisst andere Schnecken, deren Gelege, Würmer und selten auch pflanzliches Material. Diese Schnecke wurde nicht zuletzt wegen ihrer Vermehrungsfreude weltweit verschleppt. Sie ist wie die meisten Schnecken zwittrig – Schnecken befruchten sich meist gegenseitig –, doch bei den Stumpfschnecken ist sogar eine Selbstbefruchtung möglich.

Ausgewachsene Stumpfschnecken (*Rumina decollata*) verlieren die oberen Gehäusewindungen

Meeresfauna

Bereits bei einem ersten Strandspaziergang trifft man auf verschiedene Vertreter der Meeresfauna, denn im Spülsaum sammeln sich die unterschiedlichsten Muschelschalen und Schneckengehäuse an. Eine der häufigsten Arten ist die Gebänderte Stumpfmuschel oder das Sägezähnchen (*Donax vittatus*). Ihre kleinen Schalen sind ungleichmäßig dreieckig, der untere Rand ist sehr fein gezähnelt. Das hellbraune Periostrakum, der dünne weiche Schalenüberzug, reibt sich mit der Zeit ab, darunter ist die Schale weiß bis gelblich; die Innenseiten sind dagegen violett getönt. Auch Herzmuscheln aus der Gattung *Acanthocardia* fehlen an keinem Strand. Die weißen Schalen dieser Muscheln sind hoch gerippt, wobei die Rippen entweder glatt sind oder kleine knotige Verdickungen aufweisen. Oft tragen die Schalen auch dekorative braune Bänder.

Der Schwarze Seeigel (*Arbacia lixula*) ist einer der häufigsten Seeigel

In großer Zahl werden verschiedene fast kreisrunde Schalen von Trogmuscheln der Gattung *Mactra* angespült. Nachdem sich das Periostrakum auf den Schalen abgerieben hat, zeigen sich auf den hellen Schalen radiär strahlenförmige hellbraune Bänder. Ganz ähnlich sind die sehr dicken Muschelschalen der Gattung *Glycymeris* geformt, die oberseits gelblich und bräunlich bis violett überlaufen sind.

Besonders schön sind unversehrte Schalen der Braunen Venusmuschel (*Callista chione*): Die 6–10 cm großen glänzenden Schalen sind hell- bis rötlich braun mit dunklen konischen Bändern und radialen Strahlen. Auch andere Venusmuscheln, wie die Arten der Gattungen *Chamelea* und *Tapes*, sind recht hübsch und nicht selten; sie sind meist weiß und tragen ein bräunliches bis gelbbraunes Muster.

Während alle bisher genannten Arten auf Weichböden und einige Zentimeter tief im Sand eingegraben leben, sind die folgenden mit Byssusfäden (Haftsekret der Muscheln) an Hartsubstrat wie Felsen oder Steinblöcken festgeheftet. Die Europäische Lazarusklapper oder Stachelauster (*Spondylus gaederopus*) ist unversehrt leicht an den Stacheln auf den Radialrippen der Schalen zu erkennen. Oft findet man die 5–12 cm lange Muschel aber stark abgeschliffen am Strand. Dann dient als Erkennungsmerkmal die purpurrote obere Klappe, die untere kann zuweilen auch weiß sein. Beide Schalen besitzen außen konzentrische Lamellen. Wo diese Art häufig ist, werden ihre Schalen oft in Massen an Land gespült.

Unverwechselbar ist auch die Arche Noah (*Arca noae*). Ihre kahnförmig gebauten, weißlichen Schalen sind leicht gerippt und zeigen deutliche Zuwachsstreifen. Gegeneinander versetzte braune Bänder zieren die Schalen, oft ist die Muschel jedoch stark bewachsen.

Die Mittelmeer-Miesmuschel (*Mytilus galloprovincialis*) ist überall zu finden. Sie besitzt längliche Schalen, die am Wirbel zugespitzt sind und am Ende in einer breiten Rundung auslaufen. Ihre Schalen sind schwarzblau bis bräunlich gefärbt, bei jungen Tieren auch gelblich braun, innen besitzen sie einen Perlmuttglanz. Sie wird häufig nur als eine Form der Essbaren Miesmuschel (*M. edulis*) angesehen. Miesmuscheln heften sich mit Byssusfäden an Felsen, Steine oder Holz und bildet dort Kolonien, sog. Miesmuschelbänke. Sie werden – wie auch die Pazifische Felsenauster (*Crassostrea gigas*) – in Aquakulturen aufgezogen, um den Bedarf des Menschen an Meeresfrüchten zu decken.

Hartböden und Felsgrund sind auch der Lebensraum zahlreicher mariner Schneckenarten. Nur knapp unter der Wasseroberfläche siedeln der Würfelturban (*Osilinus turbinatus*) und der Gebänderte Turban (*O. articulatus*) an Felsen, Steinen und Hafenmauern. Diese kleinen Schnecken besitzen ein kegelförmiges, sehr dickwandiges Gehäuse, das eine graue, grünliche oder gelbliche Farbe aufweist. Die Umgänge sind bei der ersten Art mit violetten bis schwarzen rechteckigen Fleckenreihen gezeichnet, Letztere weist eine Musterung aus dicht beieinander liegenden Spiralstreifen auf. Die oberen Windungen zeigen oft Abnutzungen, das Gehäuseinnere ist perlmuttfarben. Diese Schnecken weiden den algenbewachsenen Untergrund ab und teilen ihren Lebensraum mit den ebenfalls sehr häufigen Purpurschnecken.

Die Purpurschnecke (*Hexaplex trunculus*) besitzt ein großes gehöckertes,

Kompassqualle (*Chrysaora hysoscella*)

grauweißes Gehäuse, das dunkle Querbänder zeigt und gewöhnlich mit Algen bewachsen ist. Sie ernährt sich räuberisch vor allem von Muscheln, aber auch von Aas. Von der Antike bis ins Mittelalter wurde diese Art zur Purpurgewinnung verarbeitet – eine Drüse in der Mantelhöhle der Schnecke scheidet jenes wasserhelle Sekret aus, das an der Sonne einen gelblich grünen, später violetten Ton annimmt: Purpur. Auf Kreta kannte man das Schneckenpurpur schon um 1600 v. Chr., etwa 200 Jahre später entwickelte sich die Färberei durch die Phönizier zu einem gut dotierten Wirtschaftszweig. Schon für kleine Mengen dieses höchstbezahlten Farbstoffs, der zum Kolorieren edler Stoffe verwendet wurde, mussten Tausende Tiere verarbeitet werden: Für eine römische Toga benötigte man etwa 100.000 Schnecken – leicht verständlich, dass derartig gefärbte Kleidungsstücke hohen Würdenträgern vorbehalten waren.

Das Brandhorn oder die Herkuleskeule (*Bolinus brandaris*) ist ein besonders attraktiver Vertreter der Purpurschnecken.

Großer Roter Einsiedlerkrebs (*Dardanus calidus*)

Ihr Gehäuse ist keulenförmig, die letzte Windung besonders groß ausgeprägt. Die Umgänge weisen zwei Kanten auf, an denen entweder lange Stacheln oder Knoten sitzen. Der Siphonalkanal ist lang ausgezogen. Die Färbung dieser Schnecke variiert von Grau bis zu einem gelblichen Braun, während die Mündung ein schönes Orange bis Orangegelb zeigt. Auch das Brandhorn wurde zur Purpurgewinnung verwendet.

An algenbewachsenen Felsen macht die Mittelmeer-Kegelschnecke (*Conus ventricosus*) Jagd auf Borstenwürmer. Diese Schnecke besitzt ein konisches Gehäuse mit einer sehr kurzen Spitze und einer langen, schmalen Mündung. Die Färbung ist recht variabel und reicht von olivgrünen, braunen bis zu rosa Farbtönen. Oft tragen die Gehäuse eine helle Spiralbinde.

In der Flachwasserzone lebt auf verfestigten Sand- und Schlammböden die Gewöhnliche Hornschnecke (*Cerithium vulgatum*). Auf ihrem schlanken und spitzen, leicht bauchigem Gehäuse befinden sich kleine Höcker. Die graue Grundfarbe des Gehäuses ziert ein unregelmäßiges Muster aus dunklen Flecken und Bändern. Hornschnecken werden regelmäßig an den Strand gespült. Auch die Blasenschnecke (*Bulla striata*) lässt sich im Spülsaum leicht finden. Der Habitus ihres langgezogenen, eiförmigen Gehäuses wird von der letzten Windung dominiert; eine Spitze fehlt dem kleinen, olivgrün bis braun gefärbten Gehäuse, das eine weiße, verwaschene Zeichnung aufweist.

In größeren Tiefen auf Sandböden lebt auch die räuberische Mondschnecke (*Neverita josephinia*). Ihr Haus ist oberseits hellbraun, mit einem Hauch von violettem Glanz, und unterseits weiß gefärbt. Das Gehäuse ist rund und etwas flachgedrückt, die Mündung halbmondförmig, der Nabel sehr groß. Man findet diese hübsche Schnecke nicht sehr oft, aber wo sie auftritt, scheint sie in großer Zahl vorzukommen.

Beim Strandspaziergang stößt man mit Sicherheit auch auf das weiße, flach ovale und an den Enden relativ spitz zulaufende Kalkskelett der Sepia, den sog. Schulp. Im Mittelmeer leben drei Arten dieser Kopffüßer, die anhand der Saugnäpfe an den acht Kopf- und zwei längeren Fangarmen unterschieden werden. Die Gemeine Sepia (*Sepia officinalis*) wird – ohne Fangarme – bis zu 40 cm lang, während die Kleine Sepia (*S. elegans*) und die Dornsepia (*S. orbignyana*) wesentlich kleiner bleiben. Der Körper der Sepien ist oval und breit, an den Seiten befinden sich Flossensäume. Die Tiere leben über Sand- und Weichböden oder in Seegraswiesen, vom Flachwasser bis in 150 m Tiefe.

Der Augenfleck-Lippfisch (*Symphodus occellatus*) ist ein farbenfroher Vertreter seiner Gattung

Der Mittelmeer-Mönchsfisch (*Chromis chromis*) ist ein Riffbarsch

Anemonengrundel (*Gobius bucchichi*)

Der Gemeine Kalmar (*Loligo vulgaris*) ähnelt in Aussehen und Lebensweise der Sepia. Er wird als Meeresfrucht sehr geschätzt und steht, wie auch der durchschnittlich 1 m lange Gewöhnliche Krake (*Octopus vulgaris*), auf der Speisekarte zahlreicher Restaurants. Am beutelförmigen Körper des Kraken befinden sich acht große kräftige Kopfarme, die zahlreiche Saugnäpfe tragen. Mit seinen Armen läuft er über den Bodengrund, nur selten schwimmt er im freien Wasser, indem er sich wie alle Kopffüßer nach dem Rückstoßprinzip vorwärts bewegt. Bei Gefahr stößt der Krake (wie auch Sepien) ein dunkles Tintensekret aus, was ihm den Namen Tintenfisch einbrachte.

Die Färbung aller Kopffüßer ist sehr variabel und richtet sich nach dem Lebensraum und der Stimmung des Tieres. Binnen Sekunden können sie ihre Farbe ändern. Kopffüßer sind nachtaktiv und, vom Licht starker Lampen angelockt, für Fischer ein leichter Fang. Kraken bevorzugen einen felsigen Lebensraum, in dem sie sich tagsüber meist in Spalten und Höhlen versteckt halten. Fischer versenken daher Tonkrüge im Wasser, die der Krake ebenfalls als Versteck aufsucht.

Eines der Tiere, an die der Badegast meist als erstes mit Unbehagen denkt, sind Quallen. Dabei sind diese bizarren Geschöpfe bei näherer Betrachtung sehr interessante und vielgestaltige Lebewesen. Schirmquallen beginnen ihr Leben als einzelne festsitzende oder freilebende Polypen. Durch Querteilung des Polypen werden Medusen gebildet, die dann freischwimmend zur erwachsenen Qualle heranwachsen. Es gibt im Mittelmeer etwa 20 Arten Schirmquallen, von denen drei über den Suezkanal eingewandert sind, sog. Lesseps´sche Migranten – benannt nach dem Erbauer des Suezkanals, Ferdinand de Lesseps.

Alle Arten sind karnivor, d. h., sie ernähren sich von anderen Tieren. Dabei bedienen sie sich ihres Nesselgiftes, das sich in den Nesselfäden der Fangarme befindet. In den einzelnen Nesselkapseln sitzt eine Art Stilett mit Pfeilspitze, das mit einem

Schlauch verbunden ist. Bei Berührung durch Beute öffnet sich die Kapsel, in der ein hoher osmotischer Druck aufgebaut ist, und stößt den Pfeil aus. Das Nesselgift entlädt sich im Bruchteil einer Sekunde und lähmt das Opfer, vergleichbar ist die Geschwindigkeit nur mit der Schnelligkeit eines Geschosses.

Beim Menschen hat das Nesselgift je nach Art unterschiedliche Wirkung. Die gefährlichsten Vertreter zählen nicht zu den Schirmquallen, sondern zur Klasse der Würfelquallen. Von den 20 weltweit vorkommenden Arten lebt nur eine im Mittelmeer. Diese ist klein, würfelförmig und beinahe durchsichtig. Die Seewespe (*Carybdea marsupialis*) besitzt gelbliche Nesselfäden und tritt relativ selten im Strandbereich auf. Die Berührung der Nesselfäden ruft brennende Schmerzen, 1–2 Tage anhaltende Rötungen sowie eventuell Bläschen- und Quaddelbildung hervor. Falls möglich, sollte man die betreffenden Stellen mit Essig übergießen, der das Gift neutralisiert, und anschließend kühlen. Nicht zu verwechseln ist die Seewespe mit der Australischen Seewespe (*Chironex fleckeri*), deren Vernesselungen innerhalb weniger Minuten zum Tod führen können.

Die Klasse der Schirmquallen ist nach der Form ihres Schirmes nochmals unterteilt in Kronen-, Wurzelmund-, Becher- und Fahnenquallen. Die im westlichen Mittelmeer häufige Kompassqualle (*Chrysaora hysoscella*) zählt zu den Fahnenquallen. Ihr Schirm erreicht einen Durchmesser von 26 cm und ist mit 16 gelbbraunen, dunkelgerandeten Bändern versehen, die einer Kompassrose ähneln. Die zwittrige Qualle frisst andere Medusen und ist für den Menschen vollkommen harmlos.

Bei adulten Geißbrassen (*Diplodus sargus*) verblassen die Streifen

Der Braune Drachenkopf (*Scorpaena scrofa*) ist auf Felsgrund perfekt getarnt

Von den Krebstieren ist die Kleine Felsgarnele (*Palaemon elegans*) im Flachwasserbereich sehr häufig. Markantestes Merkmal aller Felsgarnelen ist ein langes, gesägtes Rostrum, das sich über dem Auge beiderseits bis zu den Fühlern streckt. Die Tiere haben glasig durchsichtige Körper. Die Kleine Felsgarnele wird bis 5 cm lang und hat dunkelbraune senkrechte Linien sowie kleine gelbe Punkte auf dem ganzen Körper. Sie ist tagaktiv und sucht im Spülsaum nach Nahrung, die sowohl aus tierischer wie pflanzlicher Kost besteht.

Beinahe jedes leere im Meer befindliche Schneckenhaus wird von einem Einsiedlerkrebs bewohnt. Allein die Einsiedlerkrebse der Familie Paguridae sind im Mittelmeer mit 29 Arten aus zehn Gattungen vertreten. Die Arten sind oft schwer zu unterscheiden, nur selten gelingt dies allein schon an der Färbung. Bei der Gattung *Pagurus* tragen die Krebse rechts eine größere Schere.

Die Familie Diogenidae ist nur mit zwei Arten im Mittelmeer vertreten, die beide mit 10 cm zugleich die größten sind. Der Große Rote Einsiedlerkrebs (*Dardanus calidus*) und der Große Einsiedlerkrebs (*D. arrosor*) sind rot gefärbt, die Augenstiele rot-weiß geringelt, die Scheren- und Beinspitzen dunkel. Die linke Schere dieser Gattung ist immer größer als die rechte. *Dardanus calidus* besitzt auf den Scheren wie auch auf den Beinen kleine spitze Höcker, die *D. arrosor* fehlen. Er ist stattdessen mit gräulichen Querbändern auf den Scheren geschmückt. Die ausgewachsenen Krebse leben in den großen Gehäusen der Helm- und Purpurschnecken, um ihre weichen, empfindlichen Hinterleiber zu schützen. Am Hinterleibsende befindet sich eine hakenförmige Hornplatte, mit der sich der Krebs fest im Gehäuse verankert. Legt der Krebs an Größe zu, muss er ein neues Schneckenhaus suchen.

Beide Arten leben oft mit der Einsiedlerseerose (*Calliactis parasitica*) in Symbiose. Mit ihrem Fuß haftet diese auf dem Schneckengehäuse. Die Einsiedlerseerose profitiert von den Nahrungsresten des Einsiedlerkrebses, während dieser durch die nesselnden Tentakel der Seeanemone optimal geschützt ist. Dieses Zusammenleben reicht so weit, dass der Krebs mitunter die Seeanemone bei einem Gehäusewechsel mit umsetzt.

Die Wachsrose (*Anemonia sulcata*) haftet im Flachwasser an Steinen und bildet zuweilen in ruhigen Gewässerabschnitten kleine Rasen. Die lichtliebende Art toleriert auch verschmutztes Wasser. Die Wachsrose besteht aus bis zu 200 spaghettiartig aussehenden Tentakeln und einem Fuß, der sich an eine feste Unterlage heftet. Tiere, die im Flachwasser leben, haben oft von Algen grünlich oder rosa gefärbte Tentakel. Diese nesseln stark und dienen dem Beutefang. Das Nesselgift lähmt die Opfer, und die Tentakel führen die Beute zum Mund. Menschen sollten sich vor den Tentakeln in Acht nehmen, da das Nesselgift in empfindlichen Hautregionen seine Wirkung zeigt. Festgeheftet an Felsen in der Flachwasserzone lebt auch die rotgefärbte Pferdeaktinie (*Actinia equina*), deren kleine Form 3 cm groß wird. Ein Trockenfallen im Gezeitenbereich übersteht sie gut, da sie ihre Tentakel einziehen kann.

Die Begegnung mit einem Seeigel kann für den Badenden unangenehm enden, wenn er auf ihn tritt. Die Stacheln der Tiere brechen sehr leicht ab und lassen sich nur schwer wieder entfernen. Im Flachwasser leben zwei häufige Arten, die auf Felsen sitzend Algen abweiden. Der Steinseeigel (*Paracentrotus lividus*) besitzt ein abgerundetes symmetrisches Gehäuse mit braunvioletten spitzen Stacheln. Die weiblichen Geschlechtsdrüsen, die Gonaden, gelten in vielen Mittelmeerländern als Delikatesse. Nur während der Fortpflanzungszeit wird der Steinseeigel nicht zum Verzehr gesammelt. Dann enthalten seine Gonaden ein Toxin, was ihn ungenießbar macht. Der Steinseeigel ist wegen seiner durchsichtigen Eier und der sehr kurzen Entwicklungzeit auch in der Zellteilungs- und Regenerationsforschung sehr gefragt.

Etwas häufiger kommt der Schwarze Seeigel (*Arbacia lixula*) vor, der einfarbig schwarze Stacheln trägt. Im Wasser sehen sich beide Arten ähnlich, sicher unterscheiden lässt sich aber das runde Kalkskelett der Seeigel. Das Steinseeigel-Skelett ist grünlich gefärbt, während das des Schwarzen Seeigels rosa mit dunkelbraunen Streifen ist. Man erkennt die Afteröffnung, die sich oben befindet, die Mundöffnung auf der Unterseite sowie die Stachelansätze.

Der Kleine Herzigel (*Echinocardium cordatum*) ist recht gut durch eine Vertiefung auf der Gehäuseoberseite zu erkennen. Er gehört zu den unregelmäßigen Seeigeln und ist bilateral-symmetrisch (rechte und linke Körperseite sind spiegelbildlich zueinander). Sein Skelett ist kalkweiß, die kurzen, nicht sehr kräftigen Stacheln sind schmutzig weiß bis grau. Der Kleine Herzigel ist kosmopolitisch und lebt vom Flachwasser bis in größere Tiefen auf Sandböden, in die er sich eingraben kann.

Die besten Einblicke in die Welt der Fische erhält man beim Schnorcheln in der Flachwasserzone sowohl über Sandgrund als auch in felsigen Zonen. Dem Nichttaucher werden die meisten Meeresfische verborgen bleiben, aber selbst ein Blick von einer Kaimauer oder Uferbefestigung kann bei klarer und ruhiger See interessant sein. Sehr ergiebig sind auch Fischerhäfen, in denen morgens bis mittags die Fänge sortiert werden, sowie lokale Fischmärkte, auf denen die unterschiedlichsten Fische, Krabben, Garnelen und Weichtiere zu sehen sind.

In den Gewässern rund um Tunesien leben über 330 Meeresfischarten. Allein schon beim Baden im Meer kann man am Boden Grundeln oder auch Meerjunker und junge Meerbrassen beobachten, die im aufgewirbelten Bodengrund neugierig nach etwas Fressbarem suchen. Juvenile Meerbrassen schwimmen meist in kleinen lockeren Gruppen im von der Sonne auf-

Weibchen des Roten Dreiflossen- oder Spitzkopfschleimfisches (*Tripterygion tripteronotus*)

gewärmten Flachwasser. Die hoch aufgewölbten, 15–30 cm großen Brassen haben silbrige Schuppen und eine bis mehrere dunkle Binden, die bei adulten Tieren mancher Arten verblassen. Unter den zahlreichen Spezies ist die Zweibindenbrasse (*Diplodus vulgaris*) eine der häufigsten. Sie trägt auf dem silbrigen Körper zwei Querbinden, eine kurz hinter den Kiemen, die andere vor der Schwanzflossenwurzel. Zwischen den Binden befinden sich goldgelbe Schuppenreihen. Die Jungfische der Geißbrasse (*D. sargus*) werden wegen ihres Fleisches von Fischern sehr geschätzt. Sie besitzen 7–9 dunkle vertikale Streifen, die im Alter verblassen; eine Ausnahme bildet die Unterart *D. s. lineata*, bei der die Streifen auch im Alter noch gut sichtbar sind.

Auch die Goldstrieme (*Sarpa salpa*) ist lokal sehr häufig. Diese leicht blaugrüne Brasse besitzt goldene Längsstreifen an den Körperseiten, ihre Flossen sind gelblich. Die überwiegend pflanzenfressende Goldstrieme kann durch den Verzehr giftiger *Caulerpa*-Algen auch für den Menschen giftig sein. Diese tropische Alge gelangte 1984 aus dem ozeanographischen Museum von Monaco mit dem Abwasser ins Mittelmeer; sie vermehrt sich seitdem prächtig und verdrängt andere Seegräser, denn sie hat aufgrund ihres Toxins kaum Fressfeinde. Wie viele andere Fischarten kann auch die Goldstrieme im Laufe ihres Lebens das Geschlecht ändern, allerdings wandeln sich die jungen Männchen zu Weibchen um, ein eher seltener Umstand.

Im Seichtwasser ab 1 m Tiefe tummeln sich häufig auch Schleimfische und Grundeln, wobei Letztere meist sandigen, teils mit Steinen durchsetzten Bodengrund bevorzugen. Grundeln (Gobiidae) sind mit ihren verschiedenartigen dunklen Sprenkeln auf hellem Grund perfekt an die Bodenoberfläche angepasst. Häufig ist die

Mittelmeer-Wachsrose (*Anemonia sulcata*) an einem Purpurschneckengehäuse

Anemonengrundel (*Gobius bucchichi*), die oft in unmittelbarer Nähe der Wachsrose lebt und bei Gefahr zwischen ihre stark nesselnden Tentakel flüchtet. Die Haut dieser Grundel ist vor dem Nesselgift durch eine spezielle Schleimschicht geschützt, die der Anemone bei Berührung signalisiert, der Fisch sei ein Teil von ihr selbst. Ist die Hautschicht allerdings verletzt, wird die Grundel von der Anemone angegriffen. Die Anemonengrundel ist die einzige Fischart im Mittelmeer, die sich in den Schutz der Anemonen begeben kann, ohne selbst Opfer zu werden. Dieses Verhalten kennt man ansonsten von Fischarten anderer Meere, wie beispielsweise von Clownfischen im Indopazifik.

Die oft recht bunten Schleimfische (Blenniidae) leben am Boden auf Felsen oder zwischen Steinen, die zur Uferbefestigung im Wasser verbaut wurden; dort finden sie zahlreiche Versteckmöglichkeiten. Unter den Arten fällt der Rote Dreiflossen- oder Spitzkopfschleimfisch (*Tripterygion tripteronotus*) sofort ins Auge. Das Männchen ist knallrot mit schwarzem Kopf, das Weibchen und nicht territoriale Männchen unauffällig graubraun mit dunklen Bändern. Im Seichtwasser lässt sich zwischen Steinen der Pfauenschleimfisch (*Lipophrys pavo*) beobachten. Er besitzt auf hellem Grund ein dunkles Fleckenmuster, das in Intensität und Ausbreitung sehr variiert. Arttypisch ist ein hellblau umrandeter Augenfleck hinter dem Auge. Die familientypischen „Hörner“ über den Augen sind nur sehr kurz. Territoriale Männchen besitzen einen hohen Kopfwulst. Insgesamt gibt es 14 weitere, mitunter sehr ähnliche Arten dieser Familie im Mittelmeer.

Durch seine rotbraune Fleckenzeichnung passt sich der Braune Drachenkopf (*Scorpaena porcus*) dem Felsgrund an. Zahlreiche Hautfortsätze bedecken den ganzen Körper und verschaffen dem Fisch zusammen mit der Fleckenzeichnung eine perfekte Tarnung. Durch die langen Überaugenfortsätze unterscheidet er sich leicht von anderen Drachenkopfarten gleicher Größe, vom längeren Großen Drachenkopf (*S. scrofa*) durch das Fehlen von Hautanhängseln unter dem Maul. Der Große Drachenkopf ist ein beliebter Speisefisch.

Alle Drachenköpfe besitzen einen großen Kopf mit breitem Maul. Ihr Körper ist gedrungen und leicht hochrückig. Die Rückenflosse besteht aus einem harten vorderen, langstrahligen Teil und einem kleineren hinteren, weichstrahligen Teil. Die zwölf vorderen harten und spitz zulaufenden Rückenflossenstrahlen besitzen Giftdrüsen. Der ansonsten auf seine Tarnung vertrauende Fisch richtet die Flossenstacheln bei Gefahr auf und benutzt sie zur Verteidigung: Dringen sie in die Haut, verursachen sie einen starken Schmerz und manchmal lokale Schwellungen. Diesem Umstand verdanken die Drachenköpfe wohl auch den Namen Skorpionfische.

Im Flachwasser leben zahlreiche Arten von Lippfischen (Labridae), die eine mehr oder weniger barschähnliche Gestalt besitzen. Gemeinhin der häufigste ist der Pfauenlippfisch (*Symphodus tinca*), der mit über 20 cm zugleich der größte ist. Der blassgelbliche Fisch besitzt zwei braune Längsstreifen und an der Schwanzwurzel einen schwarzen Fleck; das Männchen ist zusätzlich rot und blau gesprenkelt. Der Augenflecklippfisch (*S. ocellatus*) ist einer der Buntesten unter ihnen. Der farbenfrohe Fisch ist gelbgrün bis orange und trägt ein grünes und rotes Farbmuster; besonders der Kiemendeckel ist lebhaft grün mit roter Umrandung, beim Weibchen eher braun mit gelborangen Rand. An der Schwanzwurzel befindet sich ein schwarzer Fleck. Während der Laichzeit sind die Männchen sehr aggressiv und bewachen ihre aus Algen gebauten Nester mit den Eiern.

Der Meerjunker (*Coris julis*) ist ein neugieriger, sehr ortstreuer Lippfisch. Er hat einen langgestreckten Körper. Seine Unterseite ist weißlich, Weibchen und junge Männchen besitzen einen rotbraunen, erwachsene Männchen einen grünlichen, bläulichen oder bräunlichen Rücken. An den Seiten trägt der Meerjunker 1–2 blaugelbliche Längsstreifen, ausgefärbte Männchen ziert ein orangefarbenes, grün bis bläulich gesäumtes Zickzackband. Hinter den Brustflossen befindet sich ein keilförmiger schwarzer Fleck. Als sehr aktiver Schwimmer fällt der Meerjunker durch seine rasche und ruckartige Schwimmweise auf. Interessant ist, dass Jungfische zuerst Weibchen sind, von denen sich einige zu Primärmännchen umwandeln. Nach einem Jahr sind aus diesen dann geschlechtsreife und voll ausgefärbte Sekundärmännchen geworden.

Auch der überraschend bunte Meerpfau (*Thalassoma pavo*), der tropischen Fischen in nichts nachsteht, zählt zu den Lippfischen. Er hat einen gestreckten Körper, die Schwanzflosse ist sichelförmig, bei erwachsenen Männchen fadenförmig ausgezogen. Ältere Jungtiere und Weibchen sind gelblich bis grünlich braun und besitzen fünf blaue Querstreifen an den Seiten sowie eine blaue Kopfzeichnung. Bei den Männchen ist der Körper olivgrün bis graublau gefärbt. Am Kopf weisen sie ein blaues und orangefarbenes Muster, hinter den Brustflossen ein blaues und ein braunes Querband auf. Lebensweise und Fortpflanzung ähneln sehr denen des Meerjunkers. Auch der Meerpfau ist wie viele andere Lippfische zum Geschlechtswechsel befähigt. Ein Auslöser der Umwandlung ist wahrscheinlich die Wassertemperatur. Wie der Meerjunker gräbt sich auch der Meerpfau nachts zum Schutz vor Fressfeinden ein, und seine Jungfische betätigen sich als Putzerfisch, indem sie andere Fische von kleinen Parasiten befreien. Der Meerpfau ist die einzige Art der Gattung *Thalassoma* im Mittelmeer – er ist hier ein sog. Tethys-Relikt –, doch ist die Gattung in den Korallenriffen der Weltmeere mit zahlreichen Arten vertreten.

Einer der häufigsten Fische ist der Mittelmeer-Mönchsfisch (*Chromis chromis*). Die dunkelbraunen bis schwarzen Tiere, deren Schuppen im Zentrum heller sind, kommen auch im Flachwasser vor. Typisch ist ihr gegabelter Schwanz. Die zu den Riffbarschen zählenden Fische schwimmen frei im Wasser umher, bei Gefahr suchen sie Felsverstecke auf. Die neonblauen Jungtiere leben ständig zwischen den Felsen.

Im Flachwasser der Küstengewässer und in Lagunen leben auch der heringsähnliche Kleine Ährenfisch (*Atherina boyeri*) sowie die Kurzschnauzen-Seenadel (*Syngnathus abaster*). Die Seenadel imitiert mit ihrer dünnen, langgestreckten Gestalt und der grünlich braunen Färbung ein Seegrasblatt. Ihr Kopf sieht dem eines Seepferdchens ähnlich, denn sie gehört zur selben Familie. Auch Langschnauzen- (*Hippocampus ramulosus*) und Kurzschnauzen-Seepferdchen (*H. hippocampus*) kommen im Flachwas-

Grünlich gefärbter Augenfleck-Lippfisch *Symphodus occellatus*

ser zwischen Seegras vor. Diese Fische haben eine interessante Brutbiologie: Einer artspezifischen Balz mit Kopfnicken des Weibchens und Schwanzineinanderhaken folgt die Übergabe der Eier vom Weibchen in die Bruttasche des Männchens. Dieses beschützt die Eier im Körper, aus denen nach 3–5 Wochen die Jungfische schlüpfen.

Keine andere Art dominiert den Fischfang in Tunesien so sehr wie der Atlantische oder Rote Thunfisch (*Thunnus thynnus*). Der 2–3 m große und dann mehrere Hundert Kilo wiegende Fisch lebt im offenen Meer in größeren Tiefen und jagt dort kleinere Schwarmfische. Zur Fortpflanzungszeit suchen die Thunfische ihre Laichgründe auf und werden dort von zahlreichen Fischern erwartet. Trotz der hohen Reproduktionsrate – ein Weibchen von 300 kg kann 10 Mio. Eier ablegen – hat der Bestand an erwachsenen Roten Thunfischen in den letzten zwanzig Jahren um 80 % abgenommen. Eine weitere fischereiwirtschaftlich wichtige Art ist der Weiße Thunfisch (*Thunnus alalunga*). Er bleibt mit 1,40 m deutlich kleiner und lebt in größeren Tiefen bis 600 m.

Die großen Küstenlagunen werden gern zur Aufzucht von Meeresfischen in Aquakulturen und zum traditionellen Fischfang genutzt. Die wichtigsten Speisefische dieser brackigen oder vom Meerwasser gespeisten Lagunen sind der heringsverwandte Maifisch (*Alosa alosa*), die Dicklippige (*Chelon labrosus*) und Dünnlippige Meeräsche (*Liza ramada*) sowie Gold- (*L. aurata*) und Großkopf-Meeräsche (*Mugil cephalus*), die Meeräsche *Liza saliensis*, der bis 1 m lange Wolfsbarsch (*Dicentrarchus labrax*), Goldbrasse (*Sparus aurata*), Flunder (*Platichthys flesus*) und Europäischer Aal (*Anguilla anguilla*).

Süßwasserfische

In den Gewässern des Inlandes leben nur 35 Fischarten. Unter ihnen sind etliche Arten, die aus dem Meer in die Brackwasserlagunen und auch ins Süßwasser der Flusssysteme vordringen. Die starke Verdunstung und dadurch ein erhöhter Salzgehalt des Wassers, das Ansteigen der Wassertemperatur und die damit verbundene Verschlechterung des Sauerstoffgehaltes, ein verändertes Nahrungsspektrum durch diese äußeren Einflüsse sowie mitunter das Trockenfallen der Gewässer erschweren ein andauerndes Fortbestehen der Fischpopulationen im Inland enorm. So sind reine Süßwasserarten lediglich im Norden des Landes verbreitet.

In den kleinen Gebirgsflüssen, aber auch in stehenden Gewässern im Bergland des Nordwestens leben die kleinen elritzenartigen Fische *Pseudophoxinus callensis* und *P. punicus*. Während *P. callensis* von Tabarka bis zum Ichkeul-See und südlich etwa bis Téboursouk verbreitet ist, lebt *P. punicus* wahrscheinlich endemisch im Bergland der Kroumirie. Die Algerische Barbe (*Barbus callensis*) ist in ganz Nordtunesien und südlich bis Kairouan verbreitet. Sie ist an ihren Barteln leicht zu erkennen. Gelegentlich wird sie auch als Aquarienfisch angeboten.

Zwischen 1950 und 1974 wurden Versuche unternommen, einige fischereiwirtschaftlich interessante Fischarten einzubürgern. Hecht (*Esox lucius*), Zander (*Sander lucioperca*), Südeuropäische Plötze (*Rutilus rubilio*), Rotfeder (*Scardinius erythrophthalmus*), Graskarpfen (*Ctenopharyngodon idella*), Karpfen (*Cyprinus carpio*) und Wels (*Silurus glanis*) wurden für die kommerzielle Fischerei und den Angelsport eingeführt und können sich seither selbst reproduzieren. Das bringt das ökologische Gleichgewicht der Gewässer mitunter beträchtlich durchein-

Der elritzenartige *Pseudophoxinus callensis* lebt in Flüssen

Der Blaulippen-Maulbrüter (*Haplochromis desfontainii*) ist ein Bewohner der Oasengewässer

ander. Gerade Graskarpfen zählen weltweit zu den schädlichsten Neubürgern (Neozoen). Die ursprünglich aus Nordamerika stammende Regenbogenforelle (*Oncorhynchus mykiss*) gelangte 1880 nach Europa und wurde auch in Tunesien als Speisefisch gehältert, konnte sich in der Natur aber nie richtig etablieren. Ebenso wenig wurde die Schleie (*Tinca tinca*) in Tunesien heimisch, die 1945 von Frankreich nach Marokko und Mitte der 1960er-Jahre nach Tunesien gelangte.

Im Gegensatz zu den europäischen Fischarten tolerieren die aus dem subtropischen Afrika stammenden Buntbarsche die hydrologischen und klimatischen Bedingungen des Landes, vor allem des Südens, besser. Der Nilbarsch (*Oreochromis niloticus*) wurde in Südtunesien für die Aquakultur angesiedelt und verursacht seither große Schäden in der Gewässerflora. Sein eigentliches Verbreitungsgebiet reicht vom Nil über den Tschadsee und von Niger bis nach Senegal. Der bis 60 cm lange und dann 4 kg schwere Fisch zeigt auf graugrünlichem Grund mehrere dunkle vertikale Streifen, die ihn unverwechselbar machen. Interessant ist, dass der Nilbarsch ein sog. Maulbrüter ist: Das Weibchen nimmt die abgelegten Eier ins Maul und brütet sie dort aus. Auch die geschlüpften Jungfische schwimmen zunächst stets in der Nähe der Mutter, die die Jungen bei Gefahr wieder im Mund aufnimmt.

Aus der Demokratischen Republik Kongo stammt der Mosambik-Maulbrüter oder Weißkehlbuntbarsch (*Oreochromis mossambicus*). Dieser Buntbarsch mittlerer Größe wurde ebenfalls in den Oasengewässern des Südens für die kommerzielle Fischerei ausgesetzt und pflanzt sich seitdem erfolgreich fort. Er fällt durch sein großes Maul auf, frisst aber überwiegend pflanzliche Kost und nur gelegentlich wir-

Die Algerische Barbe (*Barbus callensis*) ist in Flüssen weit verbreitet

bellose Tiere. Was die Färbung betrifft, ist dieser Fisch von heller bis dunkler Tönung sehr variabel.

Dagegen sind Blaulippen-Maulbrüter (*Haplochromis desfontainii*) und Zills Buntbarsch (*Tilapia zillii*) im südlichen Tunesien autochthon. Beide Arten gehören ebenfalls zu den Buntbarschen der Familie Cichlidae, die besonders artenreich im Malawi- und Tanganjikasee in Ostafrika sowie im Victoriasee vorkommt – und mit zahlreichen farbenfrohen Arten auch in heimischen Aquarien vertreten ist. Markant für den kleinwüchsigen Blaulippen-Maulbrüter sind ein dunkler, über das Auge verlaufender Streifen und rötliche Rücken- und Schwanzflossensäume. Mitunter sind diese Fische jedoch auch einfarbig bläulich gefärbt. Die Männchen aller *Haplochromis*-Maulbrüter besitzen auf der Afterflosse dottergelbe Punkte, die wie Fischeier aussehen. Da das Weibchen die abgelegten Eier sofort ins Maul nimmt, um sie zu schützen, bleibt dem Männchen nicht viel Zeit, das Gelege zu besamen. Indem das Weibchen aber nach den eiförmigen Punkten auf der Afterflosse des Männchens schnappt, nimmt es das in diesem Moment ausgestoßene Sperma mit auf, und die Eier werden so im Maul befruchtet. Zills Buntbarsch ist mit 30 cm Länge doppelt so groß wie vorige Art. Er trägt zwei blasse, dunkle horizontale Streifen, die 6–7 vertikale Balken kreuzen. Die Lippen sind grünlich, die Rücken- und Schwanzflosse orange gesäumt; die Rückenflosse hat einen schwarzen Fleck an der Basis, und mitunter befinden sich kleine orange Punkte in der Kopf-Brust-Region. Während der Fortpflanzungszeit haben diese Fische eine rote Unterseite.

Der erfolgreichste Eroberer tunesischer Gewässer stammt aber aus Nordamerika: Es ist der Forellenbarsch (*Micropterus salmoides*), der über Marokko nach Tunesien gelangte. Der in den USA von Anglern zum beliebtesten Speisefisch gewählte Fisch steht zugleich auch auf der Liste der 100 weltweit schlimmsten Neozoen. Im Gegensatz zu vielen afrikanischen Buntbarschen ist er langgestreckter und besitzt als Erkennungsmerkmal einen dunklen horizontalen Streifen, der sich über das Auge bis zur Schwanzflosse zieht, sowie eine vorn stachelige Rückenflosse.

In den Chotts und Oasengewässern lebt der kleine Perlmutterkärpfling (*Aphanius dispar*). Er hat sich dem hohen Salzgehalt des Wassers und an sommerliche Wassertemperaturen bis 40 °C angepaßt. Die Art läßt sich nur am Männchen sicher bestimmen, welches auf der Schwanzflosse zwei bläuliche vertikale Streifen besitzt; sein Körper ist wurmförmig gezeichnet. Der ähnliche Spanienkärpfling (*A. iberus*) bewohnt Kleinstgewässer bis hin zu brackigen Küstenlagunen, meidet aber zu hohe Salinität. Das Männchen besitzt auf der Schwanzflosse mehrere Streifen und eine dunkle, hell gepunktete Rücken- und Afterflosse. Das Männchen des Mittelmeer- oder Zebrakärpflings (*A. fasciatus*) hingegen zeigt auf dem Körper mehrere dunkle vertikale Balken. Diese Art bewohnt fast alle natürlichen Gewässer, oft ist sie in Küstenlagunen vertreten.

Alle drei Kärpflingsarten sind nur wenige Zentimeter groß. Sie gehören zur Familie der Eierlegenden Zahnkarpfen oder Killifische, legen ihre Eier aber an Wasserpflanzen permanent wasserführender Gewässer ab und zeigen somit nicht das für diese Fische charakteristische saisonale Fortpflanzungsverhalten. Die meisten Killifische im tropischen Afrika leben nämlich nur eine Saison – so lange, bis das Gewässer ausgetrocknet ist. Die abgelegten Eier überdauern die Trockenperiode im Bodengrund und entwickeln sich erst, wenn der Regen das Gewässer wieder auffüllt.

Lebendgebärende Zahnkarpfen spielen weltweit eine große Rolle bei der Malariabekämpfung, da sie in großen Mengen Mückenlarven vertilgen. Aus diesem Grund wurde Anfang des 20. Jh. der Kobold-Kärpfling (*Gambusia affinis*) in vielen Mittelmeerländern eingeführt. Der auch Texas- oder Moskito-Kärpfling genannte Fisch ähnelt einem weiblichen Guppy und ist außerordentlich tolerant in Bezug auf die Wasserqualität: Er verträgt Temperaturen von 5 bis weit über 30 °C und erhöhten Salzgehalt. Das männliche Tier besitzt eine spitz geformte Afterflosse (Gonopodium), die als Geschlechtsorgan fungiert und typisch für alle Lebendgebärenden Zahnkarpfen ist. Das Weibchen ist rundlicher gebaut und hat eine abgerundete Afterflosse, die schlanken Männchen bleiben deutlich kleiner. Jeder, der schon einmal Guppys im Aquarium gehalten hat, kennt die enorme Vermehrungsrate dieser Zahnkarpfen. Mehrmals im Jahr gebären die Weibchen 10–40, seltener 80–100 lebende Junge, die wiederum schon nach etwa drei Monaten geschlechtsreif werden.

Die Schlanke oder Forskals Sandrennnatter (*Psammophis schokari*) ist ausgesprochen schnell

Amphibien und Reptilien

Eine der häufigsten von insgesamt sieben in Tunesien vorkommenden Amphibienarten ist die Nordafrikanische Wechselkröte (*Bufotes boulengeri*). Sie ist hellgrau bis grünlich, manchmal auch bräunlich und hat dunkelgrüne Flecken und einzelne rötlichen Warzenpunkte. Meist zeigt sie eine helle Rückenlinie. Typisch – wie für alle Kröten der ehemaligen Gattung *Bufo* – sind ihre warzige Haut und große Ohrdrüsen hinter den Augen. Die Berberkröte (*Amietophrynus mauritanicus*) ist der Nordafrikanischen Wechselkröte sehr ähnlich, wird mit bis zu 16 cm aber deutlich größer. Die Grundfärbung gleicht dieser Art, im Unterschied zur Wechselkröte sind die dunkelolivgrünen bis -braunen, orange- oder rotbraunen Flecken bei der Berberkröte jedoch noch dunkelbraun bis schwarz umrandet. Bei sehr dunklen oder einfarbigen Exemplaren lässt sich eine sichere Artbestimmung nur an den Fingern der Hinterfüße durchführen: Während bei der Nordafrikanischen Wechselkröte auf der Unterseite der vierten Zehe nur ein Gelenkhöcker zu sehen ist, sind es bei der Berberkröte zwei nebeneinander. Beide Arten bilden bei gemeinsamem Auftreten auch Bastarde.

Kröten sind generell nachtaktiv, nur zur Laichzeit sieht man sie auch am Tage. Dann findet man sie in stehenden Gewässern, oft auch in Pfützen oder Viehtränken. Hier legt das Weibchen die zu langen Schnüren aneinandergereihten Eier ab. Beide Krötenarten kommen in offenem Wald- und Buschland, Steppengebieten, felsigem Terrain und Oasen in ganz Tunesien vor und sind die am besten an Trockenheit angepassten Lurche. In Nordtunesien ist lokal auch noch die bis 15 cm groß werdende, braune bis rötlich braune Mittelmeer-Erdkröte (*Bufo bufo spinosus*) verbreitet.

Im gesamten Norden Tunesiens kann man im Frühjahr in der Nacht den Mittelmeerlaubfrosch (*Hyla meridionalis*) rufen hören. Der oben grasgrüne, unterseits weißliche Frosch ist durch seine kugelförmig verbreiteten Finger- und Zehenspitzen unverwechselbar. Im April oder Mai beginnt seine Fortpflanzungsperiode, welche das Männchen durch lautes Rufen mithilfe

der kehlständigen, gelblichen Schallblase einleitet. Das Weibchen legt die Laichklümpchen in vegetationsreiche Teiche, Tümpel und Gräben ab. Nach der Laichzeit findet man den Mittelmeerlaubfrosch auch außerhalb des Wassers auf Büschen oder im Schilf. Der Laubfrosch hat die Fähigkeit des physiologischen Farbwechsels, d. h., er kann sich farblich der Umgebung anpassen und neben grün auch bräunlich erscheinen.

Der Gemalte Scheibenzüngler (*Discoglossus pictus*) in seiner gestreiften Form

Die gefleckte Form des Gemalten Scheibenzünglers (*Discoglossus pictus*) ist die häufigere

Der einzige Vertreter der Echten Wasserfrösche ist der Sahara-Wasserfrosch (*Pelophylax saharicus*). Der Artstatus vieler Wasserfrösche ist derzeit noch unklar und wird kontrovers diskutiert. Der stark ans Wasser gebundene Frosch kommt in ganz Tunesien an Seen, Flüssen, Tümpeln und von Menschenhand angelegten Wasserstellen vor – er toleriert auch starke Wasserverschmutzung recht gut. Ab 15 °C Wassertemperatur startet der Sahara-Wasserfrosch vor allem nach Sonnenuntergang seine Rufaktivität, doch auch am Tage kann man ihn beim Rufen beobachten, wobei er seine beiden gräulichen Schallblasen hinter den Augen aufbläst. Bei einer Störung stößt er ein „kuik“ aus, springt ins Wasser und versteckt sich im Schlamm.

Im Norden Tunesiens ist der Gemalte Scheibenzüngler (*Discoglossus pictus auritus*) relativ häufig. Wie der Gattungsname besagt, besitzen Scheibenzüngler eine scheibenförmige, runde Zunge – im Gegensatz zu anderen Lurchen, die meist eine längliche Zunge haben. Gattungstypisch ist die dreieckige Form seiner Pupille. Den Scheibenzüngler gibt es in zwei Farbformen: Die gestreifte Variante zeigt auf olivgrauem, rotbraunem bis braunem Grund drei fahlgelbliche Bänder, von denen eines von der Schnauze über den Rücken verläuft, die beiden anderen über die Augenlider an den Seiten entlang. Die gefleckte Form trägt auf graubraunem Grund symmetrisch angeordnete hellbraune Flecken. Der Scheibenzüngler lebt an kleineren stehenden und fließenden Gewässern, doch findet man ihn gelegentlich auch entfernt vom Wasser.

Einziger Vertreter der Salamander und Molche ist der im Nordwesten vorkommende Algerische Rippenmolch (*Pleurodeles poireti*). Der bis 18 cm lange Schwanzlurch hat eine kräftig granulierte, warzige Haut und einen flachen Kopf mit kurzem Maul. Seine Färbung ist Grünlich bis Gelblich mit dunklen unregelmäßigen Flecken. Im Gegensatz zum Spanischen Rippenmolch (*P. waltl*), welcher in Marokko vorkommt, besitzt er keine gelblichen Punkte an den Seiten. Auch durchstoßen die Rippenenden der erwachsenen Tiere nicht die Haut, wie es beim Spanischen Rippenmolch oft der Fall ist. Der Algerische Molch lebt in Teichen, Tümpeln, großen Pfützen und Gräben, in denen sich auch seine Larven entwickeln. Sie sehen den Eltern schon recht ähnlich, besitzen aber federartige Außenkiemen. In Abhängigkeit von der Wassertemperatur entwickeln sich die Larven unterschiedlich schnell. Steigt die Temperatur und damit die Gefahr der Austrocknung des Gewässers, vollzieht sich die Metamorphose beim Rippenmolch wie auch bei Kaulquappen von Fröschen und Kröten schneller. Im Sommer, während großer Trockenheit, verkriecht sich der Rippenmolch unter Steinen oder in Erdspalten und hält eine Sommerruhe.

Der Wasserfrosch *Pelophylax saharicus* ist der einzige Grünfrosch Tunesiens

Berberkröte (*Amietophrynus mauritanicus*)

Es verwundert kaum, dass die wärmeliebenden Reptilien in Tunesien mit über 60 Arten vertreten sind. Die einzige Landschildkrötenart des Landes ist die Maurische Landschildkröte (*Testudo graeca nabeulensis*), deren Vorkommen sich von Nordtunesien bis ins nördliche Südtunesien erstreckt. Ihre Lebensräume bilden bewachsene Sanddünen, die Macchie, aber auch *Eukalyptus*-Kulturen und lockere Wälder bis in höhere Gebirgslagen. Im Frühjahr kann man die Tiere bei der geräuschvollen Paarung beobachten; später legt das Weibchen bis zu acht Eier an einer sonnenexponierten Stelle im Boden ab.

Eine in ganz Tunesien weit verbreitete Süßwasserschildkröte ist die Maurische Bachschildkröte (*Mauremys leprosa*). Sie fehlt nur in der Sandwüste des Südwestens, wobei man sie in den Oasen ebenfalls antrifft. Der relativ flache Rückenpanzer ist dunkelrot bis grünbraun gefärbt. Jungtiere weisen einen Mittelkiel und zwei schwache Seitenkiele auf, die bei Alttieren auf die hintere Panzerhälfte beschränkt sind. An der Zeichnung der Vorderbeine unterscheidet man die teilweise umstrittenen Unterarten der Maurischen Bachschildkröte; in Tunesien kommt *M. l. saharica* in Wasseransammlungen aller Art vor, von langsam fließenden Kanälen, Tümpeln und Seen bis hin zu Brackwasserbiotopen. Oft kann man sie auf Steinen, Altholz oder am Gewässerrand beim Sonnenbad beobachten.

Wesentlich seltener ist die Europäische Sumpfschildkröte (*Emys orbicularis occidentalis*). Sie bleibt mit etwa 16 cm etwas kleiner als die Maurische Bachschildkröte. Der Körper und der glatte Panzer dieser Schildkröte sind dunkelbraun bis schwarz gefärbt, ihr Körper besitzt zusätzlich ein gelbes Punkt- und Fleckenmuster. Fundpunkte gibt es vorwiegend um Tabarka und Tunis im Norden, aber auch bei Gafsa im ariden Süden wurde sie schon nachgewiesen. Die Sumpfschildkröte lebt in Stillgewässern oder langsam fließenden Gewässern und bevorzugt eine reiche Wasserpflanzenflora. Im Gegensatz zur Maurischen Bachschildkröte toleriert sie keine Wasserverschmutzung. Beide Arten sind recht scheu, wobei die Europäische Sumpfschildkröte die größere Fluchtdistanz einhält. Bei Beunruhigung lassen sich die Reptilien sofort ins Wasser fallen und verstecken sich im Bodengrund.

Von den im Mittelmeer vorkommenden Meeresschildkröten ist nur die Unechte Karettschildkröte (*Caretta caretta*) regelmäßig in Tunesiens Küstengewässern zu sehen. Sie erreicht eine Panzerlänge

Die Nordafrikanische Wechselkröte (*Bufotes boulengeri*) lebt im ganzen Land

Larve des Algerischen Rippenmolches (*Pleurodeles poireti*)

von 80–110 cm und wiegt dann etwa 100–150 kg. Ihr Panzer ist oberseits rötlich braun, im Alter wechselt die Farbe zu Olivbraun. Bei Jungtieren sind die fünfpaarigen Rippenschilde sowie die Wirbelschilde des Rückenpanzers sägezahnartig gekielt. Der Kopf und die flachen, paddelförmigen mit zwei Krallen besetzten Flossen sind rötlich braun mit einer gelblichen Netzzeichnung. Ihre Nistplätze liegen an den Sandstränden Nordtunesiens, zwischen Tabarka und Bizerte, und an der Ostküste nördlich von Sousse, um Gabès und bei Zarzis. Bedeutendster Eiablageplatz sind die Kuriat-Inseln vor Monastir. Alle 2–3 Jahre im Mai und Juni schleppt sich das Weibchen zur Fortpflanzung nachts an den Strand, um seine Eier in ein zuvor mit den Hinterbeinen ausgehobenes Sandloch zu legen. Die Eier ähneln Tischtennisbällen und besitzen eine elastische Schale. Sie werden nach Beendigung des Legevorganges mit Sand bedeckt. Die Jungtiere schlüpfen von August bis September und laufen sofort zielstrebig zum Meer. Auf dem Weg dorthin und im Wasser lauern viele Fressfeinde wie Seevögel, Krabben und Fische. Die Hauptfeinde der adulten Schildkröten sind Schakale und verwilderte Hunde, welche nicht nur die Gelege fressen, sondern auch die angelandeten Weibchen durch Nackenbisse töten und anfressen. Doch vor allem durch den Strandtourismus sind viele Eiablageplätze und damit der Bestand dieser seltenen Art gefährdet; zudem gelangen die Schildkröten oft als Beifang in die Netze der Fischer und ertrinken.

Unter den ersten Echsen, die man bei einem Tunesienaufenthalt beobachten kann, werden mit Sicherheit Geckos sein. In und an Wohnhäusern und Mauern, aber auch im Gelände leben diese Tiere. Die nachtaktiven Geckos sitzen an warmen Abenden nach Einbruch der Dunkelheit in der Nähe von Lampen und warten auf ihre Beute, vor allem Insekten und Spinnen. Einige Arten besitzen an der Unterseite der Finger und Zehen Haftlamellen. Diese bestehen aus mikroskopisch kleinen Haft-

Der Europäische Halbfingergecko (*Hemidactylus turcicus*) ist an den Körnchenschuppen gut erkennbar

haaren, die sich durch Adhäsionskräfte am Untergrund festheften. So ist der Gecko befähigt, selbst überhängende Wände entlangzulaufen.

Geckos erkennt man an ihren typischen Glubschaugen. Ober- und Unterlid sind zusammengewachsen und bilden zum Sehen ein transparentes Fenster, das des Öfteren befeuchtet werden muss, indem der Gecko mit seiner dicken Zunge über seine Augen fährt. Geckos können wie die Echten Eidechsen ihren Schwanz abwerfen (Autotomie), wenn sie attackiert werden. Die regenerierten, rübenförmigen Schwänze wachsen nicht mehr zur vollen Größe nach und sind nur einfarbig. Droht Gefahr, versuchen Geckos immer nach oben zu entkommen. Beim Ergreifen beißen sie kräftig zu und stoßen quietschende Laute aus. Sie sind auch zum physiologischen Farbwechsel befähigt, der durch Stimmung und Tageszeit beeinflusst wird. In der Dunkelheit erscheinen Geckos meist hautfarben und blass, tagsüber dagegen kräftiger und kontrastreich gefärbt.

In ganz Tunesien – außer in der Wüste – ist der Europäische Halbfingergecko (*Hemidactylus turcicus*) vor allem in Siedlungsnähe verbreitet. Eindeutiges Bestimmungsmerkmal sind die krallenbewehrten Finger und Zehen, die nur im hinteren Teil Haftlamellen besitzen. Die leicht blasse, fleischfarbene bis rötlich braune Haut weist dunkle Flecken auf, der Schwanz ist deutlich geringelt; besonders kontrastreich sind die Jungtiere. Auf der Rückenseite trägt dieser Gecko, wie die meisten Arten, mehrere Reihen Höckerschuppen längs des Körpers. Dazwischen zerstreut liegen kleine helle Körnchenschuppen. Der Schwanz ist in Wirtel segmentiert, die in spitze Dornenschuppen auslaufen.

Einer der größten Geckos in Tunesien ist mit 16 cm Gesamtlänge der Mauergecko (*Tarentola mauritanica*). Er hat einen breiten, abgeflachten Rumpf von graubrauner bis brauner Farbe. Dunkle, verwaschene Querbänder, die im Alter verblassen, zieren den Gecko. Die Finger und Zehen tragen große ovale Haftlamellen, und nur die dritten und vierten Zehen bzw. Finger sind krallenbewehrt. Der Mauergecko bewohnt vorwiegend Felsen und Mauern, seltener ist er auch an oder in Gebäuden zu finden. Zudem ist er nicht nur nachts aktiv, sondern jagt auch am Tag Wirbellose, kleine Eidechsen und andere Geckos. Mauergeckos scheinen standorttreu zu sein, die Männchen bilden Reviere. Die Art ist im ganzen Land zu finden und fehlt nur in der Wüstengegend im Südosten. Südlich von Gabès, entlang der Küstenzone bis Libyen, lebt der früher als Unterart des Mauergeckos angesehene *T. fascicularis*.

Im Südosten wird der Mauergecko vom Wüstenmauergecko (*Tarentola deserti*) ersetzt, der bisher als Unterart galt, vom etwas kleineren Mauergecko (mit gräulicher Iris) aber durch die gelbliche Iris gut unterscheidbar ist. Eine weitere, eher bodenbewohnende Art der Wüstenoasen ist *Tarentola neglecta*. Man erkennt ihn an den 4–6 braunen, von der Schnauze V-förmig nach hinten über den Kopf verlaufenden Längslinien.

In Zentral- und Südtunesien ist der Zierliche oder Wüsten-Dünnfingergecko (*Stenodactylus sthenodactylus*) nicht selten. Das Tier ist grau- bis sandgelb und besitzt variabel dunkelbraune Querbänder über Kopf, Rücken und Schwanz. Durch seine ungekielten Schuppen und die fehlenden Haftlamellen an den Fingern unterscheidet er sich gut von den vorigen Arten; der gattungstypisch kurze Kopf verleiht ihm ein niedliches Aussehen. Der Dünnfingergecko bewohnt bevorzugt hartgrundiges Terrain in nicht zu trockenen Habitaten mit einzelnen Steinen, Ränder ausgetrockneter Salzpfannen, Beifuß-Steppen, Grasland oder kleine lockere Wäldchen. Er hat einen Aktionsradius von 100 m und gräbt sich jede Nacht eine neue Wohnhöhle, meist unter kleinen Büschen, die er dann durch geschickte Schwanzbewegungen mit lockerem Sand verschließt. Er ist wärmebedürftiger als andere Geckoarten und wird nachts erst bei über 20 °C richtig aktiv. Von Algerien aus reicht das Verbreitungsgebiet der Unterart *S. s. mauritanicus* bis nach Zentraltunesien.

Der Wüsten-Dünnfingergecko teilt sich das Verbreitungsgebiet mit Petris Dünnfingergecko (*Stenodactylus petrii*), dessen

***Tarentola neglecta* lebt bevorzugt in Wüstenoasen**

Der Mauergecko (*Tarentola mauritanica*) ist auch am Tag aktiv

Färbung eher aus Grau- und Brauntönen mit einem dunklen Rückenmuster besteht. Beide Arten sehen sich mitunter recht ähnlich, sodass sie nur an den Schwanzschilden, den seitlichen Tuberkeln an der Schwanzbasis und den Nasenschilden sicher unterschieden werden können.

Der kleinste Vertreter der Geckos ist der Tripolitanische Zwerggecko (*Tropiocolotes tripolitanus*), dessen Schwanz immer länger als Kopf und Rumpf ist. Das sehr schlanke Reptil hat kräftig gekielte Schuppen, ist sandfarben und mit schmalen braunen Makeln und Punkten geziert. Ein brauner Strich über Augen und Hals endet an den Vorderbeinen. Die Finger besitzen keine Haftlamellen. Der Zwerggecko lebt in Südtunesien in Steinwüsten mit sandigen Abschnitten unter Geröll.

Auf die Inseln Galita, Galitone, Aguglia und Cani beschränkt ist das Vorkommen des Europäischen Blattfingers (*Euleptes europaea*). Dieser kleine Gecko ist gut an den blattförmigen Haftlamellen der Finger- und Zehenenden zu erkennen.

In Zentral- und Südtunesien leben zwei Agamen der Gattung *Trapelus*. Es sind mittelgroße Echsen mit kurzem Kopf, flachem Körper und unregelmäßiger Rückenbeschuppung. An ihren Ohröffnungen befinden sich kleine Stacheln. Die beiden Agamen besiedeln Gebiete mit Niederschlagsmengen unterhalb 250 mm, mit Büschen durchsetztes Kulturland wie auch Halb- und

Zierlicher oder Wüsten-Dünnfingergecko (*Stenodactylus sthenodactylus*)

Boscs Fransenfinger (*Acanthodactylus boskianus*) ist weit verbreitet

Steinwüsten. Die Hauptaktivitätsphasen der tagaktiven, sehr hitze- und hungertoleranten Tiere sind morgens und abends, ihre Nahrung besteht aus Insekten. Während der Paarungszeit bilden die Männchen Territorien, in denen sie mit 1–2 Weibchen leben. Große Steine innerhalb der Reviere werden von den Männchen gern als Aussichtswarte genutzt. In dieser Zeit verfärben sich ihre Kehlen bläulich, und die Männchen liefern sich heftige Beißkämpfe. Die Paarung wird mit Kopfnicken und Nackenbeißen eingeleitet, das Weibchen legt später mehrere Eier im Boden ab.

Die weitaus häufigere dieser beiden Agamenarten ist die in Zentraltunesien weit verbreitete Wüstenagame (*Trapelus mutabilis*). Ihre Färbung reicht von Grau und Graubraun bis zu Sandfarben. Auf Rücken und Schwanz befinden sich mehr oder weniger deutliche, graue bis rötlich braune, regelmäßig hintereinander angeordnete Flecken oder Streifen. Die etwas kleinere Gescheckte Agame oder Dünenagame (*T. tournevillei*) besitzt einen im Vergleich längeren Kopf. Ihr Hauptverbreitungsgebiet ist Algerien, lokal reicht es bis nach Südwesttunesien. Sie bewohnt beispielsweise um Tozeur Dünengebiete mit lockerer Strauchvegetation, in der sie tagsüber klettert, um der Hitze zu entkommen.

Die größte und imposanteste Agame ist allerdings eine dritte Art, der Veränderliche oder Nordafrikanische Dornschwanz

Tripolitanischer Zwerggecko (*Tropiocolotes tripolitanus*)

(*Uromastyx acanthinura*). Unverkennbar ist diese Echse durch den gekielten, stufig abgesetzten und mit Dornen versehenen Schwanz. Bemerkenswert ist das Farbwechselvermögen des Dornschwanzes: Früh morgens sind die Tiere dunkelgrau, während des Sonnens werden sie mit zunehmender Erwärmung auf Rücken, Kopf und teilweise Schwanz immer farbiger, von Grau- bis Gelbbraun über Orange, Ziegelrot oder Gelb bis Gelbgrün. Eine dunkle Zeichnung aus Kombinationen von Punkten, Halbkreisen und wurmartigen Makeln auf dem Rücken kommt dann auch zum Vorschein. Bis zum dritten Lebensjahr sind die Tiere jedoch fast einfarbig graubraun.

Der Dornschwanz lebt in Südtunesien an Wüstenrändern in steinigen und mit schütterer Vegetation bewachsenen Habitaten. Er gräbt meist direkt neben einer einzeln stehenden Pflanze seinen Bau, der einen ovalen Eingang besitzt; gern nimmt er auch verlassene Nagerbaue an. Der Dornschwanz lebt in Kolonien von etwa 20 Tieren. Seine Nahrung ist entgegen den meisten Echsen vorwiegend vegetarisch. Interessant sind die Kämpfe zur Paarungszeit, bei denen sich die Rivalen in die Flanken und den Schwanz beißen. Der Dornschwanz ist auf vielerlei Weise bedroht, fast immer bieten ihn Souvenirhändler lebend oder getrocknet an. Die Tunesier essen besonders gern Schwanz und Eierstöcke der bis zu 600 g schweren Agamen.

Ein unverwechselbares und zugleich faszinierendes Reptil ist das Europäische Chamäleon (*Chamaeleo chamaeleon*). Unverkennbar ist es durch die halbkugelförmig hervorstehenden, unabhängig voneinander beweglichen Augen, die dem Tier jeweils ein eigenes Bild liefern. Mit seinem Schwanz, der als Greifwerkzeug dient, und den zangenartig geformten, teilweise miteinander verwachsenen Fingern und Zehen kann es hervorragend im Geäst klettern. Das Männchen ist meist bräunlich, das Weibchen grün gefärbt, bei der Wüstenunterart *C. c. saharae* herrschen

sandfarbene Töne vor. Beide Geschlechter besitzen an den Seiten helle und dunkle Fleckenreihen. Das Chamäleon besitzt ein ausgeprägtes physiologisches Farbwechselvermögen, das u. a. von Körpertemperatur, Lebensraum, Gesundheitszustand, Bedrohung und sozialer Interaktion beeinflusst wird.

Das Europäische Chamäleon ist in ganz Tunesien verbreitet und fehlt nur in den vegetationslosen Sanddünen des Südwestens. Es lebt im Gebüsch, in Gegenden mit spärlicher Vegetation in niedriger Macchie und in Halbwüsten ganz auf dem Boden, wo es auch Höhlen als Rückzugsorte anlegt. Es ist sehr ortstreu und verteidigt sein Revier gegen Artgenossen durch Aufblähen der Kehle, Maulaufsperren und Beißen. Die Paarung erfolgt im August und September. Von Oktober bis Dezember vergraben die Weibchen ihre Eier im Boden, und nach 10–12 Monaten schlüpfen die 5–7 cm großen Jungtiere. Der Nahrungserwerb geht sehr langsam und bedächtig vor sich. Die Beute fängt es mit seiner fast körperlangen Schleuderzunge. Die kolbenartig verdickte Zungenspitze ist mit einem klebrigen Sekret behaftet, sodass das Opfer daran hängenbleibt. Chamäleons werden mancherorts als Fliegenfänger in Häusern gehalten und oft als Souvenirs auf Märkten angeboten.

Ausgesprochene Bodenbewohner sind die Skinke. Diese auch Glattechsen genannten Reptilien besitzen einen walzenförmigen, kräftigen Körper mit ebenso kräftigem, kurzem Schwanz. Skinke können wie Echte Eidechsen einen Teil ihres Schwanzes bei Gefahr abwerfen. Ihre Schuppen sind dem Namen nach ganz glatt und verleihen dem Tier einen Glanz. Hinter den vorderen Gliedmaßen befinden sich zwei Rillen, in welche die Vorderbeine bei schlängelnder Fortbewegung hineingelegt werden können. Die Extremitäten sind im Verhältnis zum Körper sehr klein bis winzig. Einige Arten im Süden leben in der Wüste und durchpflügen dort den Sand nach Fressbarem, andere bewohnen im Norden Feldraine, verwilderte Gärten, Macchien, Gras- und Buschland. Skinke fressen Insekten, größere Vertreter auch andere Echsen.

Einer der häufigsten Skinke ist der Gefleckte Walzenskink (*Chalcides ocellatus*). Die bis 30 cm große Echse ist oberseits hellbraun bis bronzefarben und trägt unregelmäßig angeordnete dunkle Augenflecke.

Der Gepunktete Fransenfinger (*Acanthodactylus scutellatus*) lebt in Südtunesien

Ein häufiger Wüstenrenner ist *Mesalina guttulata*

Jeder Fleck nimmt eine Schuppe ein und ist mit einem fast weißen Strich durchzogen. An den Seiten können die Flecke auch zu einem Band geordnet sein. Vom Galita-Archipel (Aguglia, Galitone) kennt man eine melanistische Form. In Nord- und Zentraltunesien kommt die Unterart *C. o. tiligugu* vor, die Nominatform lebt im Süden des Landes. Dieser Skink ist tagaktiv und, einmal durchwärmt, außerordentlich flink. Man findet ihn unter großen Steinen oder Brettern, Blechen usw. recht oft. Auch Nagerbaue bewohnt die Art.

Der Algerische Sandläufer (*Psammodromus algirus*) besitzt gekielte Schuppen

Vom Norden südlich bis Djerba ist die Erzschleiche (*Chalcides chalcides*) verbreitet. Die Nominatform lebt in Westtunesien an der algerischen Grenze, die Subspezies *C. c. mertensi* ist im größeren Teil des Verbreitungsgebietes heimisch. Die olivbraune oder bronzefarbene Erzschleiche besitzt die winzigsten Beinchen aller tunesischen Skinke.

Mit 40 cm wird der Tüpfelskink (*Eumeces schneideri aldrovandii*) noch etwas größer als der Walzenskink. Er ist einfarbig bräunlich oder olivgrau gefärbt. Auf dem Rücken befinden sich orangegelbe Punkte, die Querlinien bis zum Schwanzende bilden. An den Seiten, beginnend etwa an der Ohröffnung bis zur Schwanzwurzel, zieht sich ein orangegelbes Band, das die hellgelbliche Unterseite farblich abtrennt. Dieser

Männchen der Maghreb-Mauereidechse (*Podarcis vaucheri*)

Skink bewohnt verschiedenste trockene Lebensräume in ganz Tunesien, den äußersten Süden ausgenommen. Die heißeste Zeit des Tages verbringt er in selbst angelegten Gängen.

Der einzige Skink in Nordafrika, der deutliche Längslinien besitzt, ist die Streifenmabuye (*Trachylepis vittata*). Zwei weiße Linien auf jeder Seite schließen eine Verwechslung mit anderen Arten aus. Die Streifenmabuye ist fast im ganzen Land verbreitet, fehlt aber ganz im Norden oberhalb Tunis und im Wüstengebiet des Südens.

Drei weitere Arten leben ausschließlich in Südtunesien in Habitaten der Halbwüsten und Wüsten, die eine spärliche Vegetation zwischen den Sanddünen aufweisen. Den Keilskink (*Chalcides boulengeri*) findet man unter trockenen Pflanzenteilen, die er gern als Verstecke nutzt. Sein metallisch schimmernder Rücken ist apricotfarben und zeigt mehr oder weniger deutlich braune Längslinien, der Schwanz weist eine silbergraue Pigmentierung auf.

Der gelborange Nachtskink (*Scincopus fasciatus*) ist sporadisch in Südtunesien verbreitet. Auf dem Rücken des Tieres befinden sich 7–8 schwarze Querflecken. Der Kopf ist schwarz pigmentiert oder die Pigmentierung ist auf die Augenregion reduziert. Der Nacht-

Die Berbereidechse (*Timon pater*) ist die größte Eidechse Tunesiens

Der Tüpfelskink (*Eumeces schneideri aldrovandii*) ist an der orangen Flankenzeichnung erkennbar Foto: U. Prokoph

skink ist entsprechend seinem Namen nachtaktiv und versteckt sich tagsüber im Sand. Der Apothekerskink oder Sandfisch (*Scincus scincus cucullatus*) dagegen ist tagaktiv und bewegt sich im losen Sand ausgesprochen schnell fort, immer auf der Suche nach Skorpionen, Walzenspinnen, Käfern und sogar kleinen Echsen. Er besitzt einen abgeschrägten Kopf, der perfekt an das Graben angepasst ist. Seine Grundfarbe reicht von Gelb bis Bräunlich, jede Schuppe trägt einen kleinen gelblich braunen Fleck oder Strich. Die Flanken und der Rücken zeigen dunkle Querbänder, auf dem Rücken sind diese mitunter durch eine kräftige gelbbraune Färbung überlagert. Frisch gehäutet glänzt der Apothekerskink wie Porzellan. Die Jungtiere dieser Art sind einfarbig lachsfarben, was für Reptilien recht ungewöhnlich ist, denn meist sind die adulten Tiere einfarbig und die juvenilen kräftig gezeichnet.

Im Bergland Westtunesiens lebt der einzige Vertreter der Schleichen, die Spitzschwanz- oder Schachbrett-Doppelschleiche (*Trogonophis wiegmanni*). Ihr Aussehen ist wurmartig, sie ist augenlos und hat eine dunkle schachbrett- oder netzartige Zeichnung auf gelblichem Grund. Das nachtaktive Reptil lebt unter Steinen und gräbt besonders im Sommer tiefe Gänge ins Erdreich. Bei Feldarbeiten werden diese Tiere oft zutage gefördert.

Reptilien zu beobachten, ist nicht immer leicht, da einige Arten versteckt leben, sich vor großer Hitze zurückziehen oder ein rasches Fluchtverhalten zeigen. Mit Sicherheit wird man aber die eine oder

Die abgeflachte Schnauze des Apothekerskinks (*Scincus scincus cucullatus*) verrät die Grabtätigkeit Foto: U. Prokoph

andere Eidechse sehen. In Nordtunesien leben z. B. Berbereidechse, Maghreb-Mauereidechse und Algerischer Sandläufer, in den heißen steinigen und sandigen Biotopen des Südens Fransenfinger und Wüstenrenner. Eine Artbestimmung ist in der Natur manchmal schwierig, einzelne Arten sind mitunter nur anhand bestimmter Schuppenanordnungen eindeutig identifizierbar.

Die größte Eidechse Tunesiens ist die Berbereidechse (*Timon pater*). Sie ist fast einfarbig grün, seltener gelbbraun, einige Tiere besitzen auch eine schwarze netzartige Zeichnung. Fast immer haben sie an den Seiten blass- bis stahlblaue, dunkel gerandete Augenflecken, die im Alter verblassen können. Das Männchen hat eine gelbe, das Weibchen eine grünliche Kehle. Frisch geschlüpfte Jungtiere sind olivbraun und tragen gewöhnlich vier längsgerichtete Augenfleckreihen.

Der Gefleckte Walzenskink (*Chalcides ocellatus*) ist der häufigste Skink

Die Berbereidechse lebt ausschließlich im Nordwesten, in offenen Landschaften mit Buschwerk, an Wiesenrändern, felsigen Hängen mit ausreichend Vegetation und Küstendünen. Sie ernährt sich von Wirbellosen, gelegentlich auch von jungen Mäusen oder Früchten.

Ein etwas größeres Verbreitungsgebiet besitzt die Maghreb-Mauereidechse (*Podarcis vaucheri*), die in Tunesien vom Nordwesten östlich bis Tunis und südwestlich bis Zentraltunesien vorkommt. Die Mauereidechse ist grün, gelbgrün bis braun und trägt helle und dunkle, aus Flecken geformte Linien. Während Jungtiere deutliche Linien zeigen, neigen besonders Männchen im Alter zu Netzmustern auf dem Rücken. Die Art liebt die gemäßigten Temperaturbereiche und lebt daher in Gebirgen mit humiden Eichenwäldern an Waldrändern, auf Bergwiesen und an Felshängen. Sie ist im Frühjahr, im Herbst und in milden Wintern aktiv, im Sommer legt sie eine Ruhephase ein.

Das Europäische Chamäleon (*Chamaeleo chamaeleon*) klettert im Geäst

Eine der häufigsten Eidechsen des Nordens ist der Algerische Sandläufer (*Psammodromus algirus*). Die schlanke Eidechse besitzt einen sehr langen Schwanz, der etwa zwei Drittel ihrer Gesamtlänge einnimmt. Die gekielten Schuppen verleihen ihr ein raues Aussehen, auf dunkelbraunem Grund trägt sie 2–4 helle Streifen. Bei Jungtieren ist der Schwanz orange bis rötlich gefärbt, bei adulten Sandläufern nur die Unterseite. Das Männchen besitzt blaue Augenflecke in Schulternähe, zur Paarungszeit sind seine Kopfseiten orangerot. Der Algerische Sandläufer stellt keine großen Ansprüche an sein Habitat, sofern nur etwas Vegetation vorhanden ist. Er ist in

Nordtunesien das einzige Reptil, welches auch in degradierter Küstenmacchie vorkommt. Auf der Insel Galitone lebt die melanistische Form *P. a. doriae*, und im Nordwesten sowie zentralen Westen besitzt Blanks Sandläufer (*P. blanci*) isolierte Vorkommen. Diese kleine Echse ist am mit bräunlichen Punkten und Tupfen gesäumten Seitenstreifen zu erkennen.

Eine Besonderheit ist das Westliche Schlangenauge (*Ophisops occidentalis*). Im Gegensatz zu allen anderen Eidechsen besitzt es – wie die Schlangen – unbewegliche Augenlieder, sodass die juvenilen Sandläufern ähnelnden Echsen gut zu unterscheiden sind. Das Schlangenauge besitzt gekielte Schuppen. Die Grundfärbung von Rücken und Flanken, wo sich vier kontrastierende, helle Längslinien befinden, ist Rotbraun bis Braun. Das Verbreitungsgebiet ist recht zersprengt; so fehlt das Schlangenauge im Nordwesten, in der Küstenzone zwischen Sousse bis etwa Djerba und im Süden.

Die Fransenfinger der Gattung *Acanthodactylus* bewohnen halbtrockene und trockene, teilweise auch subhumide Areale, wie Steppen, Chotts mit spärlicher Vegetation, Küstendünen sowie Stein- und Sandwüsten. Ihre Finger und Zehen sind durch fransenartig abstehende Schuppen verbreitert, die besonders gut an der vierten Zehe entwickelt sind. Das ermöglicht den tagaktiven Eidechsen ein schnelleres Rennen im losen Sand. Die flinken Fransenfinger sind vor allem im Feld schwierig zu bestimmen. Sie besitzen Ähnlichkeiten auch mit anderen Gattungen wie *Psammo-*

Männchen des Europäischen Chamäleons (*Chamaeleo chamaeleon*)

dromus und *Ophisops*, welche ebenfalls kräftig gekielte Schuppen besitzen.

Fransenfinger graben Wohnhöhlen oder nehmen leere Nagerbaue in Besitz, wobei die Wohnhöhlen oft an den Wurzeln schützender Sträucher angelegt werden. Das Männchen bildet ein Territorium und baut eine Hierarchie auf, die sich z. B. beim Sonnen, Fressen und während der Paarungszeit zeigt. Die innerartliche Kommunikation geschieht über wellenartige Schwanzbewegungen. Ihre Nahrung besteht aus Spinnen und Skorpionen sowie Insekten. Einige Fransenfingerarten sind auch im Winter aktiv.

Die häufigste Art ist Boscs Fransenfinger (*Acanthodactylus boskianus*), der bis auf den Norden oberhalb Tunis im ganzen Land in trockenen Arealen mit niedriger Vegetation vorkommt. Die Echse ist gelblich, rötlich braun, dunkel- oder silbergrau. Adulte Tiere tragen eine Zeichnung aus sieben bräunlichen Längslinien, die auf dem Rücken reduziert oder zu Punktreihen aufgelöst sein können; bei Jungtieren sind diese schwarz. Die mittlere Rückenlinie ist zweigeteilt und fließt im Erwachsenenstadium wieder zusammen. In manchen Regionen, z. B. auf Djerba, haben die Jungtiere blaue Schwanzansätze, die sich ab einer Größe von 3 cm korallenrot umfärben. Auch bei den Weibchen und adulten Tieren mit regenerierten Schwänzen sieht man die rote Farbe noch.

Acanthodactylus maculatus ist ebenfalls über ganz Tunesien verbreitet. Dieser kleine Fransenfinger ist fahlgrau bis dunkelbraun. Er besitzt eine Rückenzeichnung aus 4–5 hellen Längslinien mit weißlichen, gelblichen oder grauen Punkten und, insbesondere an den Flanken, dunkle Flecken. Eine inselartige

Der Veränderliche Dornschwanz (*Uromastyx acanthinura*) färbt sich in der Sonne bunt

In Zentraltunesien lebt die Wüstenagame (*Trapelus mutabilis*)

Verbreitung im Nordwesten und Nordosten hat dagegen Blancs Fransenfinger (*A. blanci*). Die große Art trägt auf blau-, grün- oder rötlich grauer Grundfarbe drei Rückenstreifen, von denen der mittlere einfarbig ist und die äußeren aus einer schwarzen Netzzeichnung bestehen. An den Seiten befinden sich Längsstreifen mit gelblichen Tupfen, die im Alter verblassen können. Dieser endemische Fransenfinger ist manchmal in der Küstenzone Tunesiens sehr häufig.

Der Gepunktete Fransenfinger (*A. scutellatus*) ist ein mittelgroßer, schlanker Vertreter, dessen dunkle bis schwarze Netzzeichnung sich gut von der blaugrauen bis rötlich braunen Grundfärbung abhebt. Die Jungtiere haben auf jeder Seite zwei weiße Bänder und einen blauen Schwanz. Die Art ist von Zentraltunesien südwärts verbreitet und lebt auf soliden Böden, seltener auf reinem Sand. Zu den Seltenheiten des Landes gehören *A. longipes* im extremen Süden, der dem Gepunkteten Fransenfinger ähnelt, sowie *A. dumerilii*, dessen algerische Populationen bis nach Tunesien reichen.

Der Wüstenrenner *Mesalina guttulata* ist eine sehr kleine Eidechse, deren Grundfarbe sich in vielen Populationen der Umgebung anpasst. Meist ist diese Echse bräunlich und trägt zwei auf dem Rücken und seitlich verlaufende Streifen aus weißen, schwarzgesäumten Augenflecken. Wie alle Wüstenrenner besitzt sie ungekielte Schuppen, wodurch die Haut glatt wirkt. Die Tiere bewohnen felsiges Terrain, Gras- und Salzsteppen und sind in den heißen Stunden aktiv. Obwohl sie sehr schnell sind, reicht ihre Geschwindigkeit nicht an die der Fransenfinger heran.

Die gesamte Küstenzone und Zentraltunesien sind der Lebensraum dieser Art, welche einen Großteil ihres Verbreitungsareals mit Oliviers Wüstenrenner (*M. olivieri*) teilt, der früher als Unterart galt. Der in Größe und Färbung *M. guttulata* sehr ähnliche Wüstenrenner besitzt ein variables Zeichnungsmuster aus makelartigen oder kreisförmigen Längslinien. Jungtiere haben durch die hellen Längslinien oft Ähnlichkeit mit dem Schlangenauge. Oliviers Wüstenrennner ist auch in der Abenddämmerung und im Winter aktiv. Der Rotpunkt-Wüstenrenner (*M. rubropunctata*) lebt nur im äußersten Süden Tunesiens. Sein Kennzeichen sind vier Reihen weißer Punkte, die dunkelrot, rotbraun bis schwarz umrandet sind. Diese Art bewohnt Felswüsten und ist mitunter das ganze Jahr aktiv.

Der Wüstenwaran (*Varanus griseus*) ist die bei Weitem größte Echse in Tunesien. Das grau- bis bräunlich gelb gefärbte Reptil besitzt mehr oder weniger deutliche, braune Querbänder auf Rücken und Schwanz. Der nur in den Wüstengebieten Südtunesiens lebende Waran gräbt 4–5 m lange Wohnhöhlen bis 2 m tief in den Sand, nutzt aber auch bestehende Baue von Säugern. Bevorzugte Lebensräume sind mit Steinen durchsetzte Sandwüstengebiete und ausgetrocknete Oueds. Als Einzelgänger ist der Wüstenwaran vor allem nachtaktiv, nur in den Morgen- und Abendstunden sonnt er sich gelegentlich. Nachts läuft er weite Strecken von 6–8 km, um Beute zu finden, wobei er jeden Stein und Busch bezüngelt. Seine Nahrung besteht aus Reptilien, selbst Schildkröten und Hornvipern, aus Nagern und Jungvögeln. Der Waran kann sehr schmerzhaft zubeißen und mit seinen spitzen Zähnen stark blutende Wunden verursachen. Der Speichel ist wegen des hohen Infektionsrisikos als toxisch einzustufen. Einheimische, die sich nicht vom Aberglauben beeindrucken lassen, der sich um den Waran rankt, essen das selten gewordene Tier gern.

Von den Schlangen sind zwei Arten aufgrund ihrer zumeist unterirdischen Lebensweise kaum einmal zu beobachten, aber sehr interessant. Die Hakenschnabel-Schlankblindschlange (*Leptotyphlops macrorhynchus*) lebt lokal in Zentral- und Südtunesien in lockeren, nicht zu trockenen Böden. Man findet die einfarbig

Der Wüstenwaran (*Varanus griseus*) ist selten zu beobachten

Die Maurische Bachschildkröte (*Mauremys leprosa*) lebt an den verschiedensten Gewässern

bräunlich, fahlrotbraun bis rosa Tiere oft unter Steinen, wo sie sich zu mehreren Exemplaren verborgen halten. Die 15–25 cm lange Blindschlange ist sehr dünn, ihr Kopf nicht abgesetzt. Die zurückgebildeten Augen bestehen nur noch aus zwei kleinen schwarzen Punkten. Die Schnauze ist hakenförmig und macht die Art zur ausgezeichneten Gräberin.

Auch die Westliche Sandboa (*Eryx jaculus*) lebt im Boden, oft hält sie sich unter flachen Steinen auf. Mit 40–60 cm Länge ist sie eine der kleinsten Riesenschlangen der Welt. Sie besitzt eine lehmgelbe Grundfarbe und braune Flecken. Die Westliche Sandboa lebt im gesamten Land in trockenen Gebieten mit leichten Böden, auch im Kultur- und Hügelland des Nordens. Bei Erd- und Feldarbeiten wird sie manchmal ans Tageslicht gefördert. Ihre Beute besteht aus Nagern und Eidechsen, die sie – wie für Riesenschlangen typisch – durch Umschlingen erwürgt.

Die meisten Nattern sind harmlose, vollkommen ungiftige Schlangen, insbesondere die Land-, Baum- und Wassernattern. Trugnattern dagegen besitzen Giftzähne, ebenso die hochgiftigen Giftnattern, zu denen die Kobra zählt. Fast alle Nattern besitzen runde Pupillen, was sie von den Vipern mit ihren senkrecht geschlitzten Pupillen gut unterscheidet. Weit verbreitet ist die harmlose Vipernatter (*Natrix maura*). Diese Schlange ist recht variabel gefärbt, typisch ist eine graubraune Grundfärbung. Die Seiten sind besonders bei Jungtieren mit einer hellen Punktreihe versehen. Größere Exemplare sind oft einfarbig graubraun bis schwarz gefärbt. Auf dem Rücken trägt die Natter ein dunkles Rautenband, wodurch sie nicht zuletzt auch wegen des recht breiten, dreieckigen Kopfes einer Viper gleicht. Neben der typischen Form gibt es auch eine mit rötlichen Längsstreifen. Die Vipernatter ist absolut harmlos: Anstatt zu

Maurische Landschildkröte (*Testudo graeca*)

beißen, versteckt sie ihren Kopf unter den Körperschlingen. Beim Ergreifen sondert sie allerdings ein übelriechendes Sekret aus ihren Analdrüsen ab.

Vom Norden bis in die Wüstenoasen wie auch auf der Insel Galitone lebt die Vipernatter in allen Stehgewässern, in langsam fließenden Strömen und selbst im Brackwasser. Gemeinsam mit der Ringelnatter (*Natrix natrix*), die als Unterart *N. n. astreptophora* ausschließlich im Kroumir- und Mogod-Bergland in Tunesiens Nordwesten lebt, zählt sie zu den Wassernattern. Die Ringelnatter besitzt allerdings eine hellbeige Grundfärbung und vereinzelte schwarze Sprenkel. Ihr Kopf ist dunkel und zeigt eine gelbe Halbmondzeichnung im Nackenbereich.

Ganz Nordtunesien wird von der Hufeisennatter (*Hemorrhois hippocrepis*) bewohnt. Die durchschnittlich 1 m lange Schlange ist graubraun bis gelblich. Auf dem Rücken sind große dunkelbraune Flecken aneinandergereiht, kleinere Flecken von gleicher Farbe befinden sich an den Seiten. Auf dem Kopf trägt die Natter eine dunkle, hufeisenförmige Zeichnung. Sie besiedelt sehr vielfältige Habitate wie trockenes Flachland, felsiges Terrain, vegetationsreiche Dünen, Straßenränder und Opuntienhecken. Die Hufeisennatter klettert hervorragend im Gesträuch und ist dort oft auf der Suche nach Vögeln. Zu ihrer Beute zählen aber auch kleine Säugetiere bis Rattengröße sowie Eidechsen. Je nach Jahreszeit ist die Hufeisennatter tag- und nachtaktiv, im Flachland verzichtet sie gelegentlich auf den Winterschlaf.

Zur selben Gattung zählt die Algerische Zornnatter (*H. algirus*) aus Zentral- und Südtunesien; auf Djerba kommt sie ebenfalls vor. Auch diese Zornnatter wird etwa 1 m groß und ist gelblich grau. Auf dem Rücken befinden sich weiter auseinanderliegende dunkle Barren, der Kopf und ein Nackenband sind ebenfalls dunkel.

Hufeisennatter (*Hemorrhois hippocrepis*)

Die Vipernatter (*Natrix maura*) lebt in Wassernähe

Eine Schlange der Wüstenränder ist auch die Gekrönte Schnauzennatter (*Lytorhynchus diadema*), die von Zentraltunesien südwärts in sandigen wie auch steinigen Habitaten lebt. Die etwa 35–45 cm große Schlange ist fahlgelbbraun, graugelb bis rötlich braun; auf dem Rücken befindet sich eine Reihe rhomboider oder rechteckiger dunkler Flecken, auch die Seiten sind dunkel gefleckt. Markant ist ihr stark nach vorn vergrößerter Schnauzenschild, mit dem sie gut graben kann und sich Verstecke anlegt.

Der größeren, meist aber unter 1,50 m bleibenden, ähnlich gefärbten Diademnatter der Unterart *Spalerosophis diadema cliffordi* fehlt dieser erweiterte Schnauzenschild. Diademnattern leben in trockenen und steinigen Regionen Nordwesttunesiens, östlich reicht ihr Verbreitungsgebiet bis vor Tunis. Sehr selten kommt auch Werners oder Westliche Diademnatter (*S. dolichospilus*) im Inland Nordwest- und Zentraltunesiens vor. Sie ähnelt der vorigen Art, bleibt etwas kleiner und ist durch eine ovale Fleckenzeichnung auf dem Rücken von dieser zu unterscheiden.

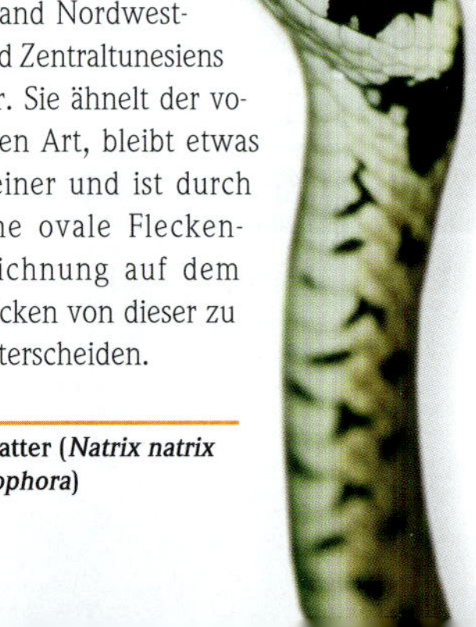

Ringelnatter (*Natrix natrix astreptophora*)

Die Kapuzennatter (*Macroprotodon cucullatus mauritanicus*) besitzt Giftzähne

Die Westliche Eidechsennatter (*Malpolon monspessulanus*) gehört zu den Trugnattern

In Nordtunesien bis vor Cap Bon ist die Girondische Schlingnatter (*Coronella girondica*) verbreitet. Sie lebt in offenen Busch- und Waldlandschaften und an grasigen Felshängen. Die 50–65 cm große Schlange ist braun und trägt über den Rücken ein Barrenmuster aus kurzen Rechtecken. Ihre dunkle Kopfzeichnung ist recht variabel, meist bildet sie ein nach hinten geöffnetes U. Die Pupille ist immer rund.

Diese Merkmal unterscheidet sie auch von der ähnlichen Nordafrikanischen Kapuzennatter (*Macroprotodon cucullatus mauritanicus*), bei der die Pupillen leicht elliptisch sind. Die Kapuzennatter lebt in ganz Tunesien in unterschiedlichsten Habitaten. Selbst unter Schutt, Blech und altem Holz findet man sie häufig. Diese nur 35–50 cm lange Schlange ist variabel gräulich bis graubraun, fahl- oder rötlich braun gefärbt und besitzt kleine schwarze Flecken, die oft in Reihe stehen. Der flache Kopf trägt eine schwarze, V-förmige oder kapuzenartige Zeichnung. Die dämmerungs- und nachtaktive Schlange zählt zu den Trugnattern und besitzt im Gegensatz zur harmlosen Schlingnatter Giftzähne. Diese sitzen jedoch weit hinten im Rachen, etwa in Augenhöhe, und kommen erst beim Herumkauen auf der Beute zum Einsatz. Kleine Opfer werden direkt mit dem Gift gelähmt, größere Beute wird zunächst mit den Körperschlingen festgehalten.

Die imposanteste Trugnatter ist die Westliche Eidechsennatter (*Malpolon monspessulanus*). Alte Tiere können zwischen 1,80 m und über 2 m lang werden. Das Männchen ist graubraun, zur Paarungszeit im Frühjahr überwiegt eine eher graublaue Farbe. Das Weibchen dagegen ist dunkelbraun und manchmal am Hals gesprenkelt, wie es im Allgemeinen auch die Jungtiere sind. Über den Augen besitzt die Eidechsennatter eine Schuppenleiste, die ihr einen „strengen Blick“ verleiht. Sie ist sehr standorttreu und bewohnt ihre Reviere bis zu zehn Jahre. Oft liegt sie im Gelände ganz ausgestreckt da, in leichter Kobrastellung, und sonnt sich. Sie flüchtet aber sehr schnell, da sie gut sehen kann. Ihr Gift ist im Vergleich zu dem der Vipern weniger wirksam, trotzdem kamen in Nordafrika schon Bisse mit tödlichem Ausgang vor.

Eine schön gezeichnete Trugnatter ist die Moilannatter (*Malpolon moilensis*)

Afrikanische Kobra oder Uräusschlange (*Naja haje*)

Die Westliche Eidechsennatter lebt in fast ganz Tunesien, vom Bergland im Norden bis zu den Wüstenrändern der Sahara. Im Süden ist die Östliche Eidechsennatter (*M. insignitus*) verbreitet, die sich in der Anzahl der Schuppenreihen auf dem Rücken von der vorigen Art unterscheidet.

Frisch gehäutet ist die Moilanatter (*M. moilensis*) die wohl schönste Trugnatter. Das 70–90 cm lange Reptil ist cremefarben, gelbbraun bis rötlich braun und trägt unregelmäßige dunkle Flecken auf dem Rücken und kleinere Flecken seitlich. An den Kopfseiten ziehen sich hinter den Mundwinkeln zwei lange dunkle Streifen entlang. Auch die Moilanatter hat den strengen Blick der Eidechsennatter. Eine Verwechslung mit den ebenfalls dort vorkommenden Kobras kann es aufgrund des Abwehrverhaltens geben, denn auch die Moilanatter spreizt bei Erregung den Nacken, kann den Vorderkörper aber nicht so gerade aufrichten wie eine Kobra. Ihr Gift soll ebenfalls effizient sein, kommt jedoch wegen der hinterständigen Giftzähne kaum zum Einsatz. Die Moilanatter lebt in Halbwüsten, Oasen und in den Küstenregionen des Südens. Sie kann ihre Verstecke im Boden selbst anlegen, indem sie mit dem Kopf gräbt und den Sand mit dem Körper seitwärts wegschiebt.

In der Wüste leben auch die äußerst flinken Sandrennnattern. Es sind 80 bis maximal 150 cm lange, sehr dünne Schlangen mit einem relativ großen Kopf und großen Augen mit runder Pupille. Die

Die Hornviper (*Cerastes cerastes*) gleitet seitlich über den Sand

Die Schilde über den Augen gaben der Hornviper (*Cerastes cerastes*) ihren Namen

häufigste Art ist die Schlanke oder Forskals Sandrennnatter (*Psammophis schokari*). Die grau, fahloliv, gelblich, bräunlich oder rötlich gefärbte Natter besitzt 4–5 helle, schwarz gerandete Streifen, die bei manchen Exemplaren auch fehlen können.

Nur punktuell in Südtunesien verbreitet ist die Gestreifte Sandrennnatter (*P. sibilans*), deren riesiges Gesamtverbreitungsgebiet mit mehreren Unterarten bis Südafrika reicht. Obwohl sie nur drei Streifen trägt, ist sie doch leicht mit der vorigen Art zu verwechseln, zumal beide im selben Verbreitungsgebiet vorkommen. Sandrennnattern leben in Wüsten- und Halbwüstengebieten, die mit Sträuchern durchsetzt sind. Sie klettern auf Büsche, doch ihre Nahrung, die hauptsächlich aus Eidechsen besteht, die sie mit einem Giftbiss lähmen, finden sie vor allem am Boden.

Die Atlasotter (*Macrovipera mauritanica*) ist ein Gebirgstier

Die größte und giftigste Schlange der Region ist die Afrikanische Kobra oder Uräusschlange (*Naja haje*). Sie wird 1–2 m lang, wirkt kräftig und ist in der Färbung recht variabel. So kommen gelblich grüne, gräuliche, ziegelrote, hell- oder dunkelbraune, schwarze oder blauschwarze Exemplare vor, auch gefleckte Tiere sind nicht selten. Alte Kobras sind meist schwarz oder blauschwarz.

Atlasotter (*Macrovipera mauritanica*)

Der Nacken zeigt vor allem bei den Jungtieren ein oder mehrere Querbänder. Die Pupille dieser gefährlichen Giftnatter ist rund. Noch Anfang des 20. Jh. war sie bis in den Norden um Tunis verbreitet, heute lebt sie nur noch in den Halbwüsten- und Wüstengebieten des Südens. Sie liebt felsige und mit spärlicher Vegetation bestandene Biotope, in denen Wasser vorhanden ist, denn die Kobra ist eine gute Schwimmerin. Normalerweise ist sie eher nachtaktiv, doch auch an heißen Tagen ist sie manchmal unterwegs.

Alte Exemplare leben oft über mehrere Jahre am selben Platz, in Steinverstecken oder Nagerbauen. Unweit ihres Unterschlupfes sonnt sich die Kobra gern in den Morgenstunden. Ihre Fluchtdistanz ist mit 2–5 m eher gering; sie ist sehr schnell und versucht immer erst zu fliehen. Bei Erregung richtet sie ihren Vorderkörper auf und spreizt den Nacken. Sollte es zu einem Biss kommen, ist unbedingt ein

Die Afrikanische Kobra oder Uräusschlange (*Naja haje*) lebt in Südtunesien

Arzt aufzusuchen. Die ersten Symptome einer Vergiftung, wie hängende Augenlider, Sprach- und Schluckschwierigkeiten sowie erweiterte Pupillen, treten bereits nach 30 Minuten ein.

Die meisten Vipern sind durch einen kräftigen, etwas plump wirkenden Rumpf und einen großen dreieckigen, gut von Körper abgesetzten Kopf gekennzeichnet. Ihre Augen besitzen senkrecht geschlitzte Pupillen. Vipern verfügen über Giftzähne, die im Ruhezustand nach hinten geklappt sind. Erst beim Biss richten sie sich auf und injizieren ein hochpotentes Gift in das Opfer. Vipern halten eine Winterruhe und werden erst ab dem Frühsommer richtig aktiv. Sie meiden jedoch die heißen Tagesstunden und sind eher dämmerungs- und nachtaktiv.

Die meisten Vipernarten leben im Süden Tunesiens; eine der häufigsten ist die Hornviper (*Cerastes cerastes*). Diese 50–60 cm lange Schlange ist durch ihre zwei Hörner über den Augen unverwechselbar. Sie ist sandfarben und trägt regelmäßig angeordnete braune, beige und graue Flecken. Die Hornviper bewohnt die Steinwüste, aber auch mit spärlicher Strauchvegetation bewachsene Sanddünen. Wegen ihrer ganz charakteristischen Art der Fortbewegung über den Sand wird sie auch Seitenwinder (engl. Sidewinder) genannt. Durch Seitwärtsbewegungen ist sie auch in der Lage, sich ganz in den Sand einzugraben. Dann schauen nur noch die Augen mit den Hörnern und die Nasenlöcher hervor. Bei Annäherung gibt die Hornviper durch das Aneinanderreiben ihrer Schuppen ein Warnrasseln von sich.

Ähnlich ist die etwas kleinere Avicennaviper (*C. vipera*), die durch das Fehlen der Kopfhörner aber sicher zu unterscheiden und eher in der Sandwüste anzutreffen ist.

Sehr selten kommen in der tunesischen Sahara auch Sahara-Sandrasselotter (*Echis arenicola leucogaster*) und Pyramiden-Sandrasselotter (*E. pyramidum lucidus*) vor. Diese kleinen Giftschlangen sind lebhaft in den Tönen Beige, Braun und Grau gefärbt. Sandrasselottern sind hochgiftig und verursachen jährlich zahlreiche Todesfälle.

Von Nord- bis Zentraltunesien ist die Atlasotter (*Macrovipera mauritanica*) verbreitet. Sie zählt mit 130–150 cm Länge zu den größten Vipern der Alten Welt; ein in Gefangenschaft gehaltenes Exemplar erreichte sogar 2,40 m Länge und wog über 4 kg! Auf hellgrauem bis rötlich grauem Grund trägt diese Art ein dunkelbraunes Rautenband, das in große ovale Flecken aufgelöst sein kann. Oft kommen auch grünlich grau gefärbte Tiere vor. Die Atlasotter bewohnt offenes Waldland, Macchie, buschbestandene Felshänge und Halfagras-Steppen. Ab Zentraltunesien südwärts wird die Nominatform durch ihre Unterart, die Saharaotter (*M. m. deserti*), ersetzt. Diese bleibt mit 1 m kleiner, ist heller gefärbt und trägt ein wellenartiges Band oder rautenförmig angeordnete Flecken.

In Nordwesttunesien schließlich besiedelt die Stülpnasenotter (*Vipera latastei gaditana*) ganz unterschiedliche Habitate. Mit Büschen bestandene Felshänge, offene Wälder und auch die Küstenmacchie zählen zu ihren Lebensräumen. Diese 50–60 cm lange Schlange trägt ein dunkelbraunes Zickzackband. Das Männchen ist grau gefärbt, das Weibchen bräunlich. Markant ist der Kopf mit den nach oben aufgebogenen Nasenschilden.

Vögel

Tunesien verzeichnet 368 Vogelarten, von denen bei Weitem jedoch nicht alle Brutvögel sind. Vielmehr finden sich zahlreiche Durchzügler und Wintergäste ein. Die höchste Artenzahl und auch die zahlenmäßig größte Ansammlung von Vögeln wird im Herbst und Winter erreicht, wenn viele europäische Vögel über Italien und Sizilien nach Tunesien oder weiter über die Sahara ziehen beziehungsweise den Winter in Nordafrika verbringen. Aber auch das Frühjahr bringt viele Vogelarten mit sich, weil dann der Rückzug der über die Sahara ziehenden Vögel nach Europa erfolgt.

Am häufigsten sind im Winter Entenvögel zu beobachten. Stauseen und Lagunen werden zu dieser Jahreszeit von

Rosaflamingos (*Phoenicopterus ruber*)

Tausenden Stock- (*Anas platyrhynchos*), Schnatter- (*A. strepera*), Spieß- (*A. acuta*), Löffel- (*A. clypeata*), Pfeif- (*A. penelope*), Krick- (*A. crecca*), Knäk- (*A. querquedula*), Tafel- (*Aythya ferina*) und Reiherenten (*A. fuligula*) bevölkert.

Auch Moor- (*A. nyroca*), Marmel- (*Marmaronetta angustirostris*) und Weißkopf-Ruderente (*Oxyura leucocephala*) überwintern in einigen Individuen, doch sind diese drei Arten lokal im Sommer als Brutvögel anzutreffen. Sie bevorzugen stark bewachsene Gewässer und nisten in der Schilfzone. Die Moorente ist die seltenste dieser drei Arten. Ihr Gefieder ist kastanienbraun, der Rücken dunkelbraun, der Bürzel sowie die Iris der Augen sind weiß.

Die Weißkopf-Ruderente besitzt eine geschlechterspezifische Färbung. Das

Männchen hat rotbraunes Gefieder, einen weißen Kopf, dunklen Scheitel und einen breiten, an der Basis aufgewölbten, hellblauen Schnabel. Beim Weibchen ist die dunkle Scheitelregion ausgeprägter, unter dem Auge befindet sich ein dunkler Streifen, und der Schnabel ist ebenfalls dunkel. Die Marmelente ist schlicht graubraun mit helleren Flecken, die Augenregion ist angedunkelt.

Die Graugans (*Anser anser*) verbringt den Winter im Nordosten Tunesiens, vor allem am Ichkeul-See und lokal im Sahel. Vereinzelt kommt im Winter auch die Rostgans (*Tadorna ferruginea*) vor, die leicht an ihrem rostbraunen Federkleid zu erkennen ist. Im ganzen Land nicht selten ist dagegen die Brandgans (*T. tadorna*), eine weiße und schwarze Halbgans mit orangebraunem Brustband und auffällig rotem Schnabel. Im Nordosten und im Sahel ist sie Stand- und Brutvogel.

Der Haubentaucher (*Podiceps cristatus*) ist im Nordosten Tunesiens ganzjährig und entlang des Sahel im Winter zu beobachten. Dieser Vogel ist durch die rotbraune Halskrause und den schwarzen Federschopf, der eine Haube formt, unverkennbar. Haubentaucher zeigen ein interessantes Balzverhalten: Sie sträuben das Kopfgefieder, richten sich auf dem Wasser auf und schütteln abwechselnd den Kopf.

Der Schwarzhalstaucher (*P. nigricollis*) tritt als Wintergast in Nordtunesien und im Bereich der Ostküste auf. Zu dieser Jahreszeit trägt er sein Schlichtkleid: Kopf, Hals und Oberseite sind schwarzgrau, die Wangen weißlich und die Augen auffallend rot. Mit rund 30 cm bleibt er kleiner als die vorige Art. Der kleinste Vertreter der Lappentaucher ist allerdings der Zwergtaucher (*Tachybaptus ruficollis*), der sich im Winter im Nordosten und im Sahel aufhält. Er ist oberseits dunkelbraun, Bauch, Hals und Schwanzregion sind heller. Alle Lappentaucher bauen schwimmende Nester aus Pflanzenmaterial nahe oder in der Vegetation der Flachwasserzonen.

Auch der schwarzgefiederte Kormoran (*Phalacrocorax carbo*) bevölkert im Winterhalbjahr die Küstengegenden. Er taucht beim Schwimmen tief

Der Schmutzgeier (*Neophron percnopterus*) ist die häufigste Geierart

Eine männliche Wiesenweihe (*Circus pygargus*) am Rande des Chott el Djerid

Den Steinkauz (*Athene noctua*) kann man tagsüber oft beobachten

Nur sehr selten zu beobachten: der Savannenadler (*Aquila rapax*)

Der Adlerbussard (*Buteo rufinus*) ist als einzige Art Standvogel

ins Wasser ein; da er sein Gefieder nicht wasserabweisend einfetten kann, muss er es danach an Land trocknen, wo man ihn oft mit ausgebreiteten Flügeln sitzen sieht. Die Krähenscharbe (*Phalacrocorax aristotelis*) ähnelt dem Kormoran, ist jedoch etwas kleiner. Sie brütet auf kleinen Inseln im Meer – ebenso wie der selten zu beobachtende Gelbschnabel-Sturmtaucher (*Calonectris diomedea*).

Der Rosaflamingo (*Phoenicopterus ruber*) kommt an flachen Küstenlagunen und an Salzseen, den Sebkhas, zum Teil ganzjährig und in großer Zahl im Winter vor. Flamingos leben in größeren Trupps zusammen und verständigen sich mittels gackernder bis trompetender Rufe. Ihr Schnabel ist zweckmäßig für das Abkeschern des Wassers geformt, denn im Innern befinden sich zahlreiche Lamellen, die das Wasser nach Nahrung durchfiltern. Flamingos ernähren sich hauptsächlich von kleinen Salinenkrebsen, die auch für die rosa Gefiederfärbung verantwortlich sind. Die Vögel bauen Schlammnester auf Inseln in den Salzseen. Doch nur selten gelingt

Der Wanderfalke (*Falco peregrinus*) wird für das Falknerfest abgerichtet

dort ihr Brutversuch, da sie empfindlich gegenüber menschlichen Störungen und auf Veränderungen der Wasser- und Nahrungsbedingungen reagieren.

Der Weißstorch (*Ciconia ciconia*) ist im Sommerhalbjahr besonders zahlreich in Nordtunesien vertreten. Er ist dort Brutvogel, während das restliche Jahr über im gesamten Land nur Durchzügler beobachtet werden können. Eindrucksvoll sind die vielen Nester auf Masten und dergleichen entlang der Straße Mateur/Tabarka, vor allem um Sejenane. Während der Weißstorch die Nähe von Siedlungen vorzieht, lebt der seltenere Schwarzstorch (*C. nigra*) ausschließlich in geschlossenen Waldgebieten.

Zwei Vertreter der Ibisse, der Braune Sichler (*Plegadis falcinellus*) und der Löffler (*Platalea leucorodia*), sind Wintergäste an den Lagunen und Sebhkas entlang der gesamten Ostküste, wo sie meist in kleinen Trupps auftreten. Der Braune Sichler ist leicht an seinem braunen Gefieder mit grünlich blauem Metallschimmer und dem langen, abwärts gebogenen Schnabel zu erkennen. Der Löffler ist weiß und besitzt einen einzigartigen löffelförmigen, dunklen Schnabel, der bei Jungvögeln noch blassrosa ist.

In der kalten Jahreszeit zieht der Kranich (*Grus grus*) aus Europa an die Salzseen des tunesischen Sahel, um zu überwintern. Der graue Vogel besitzt einen schwarzen Kopf und schwarze Halsseiten, die zum Nacken weiß begrenzt sind.

Auch die meisten europäischen Reiherarten durchqueren in der kalten Jahreszeit Tunesien. Grau- (*Ardea cinerea*), Purpur- (*A. purpurea*), Silber- (*Egretta alba*), Seiden- (*E. garzetta*) und Kuhreiher (*Bubulcus ibis*) sind im Winter Nahrungsgäste, alle anderen europäischen Reiher einschließlich der Zwergdommel (*Ixobrychus minutus*) sind nur zur Zugzeit anwesend. Seltener sind Reiher auch im Sommer zu beobachten. Ausnahmen bilden der Seidenreiher, welcher im Nordosten und dem Sahel ganzjährig und häufig vorkommt, und gelegentlich der Kuhreiher. Beide haben weißes Gefieder. Der Seidenreiher hat einen schwarzen Schnabel, schwarze Beine mit gelben Füßen und zur Brutzeit weiße Schmuckfedern im Nacken, der Kuhreiher dagegen ähnelt im Körperbau eher einer Dommel; er besitzt einen gelblichen Schnabel und grünlich graue Beine. Im Prachtkleid sind seine Beine fleischfarben und das Gefieder an Scheitel, Nacken, Rücken und Brust orangebraun verfärbt.

Von den zur Familie der Hühnervögel zählenden Rallen leben vier Arten in Tunesien, die bevorzugt Seen mit offener Wasserfläche und bewachsenen Uferrändern besiedeln. Die Wasserralle (*Rallus aquaticus*) lebt versteckt in der Schilfzone und verrät sich meist nur durch ihre schweineähnlich quiekenden Rufe. Sie ist an Kopf und Brust graublau, auf dem Rücken braun gefärbt und besitzt an den Seiten schwarze Federn mit weißer Bänderung. Auch das schwarze Blässhuhn (*Fulica atra*) fehlt in Tunesien nicht. Es besitzt einen weißen Schnabel und eine weiße Stirnblässe. Das ebenfalls vorkommende Teichhuhn (*Gallinula chloropus*) ist im Unterschied zur vorigen Art mehr schwarzgrau, der Rücken bräunlich und die Schwungfedern weiß. Stirn und Schnabel sind rot, die Schnabelspitze gelb. Mit bis zu 50 cm bedeutend größer ist das lokal im Nordosten vorkommende Purpurhuhn (*Porphyrio porphyrio*). Der blauviolette Vogel mit rotem Schnabel und roter Stirn ist unverwechselbar.

Ein Bewohner trockener Lebensräume ist das Felsenhuhn (*Alectoris barbara*). Es besiedelt das gesamte Land mit Ausnahme der Wüste. Offene Wälder, Macchie und selbst Halbwüsten sagen ihm zu. Das etwa 35 cm große Huhn ist beige gefärbt, der Rücken gräulich, die weißen Flanken tragen schwarze und rostbraune Streifen. Am Hals besitzt es eine schwarz-weiße Zeichnung, der Scheitel ist dunkel. Der rote Augenring ist ein weiteres Merkmal. Das Felsenhuhn lebt paarweise oder in kleinen Gruppen. Bei Gefahr versucht es meist wegzulaufen und fliegt erst sehr spät auf. Das Helmperlhuhn (*Numida meleagris*) lebt wild nur noch an wenigen Orten, oft ist es domestiziert. Es ist mit seinem grauschwarzen Gefieder, das violett schimmert, und den zahlreichen weißen Punkten unverkennbar. Auf dem federlosen, bläulichen und roten Kopf sitzt ein Kopfhöcker.

Die Kragentrappe (*Chlamydotis undulata*), ein 55–65 cm großer flugfähiger Vogel, wurde durch die Bejagung an den Rand der Ausrottung gebracht und lebt heute nur noch punktuell in einigen Wüstengebieten. Sie besitzt auf dem Rücken ein hellbräunliches Gefieder, unterseits ist es fast weiß. Den hellgrauen Hals ziert bei den Altvögeln ein schwarzer Streifen entlang der Halsseiten. Die Kragentrappe lebt in kleinen Gruppen oder zur Brutzeit paarweise.

Weniger gut erging es dem Nordafrikanischen Strauß (*Struthio c. camelus*). Der größte heute lebende Vogel der Welt ist in Nordafrika so gut wie ausgestorben. Von den Nomaden wurde er traditionell seines Fleisches wegen bejagt – doch nicht das Fleisch, sondern seine Federn wurden dem Strauß zum Verhängnis. Sie wurden nach Europa ver-

Größte Eule im Gebiet: der Pharaonenuhu (*Bubo ascalaphus*)

kauft, und im 19. Jh. entstand daraus eine Modewelle, welche die Art beinahe vernichtet hat. 40.000–50.000 Tiere wurden in dieser Zeit allein in Marokko der Federn wegen getötet. Ganze 80 Tiere sollen in Nordafrika überlebt haben. In Tunesien wird heute versucht, die wenigen Nordafrikanischen Strauße mit der südafrikanischen Unterart, dem Blauhalsstrauß (*S. c. australis*) auf eine Populationsgröße zu bringen, die es erlaubt, den Strauß wieder außerhalb der Schutzgebiete anzusiedeln. Im Unterschied zum südafrikanischen Vertreter besitzt der Nordafrikanische Strauß einen hautfarbenen Hals und wird daher auch Rothalsstrauß genannt.

Der flugunfähige Laufvogel lebt in Familienverbänden in der offenen Savanne. Der Hahn hat ein schwarzes Federkleid mit weißen Flügel- und Schwanzfedern. Die Henne und immature (halbwüchsige) Tiere sind grau. Der Hals beider Geschlechter ist nur spärlich flaumartig befiedert. Über den großen Augen befinden sich lange Wimpern, welche die Augen vor Sand schützen. Strauße besitzen lange, sehr kräftige Beine, mit denen sie selbst große Raubkatzen töten können. Ihre Füße haben nur zwei Zehen. Mehrere Hennen legen in ein Nest, eine flache Mulde am Boden, die bis 17,5 cm großen und 1,5 kg schweren Eier. Allein deren Schale, die früher Gebrauchgegenstand war und sich an manchen Stellen heute noch finden lässt, wiegt 300 g. Das Brüten und Führen der Jungen erfolgt durch den Hahn und die Haupthenne.

Zur Zugzeit überqueren zahlreiche Greifvögel die Meerenge zwischen Sizilien und Tunesien und überfliegen das Land. Doch vergleichsweise wenige Arten leben auch ganzjährig in Tunesien. Häufigster Falke im ganzen Land, ausgenommen die reine Sandwüste, ist ganzjährig der Turmfalke (*Falco tinnunculus*). Verwechseln kann man die Art nur mit dem lokal im Norden vorkommenden Rötelfalken (*F. naumanni*), der einen fast einfarbigen rotbraunen Rücken besitzt. Der Kopf des Männchens ist intensiv blaugrau. Falken lassen sich im Flug an ihren nach hinten deutlich abgewinkelten Flügeln und den schmalen Schwanzfedern erkennen. Vor allem der Turmfalke steht im Flug oft auf der Stelle, um Beute zu erspähen, und rüttelt dabei mit den Flügeln.

Marmelentenpaar (*Marmaronetta angustirostris*)

Die Sebkhets sind die Nahrungsgründe des Rosaflamingos (*Phoenicopterus ruber*)

Kuhreiher (*Bubulcus ibis*) suchen gern in der Nähe von Rindern nach Nahrung

Graureiher (*Ardea cinerea*)

Die felsigen Steilküsten des Nordens werden vom Wanderfalken (*F. peregrinus*) besiedelt. Er ist blaugrau gefärbt, der Bauch weiß mit einer dunklen Bänderung. Der Wanderfalke brütet in den Felsen und unternimmt rasante Jagdflüge auf Vögel. Dabei erreicht er im Sturzflug eine Geschwindigkeit von 300 km/h und ergreift seine Beute noch in der Luft. Im Süden ersetzt der Wüstenfalke (*F. peregrinoides*) den Wanderfalken. Er ist ähnlich gefärbt, die Unterseite ist hellbeige und die Bänderung feiner.

Weit verbreitet im Mittelmeerraum ist der Lannerfalke (*F. biarmicus*). Die in Nordafrika vorkommende Unterart *F. b. erlangeri* ähnelt dem Wanderfalken, ist aber etwas schlanker und bräunlicher gefärbt. Auch im Verhalten gleicht er dem Wanderfalken, indem er in Felsen brütet und im Flug Jagd auf Vögel macht. In den Eichenwäldern des Nordens lebt der Baumfalke (*Falco subbuteo*), der kleinste und am lebhaftesten gefärbte Falke des Landes.

Der einzige häufige Geier in Tunesien ist der Schmutzgeier (*Neophron percnopterus*), der ein weißes Federkleid trägt; immature Tiere sind noch grau. Beine und Gesicht sind federlos und gelb, die weißen Kopf- und Halsfedern stehen ab. Schmutzgeier sind Zugvögel, die im Sommer bis nach Südeuropa ziehen, im Winter fliegen sie zurück in wärmere Regionen Afrikas. In Tunesien leben sie vor allem im Norden und im Landesinneren. Der Schmutzgeier ist ein Bewohner der Busch- und Baumsavanne, brütet jedoch in Felsen. Er benutzt zum Nahrungserwerb oft Werkzeuge und zertrümmert so mit Steinen Straußeneier, um an das Innere zu gelangen. Auch ist bekannt, dass er Schildkröten aus großer Höhe fallen lässt, um deren Panzer zu knacken. Häufig sieht man den Schmutzgeier auf Müllkippen, die er nach Fressbarem durchsucht.

Die Schilfgürtel des Ichkeul-Sees und der zahlreichen Stauseen im Nordosten, insbesondere auf Cap Bon, sind der Lebensraum der Rohrweihe (*Circus aeruginosus*). Sie kommt dort ganzjährig und häufig vor. Die Rohrweihe ist dunkelbraun, das Männchen trägt eine blaugraue Kopfkappe, beim Weibchen sind Kopf und Kinn hell. In gaukelndem Flug sucht sie das Schilfgebiet, aber auch Felder nach ihrer Beute ab, die aus Kleinsäugern und Vögeln besteht. Zur Zugzeit ist die Rohrweihe im gesamten Land vertreten. Auch die Wiesenweihe (*C. pygargus*) kommt alljährlich im Frühjahr und Herbst nach Tunesien, um über Feldern und Grasland zu jagen. Lediglich im Sommer lebt sie wie die Rohrweihe im Nordosten Tunesiens. Das Männchen ist blaugrau gefärbt, der Bauch hell mit dunkler Strichelung. Das Weibchen ist dunkelbraun und besitzt einen hellen Bauch mit dunklen Streifen. Die Steppenweihe (*C. macrourus*) verbringt den Winter in Afrika. Sie ähnelt im Aussehen der Wiesenweihe, das Männchen ist jedoch deutlich heller. Zur Zugzeit kann man sie häufiger in Tunesien beobachten.

Auch der Schwarzmilan (*Milvus migrans*) zieht zu dieser Zeit über das Land; den Sommer über lebt er im gesamten Norden. Den dunkelbraunen Vogel erkennt man am besten im Flug an seinem unverwechselbar gegabelten Schwanz. Im Nordosten lebt in eher offener Gebüschlandschaft der Gleitaar (*Elanus caeruleus*). Er ist oberseits grau, der Kopf und die Unterseite sind weiß. Auffallend sind die roten Augen und der dunkle Schattenstrich über dem Auge.

Einziger ganzjährig in Nord-, Zentral- und seltener auch Südtunesien vorkommender Bussard ist der Adlerbussard (*Buteo rufinus*). Die Wüstenrasse des Adlerbussards zeigt neben den dunkelbraunen Farbtönen einen hohen orangebraunen Gefiederanteil. Bei heißem Wetter nutzen die Tiere die Thermik und jagen aus der Luft. Der Adlerbussard kreist meist in großen, kühleren Höhen, ansonsten setzt er auch zu Fuß hüpfend am Boden seiner Beute nach und wartet oft geduldig vor Nagerhöhlen.

Der Habichtsadler (*Hieraaetus fasciatus*) bewohnt weite Teile Zentraltunesiens. Der große Adler, der eine Spannweite von 1,70 m erreichen kann, lebt ganzjährig in

Seidenreiher (*Egretta garzetta*)

Bergwäldern. Altvögel sind dunkelbraun, am oberen Rücken mit einem hellen Fleck und einer hellen Brust, die habichtsgleich dunkel gestrichelt ist. Jungvögel tragen ein heller rotbraunes Gefieder. Mit einer Spannweite von 1,90–2,30 m ist der Steinadler (*Aquila chrysaetos*) der größte Adler im Gebiet. Der dunkelbraune Greif-

Männlicher Stelzenläufer (*Himantopus himantopus*)

vogel besitzt auf dem Rücken hellere Federn, das Halsgefieder ist goldbraun. Auch er ist in Zentraltunesien Jahresvogel.

Im Sommer fliegt im Norden des Landes der Schlangenadler (*Circaetus gallicus*). Seine Oberseite ist dunkelbraun, die Unterseite hell und dunkel gebändert. Das Gefieder des Hinterkopfes ist leicht abstehend und sieht gesträubt aus. Seine bevorzugte Nahrung sind Schlangen, die er aus der Luft erspäht. Auch der Zwergadler (*Hieraaetus pennatus*) lebt im Sommer im Norden. Seine Gestalt und die variable Färbung aus hellen und dunklen Federn erinnern an einen Bussard. Sehr selten kommt der Savannenadler (*Aquila rapax*) in den wenigen verbliebenen Savannen und in Steppen Tunesiens vor. Das Gefieder der Altvögel ist rotbraun, die Schwungfedern der Flügel und die Schwanzfedern dunkelbraun.

Stelzenläufer (*Himantopus himantopus*)

Lagunen, Sebkhas und Feuchtgebiete werden von einer Vielzahl an Watvögeln (Limikolen) besiedelt. Der Triel (*Burhinus oedicnemus*) ist ein taubengroßer Laufvogel mit auffällig großen gelben Augen. Oberseits ist er hellbraun mit schwarzen Tupfern, der Bauch ist weiß. Die Flügel haben eine weiße Binde. Die südliche Rasse *B. o. saharae* ist blasser gefärbt als die mediterran vorkommenden Tiere. Der Triel lebt auf offenen Ödländern. Im Englischen und Marokkanischen wird der Vogel auch Knick-Knie genannt, was auf sein Duckverhalten hinweist. Der nachtaktive Vogel nutzt am Tage jede Bodenwelle, um sich zu verstecken.

Der Stelzenläufer (*Himantopus himantopus*) ist ein Watvogel mit ungewöhnlich langen roten Beinen. Sein Gefieder ist weiß, Rücken, Flügel, Halsansatz und Kopfkappe sind schwarz; bei Jungvögeln ist der Kopf noch weiß. Der lange, gerade Schnabel ist dunkel. Der Stelzenläufer ist an der gesamten Ostküste Tunesiens Standvogel. Auch der Säbelschnäbler (*Recurvirostra avosetta*) kommt an vielen Stellen der Ostküste ganzjährig vor. Er ist schwarz-weiß gefärbt, Beine und Schnabel sind dunkel. Der Schnabel ist lang und leicht nach oben gebogen, um so den Bodengrund der Flachwasserzone gut durchpflügen zu können. Dagegen tritt der schwarz-weiß gefiederte Austernfischer (*Haematopus ostralegus*) nur zur Zugzeit auf. Mit seinem langen, roten Schnabel stochert er am Strand nach Würmern und Muscheln.

In weiten Teilen Südtunesiens lebt der Rennvogel (*Cursorius cursor*). Dieser Laufvogel besitzt lange, dünne Beine und einen abwärts gebogenen Schnabel. Sein Gefieder ist sandfarben, der Kopf hat einen cremefarbenen Überaugenstreif, darunter befindet sich ein am Auge beginnender und bis zum Hinterkopf verlaufender schwarzer Streifen. Den Hinterkopf ziert eine graue Kappe. Der Rennvogel jagt Insekten und kleine Reptilien. Bemerkenswert ist die lange Brutperiode von März bis in den August.

Dünnschnabelmöwe (*Larus genei*)

Die Weißkopfmöwe (*Larus cachinnans*) ist an den Stränden die größte Möwenart

Die Rotflügel-Brachschwalbe (*Glareola pratincola*) besitzt eine schwalben-

Zwergseeschwalben (*Sterna albifrons*) lassen sich gut beobachten

Flussseeschwalbe (*Sterna hirundo*)

ähnliche Gestalt. Oberseits ist sie hellbraun, der Bauch ist weiß. Das Kinn ist hell sandfarben gefärbt und mit einem schwarzen Kinnstrich begrenzt, der von Auge zu Auge reicht. Ihr Schnabel ist rot. Sie bewohnt im Sommer die Feuchtgebiete der Küsten.

Der Seeregenpfeifer (*Charadrius alexandrinus*) ist die einzige Art seiner Gattung, die das gesamte Jahr über in Tunesien anzutreffen ist. Der kleine Vogel lebt an den Küsten des Landes. Rücken und Kopf sind graubraun, der Bauch und ein Halsband weiß. Weitere Arten wie Sand- (*C. hiaticula*), Fluss- (*C. dubius*), Mornell- (*C. morinellus*), Gold- (*Pluvialis apricaria*) und Kiebitzregenpfeifer (*P. squatarola*) kommen im Winter stellenweise in großer Anzahl vor. Der Rotschenkel (*Tringa totanus*) ist Standvogel an den Küsten des Sahel und im Süden. Der mittelgroße Watvogel ist graubraun, der Bauch heller. Über den gesamten Körper trägt er eine dunkle Strichelung. Charakteristisch sind die langen roten Beine und der an der Basis rote Schnabel.

Zur Zugzeit und im Winter lassen sich in großer Zahl Watvögel beobachten, wie Grünschenkel (*Tringa nebularia*), Bruchwasser- (*T. glareola*), Flussufer- (*T. hypoleucos*) und Teichwasserläufer (*T. stagnatilis*), Zwerg- (*Calidris minuta*), Alpen- (*C. alpina*) und Sichelstrandläufer (*C. ferruginea*), Sanderling (*C. alba*), Knutt (*C. canutus*), Steinwälzer (*Arenaria interpres*), Sumpfläufer (*Limicola falcinellus*), Kiebitz (*Vanellus vanellus*), Kampfläufer (*Philomachus pugnax*), Ufer- (*Limosa limosa*) und Pfuhlschnepfe (*L. lapponica*), Großer Brachvogel (*Numenius arquata*) und Regenbrachvogel (*N. phaeopus*). Ausgesprochen selten ist dagegen das Auftreten des Dünnschnabel-Brachvogels (*Numenius tenuirostris*).

Auch viele Möwenarten sind hauptsächlich Wintergäste. Die Schwarzkopfmöwe (*Ichthyaetus melanocephalus*) ist an den Küsten des gesamten Mittelmeeres häufig und weit verbreitet. Ihre schwarze Kopffärbung reicht bis in den Nacken, der Schnabel ist rot, und die grauen Flügel heben sich vom weißen Bauch kontrastreich ab. Die Dünnschnabelmöwe (*Chroicocephalus genei*) kommt vereinzelt in den Küstengebieten vor und brütet dort stellenweise auch. Der Kopf dieser Art ist immer weiß. Ihr dunkelroter Schnabel wirkt aus der Ferne schwarz, die Beine sind im Prachtkleid rot.

Ganzjährig lebt die seltene Korallenmöwe (*Ichthyaetus audouinii*) an der Nordküste Tunesiens. Glücklicherweise wachsen die Populationen in den letzten Jahren wieder an. Adulte Tiere sind rein weiß, die Flügel grau, die Beine rot; der eine schwarze Binde tragende Schnabel ist rot. Die schwarzen Schwanzfedern besitzen eine weiße Spitze. Die größte und auch ganzjährig in Tunesien vertretene Möwenart ist die Weißkopfmöwe (*Larus cachinnans*). Durch ihre Größe, den gelben Schnabel mit einem roten Schnabelfleck und die gelben Beine lässt sie sich leicht erkennen. Ihr Körper ist rein weiß, die Flügel sind grau, die Schwanzfedern schwarz mit weißer Spitze. Seltener sind Zwerg- (*Larus minutus*), Lach- (*C. ridibundus*) und Heringsmöwe (*L. fuscus*) im Winter zu beobachten.

Männliches Tropfenflughuhn (*Pterocles senegallus*)

An den Küsten überwintern auch zahlreiche Seeschwalben; einige Arten bleiben gelegentlich sogar im Sommer da und brüten. Seeschwalben erinnern in der Färbung an

Das Felsenhuhn (*Alectoris barbara*) ist im Land weit verbreitet

Palmtaube (*Streptopelia senegalensis*)

Der Akaziendrossling (*Turdoides fulva*) lebt in Wüstengebieten

Einfarbstar (*Sturnus unicolor*)

Möwen und in der Gestalt an Schwalben. Ganzjährig zu sehen ist die Zwergseeschwalbe (*Sterna albifrons*), die aufgrund ihrer geringen Größe und der Färbung leicht zu bestimmen ist. Sie ist weiß, hat eine schwarze Kappe, graue Flügel mit schwarzen Handschwingen und einen gelben Schnabel mit schwarzer Spitze. Auch die Flussseeschwalbe (*S. hirundo*) ist ein häufiger Wintergast, der in manchen Sommern sogar brütet. Sie unterscheidet sich von der vorigen Art – außer durch die Größe – durch einen roten Schnabel mit schwarzer Spitze. Seltener bleibt auch die Brandseeschwalbe (*S. sandvicensis*) im Sommer da. Diese große Seeschwalbe ist durch den schwarzen Schnabel mit gelber Spitze und einer hinten struppigen schwarzen Haube leicht zu bestimmen.

Eine lokale Verbreitung besitzen Lach- (*Gelochelidon nilotica*) und Trauerseeschwalbe (*Chlidonias niger*), die sich in ihrem grau-weiß-schwarzen Federkleid recht ähnlich sehen. Während die Lachseeschwalbe im Prachtkleid eine schwarze Kappe trägt, ist bei der Trauerseeschwalbe der gesamte Kopfbereich schwarz. Zur Zugzeit und im Winter nutzen Raub- (*Hydroprogne caspia*) und Rüppellseeschwalbe (*Thalasseus bengalensis*) die Meeresküste zur Nahrungssuche.

Die Flughühner sind perfekt an ein Leben in ariden Gebieten angepasst. Trotz ihres Namens stehen sie den Watvögeln und Tauben näher als den Hühnervögeln. Tropfen- (*Pterocles senegallus*) und Kronenflughuhn (*P. coronatus*) bewohnen die Halbwüsten- und Wüstengebiete Tunesiens. Ihr Gefieder ist hellbeige mit dunklen und hellen Flecken, die locker bänderartig angeordnet sind. Während die Weibchen unauffälliger gefärbt sind, zeigen die Männchen in Kopf-, Hals- und Brustregion teilweise ein graues und oranges Gefieder. Am farbenprächtigsten ist das Spießflughuhn (*P. alchata*), welches die Halbwüstengebiete nördlich des Chott el Djerid bewohnt. Die Schwanzfedern aller drei Arten sind zu einem langen Spieß ausgezogen. Am weitesten nach Norden dringt das Sandflughuhn (*P. orientalis*) vor, dem die Schwanzspieße fehlen. Nördlich des Chotts dehnt sich sein Verbreitungsgebiet bis Cap Bon aus, es fehlt nur im Bergland des Nordwestens.

Flughühner ernähren sich von Sämereien. Wohl einzigartig ist ihre Jungenaufzucht: Als reine Wüstenvögel brüten sie auf dem Boden, weit ab von Wasserstellen. Die Eier werden auf ein paar zusammengescharrten Steinen abgelegt, die geschlüpften Jungvögel erhalten ihr Wasser aus dem Brustgefieder des Männchens. Flughühner legen bis zur Wasserstelle Strecken von bis zu 70 km zurück. Die im behandelten Gebiet vorkommenden Arten fliegen alle morgens zur Wasseraufnahme, mitunter in großen Trupps. Zur Brutzeit fliegen zuerst die Weibchen zur Tränke, danach die Männchen, die in ihrem aufgeplusterten Brustgefieder etwa 80 g Wasser aufsaugen können. Wieder angekommen, rufen sie die gut getarnten Weibchen, welche die nestflüchtenden Jungen führen. Die Jungen trinken dann immerhin noch rund 30 g Wasser aus dem Gefieder. Flughühner sind sehr aufmerksam und scheu. Bei Beunruhigung stoßen sie Pfeiftöne aus.

Unter den Tauben ist die Palmtaube (*Streptopelia senegalensis*) die häufigste Art. Sie kommt beinahe im gesamten Land ganzjährig vor, ausgenommen im äußersten Nordwesten und an der Südspitze Tunesiens. Ihr Kopf ist graurosa, über Brust und Hals verläuft ein rotbraunes Halsband mit einer schwarzen Musterung. Jungvögeln fehlt dieses noch. Der Rücken und die Flügel sind zimtbraun, die Unterkanten der Flügel blaugrau. Die relativ langen Schwanzfedern

Bienenfresser (*Merops apiaster*) unweit der Bruthöhle

Männchen der Blaumerle (*Monticola solitarius*)

sind oberseits grau, unterseits wie auch am Bauch ist die Art hellgrau bis weiß. Die Palmtaube kommt in Siedlungsnähe wie auch in unbewohnten Gebieten vor. Sie lebt zur Brutzeit paarweise und nistet in dichten Büschen und Palmen in einem Nest, das mehrere Jahre wiederholt genutzt wird.

Unter den Eulenvögeln ist der Steinkauz (*Athene noctua*) die am häufigsten zu beobachtende Art. Er hat eine rundliche Gestalt, besitzt keine Federohren und ist graubraun mit weißer Musterung. Der Steinkauz bewohnt das ganze Land. Die im Süden vorkommende Wüstenrasse *A. n. saharae* ist viel heller sandfarben. Steinkäuze unterscheiden sich schon dadurch von anderen Eulenarten, dass sie sich auch tagsüber oft sehen lassen. Sie sitzen gern exponiert auf Gebäuden oder Ruinen und brüten in alten Häusern und Baumhöhlen.

Im Sommer gesellt sich die Zwergohreule (*Otus scops*) im Sahel und Teilen Zentraltunesiens dazu. Die kleine, nachtaktive Eule verrät sich im Dunkeln durch einen monotonen, einzelnen Pfeifton. Sie ist schlank, besitzt dreieckige Federohren und ist mit ihrer grauen und braunen Färbung perfekt der Baumrinde angepasst. Tagsüber ruht sie gut getarnt in den Bäumen und hält dabei meist die Augen geschlossen, sodass auch die gelbe Iris nicht zu sehen ist.

Größte Eule in Tunesien ist der Pharaonenuhu (*Bubo ascalaphus*), der in der Vergangenheit eine Unterart des Uhus (*B. bubo*) darstellte. Er ist jedoch kleiner und heller gefärbt als sein europäischer Verwandter. Der mitunter auch als Wüstenuhu bezeichnete Vogel ist hell sandfarben mit einer dunkleren Zeichnung aus unterschiedlichen Flecken. Typisch sind die Federohren und die orangefarbene Iris. Die Art lebt lokal in ganz Tunesien, in Waldgebieten, mit Palmen bestandenen Oasen und in Felsgebieten.

Der Pharaonenziegenmelker (*Caprimulgus aegyptius*) ist in Zentral- und Südtunesien häufig, während das Verbreitungsgebiet des Rothals-Ziegenmelkers (*C. ruficollis*) von der Wüste bis nach Nordtunesien reicht. Beide Arten sind Sommergast und brüten in Halbwüsten und Steppen mit spärlicher Vegetation. Ziegenmelker sind von schwalbenähnlicher Gestalt und durch ihre graue, braune, rotbraune oder sandfarbene Färbung mit einer feinen Musterung gut in ihrem Lebensraum getarnt. Tagsüber ruhen sie mit fast geschlossenen Augen regungslos am Boden, in der Dämmerung und nachts fliegen sie auf der Jagd nach Insekten umher und geben sich durch einen charakteristischen Ruf zu erkennen. Werden die Temperaturen im Sommer zu hoch, können Ziegenmelker in eine Art Trockenschlaf fallen, in dem sie nicht fressen und ihre Körpertemperatur absenken.

Unverwechselbar ist der Wiedehopf (*Upupa epops*), der ganzjährig im gesamten Land anzutreffen ist. Er besitzt ein orangebraunes Gefieder, die Flügel sind schwarzweiß gebändert. Auf dem Kopf trägt er eine orangebraune, mit schwarzen Bändern versehene Federhaube, die er bei Erregung aufrichtet. Mit seinem langen, leicht nach unten gebogenen Schnabel durchstochert er den Boden nach Insekten. Offene Buschlandschaften bieten ihm einen idealen Lebensraum. Er brütet in Baumhöhlen oder lückigen Steinmauern. Mit seinen „hup-hup-hup"-Rufen verrät er sich von Weitem.

Der farbenprächtigste Vogel im gesamten Mittelmeerraum ist der Bienenfresser (*Merops apiaster*). Altvögel sind auf Scheitel, Nacken und Schultern rotbraun, auf dem Rücken gelborange, an der Kehle gelb und am Bauch blaugrün gefärbt. Der Schwanz ist oberseits grün, unterseits blau und besitzt einen langen Schwanzspieß. Über die Augen, deren Iris auffällig rot ist, verläuft ein dunkles Band; darüber befindet sich ein weiß-blaues Stirnband. Der Bienenfresser zieht im Frühjahr aus dem warmen Afrika nach Nordafrika und Südeuropa, wo er den Sommer verbringt und in kleinen Trupps lebt. Auf gemeinsamen Jagdflügen fangen Bienenfresser Wespen, Bienen und andere Insekten. Die erbeuteten Tiere werden an Ästen hin- und hergeschlagen, um ihre Stachel außer Gefecht zu setzen. Ihr unverwechselbarer Ruf ist ein melodiöser, flötender Ton. Der Bienenfresser nistet an Steilwänden, in die er eine Brutröhre gräbt.

Rauchschwalben (*Hirundo rustica*) ziehen über die Sahara

Männlicher Diademrotschwanz (*Phoenicurus moussieri*)

Auch die Würger haben eine interessante Art der Ernährung. Sie halten von ihren Sitzwarten aus – z. B. Oberleitungen, die obersten Zweige von Büschen oder Pfähle – nach Beute Ausschau, wie Insekten, Eidechsen, Mäuse und kleine Vögel. Sie legen sich oft einen Nahrungsvorrat an, indem sie ihre Opfer auf die Dornen der Büsche oder selbst an Stacheldraht spießen. Der Raubwürger (*Lanius excubitor*), ein amselgroßer Vogel mit spitzem, vorn hakenförmigem Schnabel, ist in Tunesien ganzjährig häufig. Von dieser im gesamten Mittelmeerraum lebenden Art gibt es mehrere Formen. Die Inlandsform des in Tunesien lebenden Raubwürgers wird allgemein zu *L. e. elegans* gezählt. Scheitel und Rücken des Vogels sind hellgrau, Flügel, Schwanzfedern und ein Augenstreif sind schwarz, Wangen, Kehle und Bauch weiß.

Der Senegaltschagra (*Tchagra senegalus*) ist mit den Würgern verwandt. Er ist ganzjährig nur in Nordtunesien verbreitet und lebt versteckt im Gebüsch. Sein heller Kopf ist mit einem schwarzen Scheitel- und Augenstreifen versehen. Der Rücken ist graubraun, die Flügel rotbraun und der Bauch hellgrau.

Standvogel im Norden ist auch der Graubülbül (*Pycnonotus barbatus*). Dieser amselgroße Vogel ist graubraun; der Bauch ist heller und Kopf sowie Schwanz sind dunkler. Er ist ortstreu, nicht sehr scheu und lebt gesellig in der Macchie, vorzugsweise in Wassernähe. Er singt gut und ausdauernd. In Zentral- und Südtunesien sorgt der Akaziendrossling (*Turdoides fulva*) für den nötigen Lärm. Der amselgroße, gestreckte Vogel besitzt einen langen Schwanz und einen spitzen, abwärts gebogenem Schnabel. Seine Oberseite ist braun, die Kehle weiß und die Unterseite beige. Er hält sich

Die nordafrikanische Unterart der Blaumeise (*Parus caeruleus ultramarinus*) mit fast schwarzem Kopf

in den vereinzelt vorhandenen Büschen auf, in denen auch das Nest gebaut wird. In kleinen Trupps sieht man ihn gelegentlich am Boden pickend.

Der Einfarbstar (*Sturnus unicolor*) ist im Nordosten und im Sahel Standvogel. Im Sommer ist er die einzige Starenart. Sein Gefieder ist einfarbig schwarz mit leichtem Purpurschimmer und besitzt lange, struppige Kehlfedern. Der Schnabel ist im Sommer gelb, im Winter schwarz. Während des Winters zeigen die Federn kleine helle Spitzen an Kopf, Rücken und Unterseite. Zu dieser Jahreszeit ist auch der Star (*S. vulgaris*) nach Tunesien gezogen, der im Schlichtkleid auffällig gelblich weiß gepunktete Federn am ganzen Körper besitzt.

In den Bergregionen Nord- und Zentraltunesiens ist der Kolkrabe (*Corvus corax*) anzutreffen, der im Süden durch den Wüstenraben (*C. ruficollis*) ersetzt wird. Dieser ist im Gegensatz zu seinen nördlich vorkommenden Verwandten etwas kleiner und schlanker. Raben gelten als intelligent, sind ortstreu und leben in Gruppen oder zur Brutzeit paarweise. Sie nisten in Felsen wie auch auf Bäumen.

Wie in Europa sind Rauch- (*Hirundo rustica*) und Mehlschwalbe (*Delichon urbicum*) auch in Nordafrika Sommergäste. Im Winter ziehen sie südwärts über die Sahara. Ganz anders die Felsenschwalbe (*Ptyonoprogne rupestris*): Sie lebt ganzjährig in den Bergregionen im Nordwesten Tunesiens, wo sie in Nischen und Höhlungen von Felsen brütet. Die Felsenschwalbe ist gräulich braun, der Bauch ist etwas heller. Schwalben sind sehr gute Flieger und erbeuten im Flug kleine Insekten.

In Siedlungen und Felsarealen leben Fahl- (*Apus pallidus*) und Haussegler (*A. affinis*). Segler sind von schwalbenartiger Gestalt, jedoch etwas größer als diese. Segler sieht man stets im Flug nach Insekten jagen. Sie paaren sich und schlafen teilweise sogar im Flug, da ihr Klammerfuß zum Stehen nicht geeignet ist.

Der Heckensänger (*Cercotrichas galactotes*) ist durch Aufrichten der Schwanzfedern leicht erkennbar

Feldraine, Ruderalflächen und Salzsteppen bieten zahlreichen Lerchen einen Lebensraum. Lerchen sind meist unauffällig gefärbte Vögel von Sperlingsgröße und

Weibliche Hausammer (*Emberiza striolata*)

Der Trauersteinschmätzer (*Oenanthe leucura*) lebt in Wüsten- und Halbwüstengebieten

nicht ganz leicht voneinander zu unterscheiden. Ihr Gefieder ist eine Mischung aus Grau, Beige und Schwarz. Feld- (*Alauda arvensis*), Thekla- (*Galerida theklae*) und Haubenlerche (*G. cristata*) tragen auf dem Kopf eine kleine Federhaube, die sie bei Erregung aufstellen. Lerchen sind ausgesprochene Laufvögel. Bei Beunruhigung versuchen sie immer erst wegzurennen. Während die Feldlerche nur im Norden vorkommt, leben Thekla- und Haubenlerche im gesamten Land, mit Ausnahme der Sanddünengebiete im Süden. Recht ähnlich sind Kalander- (*Melanocorypha calandra*), Stummel- (*Calandrella rufescens*) und Dupontlerche (*Chersophilus duponti*), denen aber die Federhaube fehlt. Die Kalanderlerche lebt in Nord- bis Zentraltunesien, die Stummellerche nur in Teilen Zentraltunesiens und die Dupontlerche nur im zentralen Süden. Die im Süden lebende Knackerlerche (*Ramphocoris clotbey*) besitzt einen kräftigen Schnabel, der an den von Finken erinnert. Damit ist sie unverkennbar.

In den Halbwüsten- und Wüstengebieten Südtunesiens sind weitere Lerchenarten verbreitet, die von der typischen Färbung abweichen. So sind Sand- (*Ammomanes cintura*) und Steinlerche (*A. deserti*) oberseits einfarbig graubraun bis hellsandfarben, wobei die Gefiederfärbung dem jeweiligen Lebensraum angepasst ist. Der Bauch beider Arten ist weißlich bis hellrostbraun, mit einer mehr oder weniger vorhandenen Bruststrichelung. Ihnen fehlt auch die Federhaube. Die Vögel sind sehr standorttreu, denn ihre der Umgebung angepasste Gefiederfärbung lässt keinen weiträumigen Ortswechsel zu.

Unverkennbar ist die Sahara-Ohrenlerche (*Eremophila bilopha*), die neben ihrer schwarz-weißen Kopfzeichnung dunkle Federohren besitzt. Die Oberseite des Vogels ist sandfarben, die Unterseite weiß mit einem breiten, schwarzen Brustband. Auch die Wüstenläuferlerche (*Alaemon alaudipes*) bildet in verschiedener Hinsicht eine Ausnahme unter den Lerchen: Sie ist die größte Art, und auffällig ist ihr langer, nach unten gebogener Schnabel. Der Rücken und die Flügel sind graubraun und sandfarben. Der Kopf zeigt einen dunklen Augen- und Bartstreif sowie einen hellen Überaugenstreifen. Die Unterseite ist weiß, der Hals mit schwarzen Stricheln versehen. Die Wüstenläuferlerche ist ein ausgesprochener Laufvogel, der auch meist nur laufend flüchtet – immer ein Stück weit, um dann wieder stehen zu bleiben. Fliegt er doch einmal davon, zeigen die ausgebreiteten Flügel eine schwarz-weiße Zeichnung, die auch bei der Balz eine Rolle spielt. Die in der Wüste lebenden Lerchen sind relativ wasserunabhängig, da sie Flüssigkeit mit der Nahrung, verschiedensten Insekten, aufnehmen.

Die Macchie wird von zahlreichen Grasmückenarten bewohnt. Die kleinen Vögel hüpfen versteckt in den Büschen von Ast zu Ast und zwitschern fortwährend. Im Sommer ist ihre Artenzahl am höchsten. So kommt die Weißbartgrasmücke (*S. cantillans*) im Sommer in weiten Teilen des Landes vor. Das Männchen ist oberseits grau, der hohe Kopf besitzt einen weißen Bartstreif und um das Auge einen roten Augenring. Kehle, Brust und Bauchseiten sind ziegelrot, der Bauch weißlich gefärbt. Das Weibchen ist graubraun. Um das Auge formt sich ein weißer Augenring mit schmalem, rotem Lidring.

In den Halbwüstengebieten Zentral- und Südtunesiens ist die Atlasgrasmücke (*S. deserticola*) ganzjährig lokal, im Winter auch weiträumiger verbreitet. Kopf und Oberschwanz des Vogels sind grau, der Rücken graubraun, die Flügel und die Unterseite rostbraun sowie der Unterbauch weiß. Um das Auge verlaufen ein weißer Augen- und ein roter Lidring. Die Samtkopf-Grasmücke (*S. melanocephala*) ist eine im Mittelmeerraum weit verbreitete Art, die auch in Nord- und Zentraltunesien ganzjährig vorkommt. Sie ist grau, der Kopf samtschwarz, und das Auge besitzt einen roten Augenring. Im zentralen und südlichen Tunesien ist die Brillengrasmücke (*S. conspicillata*) ganzjährig und im Winter auch im Norden vertreten. Sie ist bräunlich gefärbt, die Flügel sind rotbraun, der Bauch ist hell. Die Brillengrasmücke besitzt weiße Augenringe und einen weißen Bartstreif. Der hohe Kopf des Männchens ist im Prachtkleid grau.

Die Wüstenprinie (*Scotocerca inquieta*), ein kleiner, zarter und hochbeiniger Vogel der Wüste und Halbwüste, gehört wie die Grasmücken zu den Zweigsängern. Sie lebt in kleinen Büschen am Rand trockener Oueds oder in Sträuchern der Halbwüste. Die Wüstenprinie ist beige, die Oberseite, die Flügel und der Schwanz, der oft gefächert aufgestellt wird, sind hellgräulich gefärbt. Der Kopf ist wie auch die hellen Bauchseiten mit

Der Rennvogel (*Cursorius cursor*) flüchtet laufend

Die Samtkopf-Grasmücke (*Sylvia melanocephala*) bewohnt die Macchie

dunklen Linien überzogen. Das Auge ziert ein schmaler Augenstreif.

Zur Zugzeit kann man den Fitis (*Phylloscopus trochilus*) überall beobachten. Der kleine Vogel ist olivgrün, unterseits schwach gelblich und besitzt ein gelbliches Gesicht mit dunklem Augenstreif. Die Röhrichte der Gewässer sind der Lebensraum von Drossel- (*Acrocephalus arundinaceus*) und Teichrohrsänger (*A. scirpaceus*) sowie vom Rohrschwirl (*Locustella luscinioides*).

Die Nachtigall (*Luscinia megarhynchos*) ist im Norden Tunesiens ein Sommergast. Der unscheinbar braune Vogel ist durch seinen Gesang bekannt. Er lebt versteckt im Gebüsch und singt tagsüber, aber ganz besonders auch nachts, wodurch er seine Anwesenheit verrät.

Ebenfalls im Sommer trifft man im ganzen Land auf den Heckensänger (*Cercotrichas galactotes*). Sein Gefieder besitzt einen warmen Braunton, der Bauch ist schmutzig weiß, und die Schwanzfedern sind rotbraun mit schwarz-weißem Rand. Am Kopf trägt er einen dunklen Augen- und einen hellen Überaugenstreif. Der Heckensänger liebt offene Landschaften und lebt auch in der Nähe von Siedlungen. Ein typisches Verhalten des Vogels ist das Aufrichten und Fächern der Schwanzfedern.

Die einzige ganzjährig heimische Rotschwanzart ist der Diademrotschwanz (*Phoenicurus moussieri*). Kopf, Rücken, Flügel und Schwanz des Männchens sind schwarz. Am Kopf trägt es einen weißen Überaugenstreif, der sich an den Halsseiten nach unten fortsetzt. Die Handschwingen der Flügel besitzen einen weißen Fleck. Die Oberseite der Weibchen ist braun. Unterseits sind beide Geschlechter von der Kehle bis zu den Schwanzfedern leuchtend rotbraun. Im Sommer lebt der Diademrotschwanz in Nord- und Zen-

Männlicher Mittelmeer-Steinschmätzer (*Oenanthe hispanica*)

traltunesien, im Winter verlagert er seinen Aktivitätsraum zum Süden hin. Im Winter ist auch der Hausrotschwanz (*P. ochruros*) im ganzen Land häufig anzutreffen. Das Männchen ist im Gegensatz zum Diademrotschwanz oberseits grau. Das Weibchen ist braun gefärbt. Die Unterseite beider Geschlechter ist orange, der Schwanz rotorange. Rotschwänze lassen sich allein an ihrem Verhalten erkennen, da sie ständig mit dem Schwanz zittern.

Das ähnliche Schwarzkehlchen (*Saxicola torquata*) bewohnt die Macchie und Garigue Nord- und Zentraltunesiens. Das Männchen hat zur Brutzeit einen schwarzen Kopf mit einem weißen Fleck an den Halsseiten. Rücken, Flügel und Schwanz sind grauschwarz, die Brust rostrot und der Bauch schmutzigweiß gefärbt. Das Weibchen besitzt einen braunen Kopf und ist insgesamt blasser gefärbt. Im Winter ähnelt die Färbung des Männchens stark der des Weibchens.

Die vegetationsarmen Gebiete der Halbwüste und Wüste sind Lebensraum zahlreicher Steinschmätzerarten. Diese Vögel sitzen gern auf einer erhöhten Sitzwarte, ähnlich dem Schwarzkehlchen. Steinschmätzer nutzen dazu größere Steine oder Felsvorsprünge, das Schwarzkehlchen eher Buschwipfel. Steinschmätzer nisten auch zwischen Steinblöcken. Die Arten der Wüste neigen zu dunklen Farben. So sind die Männchen des Sahara- (*Oenanthe leucopyga*) und des Trauersteinschmätzers (*O. leucura*) schwarz gefärbt und haben nur einen weißen Bürzel sowie weiße Schwanzseiten. Das Männchen des Saharasteinschmätzers trägt als adultes Tier zudem eine weiße Kappe. Das Weib-

Weibliche Atlasgrasmücke (*Sylvia deserticola*)

Der Fitis (*Phylloscopus trochilus*) ist ein durchziehender Laubsänger

Die Sahara-Ohrenlerche (*Eremophila bilopha*) ist unverkennbar

chen ist ebenfalls schwarz, das des Trauersteinschmätzers rußbraun. Bei allen anderen Steinschmätzerarten besitzen die Weibchen graue und hellbraune, zuweilen rostfarbene Töne. Die Männchen erscheinen kontrastreicher in Schwarz, kombiniert mit hellbeigen, cremefarben und gelborangen Farben an Kopf, Nacken, Brust und Bürzel. Während Sahara- und Schwarzrücken-Steinschmätzer (*O. lugens*) ausgesprochene Wüstentiere sind, dringt der Trauersteinschmätzer weit ins südliche Zentraltunesien vor.

Der Wüstensteinschmätzer (*O. deserti*) kommt in der Wüste vorzugsweise in steinigen Gebieten mit spärlicher Vegetation vor und teilt sich den Lebensraum mit dem Fahlbürzel-Steinschmätzer (*O. moesta*). Ausschließlich zur Zugzeit und im Sommer lebt der Mittelmeer-Steinschmätzer (*O. hispanica*) in Tunesien. Er kommt bis auf die Wüstengebiete überall im Land vor, wo felsiges Terrain ihm einen Lebensraum bietet.

Im felsigen Gelände ist auch die Blaumerle (*Monticola solitarius*) zu Hause.

Steinlerche (*Ammomanes deserti*)

Haubenlerche (*Galerida cristata*)

Diese Drossel bewohnt ganz Nord- und Zentraltunesien. Das Männchen ist dunkelblau, die Flügel und der Schwanz sind dunkelblaugrau; aus der Ferne sieht es fast schwarz aus. Das Weibchen ist oberseits einfarbig braun, unterseits hell, mit Reihen dunkler Sprenkel. Der scheue Vogel sitzt meist auf einer Anhöhe in leichter Deckung. Er bewohnt Felsgebiete wie auch Ruinengelände und Gemäuer in ländlichen Siedlungen.

In Nord- und Zentraltunesien ist der Haussperling (*Passer domesticus*) häufig anzutreffen. Der Kulturfolger gibt sich in ländlichen Gebieten und in der Stadt wenig scheu. Er lebt in kleinen Trupps und brütet gesellig in künstlichen Höhlen, die aus Dachziegeln, Rohren und dergleichen

Die Wüstenläuferlerche (*Alaemon alaudipes*) flüchtet meist zu Fuß

Männliche Hausammer (*Emberiza striolata*)

Helmperlhühner (*Numida meleagris*) leben wild nur noch an wenigen Orten

Weidensperlinge (*Passer hispaniolensis*) brüten in Kolonien

Der Straußenhahn trägt ein schwarzes Gefieder

Straußenhenne im Bou-Hedma-Nationalpark

Raubwürger (*Lanius excubitor*) sind häufig auf ihrem Ansitz zu sehen

bestehen. Weniger an den Menschen gebunden ist der Weidensperling (*P. hispaniolensis*). Er ähnelt dem Haussperling, doch besitzt er eine rotbraune Kopfplatte, weiße Wangen und einen schwarzen Kehlfleck, der in schwarzen Stricheln über die Bauchseiten ausläuft. Beim Haussperling fehlt diese ausgedehnte Strichelzeichnung, außerdem sind dessen Wangen und Kopfplatte grau. Der Weidensperling kommt überall vor und brütet in großen Kolonien in Büschen und Bäumen und im Norden auch als Untermieter in Storchennestern.

Ebenfalls überall, vorzugsweise aber in ariden Gebieten, lebt der Steinsperling (*Petronia petronia*). Er macht einen kräftigen Eindruck und ist an seiner klaren Musterung gut zu erkennen: Über den Scheitel verlaufen zwei dunkle Binden sowie eine hellere, an jedem Auge beginnend. Der Rücken ist mit in Reihe stehenden graubraunen Makeln versehen. Steinsperlinge leben in großen Schwärmen abseits menschlicher Siedlungen an Felsen und trockenen Oueds und brüten paarweise in Höhlen. In der Wüste, vor allem in Oasen, kommt sporadisch auch der dort wenig scheue Wüstensperling (*Passer simplex*) vor. Bei diesem recht blass aussehenden Vogel ist das Männchen im Prachtkleid grau, im Schlichtkleid sandfarben, das Weibchen hellgrau bis sandfarben gefärbt.

Bei Erregung richtet der Wiedehopf (*Upupa epops*) seine Federhaube auf

Die Kehle und ein kurzer Augenstreif beim Männchen sind schwarz.

Auf die Wüste beschränkt sich das Verbreitungsgebiet des Wüstengimpels (*Bucanetes githagineus*). Im Schlichtkleid sind bei beiden Geschlechtern Kopf und Brust hellgrau, Rücken und Flügel graubraun und die Beine gelbgrau. Im Prachtkleid ist beim Männchen der Kopf kräftig grau, der Schnabel und die Regionen über und unter dem Schnabel sind auffallend rot; Bauch, Flügel, Schwanz und Beine sind dann rosa getönt. Mit ihrem kräftigen breiten, gelbbraunen Schnabel können die Tiere Samen aufknacken. Wüstengimpel bevorzugen die Steinwüste. Da sie aber wie die meisten Vögel vom Wasser abhängig sind, ziehen sie weit umher. Ihr trompetenartiger, kurzer Ruf brachte ihnen auch den Namen Trompeterfink ein.

Von allen ganzjährig vorkommenden Ammern ist die Hausammer (*Emberiza striolata*) im Süden weit verbreitet. Die dort lebende Unterart *E. s. sahari* ist rostbraun gefärbt; Kopf und Hals des Männchens sind grau mit dunklen Streifen, dunklem Augenstreif und hellem Bartstreif. Das Weibchen ähnelt dem Männchen, ist jedoch viel blasser gefärbt. Die Hausammer hält sich gern in der Nähe von Siedlungen und in vegetationsreichen Oasen auf und ist oft am Wasser zu sehen.

Säugetiere

Überall auf der Welt sind bei Umweltveränderungen zuerst die größeren Säugetiere betroffen. Ein Klimawandel und die anthropogene Beeinflussung des Lebensraumes seit der Antike sind die zwei wesentlichsten Aspekte, auf die der Rückgang der nordafrikanischen Artenvielfalt beruht.

Vor etwa 7.000 Jahren war die Sahara zu einem großen Teil noch eine Savanne. Das bedeutete mehr Regen, der wiederum eine dementsprechende Vegetation aufkommen ließ. Mit der Zeit verringerte sich die Niederschlagshäufigkeit, bis sie vor ungefähr 2.500 Jahren die heutigen Ausmaße annahm. Zu dieser Zeit starb die Giraffe (*Giraffa camelopardalis*) aus, Elefanten, Antilopen und Raubkatzen passten sich zunächst den veränderten Lebensbedingungen an. Die karthagischen Kriegselefanten, mit denen der berühmte Feldherr Hannibal im Jahr 218 v. Chr. über die Alpen zog, stammten nicht aus Zentralafrika, sondern aus den Savannen Tunesiens. Der Afrikanische Elefant (*Loxodonta africana*) ist in Nordafrika durch die Aridisierung des Lebensraumes und wegen der Elfenbeinjagd etwa im 4. Jh. ausgestorben, während Antilopen und Raubkatzen erst Ende des 19. Jh./Anfang des 20. Jh. durch Bejagung und Urbanisierung ausgerottet wurden. Heute sind es eher die kleinen Säuger, auf die man im Land außerhalb der Nationalparks noch trifft.

Der Wander-, Mittelmeer- oder Algerische Igel (*Atelerix algirus*) bewohnt bis auf die Wüstengebiete ganz Tunesien einschließlich Djerba. Offenes Gras- und Buschland, verwilderte Gärten und Feldränder bilden seinen Lebensraum. Im

Der Fennek (*Vulpes zerda*) ist ein Bewohner der Sandwüste

Süden wird er durch den Wüsten- oder Langohrigel (*Paraechinus aethiopicus deserti*) vertreten. Die Vorkommen beider Arten überschneiden sich in Zentraltunesien, und auch auf Djerba leben beide Arten. Entsprechend seinem Zweitnamen lässt sich der Wüstenigel an den besonders langen Ohren zweifelsfrei erkennen. Er lebt in trockenen Wüstengebieten, Halbwüsten und Steppen. Große Hitzeperioden und damit verbundenen Nahrungsmangel kann er in einer Sommerstarre überdauern.

Die in Tunesien vorkommenden Spitzmausarten der Gattung *Crocidura* (Weißzahnspitzmäuse) sind äußerlich nur sehr schwer voneinander zu unterscheiden, sodass eine sichere Determination mitunter nur am Gebiss bzw. der Zahnformel vorgenommen werden kann. Im Norden ist die Nordafrikanische (*C. ichnusae*), im Süden Whitakers Weißzahnspitzmaus (*C. whitakeri*) häufig. Eine der kleinsten Spitzmäuse und Säugetiere überhaupt ist die Etruskerspitzmaus (*Suncus etruscus*). Sie misst nur 3,5–5 cm, wiegt ganze 1,5–2 g und bewohnt den Norden Tunesiens. Wie alle Spitzmäuse besitzt sie in der Genitalregion

Heckenhausmaus (*Mus spretus*)

Fettschwanz-Rennmaus (*Pachyuromys duprasi*)

und an den Seiten Duftdrüsen, die einen Moschusgeruch verbreiten. Spitzmäuse ernähren sich von Insekten, Würmern und kleinen Wirbeltieren. Ihr Speichel wirkt auf Beutetiere gering toxisch.

Der Rüsselspringer (*Elephantulus rozeti*) ähnelt entfernt einer Spitzmaus. Aus diesem Grund und wegen seiner langen, spitzen Nase erhielt er auch den Namen Elefantenspitzmaus. Er erreicht eine Länge von 12–24 cm, wovon die Hälfte auf den Schwanz entfällt. Sein Fell ist hellbraun, der Bauch heller, und um die großen Augen befindet sich ein Ring aus hellen Haaren. Die Art bewohnt Nord- und Zentraltunesien sowie Teile des Südens, wo sie in Savannen und im halbtrockenen, mit Felsblöcken durchsetztem Wald- und Buschland vorkommt. Rüsselspringer leben räuberisch von kleinen Wirbellosen und sind ständig auf Nahrungssuche. Die nur hummelgroßen Jungen werden als Nestflüchter geboren.

Am Abend kommen die Fledermäuse aus ihren Verstecken und begeben sich auf ihre Jagdflüge in die nächtliche Dunkelheit. Arm- und Fingerknochen sind bei Fledermäusen stark verlängert und zu Fluggeräten umgebildet; nur der Daumen hat noch die normale Größe und ist mit einer Kralle versehen, welche zum Klettern geeignet ist. Zwischen Vorder- und Hinterextremitäten spannt sich die Flughaut – bei einigen Arten auch bis zum Schwanz –, welche das Fliegen erst ermöglicht. Die Füße sind in den Gelenken nach oben gedreht, sodass sie nicht wie bei allen anderen Säugetieren nach vorn, sondern nach hinten zeigen. Auf diese Art können Fledermäuse kopfüber hängen, wobei sie sich mit ihren Krallen festhalten. Ein Sperrmechanismus, welcher ohne Muskelanspannung funktioniert, verhindert ein Abfallen, und selbst im Tod hält der Fuß so noch fest.

Fledermäuse kommunizieren mit hörbaren Lauten, die eine Frequenz von unter 20 kHz besitzen. Ihre Beute orten sie allerdings durch nicht hörbare Ultraschalltöne von 20–215 kHz. Diese Ultraschallortung erfolgt durch den Mund, seltener auch durch die Nase wie bei den Langohren und Hufeisennasen. In gewohnter Umgebung speichern die Tiere ein Hörbild im Gedächtnis, sodass sie „blind" fliegen können. Auch eine Artbestimmung ist in einigen Fällen möglich, denn viele Schallmuster sind artspezifisch.

Von allen insektenfressenden Fledermäusen sind die Mausschwanzfledermäuse (Rhinopomatidae) die am einfachsten gebauten Vertreter. Sie besitzen extrem schlanke Extremitäten und einen dünnen Schwanz, unter dem sich an der Schwanzwurzel ein Fettpolster befindet. Die Kleine Mausschwanzfledermaus (*Rhinopoma cystops*) hat eine weite Verbreitung von Marokko bis nach Burma. Auffällig lange Ohren, große schwarze Augen, eine aufgeworfene Nase mit quer verlaufender Hautfurche und ein langer, dünner Schwanz sind weitere Merkmale dieser Fledermaus. Sie lebt in der Wüste und Halbwüste in kleinen gemischten Gruppen und versteckt sich tagsüber in Felsen, Höhlen und auch Häusern.

Wesentlich komplizierter ist die Nase der Hufeisennasen (Rhinolophidae) aufgebaut. Diese Familie erkennt man an einem hufeisenförmigen, nach oben offenen Hautsaum um die Nasenlöcher. Über den Nasenlöchern befindet sich zudem ein Sattel mit zwei Fortsätzen, die in einigen Fällen auch der Artbestimmung dienen. In Tunesien leben Große (*R. ferrumequinum*), Kleine (*R. hipposideros*), Blasius- (*R. blasii*), Mehely- (*R. mehelyi*) und Mittelmeer-Hufeisennase (*R. euryale*). In ihren Quartieren erkennt man die Tiere daran, dass sie immer frei hängen und sich dabei ganz oder teilweise in ihre

Streifengrasmaus oder Zebramaus (*Lemniscomys barbarus*)

Die Fette Sandratte (*Psammomys obesus*) bewohnt Wüsten und Halbwüsten

Flughäute einhüllen. Bei Störungen am Tag fliegen sie rasch davon, nachts stoßen sie hörbare, frequenzkonstante Laute aus.

Die Rundblattnasen (Hipposideridae) besitzen eine blattartig gewellte Nase und große, oben zugespitzte Ohren. Einziger Vertreter dieser Familie ist die Dreizackblattnase (*Asellia tridens*) in Tunesien. Sie besitzt ein sehr großes Verbreitungsgebiet von der Sahara bis Pakistan. Hier lebt sie in Wüsten und Halbwüsten und bewohnt Höhlen und Ruinen, oft zu Hunderten. Markant ist ihre hufeisenförmige Nase mit dem hinteren, dreizackförmigen Teil.

Den Glattnasen (Vespertilionidae) dagegen fehlen diese besonderen Nasenanhänge, stattdessen unterscheidet man sie durch einen Ohrdeckel (Tragus) und die Ohrfalten. Alle Glattnasenfledermäuse haben in Ruhe die Flughäute seitlich zusammengefaltet angelegt. Nachts orientieren sie sich mittels Echoortung durch frequenzmodulierte Laute. Zu dieser Familie gehören z. B. die Mausohren, die lange, relativ schmale Ohren besitzen. Maghreb-Mausohr (*Myotis punicus*), Wimperfledermaus (*M. emarginatus*) und Langfußfledermaus (*M. capaccinii*) sind in Tunesien vertreten. Auch weitere dort vorkommende Glattnasenarten verschiedener Gattungen sind nur schwer voneinander zu unterscheiden. Zahnformel, Tragusform sowie Unterarm- und Fingerlänge spielen bei der Bestimmung eine Rolle.

Während man das Libysche oder Gaislers Langohr (*Plecotus kolombatovici gaisleri*) noch an den übergroßen, schmalen Ohren erkennt, sind Langflügelfledermaus (*Miniopterus schreibersi*), Isabell-Breitflügelfledermaus (*Eptesicus isabellinus*), Zwergfledermaus (*Pipistrellus pipistrellus*), Weißrandfledermaus (*P. kuhlii*) und Alpenfledermaus (*Hypsugo savii*) im Gelände für den Laien oft unmöglich zu bestimmen.

Die Große Wüstenspringmaus (*Jaculus orientalis*) ist nachtaktiv

Spuren geben Auskunft über die Wüstenbewohner

Das in Wüstengegenden weit verbreitete Wüstenlangohr (*Otonycteris hemprichi*) besitzt einen langen Kopf mit großen Ohren und ein hellbeiges bis sandfarbenes Fell, der Bauch ist weiß. Charakteristisch sind besonders die Ohren. Auf 7–8 cm Körperlänge kommen bis 4 cm lange Ohren, die an der Basis zusammengewachsen sind.

Die Bulldoggfledermaus (*Tadarida teniotis*) ist der einzige Vertreter der Familie Mollossidae (Bulldoggfledermäuse) und kommt nur im Nordwesten des Landes vor. Sie hält sich am Tage in Höhlen auf. Ihren deutschen Namen erhielt sie wegen der kurzen Schnauze und der faltigen Oberlippe. Bulldoggfledermäuse lassen im Ruhezustand ihren Schwanz meist ausgestreckt, während Glattnasen ihn zum Bauch hin einschlagen. Hufeisennasen hingegen besitzen einen im Vergleich zu Glattnasen kürzeren Schwanz, der in Ruhe auf den Rücken geschlagen wird.

Das Wildkaninchen (*Oryctolagus cuniculus*) war ursprünglich nur in Marokko und Algerien beheimatet, kommt heute aber auch in Nordtunesien vereinzelt vor. Es lebt im Gras- und offenen Buschland, wo es seine Wohnbaue unter der Erde anlegt. In ganz Tunesien ist der Kap-Hase (*Lepus capensis*) in unterschiedlichsten Lebensräumen verbreitet; man findet ihn im offenen

Der Gundi (*Ctenodactylus gundi*) bewohnt Felsgebiete

Wald, Gebirge, in Buschlandschaften, Steppen und Wüstengebieten mit schütterer Vegetation sowie im Kulturland. Sein Fell ist hellgraubraun, die Oberränder der Ohren und der Schwanz sind schwarz. Tagsüber sitzt der Kaphase in einer Mulde, der sog. Sasse. Bei Gefahr vertraut er seiner Tarnung und rennt erst recht spät, dann aber sehr schnell davon; er bleibt dabei aber immer in seinem Revier.

Der Maghreb-Gartenschläfer (*Eliomys munbyanus*) ist in Tunesien der einzige Vertreter seiner Familie. Er besitzt ein hellbraunes Fell an Kopf und Rücken, einen schwarzen Augenfleck, der sich bis hinter die Ohren zieht, sowie einen langen, teilweise schwarz behaarten Schwanz. Hals, Bauch und die Ohransätze sind weiß. Dieser Bilch lebt im ganzen Land in Wäldern, Palmenoasen, bewachsenen Dünen und in Felsgebieten. Er baut ein Wohn- und Schlafnest aus Pflanzenteilen und nutzt gelegentlich auch alte Vogelnester. Schläfer ernähren sich von Früchten und Wirbellosen.

Das Gemeine Stachelschwein (*Hystrix cristata*) ist mit 70 cm Länge ein sehr großes Nagetier. Charakteristisch ist sein

Größtes Nagetier im Land ist das Stachelschwein (*Hystrix cristata*)

Stachelkleid, das sich vom Rücken über die Flanken zieht. Die abwechselnd dunkelbraun und weiß gefärbten Stacheln können bis 30 cm lang und 3 mm stark sein. Kopf und Nacken sind zudem mit langen Borsten besetzt. Der übrige Körper ist schwarz bis dunkelbraun gefärbt, die Kehle besitzt ein graues Band. Bei Bedrohung rasselt das Stachelschwein mit seinen Stacheln und geht seitlich oder rückwärts auf seinen Angreifer zu. Bei starker Erregung ist es auch in der Lage, einzelne locker sitzende Stacheln abzuschleudern; außerdem befinden sich am Schwanzende besondere Stacheln, die leicht abbrechen, sog. Rasselbrecher. Die Hauptbedeutung des Rasselns, das auf dem Aneinanderschlagen der Stacheln basiert, liegt aber in der Kommunikation der Tiere, vor allem bei der Partnerfindung. Die Vorderfüße des Stachelschweins besitzen lange Krallen zum Graben der Wohnhöhle. Das nachtaktive Tier bewohnt in ganz Tunesien Waldränder, Savannen und häufig auch Kulturland. Seine Nahrung ist rein pflanzlich, daher wird es in manchen Gebieten als Schädling angesehen.

Recht anspruchslos an ihre Habitate sind die Gemeine Waldmaus (*Apodemus sylvaticus*), die Heckenhausmaus (*Mus spretus*) und die Westliche Hausmaus (*M. domesticus*). Die erstgenannte Art hat im Verhältnis zu den beiden anderen Vertretern recht große Ohren. Wie die Westliche Hausmaus lebt auch die Hausratte (Rattus rattus) bevorzugt in Siedlungsräumen. Unverwechselbar ist die Streifengrasmaus oder Zebramaus (*Lemniscomys barbarus*) durch ihre weißen Längsstreifen auf dem braunen Fell, über den Rücken verläuft ein dunkelbrauner Aalstrich. Die Zebramaus lebt im Grasland und ernährt sich wie die meisten Mäuse von Samen, Gräsern und Laub.

Das Nordafrikanische Wildschwein (*Sus scrofa barbarus*) hat sich landesweit ausgebreitet

Die Gemeine Manguste (*Herpestes ichneumon*) ist für ihr Jagdverhalten bekannt

In ausgesprochen trockenen Lebensräumen kommen die Kleine (*Jaculus jaculus*) und die Große Wüstenspringmaus (*J. orientalis*) vor. Mit ihren Hinterbeinen, die mindestens vier Mal so lang wie die Vorderbeine sind, bewegen sich diese Mäuse springend vorwärts. Ihr Fell ist sandfarben, das Unterfell grau. Über den Oberschenkeln verläuft ein heller Streifen, der Bauch ist weiß. Der lange, dünne Schwanz, der beim Sitzen der Balance dient, endet in einer schwarz-weißen Quaste. Mit den winzigen Vorderbeinen graben die nachtaktiven Wüstenspringmäuse bis zu 2 m tiefe Wohnhöhlen, in denen sie einzeln, seltener auch in Gruppen von 4–5 Tieren leben. Die Nahrung der nachtaktiven Tiere besteht aus Samen, Wurzeln und Gräsern. Sie kommen ganz ohne zu trinken aus, denn ihr Wasserbedarf wird durch die chemische Umwandlung von Fett, welches sie in Form ölhaltiger Pflanzensamen aufnehmen, zu Wasser vollständig gedeckt. Wird die Nahrung knapp und die Hitze zu groß, halten die Tiere einen Sommerschlaf. Die Kleine Wüstenspringmaus kommt eher in den Dünen der Wüste vor, während die Große Wüstenspringmaus die Steppengebiete, aber auch Salzpfannen und Getreidefelder bewohnt. Allgemein ist die Kleine Wüstenspringmaus weiter verbreitet und auch häufiger.

In trockenen und sandigen Habitaten kommen eine Reihe von Rennmausarten (Gerbils) vor. Sie besitzen alle eine sandfarbene bis hellbraune Fellfarbe, die Unterseite und oft auch die Augen- und Ohrenregion sind weiß. Der kurz behaarte Schwanz dieser Tiere besitzt eine mehr oder weniger gut ausgebildete Quaste und ist länger als Kopf und Rumpf; die Hinterfüße sind relativ lang. Diese Nager sind in Abhängigkeit von der Jahreszeit tag- und nachtaktiv. Algerische (*Gerbillus garamantis*), Kleine Ägyptische (*G. gerbillus*), Henleys Zwerg- (*G. henleyi*) und Latastes oder Raufüßige Rennmaus (*G. latastei*) nehmen große Verbreitungsräume im Land ein, während Andersons-Rennmaus (*G. andersoni*) lediglich auf Cap Bon und Tarabuls-Rennmaus (*G. tarabuli*) nur im äußersten Süden und Südwesten vorkommen.

Der Goldschakal (*Canis aureus*) lebt auch am Rand der Siedlungen

Die Feld- (*Dipodillus campestris*) und die Kleine oder Simons Kurzschwanz-Rennmaus (*D. simoni*) sind häufige Vertreter der Gattung der Kurzfuß-Rennmäuse. Shaw- (*Meriones shawi*), Libysche (*M. lybicus*) sowie Große Rennmaus (*M. grandis*) haben alle einen dunklen

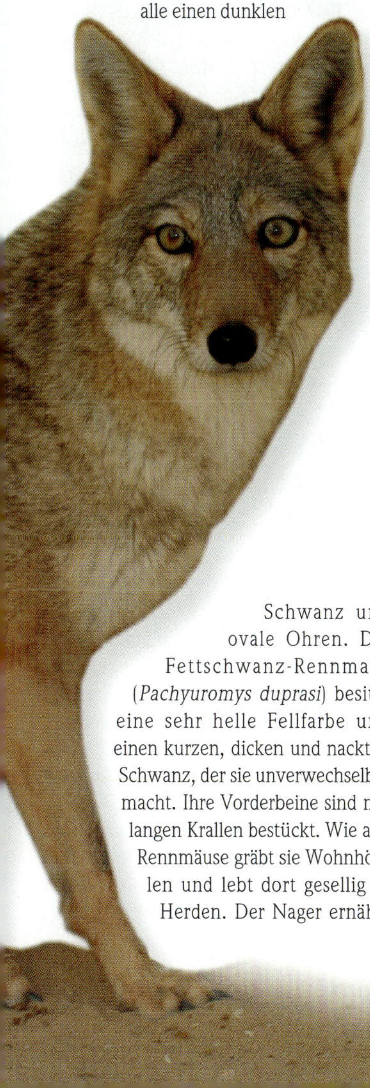

Schwanz und ovale Ohren. Die Fettschwanz-Rennmaus (*Pachyuromys duprasi*) besitzt eine sehr helle Fellfarbe und einen kurzen, dicken und nackten Schwanz, der sie unverwechselbar macht. Ihre Vorderbeine sind mit langen Krallen bestückt. Wie alle Rennmäuse gräbt sie Wohnhöhlen und lebt dort gesellig in Herden. Der Nager ernährt sich von Früchten und Samen, die er aus bis zu 2 km Entfernung bezieht und in seinem Bau lagert.

Eher dicklich und kompakt wirkt die über Zentral und Südtunesien verbreitete Fette Sandratte (*Psammomys obesus*). Ihr Schwanz ist kürzer als der Körper, die Ohren sind sehr kurz und rund. Sie ernährt sich fast ausschließlich von der Salzmelde (*Atriplex halimus*) und saisonal vom Gänsefußgewächs *Anabasis articulata*, welche aufgrund der stark salzhaltigen Böden einen hohen Salzgehalt aufweisen. In Anpassung an die starke Salzaufnahme ist die Nierenaktivität von Sandratten sehr hoch. Noch nicht abschließend geklärt ist allerdings, ob die tagaktiven Tiere den hohen Salzgehalt nur tolerieren oder – was wahrscheinlicher ist – ob er für ihren Stoffwechsel von essenzieller Bedeutung ist. Eine zweite Art, die nur im Süden lebt, ist die Dünne oder Kleine Sandratte (*P. vexillaris*).

In den Felsgebieten des Südens ist der Gundi (*Ctenodactylus gundi*) heimisch, dessen Gestalt an ein Meerschweinchen erinnert. Er gehört zur Familie der Kammfinger, von der ganze fünf Arten in Nordafrika leben. Die Hinterzehen dieser Nager besitzen einen Borstenkamm, der zum Klettern und Putzen sehr zweckmäßig ist. Der Gundi hat ein braunes Fell, die Bauchseite ist heller; sein Schwanz ist sehr kurz. Er ist ein soziales Tier, das in Familienverbänden auf felsigem Terrain lebt, welches ihm genug Versteckmöglichkeiten bietet. Bei Gefahr stößt der tagaktive Gundi einen schrillen Warnruf aus. Bei der Suche nach Nahrung, die aus Gräsern und Blüten besteht, entfernt er sich nicht weiter als 100 m vom Unterschlupf. Die Jungtiere sind Nestflüchter.

Den ursprünglich cremefarbenen Aidi gibt es in zahlreichen Farbschlägen

Einst war der Berberaffe (*Macaca sylvanus*) in den Wäldern Nordafrikas von Libyen bis Marokko weit verbreitet. Heute leben drei Viertel des im Französischen Magot genannten Affen nur noch in Marokko im Mittleren Atlasgebirge, kleinere Populationen verteilen sich auch über Nordmarokko, den Norden Algeriens unweit der tunesischen Grenze sowie Libyen und Gibraltar.

Von allen Hundeartigen in Nord- und Zentraltunesien ist der Rotfuchs (*Vulpes vulpes*) der häufigste. Er bewohnt die unterschiedlichsten Lebensräume, nicht selten durchsucht er auch Müllkippen am Rande der Siedlungen nach Nahrung. Nordafrikanische Rotfüchse variieren in der Färbung, auch entsprechend der Jahreszeiten; es kommen rötliche, sandfarbene und gräulich gefärbte Tiere vor. Der Sandfuchs oder Rüppells Fuchs (*V. rueppelli*) ersetzt den Rotfuchs im südlichen Tunesien. Er ist geringfügig kleiner als der Rotfuchs, schlank und mit maximal

Ginsterkatzen (*Genetta genetta*) führen ein verstecktes nächtliches Leben

4,5 kg auch nur halb so schwer. Rüppells Fuchs besitzt ausgesprochen lange Ohren, dichtes Fell und einen buschigen Schwanz mit weißer Spitze. Seine Grundfärbung ist Gräulich; der Rücken ist unregelmäßig grau, die Flanken und die Extremitäten bis zu den Gelenken sind sandgelb. Der Schwanzansatz zeigt eine dunkelbraune Region; Ohren, Gesicht und Extremitäten sind aufgehellt. Dieser Bewohner der Halbwüsten, Steppen und Wüstenoasen hält sich unter Steinhaufen oder Büschen versteckt und wird nachts aktiv. Er ist sehr tolerant gegenüber Wasserknappheit und kann seinen Wasserbedarf zeitweise auch nur aus der Nahrung beziehen. Bemerkenswert ist, dass dieser Fuchs ähnlich den Skunken ein Analsekret gegen seine Feinde spritzen kann.

Der Fennek oder Wüstenfuchs (*Vulpes zerda*) lebt als ausgesprochener Wüstenbewohner nur in den Sandwüsten im Süden Tunesiens. Er ist recht klein, wiegt maximal 1,5 kg und hat ausgesprochen große

Der Gepard (*Acinonyx jubatus*) – in freier Wildbahn gilt er als ausgestorben

Ohren. Die Färbung seines feinen, weichen und dichten Fells ist hell sandgelb, der Rücken ist leicht gräulich. Der Fennek ist nachtaktiv, im Winter auch tagsüber unterwegs und ernährt sich überwiegend von Insekten, aber auch von Mäusen, Eidechsen und gelegentlich Früchten. Die großen Ohren dienen offenbar dazu, die Beute akustisch aufzuspüren. Seinen Wasserbedarf deckt der Fennek größtenteils über die Nahrung. Er lebt in Paaren oder kleinen Gruppen von höchstens zehn Tieren in selbstgegrabenen Bauen. Der Fennek wirbt unter der Bezeichnung Labib als Maskottchen für den tunesischen Umweltschutz.

Der Goldschakal (*Canis aureus*) ist in Tunesien der größte Vertreter der Hundeartigen. Er kommt im ganzen Land vor und lebt in trockenen, halboffenen Lebensräumen, oft auch am Rand menschlicher Siedlungen. Tagsüber hält er sich im Unterholz und in dichter Vegetation versteckt. Goldschakale leben meist paarweise oder in Familienverbänden und jagen in der Dämmerung oder nachts. Zur Beute zählen Kleintiere bis Gazellengröße sowie Vögel, Insekten und auch Früchte. Da der Goldschakal vor allem kranke und alte Tiere jagt und auch Aas frisst, hat er die Funktion einer Gesundheitspolizei.

Überall im Land trifft man auf den Marokkanischen Schäferhund. Der auch Aidi, Atlas-Berghund oder Kabylhund genannte Wach- und Herdenschutzhund ist eine alte marokkanische Hunderasse, die möglicherweise von den Berghunden Osteuropas abstammt. Der Aidi besitzt halbhängende Kippohren und ein dichtes, halblanges Fell. Da dieser Hund von den Nomaden nicht nach Schönheit, sondern nach Gebrauchswert gezüchtet wurde, gibt es heute zahlreiche Farbschläge. Typisch sind weiße bis cremefarbene Tiere, die mitunter braune Rückenflecken tragen.

Der Sloughi dagegen ist eine alte orientalische Windhundrasse wohlhabender Beduinen oder Berber, die als Wachhund gegen Schakale oder für die Jagd auf kleinere Tiere bis Gazellengröße eingesetzt wurde. Sie wird auch als Arabischer Windhund, Levrierjagdhund, Oskai oder Oskay bezeichnet. Ihr Ursprung liegt im alten Ägypten, 3.000 Jahre zurück. Der heute im gesamten Maghreb beheimatete, mittelgroße und sehr schlanke Hund besitzt ein kurzes, glattes Fell und hängende Ohren. Seine Fellfarbe reicht von Schwarz bis Hellsandfarben, zuweilen mit schwarzer Maske oder Ohren.

Die Familie der Marder wird in Nordtunesien vom Mauswiesel (*Mustela nivalis numidica*) vertreten. Es lebt auf Wiesen, Brachflächen und in verwilderten Gärten. Mit 13–35 cm Gesamtlänge, von der ein Viertel auf den Schwanz entfällt, gilt es als kleinstes Raubtier der Welt. Das

Nordafrikanischer Serval (*Leptailurus serval constantinus*)

schlanke, langgestreckte Tier ist braun gefärbt, Bauch und Kehle sind weiß. Als Einzelgänger ist es tag- und nachtaktiv. Es bewegt sich flink in kleinen Sprüngen vorwärts, kann gut klettern und schwimmen. Seine Nahrung besteht aus Kleinsäugern, Reptilien, Vögeln und Insekten. In Zentral- und Südtunesien ist das Nordafrikanische Streifenwiesel (*Ictonyx libyca*) beheimatet. Es lebt in den Randzonen der Halbwüsten und Wüstengebiete, am Rande der Felswüsten und in offenen Steppen. Das

Die Streifenhyäne (*Hyaena hyaena*) kommt nur an wenigen Stellen vor

Streifenwiesel ist leicht an den langen, aufgerichteten Haaren auf dem Rücken zu erkennen. Sein Fell ist weiß, die Seiten, Bauch, Beine, Augenmaske und ein Stirnband sind schwarz gefärbt. Meist geht das Streifenwiesel nachts auf Beutefang; die Nahrung besteht aus Tieren bis zu Hasengröße. Arttypisch ist sein Gang mit erhobenem Schwanz. Fühlt sich das Streifenwiesel bedroht, stellt es sein Fell auf und richtet sein Hinterteil auf den Angreifer, um ihm ein stinkendes Analsekret entgegenzuspritzen.

Der Fischotter (*Lutra lutra*) ist in Afrika durch Wasserverschmutzung, Austrocknung und Verbauung der Flüsse sowie durch direkte Verfolgung fast ausgestorben. Vereinzelt kommt er noch in Nord- und Zentraltunesien an Seen und Flüssen vor. Der dunkelbraune Wassermarder lebt dort als Einzelgänger.

Das Ichneumon oder die Gemeine Manguste (*Herpestes ichneumon*) kommt in Nord- und Zentraltunesien vor, wo die Art lichte Wälder, Busch- und auch Kulturland bewohnt. Die gut mardergroße, schlanke Manguste trägt ein bräunlich graues Fell, dessen einzelne Haarspitzen silbergrau gefärbt sind und dem Pelz so einen Glanz verleihen. Die Bauchseite ist gelblich. Die tagaktive Manguste lebt in Familienver-

Ein dem Wildesel (*Equus africanus*) recht ähnliches Exemplar

bänden. Zu ihrem selbstgegrabenen Bau nimmt sie immer denselben Pfad, den sie mit einem Analdrüsensekret markiert. Die Mitglieder einer Familie laufen dabei mit gesenktem Kopf in einer Linie hintereinander. Ihr aus dem Griechischen stammender Name Ichneumon bedeutet so viel wie „Aufspürer". Die Nahrung besteht aus Kleinsäugern, Reptilien und Insekten. Bekannt sind ihre engen Verwandten, die flinken Mungos, wegen ihrer gewandten Art, Giftschlangen zu erbeuten.

Den Verbreitungsraum teilt das Ichneumon mit der Ginsterkatze (*Genetta genetta*), die zur Familie der Schleichkatzen (Viverridae) zählt, von der es in Afrika acht Arten mit zahlreichen Unterarten gibt. Allein von der Ginsterkatze, die bis Südafrika verbreitet ist, wurden 30 Subspezies beschrieben. Die Ginsterkatze hat etwa die Größe einer Hauskatze, ist aber gestreckter, mit spitzem Kopf und langem, schwarz gebändertem Schwanz, der die Hälfte der Länge einnimmt. Sie ist weiß- bis gelblich grau gefärbt und trägt dunkelbraune bis schwärzliche Flecken. Auf dem Rücken verläuft gewöhnlich ein dunkler Aalstrich. Die Ginsterkatze ist in offenen Wald-, Savannen- und Buschlandschaften heimisch. Sie ist dämmerungs- und nachtaktiv und lebt einzeln oder in Familien. Ginsterkatzen können gut klettern und springen.

Das größte Raubtier Tunesiens ist die Streifenhyäne (*Hyaena hyaena*), die punktuell in Tunesien verbreitet ist. Savannen, Steppengebiete, felsige Halbwüsten und Wüsten bilden ihren Lebensraum. Die Grundfarbe ihres Felles ist ein schmutziges Grauweiß. Körper und Beine sind schwarz gestreift, der Hals ist entweder ganz schwarz oder leicht gebändert. Markant ist eine grauweiße Mähne, die sich vom Kopf über den Rücken zieht und in den buschigen Schwanz übergeht. Auf dem Rücken sind die Haarspitzen der Mähne dunkel gefärbt. Die hundeartige Schnauze ist dunkel, die Augen sind groß, die Ohren zugespitzt. Typisch für Hyänen ist der nach hinten abfallende Rücken. Die Streifenhyäne lebt einzeln oder in Familienverbänden und ernährt sich hauptsächlich von Aas und Knochen. Hasen oder Füchse kann sie aber ebenfalls erbeuten, und ihre Beute kann sogar aus Tieren bis zur Größe eines Esels bestehen; allerdings gelingt es einzelnen Hyänen mangels Schnelligkeit kaum, solch größere Tiere zu erbeuten. Schildkröten hingegen werden ohne größere Mühe von den äußerst kräftigen Kiefern, den stärksten im gesamten Tierreich, geknackt.

Der Mähnenspringer (*Ammotragus lervia*) bewoht die Felsregionen

In Nord- und Zentraltunesien lebt die Wildkatze (*Felis silvestris*) in deckungsreicher Landschaft. Sie wird oft auch als *F. s. lybica* (oder *F. lybica*) bezeichnet, was daher rührt, dass von der Wildkatze mehrere Unterarten beschrieben wurden, die wiederum in drei Gruppen unterteilt sind. Eine davon ist die *lybica*-Gruppe, zu der alle Unterarten und Formen der afrikanischen Wildkatzen gehören. Von *F. s. lybica*, der Falbkatze, stammen auch die meisten Hauskatzen ab. Die Wildkatze ist etwas kräftiger als die Hauskatze, von grauer bis bräunlicher Färbung, Gesicht, Ohren, Bauch und Beine sind etwas heller. Die Beine sind dunkel gestreift, oft sind auch auf dem Körper dunkle Streifen angedeutet, der Schwanz ist schwarz geringelt.

Im Süden tritt die Sandkatze (*F. margarita*) an die Stelle der Wildkatze. Ihr

Die Berberziege ist eine Form der Hausziege (*Capra hircus*)

Lebensraum sind die Sandwüsten und Halbwüsten mit schütterer Vegetation. Ihr sandfarbenes, dichtes Fell ist mit angedeuteten, gezackten Querstreifen versehen. Die Ellbogen sind mit kräftigen dunklen Bändern geziert, ebenso ist der Schwanz dunkelbraun geringelt. Rücken, Scheitel und die Seiten sind gräulich. Behaarte Pfoten dienen der besseren Fortbewegung im Sand. Markant sind die weit nach außen gestellten Ohren, die der Katze einen breit aussehenden Kopf geben. Die Ohren können fast horizontal positioniert werden, was der Beuteortung am Boden dient. Außerdem hat die Sandkatze ein kräftiges Gebiss und für ihre Körpergröße sehr lange Eckzähne. Ihre Nahrung besteht vorwiegend aus Rennmäusen und Eidechsen.

Häufigste Gazellenart ist die Dorkasgazelle (*Gazella dorcas*)

Dama- oder Mhorr-Gazelle (*Nanger dama mhorr*)

Noch bis ins 19. Jh. reichte die Verbreitung des Karakals oder Wüstenluchses (*Caracal caracal algirus*) nördlich bis Tunis; 1896 wurde dort aber vermutlich das letzte Tier erlegt. Heute lebt die Art nur noch in den Halbwüsten- und Savannen Süd- und Zentraltunesiens. Bevorzugt bewohnt der Karakal bergige und felsige Gebiete. Die Fellfärbung dieser muskulösen Katze hängt von verschiedenen Faktoren wie Region, Alter und Jahreszeit ab, doch überwiegt am Rücken ein fahles Rötlichbraun mit grauem Anflug. Bauch, Kehle und die Innenseiten der Beine sind weißlich und leicht gefleckt. So ähnelt sie im Aussehen einem amerikanischen Puma. Unverwechselbar ist der Wüstenluchs durch seine schwarzen Haarbüschel an den Ohrenspitzen. Obwohl er dieses für die Echten Luchse (*Lynx*) typische Merkmal besitzt, zählt er nicht zu dieser Gattung. Mit seinen kräftigen Hinterbeinen vermag der Karakal einige Meter hoch auf Bäume oder über Felsblöcke zu springen. Er jagt Beute bis Gazellengröße.

Auch der Nordafrikanische Serval (*Leptailurus serval constantinus*) war noch bis 1940 in Nordtunesien verbreitet. Der Serval ist eine schlanke und hochgewachsene Katze. Auffallend sind seine langen Beine – die längsten aller Katzen im Verhältnis zur Körpergröße –, die sich als vorteilhaft bei der Jagd im hohen Gras erweisen. Sein gelbbraunes Fell trägt ein schwarzes Fleckenmuster. Der Gepard (*Acinonyx jubatus*) gilt in Tunesien ebenfalls als ausgestorben. Der letzte Nachweis eines Gepards wurde 1968 erbracht, als ein LKW nachts in der Wüste ein Tier überfuhr. Bei der Jagd erreicht der Gepard auf kurzen Strecken über 100 km/h und ist damit das schnellste Landsäugetier.

Auch der Leopard (*Panthera panthera*) ist Anfang des 20. Jh. in Tunesien ausgestorben. Der letzte seiner Art wurde im Nordwesten der Kroumirie 1934 erlegt.

Der Niedergang des Leoparden wurde schon zu Zeiten der Römer durch die Bejagung eingeleitet, denn zusammen mit Löwen dienten diese Tiere bei Gladiatorenkämpfen in den Arenen. Die schöne Raubkatze, deren Fell gelbbraun ist und zahlreiche schwarz umrandete, braune Flecken trägt, wurde in der Vergangenheit wegen seines Felles verfolgt und außerdem wie alle Raubtiere in Afrika vergiftet.

Mit dem Rückgang und der Ausrottung großer Grasfresser, die immer mehr durch Haustiere aus ihrem Lebensraum verdrängt wurden, verschwand auch der Löwe (*P. leo*). Er kam in Nordtunesien noch bis Ende des 19. Jh. in der Nominatform, dem Berberlöwen (*P. l. leo*) vor, der sich durch eine besonders ausgeprägte Mähne hervorhob. Als letzter gesicherter Nachweis gilt ein erlegtes Tier von 1891 im Nordwesten in der Kroumirie, doch soll noch 1902 bei Fernana ein Exemplar gesehen und 1909 bei Ain Soltane der letzte Löwe erlegt worden sein. Heute bildet der Südrand der Sahara die nördliche Verbreitungsgrenze dieser größten aller Katzen.

Das Nordafrikanische Wildschwein (*Sus scrofa barbarus*) kam ursprünglich nur im Norden Tunesiens vor, hat sich infolge des fehlenden Feind- und Jagddrucks aber bis in die Wüste ausgebreitet. So trifft man es heute selbst in den Nefzaoua-Oasen um Douz an. Lediglich in Nordwesten um Ain Draham wird es von zahlenden Touristen stärker bejagt. Das Wildschwein lebt im Norden hauptsächlich in Eichenwäldern, in der Wüste bieten dem Tier auch Tamariskenbestände einen Lebensraum.

Viele der angestammten Grasfresser Tunesiens wurden durch die Weidekonkurrenz der Schafe und Ziegen, durch Ausbreitung menschlicher Siedlungen und intensive Bejagung ausgerottet oder

Säbel- oder Oryx-Antilope (*Oryx dammah*)

an den Rand der Existenz gedrängt. Fast alle Gazellen und Antilopen leben heute nur noch in Schutzgebieten, obwohl die tunesische Regierung seit Jahrzehnten das Ziel verfolgt, diese Arten auf eine Populationsgröße zu bringen, die es gestattet, Tiere wieder auszuwildern.

Im Nordwesttunesien lebt in einem grenzüberschreitenden Schutzgebiet, das aus dem tunesischen El-Feidja- und aus dem algerischen El-Kala-Nationalpark besteht, der Atlashirsch (*Cervus elaphus barbarus*). Die dichten Eichenwälder des Reservats bieten dieser Unterart des Rothirsches, die es hier schon seit dem Pleistozän gibt, einen Lebensraum. Andere Populationen des Rothirsches in Marokko oder Südafrika wurden dagegen aus Europa eingeführt. Der Atlashirsch trägt ein rotbraunes Winterfell und ein rotbraunes, mit helleren Punkten besetztes, kurzes Sommerfell. Das Männchen besitzt ein Geweih. Am Tag hält sich der Atlashirsch versteckt in den Wäldern auf, erst in der Dämmerung betritt er offenes Gelände. In Nordtunesien wurde auch der Damhirsch (*Dama dama*) stellenweise zur Jagd eingeführt. Er bleibt kleiner als der Atlashirsch; sein bräunliches Fell ist typisch weiß gefleckt, das Geweih ist schaufelförmig.

Die Berggazelle (*Gazella cuvieri*) bewohnt in kleinen Trupps von weniger als zehn Tieren offene Kiefernwälder, Buschland sowie die Felsgebiete Nord- und Zentraltunesiens. Sie besitzt eine braune Fellfarbe, der Bauch ist weiß, und an den Flanken findet sich ein dunkelbraunes Band. Das Hinterteil ist weiß und wird von einem dunkelbraunen Band vom Schwanz abwärts bis zu den Hinterbeinen gesäumt. Der kurze Schwanz

Mendes- oder Addax-Antilope (*Addax nasomaculatus*)

ist schwarz. Das Gesicht ziert ein dunkles, gewelltes Band und auf der Nase befindet sich ein schwarzer Fleck. Beide Geschlechter tragen bis 38 cm lange, nach oben gerichtete, spitz zulaufende Hörner, welche am Ende leicht zueinander gebogen sind.

Die Dorkasgazelle (*G. dorcas*) ist eine der kleinsten Gazellen Afrikas, hat jedoch im Verhältnis zur Körpergröße und Schulterhöhe die längsten Beine. Die hellbraune Fellfarbe wird an den Flanken durch einen dunklen Streifen vom hellen Bauchfell begrenzt. Das Gesicht zeigt zwei helle und zwei dunkle Streifen, das Gehörn gleicht der vorigen Art. Die griechische Artbezeichnung *dorcas* steht für Reh und könnte treffender nicht sein, war diese Art – wie unser einheimisches Reh – doch einst sehr häufig und nahezu überall anzutreffen. Heute lebt sie nur noch vereinzelt in Zentral- und Südtunesien in Savannen- und Buschlandschaften; sie ist aber von allen Gazellen noch die häufigste im Land.

In der Sandwüste des Südwestens ist die sandfarbene Dünengazelle (*G. leptoceros*) verbreitet, früher die häufigste Art der Sahara. Sie ist nachts und in der Dämmerung unterwegs und deckt ihren Flüssigkeitsbedarf durch ihr Futter, Gräser und andere Pflanzen. Bauch und Hinterteil des Tieres sind weiß, der kurze Schwanz ist schwarz, das Gesicht und die Flanken tragen einen blassen Streifen. Die Hörner gleichen denen anderer Arten, beim Männchen sind sie jedoch länger. Leider wird die Dünengazelle wegen ihres Gehörns immer noch gejagt, um es auf Märkten als Wandschmuck anzubieten.

Auch die Dama- oder Mhorr-Gazelle (*Nanger dama mhorr*) war eine in der

Mendesantilopen im Djebil-Nationalpark

Wasserbüffel (*Bubalus bubalis*) am Ichkeul-See

Sahara einst weit verbreitete Art, die derzeit in Tunesien wieder eingebürgert wird. Schuld am Rückgang und letztendlich am Aussterben in vielen Regionen war die rapide Ausbreitung des Menschen und seiner Viehherden zwischen 1950 und 1970. In den 1990er-Jahren fielen auch viele Tiere Wilderern aus den Sahel-Ländern zum Opfer, die auf der Suche nach Jagdgebieten ins Land kamen. Die Mhorr-Gazelle ist mit 90–120 cm Schulterhöhe die größte Gazelle des Landes. Hals und Rücken sind reh- bis rotbraun gefärbt, Kopf, Flanken, Bauch, Beine und Hinterteil sind weiß. Die Hinterschenkel ziert ein dunkelbrauner Streifen. Die Art trägt kurze, nach hinten geneigte und an der Spitze aufgebogene Hörner.

Von den drei ursprünglich vorkommenden Antilopenarten kann man heute zwei wieder in Schutzgebieten und Zoos sehen. Die Mendes- oder Addax-Antilope (*Addax nasomaculatus*) ist ein Tier der Sandwüste und wird in den Schutzzonen des Südens gehegt. Ihr weißes Fell besitzt eine hellbraune Färbung an Kopf, Hals, Rücken und Flanken. Markant sind ihre langen, schlanken und gewellten, nach hinten gerichteten Hörner. Früher erstreckte sich ihr Verbreitungsgebiet über 8 Mio. km² vom Atlantik bis zum Nil, heute existieren nur noch Restvorkommen im Niger, im Tschad und eventuell in Mali und Mauretanien. In weniger als einem Jahrhundert wurde die Mendesantilope von gut ausgerüsteten Jägern an den Rand der Ausrottung gebracht – Tiere, die zuvor Tausende Jahre Wandel und Widrigkeiten der Wüste getrotzt haben. Noch Anfang des 20. Jh. wurde im algerischen Quargla, der größten Stadt im Großen Östlichen Erg, Addax-Fleisch auf dem Wochenmarkt angeboten.

Die Mendesantilope ist perfekt an ein Leben in der Wüste angepasst und benötigt wochenlang kein Wasser. Sie kann ihr Futter sehr gut verwerten und bezieht ihren Flüssigkeitsbedarf größtenteils aus der Nahrung. Damit sie möglichst wenig Wasser verliert, scheidet sie stark konzentrierten Harn aus, der sofort kristallisiert. Beim Einatmen der trockenen Wüstenluft wird die Luft angefeuchtet und beim Ausatmen wieder trocken; möglich macht das ein feinverzweigtes Adersystem in der Nase. Bei extremer Hitze kann die Mendesantilope ihre Körpertemperatur auf 41 °C regulieren; dadurch schwitzt sie weniger und hält so das Wasser im Körper. Für die Fortbewegung besitzt sie besonders breite Hufe, um im Sand nicht einzusinken.

Die Säbel- oder Oryx-Antilope (*Oryx dammah*) hingegen ist eine Bewohnerin der Savannen und Halbwüsten. Ihre weiße Fellfarbe steht im Kontrast zum rostbraunen Farbton an Hals und Brust. Die Säbelantilope trägt über 1 m lange, dünne und schwach nach hinten gebogene Hörner mit deutlichen Zuwachsringen. Damit bestreitet sie Kämpfe mit Rivalen und verteidigt sich gegen Angreifer. Früher war die Säbelantilope von Marokko bis Ägypten in den Wüstengebieten und der Sahelzone weit verbreitet. Heute ist sie in dem 4 Mio. km^2 großen Gebiet – bis auf wenige Tiere im Tschad – nahezu ausgestorben. Allerdings begann ihr Niedergang bereits vor einigen Hundert Jahren mit dem stetigen Bevölkerungszuwachs und der Nutzviehhaltung. Die Säbelantilope braucht mit 40 km^2 pro Tier sehr viel Raum, um ihre Nahrung im kargen Lebensraum zu finden. Sie lebt in Herden von zehn und mehr Tieren. Ähnlich wie die Mendesantilope ist sie gut an Wasserknappheit angepasst. Ihr Darm entzieht dem Futter fast das gesamte Wasser – der Kot wird trocken ausgeschieden, der Harn ist hochkonzentriert. Auch ihre Körpertemperatur kann bis auf über 40 °C ansteigen.

Die Nordafrikanische Kuhantilope (*Alcelaphus buselaphus*) ist 1902 aus Nordtunesien verschwunden und gilt seit 1925 auch offiziell als ausgestorben. Heute findet man Unterarten der Kuhantilope erst südlich der Sahara wieder. Geplant ist eine mögliche Wiederansiedlung mit der westafrikanischen Unterart *A. b. major* in den Nationalparks Bou Hedma, Chambi und Sidi Toui. Von der in ihrer Färbung sehr variablen Kuhantilope gibt es afrikaweit acht Unterarten und über 50 „Formen".

Ausgestorben ist auch der Wildesel (*Equus africanus*), der einst weite Teile Nord- und Nordostafrikas bewohnte. Vereinzelte Individuen existieren möglicherweise noch in den Felswüsten Südalgeriens, wo sie aber teilweise mit Hauseseln gekreuzt sind. Ansonsten beherbergt Somalia die letzten Restpopulationen von insgesamt 3.000 Tieren. Das Fell des Wildesels ist grau bis leicht bräunlich, Maul und Nüstern, die kurze Mähne und das Schwanzende sind schwarz. Bauch und Beine sind weiß, die Beine wenig kontrastreich schwarz gestreift. Alle heutigen Eselrassen stammen vom Wildesel ab, der in der Herde lebt, in der alle erwachsenen Tiere gleichrangig sind, jedoch keinen Familienverband bilden. Bei Gefahr, etwa durch Hunde und Schakale, rennen Esel nicht weg, sondern bleiben stehen und sondieren aufmerksam die Umgebung. Da die Herde selbst keinen Schutz bietet, wehrt sich jedes Tier kräftig mit den Hufen und durch Beißen. Die wehrhaften Tiere werden daher gern zur „Bewachung" von Schaf- und Ziegenherden eingesetzt. Durch ihre schmalen Hufe sind Esel im steinigen Gelände im Gegensatz zu Pferden sehr trittsicher.

Ein Tier, das beinahe überall gehalten wird und welches durch Verbiss in der Vegetation großen Schaden anrichten kann, ist die Berberziege, eine Form der Hausziege (*Capra hircus*). Sie ist meist einfarbig schwarz oder trägt weiße Flecken. Typisch sind Hängeohren, ein aufrechter, kurzer Schwanz und ein nach hinten geschwungenes Gehörn, das beim Männchen ausgeprägter ist. Die Ziege ist im Land vor allem als Milchlieferant geschätzt, während Fleisch eher vom Schaf gegessen wird. In Tunesien ist das Breitschwänzige Fettschwanzschaf (*Ovis platyura*) eine der häufigsten Rassen. Es trägt lange, ziemlich grobe Wolle. Der nackte oder leicht behaarte Schwanz dieses Schafes ist durch Anreicherung großer Fettmassen enorm verbreitert. Im Unterschied zu Ziegen kamen Wildschafe nie in Nordafrika vor, sondern stammen aus dem Orient, wo sie vor etwa 7.000 Jahren domestiziert wurden.

Das Mähnenschaf (*Ammotragus lervia*) ist kein echtes Schaf, sondern enger mit den Ziegen verwandt, obwohl es Merkmale beider Gruppen aufweist. Die Berber nennen es Aoudad, im Deutschen hat sich auch der Begriff Mähnenspringer eingebürgert, um die systematische Stellung zu korrigieren. Das Männchen ist etwas größer als das Weibchen und trägt lange, dicke und nach hinten geschwungene Hörner. Die Hörner des Weibchens sind kürzer und dünner. Der aus dem Griechischen stammende Gattungsname *Ammotragus* bedeutet Sandziege und weist auf die Fellfärbung und auf den Lebensraum hin.

Mähnenspringer sind sandfarben, der Bauch ist heller. Am Hals hängt beim Männchen eine lange Mähne von der Kehle bis zu den Vorderläufen herab; die Mähne des Weibchens ist weniger ausgeprägt. Mähnenspringer leben in Gebirgsge-

Dromedare leben halbwild in der Wüste

genden der ariden und semiariden Zonen in kleinen Familienverbänden mit einem Männchen, mehreren Weibchen und deren Nachwuchs. Ihre Nahrung besteht aus Gräsern, aus denen auch das Wasser bezogen wird. Büsche und Bäume werden ebenfalls abgefressen, wobei sich die Tiere geschickt auf die Hinterbeine stellen, um an ihr Futter zu gelangen. Noch vor 100 Jahren gehörte es zum Alltag, dass Mähnenspringer als Fleischlieferanten auf dem Markt verkauft wurden. Hauptsächlich die Verdrängung aus den Lebensräumen hat zum Rückgang dieser Tiere geführt, gebietsweise brachte aber auch die Jagd die Populationen aus ihrer Balance. Während der Mähnenspringer heute in Afrika stark bedroht ist, wird er in den USA seit Anfang des 20. Jh. auf Ranchen gezüchtet.

Wo es die Weidegründe zulassen, wird lokal der Wasserbüffel (*Bubalus bubalis*) gehalten; am bekanntesten ist die Herde am Ichkeul-See. Der aus Asien stammende Wasserbüffel wird knapp 3 m lang und erreicht 500 kg Gewicht, alte Bullen bis zu einer Tonne. Die Tiere sind

Das Dromedar (*Camelus dromedarius*) ist wichtigstes Nutztier der Sahara

braunschwarz gefärbt und tragen am Kopf mächtige, spitze Hörner. Der Wasserbüffel weidet mit Vorliebe in Gewässern. Seine breit gespreizten Hufe geben ihm im morastigen Boden Halt.

Das bekannteste und zugleich charakteristischste Tier der Sahara ist sicher das Dromedar (*Camelus dromedarius*). Es wird als Haustier gehalten oder lebt verwildert in der Wüste, echte Wilddromedare gibt es nicht mehr. Das Dromedar unterscheidet sich vom Kamel, mit dem es umgangssprachlich oft verwechselt wird, durch das Vorhandensein von nur einem Höcker. Bekannt ist das Dromedar wegen seiner Fähigkeit, bei sommerlicher Hitze mehr als zwei Wochen ohne zu trinken auszukommen. Dabei verliert es bis zu einem Viertel seines Gewichtes. Bietet sich dann eine Möglichkeit, kann es bis zu 135 Liter Wasser auf einmal aufnehmen, innerhalb einer Stunde sogar maximal 200 Liter. Selbst bis zu 6%iges Salzwasser kann es verwerten, während der Mensch maximal 2 % Salz verträgt.

Das Dromedar speichert Wasser im Blut. Es besitzt hierfür vermehrt rote Blutkörperchen, die Wasser aufnehmen können, wobei sie ihr Volumen auf das 200-fache vergrößern. Im Höcker dagegen wird kein Wasser gespeichert. Er besteht allerdings aus Fetteinlagerungen, die durch einen chemischen Verbrennungsprozess nahezu 1:1 in Wasser umgewandelt werden können. Das Dromedar ist ein guter Futterverwerter mit besonderen Zellen im Enddarm, die dem Kot auch das letzte Wasser entziehen. So verliert es am Tag über die Exkremente nur etwa einen Liter Flüssigkeit. Urin gibt ein dehydriertes Dromedar nur in stark eingedickten Tropfen ab, die im Fell von Schwanz und Beinen auskristallisieren.

Durch sein Fell ist das Tier gut isoliert. Seine Körpertemperatur kann bis auf 46 °C ansteigen, bevor die stark riechenden Schweißdrüsen zu arbeiten beginnen. Wir kennen diese Mechanismen, wie auch die Abkühlung der Atemluft um bis zu 10 °C, bereits von den Antilopen. Verschließbare Nüstern, lange Wimpern und Tränenfluss schützen das Dromedar vor dem Sand in der Luft. Seine Füße und Gelenke sind durch eine dicke Hornschicht vor dem heißen Bodensand geschützt.

Auch das Mittelmeer beherbergt einige Säugetierarten. So zählt die vom Aussterben bedrohte Mittelmeer-Mönchsrobbe (*Monachus monachus*), die nur noch in kleinen Restbeständen an ungestörten Sand- und Felsküsten vor Bizerte vorkommt, zu den seltensten Arten. Da sie die einzige Robbe im Mittelmeer ist, gibt es keine Verwechslungsmöglichkeit.

Manchmal werden Delfine fälschlicherweise noch zu den Fischen gezählt. Im Mittelmeer leben der Große Tümmler (*Tursiops truncatus*), der Gemeine Delfin (*Delphinus delphis*) und der Streifendelfin (*Stenella coeruleoalba*). Bei Fährfahrten lassen sich Delfine mitunter beobachten, wenn sie nahe den Schiffen schwimmen oder aus dem Wasser springen. Seltener lassen sich auch Wale wie der Finnwal (*Balaenoptera physalus*) und der Schweinswal oder Kleiner Tümmler (*Phocoena phocoena*) sehen. Beide stehen auf der Roten Liste der vom Aussterben bedrohten Tierarten.

Großraum Tunis und Halbinsel Cap Bon

Rund um Tunis

Die im Nordosten des Landes liegende Hauptstadt **Tunis** mit ihren 1.996.000 Einwohnern ist Regierungs- und Verwaltungssitz. Die moderne Stadt mit zahlreichen Einkaufszentren und Industrieanlagen bietet wenig Erquickliches für den Naturliebhaber. Etwa die Hälfte aller Industrie- und Wirtschaftsressorts sind hier angesiedelt. Der internationale Flughafen Tunis-Carthage befindet sich in unmittelbarer Nähe, ebenso der wichtigste Seehafen Tunesiens in La Goulette.

Interessant ist die **Medina**, die Altstadt, im Herzen der Stadt. Sie gehört zum UNESCO-Weltkulturerbe. Im Gegensatz zu den modernen Einkaufsstraßen und Hochhäusern findet man in der Medina das traditionelle Leben Tunesiens. Östlich der Medina zieht sich die Avenue Habib Bourguiba in Richtung Karthago. Sie ist die prächtigste Einkaufsstraße der Neustadt mit zahlreichen Bürohäusern und Geschäften. An ihrem Westende mündet

Im Nationalpark Bou Kornine

sie in die Avenue de France, und von ihr südlich zweigt die Rue Charles de Gaulle ab, eine Einkaufsstraße durch eines der lebhaftesten Viertel der Neustadt mit vielen Restaurants.

Im Norden der Neustadt von Tunis befindet sich ein etwa 100 ha großer Park, der **Parc du Belvédère**. Dessen Haupteingang befindet sich im Süden, und gleich dahinter liegt ein See inmitten von üppigem Grün. Auf einer Insel wartet ein andalusisches Café im Schatten großer Bäume auf Gäste. Unweit des Sees schließt sich der **Zoologische Garten** von Tunis an. Er gilt als der schönste Tiergarten Nordafrikas. Von einem Kölner Architekten entworfen, wurde er 1968 eröffnet. Zwischen schönem, altem Baumbestand und subtropischen Gewächsen befinden sich die Tiergehege, die zum Teil als große Freigehege angelegt sind, anderenteils aber auch recht klein ausfallen. Der gesamte Park ist vor allem an den Wochenenden beliebtes Ausflugsziel der Stadtbevölkerung. Außerdem bietet er vielen Liebespärchen die Möglichkeit, sich hier zu treffen. Nördlich des Zoos schließt sich der 82 m hohe Belvédère-Hügel an, der auf etlichen Wegen erkundet werden kann. Oben befindet sich ein Rondell mit Blick auf die Stadt.

Im westlich gelegenen Stadtteil Le Bardo befindet sich das Nationalmuseum, das **Bardo-Museum**. Die dort ausgestellten Exponate reichen von Funden wie Menschenschädel, Tierknochen, Speerspitzen und Felsmalerei aus frühgeschichtlicher Zeit Tunesiens über Statuen und Keramik aus punischer Zeit, Mosaiken und Büsten aus den römischen Provinzen bis hin zu Taufbecken und Grabplatten aus der frühchristlichen Epoche. Hauptschwerpunkt bilden Mosaike, die teilweise aufwendige Motive wie Tierdarstellungen, Schiffstypen sowie mythische und biblische Themen zeigen.

Während man Tunis am besten zu Fuß erkundet, benutzt man zu entfernteren Zielen entweder ein Taxi oder auch Bus und Metro. Am östlichen Ende der Avenue Habib Bourguiba liegt der Bahnhof der Vorort-Schnellbahn TGM, die Tunis mit La Goulette und Karthago verbindet. La Goulette befindet sich auf einer Düne, welche den **Tunis- oder Radés-See** (36°45'N 10°30'E) vom Mittelmeer trennt. Der Tunis-See ist eigentlich eine große, flache Lagune, die möglicherweise auch ein einstiger Flussarm des Medjerda darstellt, der hier ins Meer mündete. Im 9. Jh. gruben die Araber einen etwa 10 km langen Kanal, um Tunis mit dem Meer zu verbinden. Tunis befindet sich etwas höher gelegen auf der Westseite des Sees und breitet sich von da nach Süden bis zum Vorort Radés aus. Der See ist durch eine Straße sowie einen Schiffskanal zweigeteilt. In der Nordhälfte liegt die Insel Chikly mit der Ruine einer spanischen Festung. In der Südhälfte, auch El Bhira genannt, befinden sich Salzpfannen, Relikte der früheren Salzproduktion von Radès/Mégrine. Sie sind am besten über Megrine erreichbar. Am Westufer der Südhälfte befinden sich die Häfen von Tunis und der Ort La Goulette an der Verbindung zum Meer. Beide, die Insel Chikly wie auch die Salinen, sind als Naturreservate ausgewiesen.

Bis in die 1960er-Jahre wurde das in Tunis anfallende Brauch- und Niederschlagswasser noch in den See eingeleitet. Erst ab den 1960/70ern begann man, den See schrittweise zu reinigen, indem das Wasser zu einer Station ins weiter nördlich gelegene Ariana geleitet und dort behandelt wurde. Damit verbesserte sich auch gleichzeitig die Zirkulation in dem seichten Gewässer, in dem der Wasserstand kaum jemals 2 m erreicht. Dennoch sank der ornithologische Wert des Sees während der letzten 20 Jahre ständig. In den 1980ern entledigte die zunehmende Urbanisation das Nordufer seiner natürlichen Habitate. Dasselbe vollzog sich Ende der 1990er-Jahre an der Südhälfte der Lagune: Die Salzpfannen wurden geschlossen und verfüllt. Die gegenwärtige ornithologische Bedeutung des Sees ist eher gering, zumal viele Vögel ohnehin nur aus den nahe gelegenen Lokalitäten Sebkhet Sedjoumi und Sebkhet Ariana zuflogen und nun dorthin zurückgekehrt sind.

Dennoch ist der See zumindest für überwinternde Vogelarten interessant. So kommen jährlich 500–3.000 Schwarzhalstaucher hierher, eine Art, die nirgendwo sonst in Tunesien in solch großer Zahl zu sehen ist. Außerdem überwintern Silber-

und Graureiher, Braune Sichler, rund 80–220 Löffler, 200–2.000 Brandgänse, Rostgänse, 500–800 Spießenten, 1.000–2.000 Löffelenten, Reiher- und Tafelenten, 500–4.000 Blässhühner, Stelzenläufer, Dünnschnabel-, Lach- und Weißkopfmöwen, Zwergseeschwalben, 2.000–6.000 Kormorane und 1.000–5.000 Rosaflamingos. Letztere brüten auch hier.

Die Insel Chikly beherbergt eine Kolonie mit 70 Brutpaaren des Seidenreihers und etwa 100 Paare der Weißkopfmöwe, die am Fuß der Ruine zusammen mit der gelegentlich vorkommenden Brandgans brüten. In der Festungsruine haben Wander- und Turmfalken ihre Nester errichtet. Einst gab es an den Ufern des Sees regelmäßig Brutkolonien der Zwergseeschwalbe und der Rotflügel-Brachschwalbe, außerdem starke Populationen von Seeregenpfeifer, Stelzenläufer und Triel. Es scheint unwahrscheinlich, dass diese durch die Urbanisierung noch dauerhaft bestehen bleiben. Im Gebiet ist das Jagen zwar verboten, doch ist es kaum bewacht, und durch Hunde, Ratten und menschliche Einflüsse sind die Bruten der Vögel wenig erfolgreich. Der See wird auch kommer-

Sicht vom Dj. Bou Kornine auf Hammam Lif

Dichte Berber-Thujabestände überziehen die Berghänge

ziell befischt, jährlich werden etwa 500 Tonnen Fisch geerntet. Der ökologische Zustand der Lagune ändert sich vor allem durch den Einfluss der sich immer weiter ausdehnenden Hauptstadt Tunis ständig, Bautätigkeiten und der nahe Flughafen am Nordufer sind besondere Störfaktoren.

Unweit des alten Karthago befindet sich im Vorort Salambo das **Meereskundemuseum**. Dieses 1924 gegründete Museum liegt zwischen den alten punischen Häfen, dem nördlichen Kriegshafen und dem südlichen Handelshafen. In über 100 Aquarien kann man die marine Lebewelt besichtigen, wobei es im Obergeschoss mehrere kleine Aquarien gibt, im Untergeschoss Schaubecken mit größeren Fischen. Weitere Räume zeigen Seevögel und lebensgroße Nachbildungen von Meerestieren, Lebensräume an der Küste und Wissenswertes zum Fischfang mit einer Ausstellung antiker Fischfanggeräte.

Sebkhas sind vor allem in der Küstenzone Zentral-und Nordtunesiens typische Erscheinungen. Es handelt sich hierbei um flache Senken mit mäßig bis stark salzhaltigem Wasser. Im Süden von Tunis stellt die **Sebkhet Sedjoumi** (36°45‘N 10°8‘E) eine wichtige Nahrungsquelle für Vögel im Spätsommer und Herbst dar. In dieser am nördlichsten gelegenen Sebkha geht regelmäßig Niederschlag nieder, und in geringen Mengen fließt auch Brauchwasser aus den umliegenden Vororten von Tunis zu, sodass ständig wenigstens etwas Wasser vorhanden ist. Der Wasserstand ist jedoch meist nicht höher als 1 m. Das macht dieses Gebiet vor allem im Spätsommer so attraktiv, wenn die Sebkhas weiter südlich ausgetrocknet sind. So kommen im Spätsommer und Herbst Watvögel und 4.000 bis zu 25.000 Rosaflamingos gern hierher.

Im Süden und Westen dieses Sees gibt es etwa 40 Inseln, deren Größe von ein paar Quadratmetern bis zu mehreren Hektar reicht. Wegen der hohen Salzkonzentration im Boden ist nur eine sehr spärliche Vegetation vorhanden. Der See ist ganzjährig Heimat von Rosaflamingo, Brandgans, Stelzenläufer und Dünnschnabelmöwe. Auf den Inseln begannen Rosaflamingos sogar zu brüten, doch durch Beunruhigungen schlugen alle Brutversuche bisher fehl. Erfolgreich brüten Brandgans in kleinerer Anzahl, Stelzenläufer und manchmal Marmelente. Für Tausende Entenvögel, wie 3.000–5.000 Spieß- und 2.000–10.000 Löffelenten sowie 1.000–12.500 Brandgänse, welche hier die individuenstärkste Population in ganz Tunesien besitzt, ist der See im Winter extrem wichtig. Seitdem der Ichkeul-See an Attraktivität für Gänse eingebüßt hat, kommen regelmäßig etwa 100 Graugänse zur Sebkha Sedjoumi. Wenn im Winter andere Feuchtgebiete des Nordostens trockenliegen, nutzen Kraniche den See als Schlafplatz.

Probleme machen die illegale Jagd, die Beunruhigungen durch Besucher und streunende Hunde; größeren Schaden verursacht jedoch die Bautätigkeit in den sich ausbreitenden Vororten von Tunis, wie Straßenbau oder die große Schutthalde im Süden des Gebietes. Auch die Abwassereinleitungen sind nicht unproblematisch. In den Sommermonaten kann man das Wasser durch die Faulschlämme förmlich von Weitem riechen. Durch die Entwertung des Tunis-Sees gewinnt die Sebkha jedoch mehr und mehr an Bedeutung und besitzt so eine hohe Priorität für einen geeigneten Schutzstatus, auch wenn die P3, welche weiter nördlich in die P5 mündet und schließlich in die Autobahn über Beja nach Algerien übergeht, am Nordostufer der Sebkha entlangführt.

Vor den Toren von Tunis wartet der **Nationalpark Djebel Bou Kornine** (36°41‘N 10°21‘E) auf einen Besuch. Eine Genehmigung dazu ist nicht erforderlich. Der Djebel Bou Kornine ist ein 576 m hoher Berg mit zwei Gipfeln. Er besteht

Algerische Eichen (*Quercus canariensis*)

aus Mergelschiefern und Kalken des Lias, einer Epoche der Jurazeit. Gesteine dieses Erdzeitalters treten in Tunesien aufgrund ihres höheren Alters eher selten zutage. Lediglich am Dj. Ressas und Dj. Zaghouan sowie im Süden um Tataouine trifft man auch Decken des Juras, dessen Gesteine hier besonders reich an Ammoniten sind. Diese urzeitlichen marinen Kopffüßer besaßen ein schneckenartig gewundenes, flaches Gehäuse, das innen gekammert und mit Gasen für den nötigen Auftrieb gefüllt war. Die grauen Kalke enthalten vor allem *Hildoceras bifrons* und die grauen, kieseligen Kalke *Ludwigia murchisonae*. Kieselig-kalkige Brekzien wie der rote Knollenkalk, auch Ammonitico rosso genannt, beherbergen *Phylloceras tortisulcatum*, während die grauen brekzienartigen Kalke mit *Simoceras sautieri*, *S. doublieri*, *S. agrigentinum*, *Perisphinctes unicomptus* und dem Seeigel *Cyclolampas voltzii* besonders artenreich sind. Auch fossilführende Schichten der Unterkreide sind am Dj. Bou Kornine aufgeschlossen. Der Berg selbst ist überwiegend mit Berber-Thuja bewachsen, stellenweise stockt auch die Aleppo-Kiefer.

Von Tunis aus gelangt man auf der P1 nach **Hammam Lif**. Die Stadt befindet sich südöstlich von Tunis unweit der Küste. Im Ort gibt es einen großen Kreisverkehr, den man geradeaus durchfährt. Rechts davon ist ein großer Steinbruch, links beginnt ein Gitterzaun, dahinter sind die Gleise der Eisenbahn zu erkennen. Im Marmorsteinbruch von Hammam Lif hat man vor allem an den Wochenenden die Möglichkeit, nach Mineralien suchen. In Blasen im Gestein lassen sich Calcit-Rasen und -Kristalle finden. Nach etwa 400 m biegt man an einer Mobil-Tankstelle unmittelbar beim Schild des Restaurants Chalet Vert rechts ab und fährt etwa 1 km berg-

Stech- oder Zedernwacholder (*Juniperus oxycedrus* ssp. *macrocarpa*) trägt spitze Nadeln

auf, bis das Restaurant erreicht ist. Hier gibt es einen Parkplatz. Eine Weiterfahrt auf dieser Straße ist verboten, da der Gipfel Militärbereich ist. Vom Parkplatz aus führt ein ausgeschilderter Treppenaufgang zum Ökomuseum, welches fast immer geschlossen ist, doch auf Anfrage wird Eintritt gewährt. Das Museum informiert mittels Dioramen über die Flora und Fauna des Nationalparks, außerdem über ausgestorbene Tiere und über die geologische Beschaffenheit des Berges. So erfährt man beispielsweise, dass der Leopard am Bou Kornine schon seit der Römerzeit ausgestorben ist, der letzte Karakal, der Wüstenluchs, 1896 hier gefangen wurde und der Bartgeier (*Gypaetus barbatus*) seit 1925 verschwunden ist.

Am Eingang des Parks steht eine Tafel, die über das Wegenetz und die verschiedenen Gehzeiten im Park informiert. Man kann bequem die Fahrstraße laufen oder rechts auf einem der Wege ins Buschwerk eintauchen. Der Hauptweg, welcher etwa 20 m südlich der rechten Museumskuppel beginnt, steigt erst sanft an und verläuft dann größtenteils durch Berber-Thuja-Wald, nur gelegentlich wechselt dieser mit Abschnitten, in denen die Aleppo-Kiefer steht. Die Wälder werden von Rotkehlchen (*Erithacus rubecula*), Blaumeise (*Parus caeruleus*), Grünfink (*Carduelis chloris*), Graubülbül und Sperber (*Accipiter nisus*) bewohnt. Abends fliegen die Große Hufeisennase und die Zwergfledermaus.

Beachtenswert ist auch die Flora der steinigen Abschnitte in den Brandschutzstreifen. In regelmäßigen Abständen wurde die hohe Vegetation entfernt, um im Fall eines Waldbrandes, der größten Bedrohung dieses Nationalparks, ein Übergreifen des Feuers zu verhindern. Diese Flächen sind mit der Verzweigten Zwenke (*Brachypodium ramosum*) bewachsen, eines der häufigsten Gräser am Mittelmeer. Dazwischen blüht im März/April u. a. Hayeks Ragwurz, eine Unterart der Atlas-Ragwurz, die 1912 entdeckte wurde und nur am Dj. Bou Kornine vorkommt. Weitere Frühblüher sind Wilde Tulpe und Persisches Alpenveilchen. Später blühen strauchbildende Pflanzen, darunter verschiedene Sonnenröschen und Zistrosen, Kopfiger Thymian, Rosmarin, Fiederblättriger Lavendel (*Lavandula multifida*), Strauchige Kugelblume, Arabischer Bocksdorn, ein giftiges Nachtschattengewächs, und Azaroldorn (*Crataegus azarolus*), eine Weißdornart. In offenen Landschaften begegnet man dem Stieglitz, Diademrotschwanz, Wiedehopf sowie der Hauben- und Feldlerche. Der possierliche Rüsselspringer und die Nordafrikanische Weißzahnspitzmaus leben ebenfalls hier, wie auch der Kaphase und das Stachelschwein. Die Westliche Eidechsennatter macht Jagd auf Berbereidechsen.

Der Hauptweg führt auf einen Bergsattel, von dem aus man einen grandiosen Blick über die Küste hat. Weiter oben in den Felsen leben einige wiederangesiedelte Mähnenspringer. Auch die Berggazelle wird hier gezielt nachgezüchtet, nachdem sie 1936 am Dj. Bou Kornine als ausgestorben gemeldet wurde. Seit den 1970er-Jahren galt sie in ganz Tunesien als ausgerottet, und 1999 wurden 17 Tiere der im 19. Jh. noch in der gesamten Bergregion zwischen Tunis, Zaghouan und Ghardimaou im Norden und Tamerza im Süden verbreiteten Art in den Park verbracht. Regelmäßig überfliegt der Schwarzmilan das Gebiet. Außerdem horsten Habichts- und Schlangenadler sowie auch Turm- und Wanderfalke in unzugänglichen Felspartien. Die Blaumerle, der Fahlsegler und der Steinkauz leben in felsigen Zonen ebenso wie die Atlasotter, welche sich morgens gern auf Steinen sonnt und später in den Halbschatten der Sträucher zurückzieht.

Der Weg führt nun in höheren Berber-Thuja-Wald, in dessen Schatten besonders zahlreich die Alpenveilchen gedeihen. Später mündet er wieder auf die Fahrstraße, entlang der sich eine Macchie aus Kermeseiche, Mastix-Strauch, Wildem Ölbaum, Myrte, Vielblütiger Heide und Behaarter Zistrose (*Cistus villosus*) gebildet hat. Glatte Baumschlinge und Raue Stechwinde überwuchern diese Sträucher und machen sie undurchdringlich. Die Flachblütige Seide (*Cuscuta planiflora*) umspinnt die Triebe verschiedener Pflanzen und schmarotzt auf ihnen, häufig ist sie auf der Berber-Thuja zu sehen. Stellenweise gedeihen Johannisbrotbäume und Oleander in der Macchie. Auf besonders unwirtlichem Terrain wächst die daran hervorragend angepasste Behaarte Spatzenzunge.

In der Macchie leben Samtkopf-Grasmücke und Diademrotschwanz, besten Schutz bietet sie auch Algerischem Wanderigel, Rotfuchs, Ginsterkatze, Ichneumon, Goldschakal, Maghreb-Gartenschläfer und Wildschwein. An den Rändern halten sich Hufeisennatter und Berbereidechse auf. Aufgrund ihrer nächtlichen Lebensweise wird man die an sich nicht seltene Kapuzennatter kaum sehen. Auch die Maurische Landschildkröte durchstreift das Gebiet, und im Gebüsch lebt das Europäische Chamäleon. Wo das Regenwasser tiefe Kerben in den Berg gespült hat und sich im Frühjahr kleine Restpfützen bilden, findet man den Wasserfrosch, die Berberkröte und die Vipernatter. Auch die Schafstelze (*Motacilla flava*) kommt gern

Der Punktbär (*Utetheisa pulchella*) ist ein Nachtfalter aus der Familie der Bärenspinner

ans Wasser, während die betonierten Kanäle, die unter dem Fahrweg durchführen, der bevorzugte Aufenthaltsort des Mauergeckos sind.

Die Gipfel des Gebiets werden militärisch genutzt. Aus diesem Grund herrscht im Nationalpark Fotografierverbot, außerdem sollte man seinen Pass stets bei sich tragen – wie übrigens im gesamten Land. Unproblematisch gestaltet sich eine Wanderung mit einem Führer. Er kennt die Wege, weiß wo Pflanzen und Tiere zu finden sind, öffnet das Museum und toleriert auch das Fotografieren.

12 km westlich von Tunis befindet sich der **Stausee von Mornag** (36°50'N 10°13'E). Man erreicht ihn auf der P5 in Richtung der Autobahn nach Algerien, wo er etwa 2 km nordöstlich der Stadt Mornag liegt. Der Staussee dient dazu, das nationale Wassernetz zu speisen. Hauptsächlich dort, wo Wasser einfließt und damit eine Strömung vorhanden ist, haben sich Schilf, Binsen, Schmalblättriger Rohrkolben und Klebriger Alant (*Inula viscosa*), ein gelbblühender Korbblütler, angesiedelt. Besonders attraktiv ist der Stausee vor allem im Spätsommer für Zugvögel, da er einer der wenigen ständig wasserführenden Gewässer ist. Die Weißkopf-Ruderente ist das ganze Jahr hindurch mit 8–30 Paaren anwesend und brütet hier auch sicher; die höchste Individuenzahl besteht im Spätsommer und Herbst. Auch 12–220 Marmelenten, Zwergtaucher, Haubentaucher und Blässhühner sind ständige Vertreter, die möglicherweise auch brüten. Rotflügel-Brachschwalben, Trauer- und Lachseeschwalben leben ebenfalls hier und brüten, die Trauerseeschwalbe ausgenommen, in manchen Jahren. Im Spätsommer finden sich auf dem 300 ha großen Areal viele Watvögel ein, mehrere Hundert Moorenten zur Mauserung, aber nur wenige, etwa 20, verbringen den Winter hier. Andere überwinternde Vögel sind Tafel-, Stock-, Schnatter-, Spieß- und Krickenten. Umgeben ist der Stausee von landwirtschaftlich genutzten Flächen.

Der Süden von Tunis ist von Mornag bis Grombalia Weinanbaugebiet, die Stadt Mornag gibt einem bekannten Wein seinen Namen. Mornag ist eines der ältesten Weinanbaugebiete der Welt, der hier erzeugte Rotwein aus den Rebsorten Carignan und Syrah wird in der Kühle der Nacht gelesen und kommt als Edler von Mornag in den Handel.

Etwa 15 km südlich von Tunis erhebt sich der 795 m hohe **Djebel Ressas** steil aus der Ebene. Man erreicht ihn von Tunis auf der C35 oder, von Zaghouan kommend, im Ort am Kreisverkehr vor dem Ortsausgang in Richtung Nabeul und später in Richtung Mornag. Auf dieser schönen Strecke führt die Straße zuerst an bewirtschafteten Feldern vorbei und in ein Hügelland, das mit üppigen Berber-Thuja-Wäldern bewachsen ist. Schon von Weitem erblickt man den Dj. Ressas, dessen zerschundene Südflanke von weitem die Bergbautätigkeit verrät. Sie hat eine lange Tradition, und bereits der Name Dj. Ressas, Bleiberg, deutet auf die abbauwürdigen Blei- und Zinkvorkommen hin. Die Metalle werden aus den Sulfidmineralien Bleiglanz (Galenit) und Zinkblende (Sphalerit) gewonnen. Man passiert den südwestlich des Berges gelegenen Stausee und fährt von der Hauptstraße ins Dorf am Fuß des Berges. Im

Abseits der Wanderwege

Dorf selbst stehen noch die Ruinen der einstigen Werksgebäude. Ein Rundgang durch diese Gebäude und über die alten Halden sowie ein Aufstieg zum Berg lassen sich hier einfach unternehmen. Im Frühjahr kann man Orchideen wie Drohnen- und Gelbe Ragwurz am Berghang entdecken.

17 km südlich von Tunis und 17 km westlich vom Dj. Ressas steht ein **römisches Aquädukt** (36°41‘N 10°10‘E), das als Wasserliefersystem von Zaghouan nach Karthago genutzt wurde. Es beförderte Quellwasser vom Nymphaeum am Djebel Zaghouan ins 56 km entfernte Tunis, doch da es zahlreiche Hindernisse gab, dehnt es sich durch Umwege zu einer 90 km langen Wasserleitung aus. Unter Kaiser Hadrian wurde dieses um 120–130 n. Chr. mit stets gleichmäßigem Gefälle errichtete Bauwerk erbaut. Es besteht aus 20 m hohen Säulen und Bögen, die Löcher und Aushöhlungen haben. Sie bieten etwa 30 Paaren des Rötelfalken sowie Lanner- und Turmfalke, Kolkrabe, Steinsperling, Einfarbstar und Blauracke (*Coracias garrulus*) ideale Nist- und Schlafplätze. Das Aquädukt überspannt rund 3,5 km südlich des Ortes La Mohammédia das Tal des Meliane-Flusses und ist von Weizenfeldern umgeben. Das umliegende Areal ist Jagdschutzgebiet und das Aquädukt selbst ein geschütztes archäologisches Monument.

Halbinsel Cap Bon

Im Nordosten des Landes bildet die Halbinsel Cap Bon eine markante Landmasse, die etwa 70 km ins Meer hineinragt. Cap Bon gilt als der Obstgarten Tunesiens. Die größeren Orte wie Menzel Bouzelfa und Menzel Temime verkünden dies schon mit ihrem Namen, denn Menzel sind von Erdwällen oder Opuntienhecken umschlossene Obst- und Gemüsegärten.

Von Tunis gelangt man über die P1 auf die C26, die direkt nach **Soliman** (36°42'N 10°30'E) auf Cap Bon führt. Zwischen der Stadt Soliman und der Küste befindet sich ein vielfältiges Biotopmosaik an der Mündung des Oued el Melah oder Oued el Bezikh. Das Meer reicht an der Mündung ein wenig in den Oued hinein, der von zum Teil stark landwirtschaftlich genutzten Überflutungsebenen, Salzmarschen und -pfannen umgeben ist. Die Vegetation besteht hauptsächlich aus typischen Halophyten wie Gliedermelden- und Quellerarten. Das 880 ha große Areal erhält zudem Brauchwasser aus der Kläranlage vom nahe gelegenen El Bey. Damit ist das ganze Jahr über Wasser vorhanden und die Lebensgrundlage für Brutvögel wie Marmelente, Stelzenläufer und Rotflügel-Brachschwalbe geschaffen. Das Feuchtgebiet ist eines der ersten Ziele, welches Zugvögel im Herbst auf ihrer Wanderung von Europa aus anfliegen. Während dieser Zeit sieht man viele Reiher, Braune Sichler und einige Tausend Watvögel, darunter mehrere Hundert Teichwasserläufer, zusammen mit Sand- und Goldregenpfeifern, Kiebitzen, Uferschnepfen und Großen Brachvögeln. Das Gebiet stellt auch den Hauptschlafplatz für Seeschwalben und Möwen dar. Die Dünnschnabelmöwe ist beispielsweise mit 500–1.600 Individuen vertreten. Der Rosaflamingo und verschiedene Enten überwintern hier. Störungen durch den nahen Hotelbetrieb und die Jagd wiegen weit weniger als die Bautätigkeit und die Ansiedlung von Leichtindustrie.

Beobachtungsstand an der Lagune bei Korba

Der Lebna-Stausee

Der Oued el Melah hat seinen Ursprung im etwa 10 km südwestlich gelegenen Stausee **Sidi Abdelmonem** (36°50'N 10°58'E). Dieser ist einer der kleinsten von Menschenhand errichteten Wasserreservoirs auf Cap Bon. Er ist zugleich einer der ältesten Stauseen und besitzt die meiste Ufervegetation von allen, die aus Schilf, Schmalblättrigem Rohrkolben und Binsen besteht. Diese Röhrichtzone bietet der Weißkopf-Ruderente, von der 15–80 Paare hier leben, beste Nistmöglichkeiten. Möglicherweise brütet auch die Marmelente am Stausee, und im Spätsommer gesellt sich eine kleine Anzahl Moorenten dazu. Den Winter verbringen Stock-, Löffel-, Spieß-, Tafel- und Knäkente, Bläss- und Purpurhuhn hier.

Die C26 führt an der Nordküste der Halbinsel weiter. Kurz nach Überquerung des Oued el Melah zweigt eine Straße nach Korbous ab. In dieser Richtung trifft man auf schöne Sandbuchten, wie den Plage Port Prince. Die C26 hingegen entfernt sich nun etwas vom Meer und führt durch landwirtschaftliche Anbaugebiete und Eukalyptushaine. Nach etwa 10 km nähert sich die Straße wieder der Küste und wird von Nadelwäldern gesäumt. An den Rändern der Kiefernwälder blühen im Frühjahr verschiedene Zistrosen, Mittagsschwertlilie und Gauchheil. Auf den meisten links abgehenden Wegen gelangt man durch den Küstenwald auch zum kilometerlangen Sandstrand. Im Osten flankiert ein Höhenzug die Straße, dessen höchste Gipfel im Süden der Djebel Sidi Aberrahmen mit 421 m und im Norden der Djebel ben Oulid mit 637 m ü. NN sind.

Je näher die Nordspitze rückt, umso deutlicher erkennt man die Inseln **Zembra** und **Zembretta** (37°1'N 10°8'E) im östlichen Golf von Tunis. Sie befinden sich 15 km nordwestlich von El Haouaria. Zembra ist eine bergige Insel mit einer maximalen Höhe von 435 m, der Höhenzug ist seewärts gerichtet. Sie wurde 1977 zum Nationalpark erklärt; außerdem ist sie ein Biosphärenreservat und für Besucher gesperrt. Die Insel ist mit mediterraner Macchie, hauptsächlich aus Wildem Ölbaum, Mastixstrauch, Westlichem Erdbeerbaum und Vielblütiger Heide, bewachsen. Insgesamt wurden auf der Insel 230 Pflanzenarten erfasst, davon vier endemische.

Die Vegetation auf der kleinen Nachbarinsel Zembretta besteht lediglich aus Halophyten. Auf Zembra gibt es mit 20.000 Brutpaaren die größte im Mittelmeer bekannte Brutkolonie des Gelbschnabel-Sturmtauchers. Das 9 km lange Kliff von Zembra bietet außerdem Wanderfalken ideale Nistmöglichkeiten. Etwa zehn Paare gibt es hier, eine der höchsten Dichten dieser Art. Andere Brutvögel sind Korallenmöwe mit zehn Paaren, Weißkopfmöwe mit 100 Paaren und Krähenscharbe. Auf der Insel leben außerdem Maurische Landschildkröten, Mähnenspringer, und das Kaninchen hat sich hier wie auf vielen Inseln in der Welt eingebürgert. Um die Inseln besteht eine 1,5 km breite Wasserschutzzone, welche die einzige Robbenart im Mittelmeer, die Mönchsrobbe, beherbergt.

Das nördlichste Dorf auf Cap Bon, **El Haouaria**, ist vor allem für zwei Dinge bekannt: das Falkner-Fest im Mai/Juni und die antiken Steinbrüche mit ihren Grotten. Die Falknerei hat in El Haouaria Tradition. Lange Zeit fing die Bevölkerung der Gegend mittels Schlagnetz größere Vögel, vor allem Greifvögel, um ihren Speiseplan zu erweitern. Dabei eingefangene Sperber (*Accipiter nisus*) wurden darauf trainiert, durchziehende Wachteln (*Coturnix coturnix*) zu erbeuten. Für die Greife wiederum wurden kleine Singvögel als Futter gefangen. 1970 wurde das Fangen von Greifvögeln gestoppt, größtenteils als Resultat der Bemühungen der „Les Amis des Oiseaux" (A.A.O.), einer Partnerorganisation von „BirdLife International". Die Falknerei wurde danach unter strenge Kontrolle gebracht. Neben Sperbern werden heute auch Wanderfalken abgerichtet. Die Falken nisten in den Felskliffs an der Küste, und im März werden die Jungvögel mit Netzen aus ihren Nestern geholt. Für die Falknerei werden nur die Weibchen benötigt, da diese größer und gefräßiger sind. Jedes Jahr im Mai/Juni wird ein Falknerei-Festival begangen, danach werden die meisten Greifvögel wieder freigelassen.

Zwei Kilometer nordwestlich vom Zentrum des modernen Dorfes liegen an der Küste die römischen Steinbrüche Ghar el Kebir. Sklaven brachen hier das Gestein; mehr als 20 auf diese Weise entstandene Höhlen sind im roten Stein noch erhalten. Manche davon sind 30 m hoch. Zu den Steinbrüchen führt eine gut befahrbare Straße.

Zum **Djebel El Haouaria** oder Dj. Sidi Abiod (37°4'N 11°1'E), die nördlichste Erhebung der Halbinsel Cap Bon, gelangt man ebenfalls auf einer befestigten Straße, die im Nordosten aus dem Dorf herausführt und sich um die Ostseite eines Hügels windet. Etwa 2,8 km hinter dem Ortsausgang von El Haouaria gelangt man zu einem Bergsattel. Kurz davor befindet sich rechts am Hang die Chauves-Souris-Höhle. Sie reicht etwa 50 m tief in den Berg. In ihr haben Hunderte Fledermäuse ihren Schlafplatz, vor allem Kleine Mausohren und auch einige Exemplare der Mehely-, Blasius- und Großen Hufeisennase sowie der Langflügelfledermaus. Früher war die Höhle frei zugänglich, heute ist sie als Naturreservat ausgewiesen und vergittert.

An einer Straßenkehre, an der auch Platz zum Parken ist, beginnt links ein schmaler Wanderpfad über den Sattel und hinunter an die Küste. Von oben genießt man einen schönen Blick auf das Meer und die Inseln Zembra und Zembretta. Vor der Küste liegt ein gestrandetes Schiffswrack, die Asklipios. Von der Küste führt ein Pfad etwa 2,5 km bis Ras Adar, zum nördlichsten Punkt der Halbinsel, wo sich ein Leuchtturm befindet. Die befestigte Straße führt auf den 393 m hohen Gipfel, auf dem eine Sendestation thront. Die Hänge des Berges sind mit einer Macchie aus Wildem Ölbaum, Mastixstrauch, Myrte und Montpellier-Zistrose bewachsen.

Die Kapspitze ist für die Vogelwelt vergleichbar wichtig wie Gibraltar und der Bosporus. Vögel, welche in Afrika überwintert haben und in ihre Brutgebiete nach Europa ziehen, und solche, die große Flugdistanzen meiden, sammeln sich hier, bevor sie das Mittelmeer nach Sizilien überqueren. Jedes Jahr zwischen März und April überfliegen 20.000–40.000 Greifvögel in 24 Arten die nur 140 km breite Meerenge, darunter Steppenweihe, Rötelfalke und große Trupps des Weißstorchs, ferner Schwarzstorch, Kranich, Wald- (*Asio otus*), Sumpf- (*A. flammeus*) und Zwergohreule, Wachtel (*Coturnix coturnix*) und Pirol (*Oriolus oriolus*). Greifvögel wie Adlerbussard, Wander-, Lanner- und Turmfalke brüten in den Felskliffs. In der Macchie haben Felsenhuhn, Samtkopf-, Weißbart- und Brillengrasmücke, Einfarbstar, Diademrot-

El Haouaria ist das nördlichste Dorf auf Cap Bon

schwanz und Mittelmeer-Steinschmätzer ihren Lebensraum.

Aus El Haouaria führt die C27 nach Südosten an der Süßwassermarsch **Garaet el Haouaria** vorbei, die allerdings größtenteils trockengelegt und in landwirtschaftliche Nutzflächen umgewandelt ist. Die nächstgrößere Stadt ist Kelibia, 9 km zuvor zweigt von der C27 ein beschilderter Waldweg rechts zum Dorf **Dar Chihou** ab. Etwa weitere 9 km auf holpriger Piste sind es bis zum Ort, kurz danach beginnt links ein eingezäuntes, 100 ha großes Tierreservat (36°45'N 10°7'E). In diesem urwaldähnlichen Areal leben u. a. Wasserbüffel und der Serval, welcher in freier Wildbahn als ausgestorben gilt und hier für eine Auswilderung wieder nachgezüchtet wird. Der Zweiblättrige Grünstendel, eine seltene Orchidee, zählt zu den botanischen Kostbarkeiten von Dar Chihou.

Folgt man dem Weg weiter, gelangt man über Farmland nach insgesamt 16 km auf die C26, etwa 2 km südlich von **Sidi Daoud**. In diesem Ort gibt es eine Konservenfabrik zur Weiterverarbeitung von Fisch. Der Thunfischfang hat in Tunesien und speziell auf Cap Bon eine lange Tradition, schon die Phönizier schätzten den Fisch. Im Mai, Juni und Juli zieht der Atlantische Thunfisch aus dem kalten Atlantik ins warme Mittelmeer, um zu laichen. Durch seine Masse ist er im Wasser leicht zu orten. Er wurde in so großen Mengen gefangen, dass 1995 die „International Commission for the Conservation of the Atlantic Tunas" (ICCAT) Einschränkungen für den Fang aufstellte.

Während der Fangperiode wird den Fischen mit großen Sperrnetzen der Weg zu den Laichgründen abgeschnitten. Zwangsweise gelangen sie in ein Netz mit immer kleiner werdenden Kammern. Früher wurden den bis 200 kg schweren Thunfischen einfach Haken in den Körper geschlagen, um sie so aus den Netzen zu ziehen und dann mit Knüppeln und Messern zu töten. Heute werden aus Gründen des Tierschutzes und wohl auch, um das teure und wertvolle Fleisch der Fische nicht zu schädigen, die Fische gezielt im Kopfbereich abgetötet. In der Zeit von Mai bis Juli wird etwa die Hälfte der Fangmenge Tunesiens eingeholt.

Kurz hinter Kelibia beginnt eine Kette von Lagunen, die sich bis Nabeul aneinanderreihen. Etwas weiter im Innern der Halbinsel liegt der **Mlabi-Stausee** (36°51'N 10°56'E). 12 km nach Kelibia folgt der Ort Menzel Temime, in dem rechts die C45 zum Stausee abzweigt und wieder leicht nach Norden verläuft. Der Mlabi-Stausee ist ein 200 ha kleiner, entlang eines Wasserlaufes angelegter künstlicher See, der zur Bewässerung umliegender Anbauflächen dient. An den Ufern gibt es Bestände von Schmalblättrigem Rohrkolben, Binsen und Tamarisken. Seit der Trockenlegung von Garaet el Haouaria ist dieses Gebiet ein wichtiger Rastplatz für Zugvögel. So finden sich hier während der Zugzeit Haubentaucher, Stock-, Löffel-, Spieß-, Tafel- und Moorente, Blässhuhn, Stelzenläufer, Rotflügel-Brachschwalbe, Fluss- und Seeregenpfeifer, Zwergstrandläufer, Rot- und Grünschenkel, Bruchwasser- und Flussuferläufer ein. Brutvögel im Sommer sind mit 12–80 Paaren die Weißkopf-Ruderente und die Marmelente.

Etwa 10 km hinter Menzel Temime liegt an der C27 der Ort Lebna. Kurz vor diesem und noch vor dem Oued Lebna weist ein Schild rechts zum Barrage Lebna. Auf dieser Zufahrtsstraße hält man sich links und gelangt nach 2,5 km in Höhe eines Werksgeländes zu der dahinter liegenden Staumauer. Der **Lebna-Stausee** (36°42'N 10°56'E) ist mit 1.000 ha der größte und wahrscheinlich wichtigste künstliche Stausee der nördlichen Cap-Bon-Halbinsel, mit der ausgedehntesten Ufervegetation an zwei eingedämmten Zuflüssen. Der See steht nicht mit dem nationalen Dammsystem in Verbindung, um einen möglicherweise schädlichen Wasseraustausch zu verhindern.

Nach seiner Fertigstellung im Jahr 1987 wurde der Stausee zur Zeit des Vogelzuges bald Anziehungspunkt für Tausende Enten und Watvögel. Noch größere Bedeutung erlangte er durch die Nähe zu der trockengelegten Marsch Garaet el Haouaria; so ist er heute für Braune Sichler, Löffler, Weißstörche, Watvögel und Seeschwalben attraktiv. 200–300 Moorenten ziehen nach der Brutzeit regelmäßig durch, und den Winter verbringen etwa 20.000 Wasservögel am Stausee, darunter hauptsächlich Stock-, Spieß-, Pfeif-, Löffel-, Schnatter-, Reiher- und Tafelente sowie das Blässhuhn. Im Sommer kommen Purpurhuhn, Blässhuhn, Zwerg- und Haubentaucher vor. In der Röhrichtzone, die sich aus Schilf und Schmalblättrigem Rohrkolben zusammensetzt, wie auch in der binsenreichen Ufervegetation brüten regelmäßig Weißkopf-Ruderenten, von welcher 20–50 Exemplare auch im Winter bleiben, sowie Marmelenten, von denen ebenfalls 50–100 Tiere überwintern. Der Gleitaar nistet in der näheren Umgebung des Sees.

Von den bereits erwähnten Lagunen an der Ostküste befindet sich die größte noch verbliebene bei **Korba** (36°41'N 10°56'E). Sie ist über 12 km lang, und an ihrer breitesten Stelle misst sie 400 m. Einige andere dieser Lagunen trockneten aus, als das Grundwasser zur Bewässerung der umliegenden Flächen angezapft wurde. Die verbliebenen Gewässer sind durch die winterlichen Regenfälle recht tief, trocknen im Verlauf des Jahres aber trotzdem meist aus. Die große Lagune bei Korba dagegen führt auch im Sommer Wasser, da sie von der nahegelegenen Stadt Abwasser und von einer Konservenfabrik Brauchwasser erhält. Dadurch, dass die Lagune ständig Wasser führt, ist sie im Frühjahr und Herbst ein wichtiger Rastplatz für durchziehende Vögel sowie im Sommer Bruthabitat und Nahrungsquelle. Entsprechend vielfältig ist die Vogelwelt das Jahr über. Grau- und Seidenreiher, Rosaflamingo, Brauner Sichler, Säbelschnäbler, Brandgans, Stock-, Löffel- und Spießente, Zwergstrandläufer, Fluss- und Seeregenpfeifer lassen sich beobachten. Der Stelzenläufer brütet mit bis zu 250 Paaren, und von den 500 Paaren der Rotflügel-Brachschwalbe brüten etwa 200 in den Marschen. Zur Zugzeit halten sich 40–100 Marmelenten an der Lagune auf.

Das Gebiet ist eines der Hauptgebiete des MedWet-Küstenprojektes. Die MedWet-Initiative ist 1991 in Grado, Italien, unter der Schirmherschaft der Ramsar-Kommission gegründet worden. Ihr gehören neben verschiedenen Umweltverbänden und den Unterzeichnern der Konventionen von Bern und Barcelona 25 Nationen an. Jagen ist offiziell verboten, geschossen wird dennoch. Die Verschmutzung durch die eingeleiteten Brauchwässer und menschliche Störungen stellen weitere Beeinträchtigungen dar.

Eine gute Beobachtungsmöglichkeit bietet sich an der Stelle, wo an der Straße spärliche Mauerreste früherer Häuser stehen. In deren Höhe steht an der Lagune ein Beobachtungsstand. An anderer Stelle führt auch ein schmaler Fahrweg durch die Marschen der Lagune bis an den Strand. Die Marschen sind von einer salzliebenden Gliedermelden- und Quellervegetation überwuchert. Die Dünen zwischen Lagune und Meer sind mit Strandhafer, Stranddistel und Strand-Wolfsmilch bewachsen. Einige Flächen um die Lagune werden nicht landwirtschaftlich genutzt, sondern liegen brach. Hier entwickeln sich jedes Jahr Unkrautfluren und Wiesen mit zahlreichen Wildblumen, die eine Vielzahl an Insekten anlocken. Unter den wenigen Steinen der Feldraine halten sich die Berberkröte und der Gefleckte Walzenskink versteckt. Die Wiesen werden durch einzelne Rinder und Pferde beweidet. Hier ist auch der Lebensraum der Apulischen Tarantel, die ihre Wohnröhre im Boden oder unter Steinen hat.

Die nächsten Orte an der Ostküste heißen Nabeul, die größte Stadt auf Cap Bon und bekannt durch ihre Töpferwaren, sowie die Urlaubermetropole Hammamet. Diese Orte kann man von Korba aus nach Westen in Richtung Grombalia umfahren. Südwestlich von Grombalia liegt der **Masri-Stausee** (36°31'N 10°29'E), der im Gegensatz zu den anderen Stauseen auf Cap Bon für die nationale Wasserversorgung konstruiert ist und nicht der lokalen Bewässerung dient. Er liegt erhöht auf der Dorsale und ist von Bergen mit einer Höhe von bis zu 660 m Höhe umgeben. Seine Ufer sind von Schilf, Schmalblättrigem Rohrkolben und Binsen gesäumt. Die Berghänge der Umgebung sind mit Berber-Thuja-Wäldern bewachsen. Obwohl der Stausee nur 150 ha klein ist, kommen 10–50 Paare der Weißkopf-Ruderente vor, auch Hauben- und Zwergtaucher brüten hier. Unter den überwinternden Vögeln befinden sich Tafelente und Blässhuhn.

Opuntien dienen vielerorts als Hecke

Nordtunesien

Die Umgebung von Bizerte

Der Medjerda, der größte Fluss Tunesiens, ist ständig wasserführend. Er entspringt in den Medjerda-Bergen in Algerien und windet sich durch das Hügelland Nordtunesiens. Er fließt an den Städten Ghardimaou, Jendouba, Bou Salem, Beja, Medjez el Bab, Tébourba und Utica vorbei, um 450 km nach der Quelle schließlich in den Golf von Tunis zu münden. Auf halber Strecke zwischen

Schiffswrack bei Remel

Tunis und Bizerte bildet das Überschwemmungsgebiet des Medjerda eine Süßwassermarsch: **Garaet Mabtouh** (37°2'N 9°57'E).

Früher war das ganze Überflutungsgebiet einmal ein prachtvolles Feuchtgebiet, aber die meisten Flächen sind heute der Landwirtschaft zum Opfer gefallen. Einzig Garaet Mabtouh ist eine noch verbliebene Marsch. In trockenen Wintern ist das Gebiet nicht überflutetet, aber in niederschlagsreichen Jahren hält sich hier eine beständige

Küstenwald bei Remel

Anzahl von Wasservögeln auf, welche vom nahen Ichkeul-See stammen. So leben ständig 3.000–6.000 Löffelenten und 300 Rotflügel-Brachschwalben im Gebiet; Letztere brütet auch. Den Winter über halten sich Seiden- und Graureiher, Pfeif- und Krickente, Rohrweihe, Blässhuhn, Kranich, Stelzenläufer, Goldregenpfeifer und Kiebitz auf. Bedingt durch die landwirtschaftliche Nutzung ist das Gebiet infolge Drainage und der Auswirkungen durch Pestizide gefährdet. Auch die Jagd ist ein Problem.

Im Laufe der Jahrhunderte änderte der Medjerda im Mündungsbereich einige Male seinen Lauf. Die letzte Veränderung erfolgte 1973: Nach heftigen Unwettern, wie sie nur alle 200 Jahre auftreten, verschob sich der Fluss durch die Ablagerung von 138 km² Feinsediment aus Schluff und Silt. Der Abfluss ins Meer erfolgt heute durch einen Kanal, der ursprünglich zum Ableiten von Wasser bei Hochwasserstand angelegt wurde.

Nördlich des Medjerda schließt sich die **Lagune Ghar el Melh** (37°10‘N 10°9‘E) an, deren Erscheinungsbild ebenfalls durch den Medjerda geprägt und verändert wurde. Zu Zeiten der Römer war dies der Golf von Utica, benannt nach der phönizischen Stadt Utica, deren Blütezeit bis 43 v. Chr. reichte und deren Hafen hier lag. Mit der Versandung des Hafens im 3. Jh. n. Chr. verfiel die Stadt allmählich. Heute liegt Utica etwa 10 km im Inland. Das dynamische Gebiet der Lagune und des Medjerda-Deltas erlebte in den letzten 50 Jahren viele Veränderungen, von der Wasserentnahme bis hin zum Bau mehrerer Dämme zum Hochwasserschutz. Heute präsentiert sich die Lagune bis auf einen schmalen Zufluss geschlossen. Südlich und nördlich befinden sich weitere kleine Lagunen und Überschwemmungsbecken. Die Abgrenzung zum Meer hin weist einen schönen Sandstrand auf, der sich weit bis auf die nördlich gelegene

Der Ichkeul-See

Landzunge Rass Sidi Ali el Mekki zieht, und auch auf der anderen Seite gibt es um Raf Raf ausgezeichnete Sandstrände. Die Lagune beherbergt viele Fischarten, besonders im Winter ist sie Nahrungsgrund für zahlreiche Fische, die aus dem Fluss ins Meer wandern. Die ansässige Bevölkerung geht dem Fischfang nach, eine häufig gefangene Art ist die Großkopf-Meeräsche.

Auf der P8 gelangt man in die nördlichste Stadt Tunesiens, nach **Bizerte**. Am Ortseingang führt die Straße über einen Kanal, der den See von Bizerte mit dem Mittelmeer verbindet. Dieser See ist eigentlich eine 11 x 13 km große Lagune mit einer durchschnittlichen Tiefe von 1 m; die tiefste Stelle liegt bei 15 m. Durch einen 8 km langen Kanal entwässert sie ins Mittelmeer. Bizerte wurde 1.100 v. Chr. von den Phöniziern als Handelszentrum gegründet und entwickelte sich zur Großstadt mit 115.000 Einwohnern. Heute sind der Außen-, die beiden Innenhäfen und die Erdölindustrie von großer wirtschaftlicher Bedeutung. In Bizerte gibt es ein **ozeanografisches Museum**. Es befindet sich am alten Hafen am Boulevard Habib Bougatfa im Fort el Hani. Dem gegenüber, auf der anderen Seite des schmalen alten Hafens, befindet sich die alte Kasbah. Im Gegensatz zu den Aquarien in Karthago sind die Becken hier weniger ansprechend. Der nördliche Außenbezirk Bizertes bildet die Strandzone. Sie nennt sich Corniche und ist recht sehenswert. 7 km von Bizertes Zentrum entfernt beginnt die Hotelzone und verläuft weiter nach Norden. Die Hotels sind im landestypischen Stil gebaut und passen sich gut in die Landschaft ein, daneben gibt es auch prächtige Villen.

Als nahes Ausflugziel bietet sich **Cap Blanc** an. Es befindet sich 12 km nordwestlich von Bizerte. Den schönsten Blick auf den Doppelhügel aus hellem Kalkstein hat man zwar vom Meer aus, aber auch vom 102 m hohen Cap genießt man einen schönen Ausblick. Zwischen den zwei Höhenrücken liegt eine schmale Bucht mit Sandstrand. Das eigentliche Cap Blanc ist der westliche Ausläufer, 400 m lang und 50 m breit. Am höchsten sind die inneren beiden zugewandten Steilwände, die meerseitigen Hänge sind im Westen etwa 50 m, im Osten nur 25 m hoch. Ursprünglich bildeten beide Höhenrücken eine einzige Aufwölbung, eine sog. Antiklinale. Obenauf lagen harte Gesteine, darunter weiche. Die härteren Deckschichten wurden im Laufe der Jahrtausende durch Erosion abgetragen, die weicheren Gesteine darunter durch einen von Süden kommenden Wasserlauf ausgewaschen. Die meerseitigen Steilhänge formte die Brandung.

Ein weiteres Ziel könnte der Küstenwald und der Sandstrand von **Remel** sein: Von Bizerte aus gelangt man auf der P8 in Richtung Tunis wieder über die Kanalbrücke. Am Kreisverkehr, der auf die Autobahn führt, bleibt man auf der leicht links abbiegenden P8 und gelangt über eine weitere, links abgehende und parallel zur Autobahn verlaufende Straße zum Küstenwald. Ein blaues Campingschild weist hier den Weg. Ein Sandweg führt unter der A1 hindurch und endet an der Küste von Remel. Spaziert man am Strand entlang, gelangt man in weniger als einer halben Stunde zu zwei gestrandeten italienischen Schiffswracks. Die asphaltierte Straße selbst endet an einer Kaserne. Vor dieser verläuft links ein Sandweg durch den Wald bis zur Küste unmittelbar bei den Schiffswracks. Der Küstenwald besteht hauptsächlich aus Aleppo-Kiefern, stellenweise wächst versprengt Wacholder, und die Randzonen sind mit einer typisch westmediterranen Macchie bewachsen.

Am Südufer des Ichkeul-Sees

Von Bizerte gelangt man auf der P11 in südwestlicher Richtung zum **Nationalpark Ichkeul-See** (37°10‘N 9°40‘E). Der Ichkeul-See ist einer der vier bedeutendsten Feuchtgebiete im westlichen Mittelmeerraum. Die drei anderen Gebiete sind die Doñana in Spanien, die Camargue in Frankreich und El Kala in Algerien. Der Süßwassersee ist Zwischenstation vieler Zugvögel aus der Nordpaläarktis sowie Ziel unzähliger Wintergäste. Zahlreiche Brutvögel der Südpaläarktis finden sich ebenfalls hier ein.

Die Anfahrt erfolgt auf der P11 in Richtung Mateur. Vorbei am bereits in Seenähe befindlichen Abzweig nach Menzel Bourghiba führt die P 11 über die Eisenbahngleise der Verbindung Mateur – Bizerte. Wo die Straße die Bahnschienen ein zweites Mal überquert, geht kurz nach den Gleisen auf der rechten Seite die Zufahrtsstraße zum See ab. Ein Schild mit der Aufschrift „Parc Echkeul“ weist den

Weg. Am Eingang werden vom Wärter die Personalien und ggf. Kfz-Kennzeichen notiert. Die nächsten 3 km bis zum Parkplatz führen am Südufer in Seenähe entlang.

Der Ichkeul-See liegt im Becken von Mateur. Er hat im Mittel eine Fläche von 8.700 ha, bei Überschwemmung bis 12.600 ha – dann kann er sich von 6 km normaler Länge auf 15 km und 5 km Breite ausdehnen. Die umgebenden Marschen erreichen während der niederschlagsreichen Jahreszeit eine Ausdehnung von 11.400 ha. Die Wassertiefe reicht von etwa 90 cm im Sommer bis zu 2,50 m im Winter. Der See ist indirekt mit dem Meer verbunden. Der Oued-Tinja-Kanal stellt eine Verbindung zwischen ihm und dem See von Bizerte, der eigentlich eine Küstenlagune ist, her. Er wird im Westen und Süden von sechs aus den Mogod-Bergen kommenden Hauptzuflüssen gespeist, die im Sommer austrocknen, sodass ein Mangel an Süßwasser auftritt: der Oued Douimis, O. Sejenane, O. Malah, O. Rhezala, der entlang der Marschen kanalisierte O. Joumine und dessen Nebenfluss O. Tine. Die hohe Verdunstung und der Zufluss von Meerwasser aus dem See von Bizerte lassen den Salzgehalt im Ichkeul-See kräftig ansteigen. Von Juli bis Oktober kann der Salzgehalt bei 3,8 g pro Liter liegen, während er nach den herbstlichen Regenfällen wieder unter 0,17 g pro Liter fällt. Die Trockenheit von 1999–2002 ließ den Salzgehalt gar auf das Doppelte steigen.

Der durchschnittliche Jahresniederschlag beträgt im Gebiet des Ichkeul 625 mm, nur 4 % davon fallen im Sommer. Erst die reichlichen Regenfälle des Winters 2002/03 fluteten das Marschland wieder. Während der letzten 10–15 Jahre hat sich der ökologische Charakter des Sees dramatisch gewandelt. Durch den Bau von drei Dämmen an den Zuflüssen sank der Wasserspiegel infolge des verminderten Wassereintrages signifikant ab, und die Verdunstung fiel mehr denn je ins Gewicht. Durch das Absinken des Wasserspiegels floss mehr Salzwasser aus dem See von Bizerte nach, und der Ichkeul-See drohte, sich in einen Salzwassersee zu verwandeln. Das Resultat war ein Absterben von Wasserpflanzen, welche den Wasservögeln als Hauptnahrung dienten. 1988/89 schrumpfte die Ausbreitung des Laichkrautes von 3.000 ha auf 500 ha. Viele der Vögel, die hier ihre Nahrungsgründe hatten, starben. Schilfgürtel, Binsen und andere Wasserpflanzen wurden nach und nach von Halophyten verdrängt. In der Folge blieben viele Wasservögel fern, die sonst im Röhricht Schutz und Brutstätte fanden.

So wurde das Gebiet 1990 im Rahmen des Ramsar-Übereinkommens auf die Montreux-Liste gesetzt, die Feuchtgebiete der Mitgliedsstaaten mit negativem ökologischem Trend erfasst. Seit 1996 steht der Ichkeul-See auch auf der Roten Liste des gefährdeten Welterbes der UNESCO. Nachdem einige Studien angefertigt worden waren, ergriff die Regierung 1998 die Initiative und stellte einen Plan zur verbesserten Süßwasserzuteilung auf. Es steht noch aus, ob dieses Vorhaben erfolgreich sein wird, denn gleichzeitig ist geplant, das Wasser für die Trinkwasser- und Bewässerungsversorgung der Siedlungen im Becken von Mateur zu nutzen.

Der See, die Marschen und der Berg Ichkeul wurden schon vor mehr als 2.000 Jahren besiedelt. So fand man ganz in der

Nähe des Sees ein römisches Mosaik, das ein im Röhricht brütendes Purpurhuhn zeigt. 1240 n. Chr. war der Berg Ichkeul ein Jagdreservat. Seeablagerungen und starkes Wachstum des Laichkrautes setzten v. a. im späten 19. Jh. infolge der Landwirtschaft und des Baus des Schiffskanals von Bizerte 1895 ein. 1891 wurde der Berg Ichkeul vom Staat erworben, 1926 gelangen auch die Süßwassermarschen Garaet Ichkeul in seinen Besitz. Seit 1974 unterliegen die nunmehr geschützten Marschen dem Forstministerium. 1977 wurde das Gebiet zum Biosphärenreservat der UNESCO ernannt, 1980 zum Nationalpark erklärt und schließlich in die Ramsar-Liste für international bedeutende Feuchtgebiete aufgenommen. Heute ist das gesamte Areal in staatlicher Hand und wird von sechs Ministerien verwaltet, nur einige Marschen sind noch in Privatbesitz. Den wenigen alteingesessenen Bewohnern ist es erlaubt, im Park zu siedeln, ihr Vieh zu weiden und im See zu fischen. Der Park wird jedes Jahr von mehreren Tausend Menschen besucht und ist dennoch nicht überfüllt. Knapp die Hälfte aller Besucher sind Schulklassen, zahlreiche Einheimische besuchen die heißen Quellen, Hammams, an der Nordostseite des Berges; nur einen geringen Teil stellen die ausländischen Touristen.

Das Gebiet hat internationale Bedeutung auch durch die pleistozänen Fossillagerstätten aus dem späten Paläogen und frühen Neogen erlangt. Einzigartige Funde an Säugern und bemerkenswerte Nachweise von Primaten und Hominiden aus Aufschlüssen am Nordufer geben Auskunft über die damalige Fauna, die stratigrafisch dem Villafranca zugeordnet ist. So fand man Knochen des Elefanten *Elephas planifrons* und der Mastodonart *Anacus osiris* (ein Rüsseltier, das im Unterschied zum Elefanten vier Stoßzähne und einen kürzeren Rüssel besaß), Skelettreste des Pferdes *Stylohipparion libycum* und der Rindergiraffe *Libytherium maurusium*, eines sehr großen antilopenartigen Tiers mit fellüberzogenen, geweihartigen Hörnern, außerdem fossile Reste der beiden Schildkröten *Testudo gigans* und *T. emys.*

Der Ichkeul-See ist stellenweise von einer Röhrichtzone aus Schilf und Schmalblättrigem Rohrkolben umgeben, reedfreie Ufer bewächst die Afrikanische

Im Norden befindet sich die Kornkammer des Landes

Tamariske. In den tieferen Marschbecken und im See gedeihen Kamm-Laichkraut, Sumpf-Teichfaden, Meeres-Salde (*Ruppia maritima*), Wassersternarten und das aus dem tropischen Afrika stammende Mahagonigewächs *Ekebergia* sp. Von besonderer Bedeutung ist das Vorkommen des Kamm-Laichkrautes im See, da diese Wasserpflanze einen Großteil der Nahrung vieler überwinternder Wasservögel deckt. Vor dem Bau der Dämme war es im Westteil des Sees besonders gut ausgeprägt und nahm ein Drittel der Seefläche ein. Durch den mittlerweile höheren Salzgehalt gedeiht es nicht mehr richtig und wird durch salztolerantere, für die Vögel aber weniger schmackhafte Pflanzen wie die Spiralige Salde (*Ruppia cirrhosa*) verdrängt.

Um den See erstrecken sich Süßwassermarschen. Diese Garaet Ichkeul genannten Flächen sind vor allem im Mündungsbereich der Oueds Joumine und Malah ausgeprägt. Besonderheiten im Marschland sind der Hahnenfuß *Ranunculus ophioglossifolius* und Ästiger Igelkolben (*Sparganium erectum*). Beide Arten sind nur in wenigen Gebieten Nordtunesiens nachgewiesen. Das Marschland wird von Strand- (*Scirpus maritimus*) und Teich-Simse (*S. lacustris*), der Simse *S. litoralis* sowie der Binse *Juncus subulatus* dominiert. Diese Arten sind nicht salztolerant und brauchen jährliche Überschwemmungen. Andernfalls werden sie durch Halophyten verdrängt. So existiert bereits ein breiter Gürtel aus Arabischem Queller (*Salicornia arabica*), Strand-Sode (*Suaeda maritima*) und Strauchiger Gliedermelde um den See und die Marschen. In trockneren Zonen verdrängen Ruderalunkräuter wie Echte Knorpelmöhre oder Gefleckte Golddistel vollends die Sumpfpflanzen. An den trockengelegten Rändern am Übergang zum Weide- und Farmland wächst eine Gesellschaft aus Strandgerste (*Hordeum maritimum*), Vielblütigem Weidelgras oder Lolch (*Lolium multiflorum*) und Wilder Möhre (*Daucus carota*) zwischen Oleander- oder Zickzackdorn-Gebüsch. Problematisch ist das Vordringen der Landwirtschaft in die Süßwassermarschen; an den Rändern des Parks wird z. B. Obstanbau betrieben.

Bevor die Dämme stromaufwärts gebaut wurden, waren mehr als 200.000–300.000 überwinternde Wasservögel die Regel. Der Ichkeul-See war für die in Mitteleuropa brütenden Graugans-Populationen Hauptüberwinterungsgebiet; ihre Anzahl belief sich auf 19.000–25.000 Tiere. Bereits seit 1963 läuft eine britisch/französische Langzeitstudie zum Vogelmonitoring, aus der die ernüchternden Zahlen der heute noch an den See ziehenden Arten stammen. So wurden beispielsweise 1977 von der Weißkopf-Ruderente 600 Exemplare gesichtet – das waren 4 % des damaligen Weltbestandes –, heute liegt die minimale Anzahl bei 12 Tieren. Dennoch zieht der Ichkeul-See auch gegenwärtig noch die meisten Wasservögel in ganz Nordwestafrika an: Zählungen ergaben 226 Arten, von denen 34 auch Brutvögel sind. Im Winter 1999/2000 lag die Gesamtanzahl der überwinternden Wasservögel noch bei über 90.000.

Die größten Vogelansammlungen im Winter bilden die Enten: Von der Pfeifente überwintern bis zu 39.000 Tiere am See, im Vergleich dazu waren es in den 1970er-Jahren bis zu 112.000.

Von der Tafelente kommen während der kalten Jahreszeit 10.000–90.000 (1971: 120.000) und vom Blässhuhn 2.000–45.000 (1973: 188.000) Exemplare vor. Auch die Graugans zieht noch mit etwa 300–3.200 Exemplaren an den See. Andere überwinternde Entenvögel sind 5.000–10.000 Löffel-, etwa 5.000 Krick-, 20–90 Moor- und eine kleinere Anzahl Spießenten. Außerdem ist der See zur Zugzeit Sammelplatz für Knäkenten, 3.000–6.000 Uferschnepfen sowie Kampf- und Teichwasserläufer vor ihrer Saharaüberquerung. Um noch zu mausern, treffen Krickente und Uferschnepfe schon nach dem Brüten am See ein. Seltener ziehen Schwarzstorch und Brauner Sichler durch, während Weißstorch, Steppen- und Wiesenweihe in großen Trupps am Himmel zu beobachten sind. Im Sommer halten sich 500–4.500 Rosaflamingos am See auf. Brutvögel in den Marschen sind Grau-, Purpur- und Seidenreiher, 50–200 Marmelenten, möglicherweise auch Weißkopf-Ruderente, Purpurhuhn, Wasserralle, Stelzenläufer und 200–600 Rotflügel-Brachschwalben, zusammen mit vielen Singvögeln wie Drossel- und Teichrohrsänger. Das Pflanzendickicht entlang der Ufer einmündender Flüsse bildet den Lebensraum vieler Singvögel, darunter Senegal-Tschagra und Wachtelkönig (*Crex crex*).

Unter den Säugetieren ist der aus Asien stammende Wasserbüffel die wohl meistbeachtete Art. Er wurde wahrscheinlich 1729 aus Italien nach Tunesien eingeführt. Anderen Quellen zufolge soll im 19. Jh. ein Paar ausgesetzt worden sein. Die Zeit dazwischen weist eine große Lücke auf – fest steht nur, dass viel später, im Jahr 1957, die Herde durch Abschuss derart dezimiert war, dass der Asiatische Wasserbüffel in Tunesien vom Aussterben bedroht war. Heute kann man die braunschwarzen, bis zu einer halben Tonne schweren Büffel aber wieder beim Grasen in den Süßwassermarschen beobachten.

Dem Fischotter dagegen geht es heute nicht viel besser als einst dem Büffel. Mitte der 1980er-Jahre vermutete man nur noch etwa zehn Tiere, derzeit ist die Populationsgröße unbekannt.

Die Herpetofauna des Sees variiert durch den Wasserstand und den damit zusammenhängenden Salzgehalt. Der Seefrosch ist allgemein verbreitet, wie auch der Gemalte Scheibenzüngler und als Besonderheit alle drei Krötenarten: Wechsel-, Berber- und Mittelmeer-Erdkröte. Auch beide Wasserschildkrötenarten, die Maurische Bach- und die Europäische Sumpfschildkröte, gibt es im See, ebenso wie die ans Wasser gebundene und fast überall im Land verbreitete Vipernatter.

Der Fischbestand setzt sich aus Vertretern von Süß- und Meerwasserarten zusammen, die das Brackwasser des Ichkeul-Sees tolerieren. Im Bereich der Flussmündungen halten sich Algerische Barbe und die Elritzenverwandte *Pseudophoxinus callensis* auf. Das brackige Wasser des Sees ist für Großkopf- und Dünnlippige Meeräsche, Seezunge (*Solea solea*), Europäische Sardelle (*Engraulis encrasicholus*), Wolfsbarsch, Finte (*Alosa fallax*) und Europäischen Aal der ideale Lebensraum. Im Seichtwasser lebt der Mittelmeerkärpfling, und sogar die mit den Seepferdchen verwandte Kurzschnauzen-Seenadel wurde nachgewiesen.

Der See und die Marschen, besonders die Laichkrautwiesen, beherbergen große

Populationen verschiedener im Brackwasser lebender Wirbelloser. So haben sich Seeringelwurm (*Nereis diversicolor*), Kugelassel (*Sphaeroma hookeri*), Schlickkrebs (*Corophium volutator*), der Flohkrebs *Gammarus locusta*, einige Arten der Meerasseln (*Idotea* spp.), Wattschnecken (*Hydrobia* spp.) und Pfeffermuscheln (*Abra* spp.) sowie die Mittelmeer-Herzmuschel (*Cerastoderma glaucum*) dem schwankenden Salzgehalt des Sees dauerhaft angepasst. Selbst vom Meerwasser abhängige Arten, wie die Strandkrabbe (*Carcinus mediterraneus*) und die Gemeine Seepocke (*Balanus amphitrite*), dringen zum See vor und kommen bereits in der Nähe des Tinja-Kanals vor.

Am Südufer des Sees erhebt sich der 511 m hohe **Djebel Ichkeul**. Zu römischer Zeit war er eine Insel, heute ist der Berg mit 8 x 3 km Grundfläche von Land umschlossen. Während das Seebecken und die Marschböden alluvialen Ursprungs sind, setzt sich der Berg vorwiegend aus Kalken der Trias, des Juras und der Unteren Kreide zusammen. Im Sattelkern befinden sich Kalkbänke mit dem Ammoniten *Aptychus beyrichi*. Das Gehäuse, in dessen Perlmutt Aragonitkristalle mit dem Protein Conchiolin eingebettet waren, löste sich leicht auf. So sind von diesem im Oberen Jura lebenden Kopffüßer meist nur die Unterkiefer, die Aptychen, fossil erhalten. Sie waren der härteste Teil der Tiere und sind in Calcit mineralisiert.

Auf die Jura-Kalke folgen kreidezeitliche Plattenkalke und grüne, leicht metamorphosierte Serizitschiefer mit Cordierit

Unterwegs im grünen Nordtunesien

und Ottrelith. Darin sind oft Belemniten bzw. deren aus Calcit bestehendes Rostrum, das Ende des Innenskelettes dieser urzeitlichen Kopffüßer, eingeschlossen. Außerdem sind Orbitolinen, zentimetergroße einzellige Kammerlinge aus der Familie der Foraminiferen, in den Decken gesteinsbildend. Es folgen dolomitische Kalke, Rauwacken und Brekzien, kantige, wenig bewegte Gesteinsbruchstücke, die mit tonigem, kalkigem oder kieseligem Bindemittel verkittet sind. Sie bilden die Hauptmasse des Berges und werden der jüngsten Unterkreide angerechnet. Als Besonderheit dieser Schichtfolge entstanden durch hydrothermale Einwirkungen helle Marmore. So befinden sich im Südwesten Steinbrüche, in denen fossilienreicher dolomitischer Marmor gebrochen wurde. Besuchern ist das Steineklopfen im Park jedoch verboten.

Die Berghänge sind mit einer dichten Macchie bewachsen, die hauptsächlich aus Wildem Ölbaum, Mastixstrauch und Schmalblättriger Steinlinde besteht und von Rauer Stechwinde überwuchert wird. Ergänzt wird sie durch das Auftreten von Berber-Thuja, Johannisbrotbaum und Salbeiblättriger Zistrose (*Cistus salvifolius*). Vor allem am Südhang dominiert an offenen Stellen die Baumartige Wolfsmilch (*Euphorbia dendroides*). Im Winter sind nur die Stämme dieser halbsukkulenten Art zu sehen, die im Sommer durch Blätter verdeckt sind. Der Nordhang des Bergs ist teilweise mit Phönizischem Wacholder durchsetzt, die felsigen Abschnitte werden von der Zwergpalme bevorzugt. Die Krautschicht bringt gemeine Vertreter wie den Italienischen Aronstab oder das Starre Dorngras (*Crypsis aculeata*) ebenso hervor wie den in Nordtunesien endemischen Schönenbergers Gamander (*Teucrium schoenenbergeri*). Insgesamt wurden am Berg, in den umliegenden Marschen und angrenzenden Feldrainen über 400 Pflanzenarten gezählt.

Der Dj. Ichkeul verfügt über geeignete Brutgebiete für eine Reihe von Greifvögeln, darunter Schmutzgeier, Habichtsadler, Adlerbussard, Wander-, Eleonoren- und Turmfalke, genauso wie für eine Vielzahl von felsbewohnenden Singvögeln wie Diademrotschwanz, Blaumerle, Trauer- und Mittelmeer-Steinschmätzer. Auch Einfarbstar, Felsenhuhn und Samtkopf-Grasmücke finden in der Macchie Nistmöglichkeiten. Das größte am Berg lebende Säugetier ist das Wildschwein. Ferner kommt eine ganze Anzahl Stachelschweine vor, außerdem Ginsterkatze, Ichneumon, vier Fledermausarten sowie seltener Goldschakal und Wildkatze. Hufeisen- und Westliche Eidechsennatter sind die beiden häufigsten Schlangen am Dj. Ichkeul.

Vom Parkplatz aus erreicht man über einen kurzen Treppenaufstieg das Besucherzentrum am Berg. Oben informiert ein kleines Museum in französischer und arabischer Sprache, teils auch mit audio-visueller Begleitung, über den Nationalpark. Es wurde mithilfe des British Museum of Natural History und des WWF im Frühjahr 1989 eröffnet. Vom Museum aus kann man in einer halben Stunde den Museumshügel umrunden oder etwa eine Stunde auf dem Weg wandern, der auf den Djebel Ichkeul zuhält. Der Weg endet allerdings blind in der Macchie; unterwegs gibt es Picknickplätze, doch keine Verpflegungsmöglichkeit.

Der Nordwesten

In den landschaftlich sehr schönen Nordwesten Tunesiens gelangt man vom Ichkeul-See entweder über Mateur auf der P7 oder am Nordufer des Sees auf der C57 und später auf kleineren Straßen nördlich des Barrage Sejenane, die im Ort Sejenane wieder auf die P7 treffen. Auf der Strecke zweigen kleine, jeweils mehrere Kilometer lange Zufahrtsstraßen nach Norden ab, die zu den schönsten Stränden der Nordküste führen. Der bekannteste ist **Cap Serrat**. Von Sejenane sind es etwa 12 km auf der Straße, die nördlich aus dem Dorf führt, bis an einer scharfen Rechtskurve die asphaltierte Zufahrt zum Cap Serrat abzweigt. Schräg gegenüber befindet sich ein ummauertes Werksgelände. Nach weiteren 12 km durch Macchie und Wälder endet die kleine Straße direkt hinter dem Strand an

Der kleinere Teil des Stausees Sidi Barrak

Der einsame Plage Zouaraa

Erlen-Eschen-Bruchwald nahe Tabarka

einem Oued, den die Straße zuvor auch überquert hat. Derzeit wird am Cap Serrat, wie auch andernorts in der Region, an einem großen Staudamm-Projekt gearbeitet, sodass die Straße durch den Schwerlastverkehr stark beschädigt ist. Auf dem höchsten Punkt von Cap Serrat thront ein Leuchtturm, der auf einem 3 km langen Weg je nach Wetterlage und Pistenzustand entweder mit dem Fahrzeug oder zu Fuß zu erreichen ist.

45 km nordwestlich vor Cap Serrat und 64 km nordöstlich vor Tabarka liegt der **Galite-Archipel** (37°32'N 8°56'E) im Meer. Er entstand im frühen Paläogen und besteht aus Granodiorit, einem vulkanischen Tiefengestein. Hauptinsel dieses Archipels ist La Galite mit einer Fläche von 650 ha; die Insel ist 5,4 km lang und an ihrer schmalsten Seite 950 m, an ihrer breitesten Stelle 2,5 km breit. Etwa 2,5 km südwestlich von La Galite befindet sich das kleine Eiland La Fauchelle mit 14 ha Größe, 50 m weiter westlich folgt La Galiton mit einer Fläche von 27 ha; auf diesem Inselchen steht ein Leuchtturm. 1,6 km nördlich von La Galite liegt eine Gruppe aus drei Inselchen, die Ilôtes de Chiens, von denen das größte eine Fläche von 9 ha aufweist.

Die Hauptinsel des Archipels, La Galite, ist über große Teile mit Diss bewachsen, einem hohen Süßgras, welches in dichten Beständen besonders an Berghängen gedeiht. Die höchste Erhebung ist 391 m. In den Tallagen hat sich eine undurchdringliche Macchie aus Mastixstrauch, Wildem Ölbaum, Afrikanischer Tamariske, Lorbeer (*Laurus nobilis*), Rosmarin und Johannisbrotbaum angesiedelt. Auf lichten Flächen wachsen Meerzwiebel und Artischocke (*Cynara scolymus*). Besonders ausgeprägt ist die Macchie im Nordwesten von La Galite. Auf der Insel nisten Korallenmöwe mit 40 Brutpaaren, Weißkopfmöwe mit 500 Paaren, Gelbschnabel-Sturmtaucher mit etwa 100 Paaren, Krähenscharbe mit 10 Paaren, Eleonorenfalke mit 140 Paaren sowie Samtkopf-Grasmücke und Wander- und Turmfalke. Obwohl der Archipel gern als Nationalpark bezeichnet wird, besitzt er lediglich den Schutzstatus eines Meeresreservats.

Von der 12 km langen Zufahrtsstraße zum Cap Serrat zweigt eine Piste zur Sandbucht bei Sidi Mechrig ab, die bessere Zufahrt führt jedoch von der P7 im Dorf Tamra nach Westen, durch die mit Kiefern und Eukalyptusbäumen bewaldeten Hügel. Tamra befindet sich in Richtung Tabarka hinter Sejenane und etwa 8 km vor dem Stausee Sidi Barrak. Die asphaltierte Straße führt 17 km bis zu einer Fischersiedlung in Strandnähe und endet am Hafen. Den Sandstrand erreicht man nach wenigen weglosen Metern. Noch etwa 2 km vor dem Strand verläuft ein unbefestigter Weg nach Westen zum Naturreservat **Majen Chitane** (37°9‘N 9°6‘E). Nach 1,5 km Fahrt auf dem ansteigenden Fahrweg zweigt rechts ein weiterer kleiner Weg ab, der bald am Waldrand endet. Nun muss man auf einem Pfad gen Norden etwa 200 m bergab laufen.

Das 7 ha große Areal gehört geologisch zur Mogod-Bergkette und ist in diesem Bereich dicht mit Korkeichen bewaldet. An den Waldrändern und auf lichten Stellen gedeiht eine Macchie aus Zistrosen und Myrte. Auf der Nordseite des Dj. Chitane befindet sich an dessen Fuß und damit im Zentrum des Reservats ein von Moorflächen umgebener See. Das oft als „Lake of Waterlilies“ bezeichnete Gewässer beherbergt das einzige Vorkommen der Weißen Seerose in Tunesien. Brachsenkraut (*Isoetes velata*), Gewöhnlicher Igelschlauch (*Baldellia ranunculoides*) und Wasser-Hahnenfuß (*Ranunculus aquaticus*) wachsen ebenfalls im See. Die Moorflächen rund um den See werden vom Torfmoos *Sphagnum erectum* gebildet. Moore sind aufgrund der geologischen Eigenschaften des Untergrundes und des davon abhängigen Wasserhaushalts in Nordafrika sehr selten. Umso interessanter sind für zahlreiche Forscher die Untersuchungen von Pollen und Sporen, die Aufschluss über die Evolution der Vegetation in diesem Gebiet über viele Jahrtausende geben.

Lianenreicher Erlen-Eschen-Bruchwald

Dichte Eichenwälder mit alten Baumbeständen

Geschlossene Waldbestände in der Kroumirie

Südabfall der Kroumirie

Zwischen dem an der P7 liegenden Ort Tamra und dem Stausee Sidi Barrak zweigt auch eine Piste zum Cap Negro ab, wo einst eine bedeutende Korallensammelstelle der Franzosen war. Der Strand besteht hier aus größeren Blocksteinen. Der Zufahrtsweg selbst ist stark mit Geröll überhäuft und für den PKW eher ungeeignet.

Einen weiteren schönen Sandstrand erreicht man von der P7 beim Ort Ouchtata, 26 km vor Tabarka. Hier weist ein Schild nach Norden zum **Plage Zouaraa**, unmittelbar nach dem Stausee Sidi Barrak. Die Zufahrtsstraße führt durch ausgedehnte Kiefernwälder, die auf dem losen Sandboden bestens gedeihen. Nach 10 km Fahrt biegt rechts eine Zufahrt zum Damm des Stausees ein. Geradeaus folgt nach weiteren 2 km ein Parkplatz gleich beim Strand. Nun muss man nur noch über die meterhohen, mit dichter Macchie überzogenen Dünen laufen. Die meerwärts gerichtete Dünenseite ist mit Strandhafer bewachsen. Der zur Nebensaison menschenleere breite Sandstrand markiert den Zielpunkt eines Bauprojektes, das bis zum Jahr 2020 von Tabarka die Küste entlang 10.000 Hotelbetten entstehen lassen soll.

Den Stausee kann man von der Hauptstraße aus gut überblicken, und auch südlich der P7 befindet sich ein kleiner Teil des Sees direkt neben der Straße. Je nach Saison lassen sich Schwarzmilan, Kuh- und Graureiher, Flamingo und Regenpfeifer beobachten. Die umliegenden Wiesen- und Weideflächen beherbergen eine interessante Flora. So finden sich teilweise Unkrautfluren mit der dreifarbigen Winde als Leitart. Ein häufiger Geophyt ist die Mittagsschwertlilie.

Auffallend sind die vielen Storchennester in den Dörfern, durch welche die P7 führt. Beinahe jeder Telegrafenmast besitzt ein belegtes Nest. In Sejenane gibt es eine alte Bergbauanlage mit Loren, die auf hoch über dem Boden montierten Schienen stehen. Selbst dieses Industrierelikt haben die Störche erobert. 12 km vor der Stadt Tabarka befindet sich der erst seit 1992 geöffnete Flughafen. Von der P7 geht rechts die Zufahrtsstraße ab, die aus dem Ort und an Wiesen entlang führt. An einer kleinen Kreuzung, an der auch der Wald beginnt, sollte man einen Abstecher nach links machen; die schmale Piste dient als Baustraße und endet blind im Wald. Wenige Meter hinter der Kreuzung kann man den typischen Küstenwald aus Kiefern und Phönizischem Wacholder durchstreifen, der sich im Übrigen von Tabarka bis zum Plage Zouaraa erstreckt.

Die Besonderheit an dieser Stelle ist jedoch ein **Erlen-Eschen-Bruchwald** (36°58'N 8°52'E), wie er nur in den tiefliegenden Ebenen der Vorzone des Mogod-Berglandes vorkommt. Im Boden lagern Mergel, Mergelkalke und graue Kalke mit Hornsteineinlagerungen aus dem späten Paläogen, die den Boden nach unten hin abdichten. So steht in den Senken das Grundwasser, und auch in höher gelegenen Gebieten hält sich nach ausgiebigen Niederschlägen Staunässe. Es kommt zur Vergleyung, bei der durch das Wasser Oxidations- und Reduktionsprozesse in Gang gesetzt werden, die für einen sauren Boden sorgen. In diesen Gleyen bzw. durch Staunässe entstandenen Pseudogleyen stocken Schwarzerlen und Schmalblättrige Eschen. Abgestorbene Baumstämme und deren Stümpfe liegen und stehen kreuz und quer. Dazwischen wuchern Lianen aus Rauer Stechwinde, Macchien- und Brennender Waldrebe (*Clematis flammula*), Windendem Geißblatt, Wildrebe und Efeu. Am Boden bilden Kletten-Krapp und Mittelmeer-Brombeere (*Rubus ulmifolius*) dichte Hecken. Im Frühjahr blüht überall der an einen

In der Kroumirie

Einer der schönsten Abschnitte der Kroumirie

Milchstern erinnernde Glöckchen-Lauch (*Allium triquetrum*). In der artenreichen Krautschicht dieses wie aller Bruchwälder des Nordens wachsen auch viele mitteleuropäische Florenelemente: Gewöhnliches Hexenkraut (*Circaea lutetiana*), die mit der Knotigen Braunwurz verwandte *Scrophularia scorodonia*, Kleinblütiges Fingerkraut (*Potentilla micrantha*), Kriechender

Günsel (*Ajuga reptans*), Kletten- oder Kleblabkraut (*Galium aparine*), Gemeine Schmerwurz (*Tamus communis*), Garten-Schaumkraut (*Cardamine hirsuta*), Purpur- und Glänzender Storchschnabel (*Geranium lucidum*) sind nur einige Arten, die ihren Verbreitungsschwerpunkt viel weiter nördlich in Europa haben.

Im mäßig feuchten Bruchwald leben die beiden einzigen in Tunesien vorkommenden Großlaufkäferarten, *Carabus morbillosus* und *C. famini*. Beide sind bronzefarben mit rötlichem oder grünlichem Glanz und unterscheiden sich durch das Kettenmuster auf ihren Flügeldecken. Gemalter Scheibenzüngler und Berberkröte sind die beiden Amphibienarten, die man regelmäßig antreffen kann. Bemerkenswert ist das Vorkommen der Ringelnatter, das sich generell auf Nordtunesien beschränkt. Die Ringelnatter sonnt sich gern, bei trübem Wetter verkriecht sie sich unter der Borke umgefallener und langsam verrottender Baumstämme. Im Mulm solcher Tothölzer entwickeln sich die Larven des Nashornkäfers und des im Frühsommer

auf Blüten erscheinenden schwarzen, grünlich irisierenden Rosenkäfers *Cetonia funeraria* sowie des samtschwarzen, mit wenigen weißen Stricheln versehenen Rosenkäfers *Potosia morio*. Im Sommer trocknet der Bruchwald fast ab. Lediglich in den Gleyen und den schilfumstandenen Wasserlöchern auf den vorgelagerten Wiesen ist dann noch eine Restfeuchte vorhanden. Dort wächst Schwarzes Kopfried oder Kopfbinse (*Schoenus nigricans*).

Tabarka ist eine moderne, lebendige Kleinstadt mit 15.000 Einwohnern. Der exklusive Urlaubsort besitzt einen langen, feinsandigen Strand und lockt Tauchurlauber und ruhesuchende Gäste an. Da der Ort nur von wenigen Reiseveranstaltern angeflogen wird, ist er auch in der Hochsaison nicht überlaufen. Von Weitem sieht man die auf einem Hügel errichtete genuesische Festung. Sie ist dem Hafen vorgelagert und über einen Damm mit dem Festland verbunden. Vom Hafen aus gelangt man auch zu den bis 25 m hohen Aiguilles-Felsen, die bis zur Spitze von der Meeresbrandung bizarr und kantig ausgewaschen wurden. Vor Tabarka liegen die besten Tauchgründe Tunesiens. Es gibt vier vom tunesischen Tauchverband zertifizierte Basen im Ort. In 15–25 Minuten Bootsfahrt erreicht man die Tauchgründe mit Namen wie Felsen der Barsche, ein 50 x 12 m großer Felsen in 17–33 m Tiefe, an dem sich besonders gut riesige Zackenbarsche beobachten lassen, oder die Tunnels, ein Felsgebiet mit 20 Tunnels, von denen der größte 20 m lang und 3 m im Durchmesser misst. Auch ein Riff aus roten und schwarzen Korallen lässt sich vor der Küste bestaunen. Da sich alle Tauchgründe in ruhigen Gewässerabschnitten und nicht tiefer als 35 m befinden, ist das Gebiet auch für Anfänger gut geeignet.

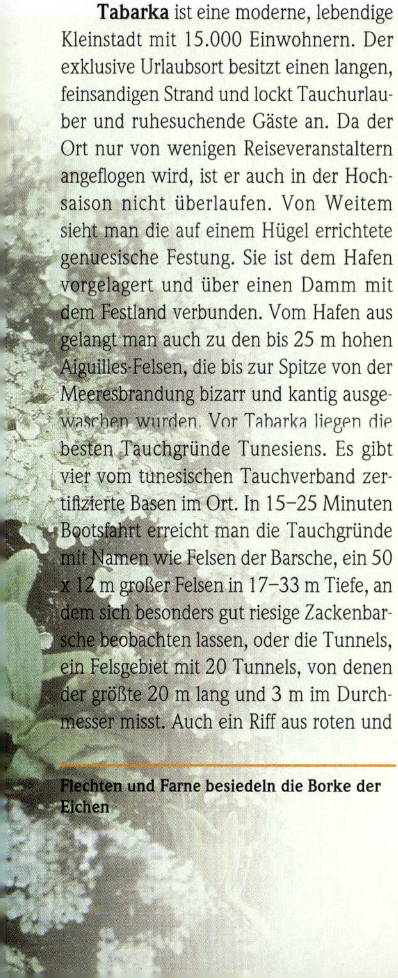

Flechten und Farne besiedeln die Borke der Eichen

Während sich im Stadtzentrum ein paar ältere Hotels befinden, die meist von Einheimischen besucht werden, zieht sich vom westlichen Ortsausgang die etwa 4 km lange Touristenzone am Strand entlang. Zwischen den großen All-inclusive-Hotelanlagen ist noch die angestammte Macchie erhalten, welche die Dünen befestigt und hauptsächlich aus Kermeseichen-Gestrüpp besteht. Dem schließt sich ein Aleppo-Kiefernwald an, der sich wie schon erwähnt bis zum etwa 20 km entfernten Plage Zouaraa erstreckt. Auf Freiflächen im Wald befinden sich kleine Sandgruben, in deren Wände der Bienenfresser nistet. Die häufigsten Schlangen sind Eidechsen-, Kapuzen- und Hufeisennatter. Mit etwas Glück kann man die Berbereidechsen beobachten; wesentlich häufiger trifft man auf die Berberkröte, die nachts oft im Schein der Laternen auf anfliegende Insekten wartet. In der Dunkelheit und besonders an Lichtquellen ist auch der Europäische Halbfingergecko aktiv. Die häufigsten Säugetiere im Küstenwald und der Macchie sind Heckenmaus und Algerischer Wanderigel.

Die Straße der Touristenzone trifft gut 6 km nach ihrem Beginn beim Busbahnhof, der eigentlich nur ein staubiger Platz unter Eukalyptusbäumen ist, auf die P7. Sie ist auf ihrer gesamten Länge mit hohen Laternen bestückt, die nachts von den verschiedensten Insekten sowie Fledermäusen angeflogen werden: Nashornkäfer, Pillendreher, Mondhornkäfer und Walker sind die auffälligsten Käfer, auf die man bei warmem Wetter ab Ende April nachts beobachten kann. Der Walker (*Polyphylla fullo*), der v. a. von Ende Mai bis Anfang Juli in der Dämmerung fliegt, ist mit rund 3,5 cm der größte Vertreter der Familie der Maikäfer. Auf der Oberseite ist er braunschwarz mit unregelmäßiger weißer

Einer der wenigen, ständig Wasser führenden Flüsse

Marmorierung. Das Männchen hat auffällig lange, in einen siebenteiligen Fächer endende Fühler – beim Weibchen sind die Fühler kurz und fünfteilig. Diese Käfer leben in sandigen Lokalitäten, die mit Kiefern bestockt sind. Nimmt man einen Walker in die Hand, lässt er ein zirpendes Geräusch hören: Der Käfer striduliert, um

Flusslauf in der Kroumirie

damit Fressfeinde abzuwehren. Auch andere Käfer wie Nashorn- und Bockkäfer besitzen diese Fähigkeit.

Am Rande von Tabarka, an der Straße nach Ain Draham, befindet sich das **Korkmuseum**. Es informiert über interessante Details der Korkproduktion,

Die Süßwasserkrabbe *Potamon fluviatile* lebt auch an Land

des wichtigsten Wirtschaftszweiges der Region. So wird die Korkeiche erstmals im Alter von 15 Jahren geschält. Knapp über dem Boden und in etwa 2 m Höhe wird hierfür die Korkrinde eingeschnitten, vier senkrechte Schnitte folgen. Dann wird geschält, aber nicht zu tief, um den Baum nicht zu verletzten. Frisch geschälte Bäume sind rostrot. Die äußere Rinde wächst langsam wieder nach, und alle 8–10 Jahre kann eine etwa 3 cm dichte Korkrindenschicht geerntet werden. Die Bäume erreichen ein Alter von 150 Jahren. Verwendung findet Kork als Flaschenkorken, aber auch für Dachschindeln oder Fußbodenbelag. Der mit Abstand meiste tunesische Kork stammt aus der Kroumirie und wird als Flaschenkorken nach Italien und Frankreich exportiert. Tunesien liegt an sechster Stelle der Weltproduktion.

Ein paar Kilometer hinter Tabarka in Richtung Ain Draham befindet sich beim Dorf El Bhira eine kleine **Teichlandschaft**

Das Hochmoorgebiet Dar Fatma

(36°54'N 8°44'E) rechts der Straße. Sie ist von der Straße aus schwer zu entdecken, da ein kleiner Erdwall die Sicht verdeckt. Hinter diesem Wall liegen in niederschlagsreichen Jahren Teiche, in trockenen Jahren nur große Pfützen, deren Ufer stark mit Schilf umwachsen sind. An den lehmigen, vegetationslosen Ufern hat man Gelegenheit, die Maurische Bachschildkröte zu beobachten, aber auch die Vipernatter kommt vor. Hinter den Teichen fließt der Gebirgsfluss Oued El Kébir, der hier in fast ruhigen Bahnen seinem Ende im Meer bei Tabarka entgegensieht. In den Abbruchwänden nisten Bienenfresser. Einige Kilometer weiter sind durch einen Dammbau, der offensichtlich den Fluss anstauen soll, ebenfalls kleinere Teiche entstanden, die es zu erkunden lohnt.

Die Straße führt bald stets bergan und windet sich nun in Serpentinen durchs Gebirge. Beinahe hinter jeder Kurve steht ein Verkäufer, der Pistazien oder regionale Souvenirs anbietet – Holzschnitzereien, darunter auffallend viele Hirsche und Kochlöffel, sowie in Korkrindenröhren getopfte Pflanzensprösslinge; beliebt ist dafür der hier überall häufige Großblättrige Mäusedorn (*Ruscus hypophyllum*). Über 20 km hinter Tabarka ist das Dorf

Im Mittelmeerraum weit verbreitet: die Süßwassergarnele *Atyaephyra desmaresti*

Blick auf Tabarka mit der genuesischen Festung

Babouche erreicht, welches am Eingang zu einer Schlucht erbaut wurde. Die nach links führende C44 schlängelt sich am Talgrund durch die Schlucht hindurch. Hier gibt es einen Wildpark, der auch ein guter Ausgangspunkt zu Wanderungen in den Wald ist. Die C44 führt durch dichte Eichenwälder bis in den Ort Hammam Bourguiba, wo sich ein gutes Vier-Sterne-Hotel befindet – ideal für alle, die den Wald erkunden möchten und nicht bis Tabarka oder Ain Draham fahren wollen.

Ein paar Kilometer hinter dem Dorf Babouche folgt schließlich Ain Draham, der Luftkurort Tunesiens. Selbst im Hochsommer ist es hier angenehm mild, und im Winter ist auch Schnee keine Seltenheit, sodass die Häuser des Ortes Ziegeldächer besitzen. Der Ort befindet sich mitten im **Kroumirie-Gebirge**, das sich von Tabarka ca. 50 km gen Süden erstreckt. Es bildete sich vor 70–35 Mio. Jahren, von der Unterkreide bis zum mittleren Paläogen, dem Eozän, in den Vortiefen der aufstrebenden Faltengebirge. Damals war das Land noch vom Meer überspült, und es lagerten sich auf dem Bodengrund Sedimente ab, die als Flysch bezeichnet werden. Flysch ist ein Sammelbegriff für glimmer- und glaukonitreiche Sandsteine, Mergel, Schiefertone und Kalksteine, die in der Kroumirie in wechselnden Decken geschichtet sind. Diese fossilarmen Gesteine besitzen eine geringe Festigkeit und neigen zum Abrutschen, dem sog. Fließen. Eindrucksvoll demonstriert die Natur dies im Frühjahr, wenn manchmal Teile der Straße Tabarka – Ain Draham ein Stück ins Tal absacken.

Die Kroumirie ist nach einem Volksstamm benannt, der hier beim Einmarsch der Franzosen 1881 heftigsten Widerstand leistete. Sie ist das am dichtesten bewaldete Gebiet Tunesiens. Ihre Wälder werden hauptsächlich aus Korkeichen gebildet, vereinzelt stocken darin auch Algerische Eichen, seltener Esskastanie (*Castanea sativa*), Elsbeere (*Sorbus torminalis*), Vogelkirsche und Feldahorn (*Acer campestre*). Auf gerodeten oder anderweitig degradierten Stellen wurden Aleppo-Kiefer und kleinflächig auch Stern-Kiefer angepflanzt. An den Waldrändern und lichtdurchfluteten Stellen im Wald wachsen Baumheide, Dreiblütiger Geißklee, Salbeiblättrige (*Cistus salvifolius*) und Montpellier-Zistrose, Steinlorbeer (*Viburnum tinus*), Westlicher Erdbeerbaum, Eingriffeliger Weißdorn, Herbst-Seidelbast (*Daphne gnidium*), Immergrüner Kreuzdorn (*Rhamnus alaternus*) sowie verschiedene Ginsterarten, darunter *Genista ulicina* und *G. aspalathoides*.

Die Krautschicht besteht aus schatten- bzw. halbschattenliebenden Pflanzen, die bevorzugt auf sauren bis neutralen Böden gedeihen. Gemeine Schmerwurz (*Tamus communis*), Afrikanisches Alpenveilchen, verschiedene Storchschnabelarten, Italienischer Aronstab, mehrere Labkräuter der Gattung *Galium*, Stängellose Primel (*Primula vulgaris*), Hainveilchen (*Viola riviniana*), Waldsanikel (*Sanicula europaea*), Zitronenmelisse (*Melissa officinalis*), Kleines Tausendgüldenkraut (*Centaurium pulchellum*), Nelkenwurz (*Geum sylvaticum*), Gewöhnlicher Rippenfarn (*Blechnum spicant*), Kletten-Krapp, Zimbel-Ehrenpreis (*Veronica cymbalaria*), Polei-Minze und die mit dem Waldmeister verwandte Art *Asperula laevigata* sind nur einige Vertreter im Unterwuchs dieser Eichenwälder.

Die Stämme und größeren Äste der Eichen sind reich an Flechten. So wächst die filigran verästelte *Cladonia rangiformis* überall auf der Borke der Korkeichen. Vor allem die Äste der Algerischen Eichen sind zudem oft mit weiteren Epiphyten besetzt, wie dem Südlichen Tüpfelfarn. Nach den ersten Regenfällen zum Ende des Jahres sind die Eichenwälder ein ausgezeichnetes Revier zum Pilzesammeln. Besonders der Schwarzhütige Steinpilz, dessen Myzel an die Korkeiche gebunden ist, wächst in großer Zahl.

Die Wälder der Kroumirie sind recht wildreich. Vor allem das Wildschwein hat sich durch das Fehlen von größeren Raubtieren stark ausgebreitet, und so werden jährlich von Oktober bis Januar von den ansässigen Hotels und Reiseagenturen Treibjagden organisiert. Bereits die Franzosen schätzten im ausgehenden 19. und Anfang des 20. Jh. die Großwildjagd. Nach gesicherten Nachweisen wurde 1891 bei Babouche der letzte Löwe erlegt, 1934 der letzte Leopard.

Aiguilles-Felsen am Hafen von Tabarka
Foto: U. Liebscher

Einen guten Überblick über die Wälder der Kroumirie erlangt man vom Berg **Col des Ruines**. Ab dem Ortszentrum sind es 2,1 km zurück in Richtung Tabarka, bis links die Zufahrt zum Hotel Nour el Ain abzweigt. Ab dem Hotel geht man am besten zu Fuß zum nicht einmal 1 km entfernten Gipfel weiter. Der besteht aus einer waldfreien Anhöhe, die nach we-

Das Nordafrikanische Wildschwein (*Sus scrofa barbarus*) wird stark bejagt

nigen Gehminuten abseits des Hauptweges erreicht ist. Der Weg trifft nach insgesamt etwa 2,5 km wieder auf die Straße, welche nach Ain Draham führt. Der Col des Ruines besitzt für die Einwohner Ain Drahams die Funktion eines Stadtparks, sodass er auf verschiedenen Wegen vor allem an den Wochenenden stark frequentiert wird. Zwischen den hier stockenden Kork- und Algerischen Eichen wurden in den 1960er-Jahren auch Stern- und Monterey-Kiefern angepflanzt. Eine Besonderheit in der Macchie ist die Stechpalme und der reichlich vorkommende Dreiblütige Geißklee, welcher von den durchziehenden Ziegen besonders geschätzt wird. Auch der höchste Berg der Region befindet sich unmittelbar bei Ain Draham. Um ihn zu erreichen, fährt man ab dem Ortszentrum in Richtung Jendouba. Nach wenigen Hundert Metern wird die Straße breiter, die Bordsteine besitzen eine rot-weiße Parkverbotsmarkierung. Hier geht links die Straße zum Djebel Bir ab. Sie windet sich gut 3 km bis zum 1.014 m hohen Gipfel, der militärisches Sperrgebiet ist.

Die P17 führt in Richtung Jendouba entfernt am östlich im Tal liegenden **Stausee Beni M´tir** vorbei. Er ist etwa 10 km lang und fasst 80 Mio. Kubikmeter Wasser. Gespeist wird er durch den Oued el Lil und die Berghänge der Kroumirie. Da er im wasserreichsten Gebiet Tunesiens liegt, zählt er mit zu den wichtigsten Stauseen.

Entlang der Straße weisen immer wieder auch Schilder zum Schutzgebiet Camp des Chénes. Auf Waldwegen gelangt man in dieses Schutzgebiet ebenso wie in

Teiche bei El Bhira

das weit im Südosten von Ain Draham liegende **Naturreservat von Ain Zana** (36°47‘N 8°52‘E). Der Ort Ain Zana selbst befindet sich schon in Algerien, die 47 ha große Fläche des Reservats erstreckt sich aber entlang des Oued Zana auf tunesischem Territorium zu beiden Seiten einer Schlucht, die mit Kork- und Algerischer Eiche sowie der seltenen Hybridform *Quercus afares* bewaldet ist. Bedeutsam ist das Gebiet durch das Vorkommen des Atlas-Hirsches, der durch das Reservat zieht.

Von Ain Draham gelangt man auf der Straße nach Beja zum **Moor Dar Fatma** (36°48‘N 8°46‘E). Im ersten Dorf nach Ain Draham weist auf der linken Straßenseite ein altes gelbes Schild mit einem Nadelbaum den Weg. Nach dem Dorf wird aus einer Piste eine asphaltierte schmale Straße, die etwa 25 km durch Eichenwald bis zum Dorf Dar Fatma führt. Sollte man das Schild im ersten Dorf verpassen, gibt es auch im nächsten noch einmal die Möglichkeit, an solch einem Schild vorbei zum Moor zu gelangen. Das Torfmoor selbst sowie angrenzende Flächen sind eingezäunt und können nicht betreten werden. Ein Rundgang, beginnend an der Forstverwaltung hinter dem eingezäunten Bereich an der Straße, ist dennoch möglich.

Das Moor befindet sich in 780 m Höhe auf einer großen, baumlosen Wiesenfläche und ist für Nordafrika einzigartig. Die einzelnen Mooraugen sind zwischen 2 und 6 m im Durchmesser. Entstanden ist es in kleinen überschwemmten Tälchen, welche sich langsam mit Vegetation zusetzten, bis sich letztendlich auch Torfmoose der Gat-

Süßklee-Wiesen im Umland des El-Feidja-Nationalparks

Bergland um El Feidja

tung *Sphagnum* ansiedelten. Der abgesetzte Torf enthält bis zu 50 % Kohlenstoff.

Das Gebiet beherbergt etliche andernorts seltene wie auch gemeine Pflanzen: So sind das Johanniskraut *Hypericum afrum*, das Fingerkraut *Potentilla repens*, das Gänseblümchen *Bellis repens*, der Gauchheil *Anagallis crassifolia*, das Quellkraut *Montia fontana* sowie Erdklee (*Trifolium subterraneum*) und Italienischer Aronstab häufige und bis auf die zwei letztgenannten Arten charakteristische Pflanzen dieses Biotops. Wie überall ist auch hier Überweidung eines der Hauptprobleme, was der massenhaft verbreitete Adlerfarn anzeigt. Der angrenzende Wald aus Kork- und Algerischen Eichen ist mit Baum-Heide und Herbst-Seidelbast (*Daphne gnidium*) durchsetzt.

Die wohl schönste Route durch das **Bergland der Kroumirie** beginnt östlich von Tabarka. Auf der P7 in Richtung Flughafen zweigt noch vor dem Flughafen eine Straße rechts nach Ain Snoussi ab. Sie windet sich mäßig ansteigend den Berg hinauf und führt durch einige Bergdörfer. Die Bevölkerung dieser Region geht hauptsächlich der Viehhaltung nach (Schafe und vor allem Ziegen, gelegentlich auch Rinder); ein Indiz für stark überweidete Wiesen sind das häufige Vorkommen von Affodill-Arten, Peru-Blaustern, Meerzwiebel, verschiedenen Wegerich-Arten (*Plantago* spp.) und stellenweise das Massenauftreten des Adlerfarns. Anfangs herrscht eine überwiegend aus Zistrosen bestehende Macchie vor, die mit zunehmender Höhe in lockeren Korkeichenwald übergeht. Auf der Ge-

Bergmassiv des Djebel Goraa vor Téboursouk

genseite der Berge nähert sich die Straße dann ganz allmählich wieder dem Tal. Im Frühjahr blühen entlang der Straße und auf waldfreien Lichtungen überall Zistrosen.

Der landschaftlich schönste Teil beginnt mit Erreichen eines Gebirgsflusses. Im Frühjahr kann dieser kleine Fluss zu einem reißenden Strom anschwellen, im Frühsommer zeugen nur noch ein paar Resttümpel abseits des Flussbettes vom Hochwasser. In ruhigen Flussabschnitten lassen sich Maurische Bachschildkröte, Vipernatter und Wasserfrosch beobachten. Die Algerische Barbe und die Elritzenverwandte *Pseudophoxinus callensis* sind die zwei häufigsten Fischarten, die man bei klaren Sichtverhältnissen im Wasser sehen kann. Außerdem leben die mediterran weit verbreitete Süßwassergarnele *Atyaephyra desmaresti* und die Süßwasserkrabbe *Potamon fluviatile* im Fluss. Während die Süßwassergarnele nur im sauerstoffreichen Flusswasser vorkommt und bereits bis Mitteleuropa vorgedrungen ist, lebt die Süßwasserkrabbe auch abseits der Gewässer und hat ihre Verstecke oft unter Steinen, wo eine Restfeuchte vorhanden ist. Die Ufer sind üppig mit Oleander bestanden, der zu Beginn des Sommers prachtvoll in rosa Blüte steht. Die teilweise recht steil ansteigenden Hänge sind mit Korkeichen bewachsen, aus denen vereinzelt eindrucksvolle alte Baumriesen ragen. Ein Talabschnitt wird von Felsen überragt, unterhalb reichen glatte Felswände bis in den Fluss.

Die Straße führt über eine Brücke, und von da ab entfernt sie sich stetig

Das römische Dougga

vom Fluss. Nach mehr als 30 km vom Ausgangspunkt in Ain Snoussi trifft sie auf eine größere Hauptstraße. Links führt diese nach Beja, rechts nach Ain Draham. In Richtung Ain Draham gelangt man an Eichenwäldern, Korkrindenlagerplätzen und im Frühjahr sattgrünen Feldern vorbei. Nach einigen Kilometern zweigt links eine Straße nach Bou Salem ab. Diese führt anfangs durch Eichenniederwald, in dem durch ständige Brennholzernte die Bäume nur von geringer Höhe und kleinem Stammdurchmesser sind. Im Frühjahr und zeitigen Sommer findet man entlang dieser Route größere Pfützen und Tümpel vor. Sie sind aufgrund des mergeligen und teilweise felsigen Untergrundes lange mit Wasser gefüllt und bieten damit Amphibien und Insekten, vor allem Libellen, die Möglichkeit der Fortpflanzung. Besonders hervorzuheben ist das Vorkommen des Algerischen Rippenmolches in diesen Kleingewässern, aber auch Gemalter Scheibenzüngler und die Vipernatter sind oft vertreten. An den jährlich beständig wasserführenden großen Pfützen entwickelt sich eine beacht liche Flora aus Binsen, Wasserhahnenfuß und Froschlöffel (*Alisma* sp.).

Die Straße windet sich nun durch den Eichenwald einen Gebirgszug empor. Die sonnenbeschienenen Waldränder sind Aufenthaltsort von Berbereidechse, Maghreb-Mauereidechse und Algerischem Sandläufer. Im morschen Holz toter Eichen entwickeln sich zahlreiche Insektenarten; ab Mai fliegen in der Dämmerung eindrucksvolle Käfer, darunter Eichenbock, Hirsch- und Nashornkäfer. Mit zunehmender Höhe werden die Eichen durch das mildere, weniger sommerheiße Klima und den verbesserten Wasserhaushalt, bedingt durch die Stauwirkung der Berge, immer größer. Der Gebirgskamm erreicht schließlich die 1.000-Meter-Marke und fällt auf der Südseite relativ rasch ab.

Die Vegetation nimmt wieder Macchiencharakter an, Ginsterarten herrschen vor. Auf frischen Wiesen weiden Rinder, Pferde und Esel. Hier findet man im Frühjahr zahlreiche Blütenpflanzen wie Mittagsschwertlilie, Byzanz-Siegwurz, Peru-Blaustern und von den Weidetieren verschmähte Affodill-Arten. Von Frühjahr bis in den Sommer wachsen auf den Hangwiesen schmackhafte Wiesenchampignons. Nachdem ein Bergzug passiert ist, der die Auffaltung des Kalksteins eindrucksvoll demonstriert, wird die Landschaft steppenartig und im Tiefland immer weniger spektakulär. Vor Bou Salem geht sie dann in Kulturland über.

Ganz im Nordwesten Tunesiens befindet sich 49 km nordwestlich der Stadt Jendouba und 17 km nordwestlich von Ghardimaou der **Nationalpark El Feidja** (36°31'N 8°19'E). Dieses 1990 gegründete Schutzgebiet grenzt an Algerien und hat dort im El-Kala-Nationalpark seine Fortsetzung. Durch das 35.000 ha große Reservat zieht sich eine Piste, die bis nach Algerien reicht. Zum Nationalpark gelangt man auf der von Osten kommenden P6. In Ghardimaou folgt man der Hauptstraße, die, nachdem sie einen Oued überquert hat, in nordöstlicher Richtung aus dem Ort nach Ain Soltane führt. Der El-Feidja-Nationalpark stellt das bestgeschützte Bergland der Kroumirie dar. Allerdings hat das auch zur Folge, dass ohne Genehmigung aus Tunis niemand hinein darf. Beim Dorf Ain Soltane ist an einer Schranke Endstation. Lohnenswert ist ein Ausflug in das Bergland dennoch, da die Straße auch hinter dem Dorf weiterführt. Im Frühjahr und Frühsommer gelangt man an blumenübersäten Bergwiesen vorbei, an klobigen Felsgipfeln, die aus der sanften Hügellandschaft ragen, und durch üppig grüne Eichenwälder. Der Jahresniederschlag variiert zwischen 1.200 und 2.000 mm, und Schnee fällt beinahe jedes Jahr. Es gibt zahlreiche Quellen und Wasserläufe im Park.

Die Vegetation des Gebietes wird von Wäldern aus Kork- und Algerischer Eiche und mediterraner Macchie mit den Charakterpflanzen Montpellier-Zistrose, Baum-Heide, Myrte und Westlichem Erdbeerbaum dominiert. Wer einmal die Vielfalt der an Wasserläufen wachsenden Pflanzen studiert hat oder über Bergwiesen spaziert ist, kann nachvollziehen, warum hier mehr als 700 Pflanzenarten gezählt wurden, darunter seltene Farne und viele Orchideen wie Stendelwurz, Waldhyazinthe, Waldvögelein und Zungenstendel.

Auch die Süßgräser sind zahlreich vertreten: Neben dem häufigen Mittelmeer-Perlgras (*Melica minuta*) kommen je nach Standortbedingungen Großes Zittergras (*Briza maxima*), verschiedene Schwingel wie der endemische *Festuca drymeja* var. *grandis*, Zwenken (*Brachypodium* spp.), Flattergras (*Milium montianum*), Trespen (*Bromus* spp.), Gemeines Ruchgras (*Anthoxanthum odoratum*), Kammgras (*Cynosurus elegans*), Schillergras (*Koeleria pubescens*), Lieschgras (*Phleum arenaria*), Federschwingel (*Vulpia ciliata*), Samtgras oder Hasenschwänzchen (*Lagurus ovatus*), Knäuelgras (*Dactylis glome-*

Bulla Regia ist wegen seiner römischen Steinmosaike bekannt

rata) sowie diverse Seggen (*Carex* spp.) und Hainsimsen (*Luzula* spp.) vor.

Die Wiesen und Waldränder sind von Salbei-Gamander, Wirbel-Dost (*Calamintha clinopodium*), Knotigem Klettenkerbel, Leinblättrigem Gauchheil (*Anagallis monelli*), Echtem Bartpippau (*Tolpis barbata*), dem Pippau *Crepis bulbosa*, Gemischter Kamille (*Chamaemelum mixta*), der Skabiose *Scabiosa rutaefolia*, dem Natternkopf *Echium lycopsis*, den Mannstreu-Arten *Eryngium bove* und *E. tricuspidatum*, diversen Johanniskräutern (*Hypericum* spp.) und Glockenblumen der Gattung *Campanula* bewachsen. Unter den Zwiebel- und Knollengeophyten sind besonders Mattiazzi-Graslilie, Doldiger Milchstern (*Ornithogalum umbellatum*) und Wilde Tulpe hervorzuheben. Der Frühsommer gehört den Schmetterlingsblütlern: Auf vielen Wiesen ist der Kronen-Süßklee vorherrschend, der an seinen auffälligen karminroten Blütentrauben gut zu erkennen ist. Andere Leguminosen der Region sind Viersamige Wicke (*Vicia tetrasperma*), die Platterbse *Lathyrus sphaericus*, Schmalblättriger-, Feld-, Hasen- (*Trifolium arvense*) sowie Cherlers-Klee (*T. cherleri*).

Über 70 Vogelarten sind im Park verzeichnet. Viele davon sind typische Arten der Paläarktis, die hier ihre südlichste Verbreitung erreichen. Dazu zählen Blau- (*Parus caeruleus*), Kohl- (*P. major*) und Tannenmeise (*P. ater*), Ringeltaube (*Columba palumbus*), Misteldrossel (*Turdus viscivorus*), Amsel (*T. merula*), Rotkehlchen (*Erithacus rubecula*), Gartenbaumläufer (*Certhia brachydactyla*), Zaunkönig (*Troglodytes troglodytes*), Fichtenkreuzschnabel (*Loxia curvirostra*), Kernbeißer (*Coccothraustes coccothraustes*), Sommer- (*Regulus ignicapillus*) und Wintergoldhähnchen (*R. regulus*), Eichelhäher (*Garrulus glandarius cervicalis*), Waldohreule (*Asio otus*), Waldkauz (*Strix aluco*), Schleiereule (*Tyto alba*), Wendehals (*Jynx torquilla*) sowie Bunt- (*Dendrocopos major*) und Kleinspecht (*D. minor*). Der nur in Nordwesttunesien vorkommende Atlasgrünspecht (*Picus vaillantii*) ist eine eng mit dem europäischen Grünspecht (*P. viridis*) verwandte Art. Bei der hier lebenden nordafrikanischen Unterart des Buchfinks (*Fringilla coelebs africana*) ist das Männchen auf dem Rücken grün und am Bauch blassgrau mit einem leichten Rosaton gefärbt. Auch für den mediterranen Eichenwald weniger typische Vögel wie die Waldschnepfe (*Scolopax rusticola*) kommen vor. Von den zahlreichen Greifvögeln, die hier leben, brüten Zwerg- und Schlangenadler, Schwarzmilan, Sperber (*Accipiter nisus*), Turm- und Baumfalke regelmäßig.

In dem einst sehr wildreichen Gebiet wurde 1909 bei Ain Soltane der letzte Löwe geschossen. Ein kleineres Raubtier, der Serval, welcher derzeit in Dar Chihou auf Cap Bon gezüchtet wird, soll hier wieder heimisch werden.

Von den 25 heute vorkommenden Säugetierarten ist der Atlashirsch das Aushängeschild des Nationalparks. Diese Unterart des Rothirsches wurde beinahe ausgerottet und konnte nur durch gezielte Wiederansiedlung gerettet werden. Die Hirsche werden in einem 400 ha großen Gehege nachgezüchtet. Der Gesamtbestand des Atlashirsches wird heute auf 800 Tiere geschätzt, von denen 50–60 im angrenzenden Algerien leben. In Marokko ist der Atlashirsch ausgestorben, das dortige Rotwild stammt aus Europa. Die größte direkte Bedrohung für die Hirsche geht von illegalen algerischen Jägern aus, die nicht zögern, in tunesisches Territorium einzudringen, doch für den gesamten Nationalpark sind Waldbrände potenziell am gefährlichsten: So hat 1994 ein Waldbrand große Flächen zerstört.

Von den in Tunesien zahlreich vorhandenen antiken baulichen Überresten der Phönizier und Römer sind für naturkundlich interessierte Reisende nur wenige wirklich sehenswert. Etwa auf halber Strecke zwischen Ghardimaou und Jendouba zweigt die Zufahrt nach **Chemtou** von der P17 ab. Diese einstige römische Siedlung erreicht man außerdem auf der P17 von Ain Draham in Richtung Jendouba. Kurz vor der Stadt Jendouba führt die C59 links nach Ghardimaou und Chemtou. An dieser Kreuzung geht in entgegengesetzter Richtung auch die Straße nach Bulla Regia ab. Chemtou ist vor allem wegen seiner Marmorsteinbrüche bekannt, in denen der wertvolle numidische Marmor gebrochen wurde. Das gelb und rötlich gebänderte Gestein war als Baumaterial für Prunkbauten in Rom sehr gefragt. Seit dem 1. Jh. v. Chr. mussten Zwangsarbeiter im Steinbruch arbeiten, gleich daneben befand sich das Arbeitslager. Chemtou liegt am ganzjährig wasserführenden Medjerda, was den Aufstieg der damals noch Simitthus genannten Siedlung zu einer römischen Stadt ebenso begünstigte wie die gewinnbringenden Steinbrüche und die Wegkreuzung zweier Handelswege. Heute können noch Bauwerksreste besichtigt werden, die typisch für eine römische Stadt waren: Bühnen- und Amphitheater, Thermen, die Forumsbasilika sowie Überbleibsel eines Aquäduktes, das sich über die Medjerda-Ebene zog.

Bulla Regia stellt neben Dougga und Sbeitla eine der am besten erhaltenen römischen Städte dar. Die kurze Anfahrt von der P17 führt direkt zur Ausgrabungsstätte. Ab 50 n. Chr. wurde Bulla Regia eine römische Stadt, zuvor war sie etwa 200 Jahre Hauptstadt des numidischen Reiches unter einem Berberkönig. Zwischen den Trümmern der Wohnhäuser, Thermen, Tempel und dem Forum entwickelt sich im Frühjahr eine üppige Ruderalflora. Da das Gelände größtenteils eingezäunt ist, bleibt die Beweidung minimal. Im hinteren Teil befinden sich etliche freigelegte römische Mosaike. In den durch das Ausgraben entstandenen Vertiefungen sammelt sich im Frühjahr manchmal das Regenwasser. Diese Pfützen werden von Kuhreihern gern besucht. Die Ruinen bieten einen idealen Lebensraum für Wiedehopf, Steinkauz, Blaumerle und Mittelmeer-Steinschmätzer. Auch für Reptilien, wie die im gesamten Norden häufige Hufeisennatter, gibt es zahlreiche Verstecke in den Steinmauern. Eine Besonderheit unter den ansonsten dunklen Schwarzkäfern ist der 1,5 cm große *Sepidium* sp., der hellbeige ist und über den gesamten Körper zur Tarnung Reihen verschieden großer Höcker besitzt. Der andernorts selten zu sehende Käfer ist hier häufig.

Eine weitere sehr sehenswerte ehemals römische Stadt ist Dougga. Von Bou Salem sind es 42 km nach Südost bis zur Stadt Téboursouk. Bereits 20 km vor Téboursouk gewinnt das um Bou Salem eher landwirtschaftlich geprägte Umland an Struktur. An der C75 beginnt linker

Hand der Foret de Djonaouda, einer der wenigen größeren Aleppo-Kiefernwälder Tunesiens.

Dem schließt sich ein Gebirgsmassiv an, welches seinen höchsten Punkt 12 km vor Téborsouk am **Djebel Goraa** mit 963 m ü. NN hat. Dieser Berg besteht aus einer störungsfreien Schichtfolge aus Gesteinen von der Oberkreide bis zum mittleren Paläogen, genauer vom Maastricht bis zum Eozän. Beim Dorf Thibar zweigt von der C75 eine Straße ab, die sich am Hang entlang bis zum wenig besuchten römischen Djebba windet, von dem der Triumphbogen das einzig noch einigermaßen erhaltene Bauwerk ist. Bemerkenswert sind aber die über 100 Megalithgräber aus dem späten Neolithikum, mit einem Alter von ungefähr 3.500 Jahren. Damit weist das Gebiet die meisten Dolmen der Jungsteinzeit auf. Weitere Gräber finden sich in der Umgebung von Makhtar. Von einem Plateau genießt man einen schönen Ausblick auf die landwirtschaftlich genutzte Ebene. Ein ausgebauter Weg führt zu kleinen Wasserfällen, die hauptsächlich im Frühjahr einen Besuch wert sind. Zu dieser Jahreszeit lohnt ein Spaziergang oder der Aufstieg auf das Gipfelplateau des Berges schon allein wegen der Fülle an Wildblumen. Bereits auf der Anfahrt fallen überall entlang der C75 typische Ringel- und Wucherblumengesellschaften sowie Süßkleefluren mit ihren Begleitarten an den Berghängen, Acker- und Straßenrändern auf.

Vorbei am Bergzug des Dj. Goraa mit seinen im Frühling sattgrünen Wiesen und blumenübersäten Hängen gelangt man nach Téboursouk und von dort nach einigen Kilometern ins gut ausgeschilderte **Dougga**. Im 4. Jh. v. Chr. von den Numiden gegründet, war es später römisch und wurde bis zur ersten Hälfte des 20. Jh. noch besiedelt. Später erfolgte eine Umsiedlung der Einwohner, heute zählt Dougga zum Weltkulturerbe. Das 25 ha große Ruinengelände ist umgeben von Wiesen und Olivenhainen. Ganz in der Nähe befindet sich eine Quelle. Zwischen den Ruinen des Theaters, des Kapitols oder der Thermen kann man Mittelmeer-Steinschmätzer, Blaumerle, Einfarbstar und Steinkauz beobachten. Da das Gelände nur mäßig beweidet wird, entwickelt sich im Frühjahr eine reiche Flora. Besonders auffallend ist die Große Wachsblume mit gelben, purpurviolett überlaufenen Blütenständen. Gelegentlich bieten Einheimische alte römische Münzen an, die sie offensichtlich bei Feldarbeiten gefunden haben. Vom deren Erwerb sollte man unbedingt Abstand nehmen, da die Ausfuhr antiker Gegenstände jeglicher Art streng verboten ist.

Umgebung von Ain Soltane

Die Dorsale von Zaghouan bis Makthar

Rund 50 km südlich von Tunis erhebt sich der **Djebel Zaghouan** (36°22'N 10°5'E) aus dem Bergrücken der Dorsale. Der weithin sichtbare, markante Doppelgipfel, dessen Kern aus Gesteinen der Jurazeit besteht, ist mit 1.295 m ü. NN der größte Domberg Nordtunesiens. Während seine Südostflanke scharf abfällt und Mergel und Sandsteine aus dem mittleren Paläogen, dem Eozän, aufweist, stehen auf den anderen Seiten Schichten aus der Kreidezeit an. Diese sind teilweise recht fossilreich. Aus dem graugrünen Schiefermergel der Unterkreide kennt man verschiedene Ammoniten, darunter je vier *Phylloceras*-, *Parahoplites*- und *Desmoceras*-Arten, zwei *Douvilleiceras*-Arten sowie *Hoplites revoili*, *Oppelia nisus* und *Puzosia getulina*.

Die Bergbautätigkeit hat am Djebel Ressas eine lange Tradition

Bei El Fahs ist Regenfeldbau noch möglich

Am Fuße des Berges befindet sich das Nymphäum, eine eingefasste Quelle, die in Zaghouan touristische Hauptattraktion ist. Von hier verlief ein römischer Aquädukt ins 56 km entfernte Tunis, der die Wasserversorgung der Stadt sicherstellte. Aus Richtung Tunis auf der C133 kommend, führt nach dem Kreisverkehr am Ortseingang die erste Straße rechts zum Nymphäum. Die Straße steigt leicht an, und bald weisen Schilder mit der Aufschrift „Temple des Eaux" den Weg. Auf den Berg selbst gelangt man, indem man ein paar Meter vor dem Parkplatz rechts abbiegt. Eine schmale Straße führt 12,3 km den Berg hinauf, bis ein Schild die Weiterfahrt verbietet. Der Gipfel ist militärisches Sperrgebiet.

Der Doppelgipfel des Djebel Zaghouan

Die Straße verläuft anfangs in westlicher Richtung durch Kiefernwald und mit Halfagras durchsetzter Macchie. Häufig lassen sich hier Felsenhuhn und Diademrotschwanz beobachten. Die schmale Straße windet sich an der Westseite den Berg hinauf und gibt Ausblicke auf das Umland und die Felsen frei. Mit zunehmender Höhe tritt anstelle der Kiefern eine Macchie aus Mastixstrauch, Johannisbrotbaum, Ginster, Rosmarin und Strauchiger Kugelblume. Der Dj. Zaghouan ist sehr orchideenreich. Die Gelbe Ragwurz ist hier wie in der ganzen nordöstlichen Region Tunesiens eine häufige Orchidee. Doch wegen der Beweidung – selbst

Akazienaufforstung am Stausee von Zaghouan

durch Rinder – bedarf es schon intensiver Suche, um diese Art wie auch Spiegel- und Tunesische Ragwurz oder das Langspornige Knabenkraut zu entdecken. Nach 10, 5 km gelangt man an der Moschee Sidi bou Gabrine vorbei. Hier kann man beispielsweise parken und die restlichen knapp zwei Kilometer auf der kaum befahrenen Straße weiterwandern. Gegenwärtig wird auf dem Djebel Zaghouan ein 2.000 ha großer Nationalpark errichtet.

Blickt man auf die Ebene hinab, fallen einige Staubecken nördlich und nordwestlich des Berges auf. Der größte und interessanteste Stausee befindet sich jedoch östlich von Zaghouan an der C35. Auf Höhe des Dammes macht diese Straße einen Schlenker; geradeaus führt noch vor dem Stausee eine Piste zum Damm bzw. gleich wieder rechts in die davor bestehenden **Akazien-Anpflanzungen** (36°19'N 10°21'E) bis zu den Abflüssen des Beckens. Zur Renaturierung wurden vor dem Damm großflächig Akazien gepflanzt, dazwischen wachsen einige Büsche des Europäischen Bocksdorns (*Lycium europaeum*). Der Boden ist mit blütenreichen Wiesen bedeckt, an den Rändern der Pisten wuchern verschiedene Disteln und Flockenblumen. Überall verstreut liegen vom Dammbau übriggebliebene Betonbruchstücke, die für Reptilien ein gutes Habitat darstellen.

Kiefernwald bei Kesra

Die Felswände Dechret el Garia vor Makthar

Eine häufige Schlange ist hier die Kapuzennatter, und auf größeren Steinen ist die Wüstenagame gut zu beobachten. In den Abbruchwänden des Hauptabflusses nisten Bienenfresser.

Im Gegensatz zu den kleineren, weiter nördlich gelegenen Becken sind dieser Stausee und seine Abflüsse von dichter Ufervegetation umgeben, so fühlt sich auch die seltene Weißkopf-Ruderente hier wohl. Das Umland des Stausees wird landwirtschaftlich genutzt. Um die einzelnen Parzellen abzugrenzen, wurde an den Rändern als natürlicher Zaun die Karoo-Akazie gepflanzt, deren Hecken wegen der bis 10 cm langen Dornen undurchdringlich sind. Entlang der C35 in Richtung Bou Ficha existieren mehrere solcher Hecken, in denen es im April große Brutkolonien des Weidensperlings gibt.

Mit Zickzackdorn-Gebüsch bewachsenes Vorland des Djebel Ouesslatia

Landschaftlich reizvoll ist auch die Strecke westlich von Zaghouan zwischen El Fahs und Bou Arada an der C47. Hier befinden sich weite Getreidefelder, die immer wieder durch kleine, im Frühjahr wasserführende Oueds unterbrochen sind. Dazwischen gibt es kleine Ölbaumhaine, unter denen im Frühling der Mohn einen roten Blütenteppich ausbreitet. Nördlich der Straße befindet sich die Eisenbahnlinie. Entlang der Gleise wächst eine rei-

Tiefe Erosionstäler im Vorland des 1.378 m hohen Djebel Mrihila

che Ruderalflora aus Disteln, zahlreichen Wildblumen und dem Riesenfenchel, der an seinen gelben Blütendolden gut zu erkennen ist. Im Stängel des Fenchels entwickelt sich der schwarze, hübsch weiß gepunktete Distelbockkäfer *Agapanthia irrorata*. Andere Distelböcke leben auf verschiedenen Distelarten. Entlang der Straßen- und Wegränder lassen sich Berbereidechse und der Gefleckte Walzenskink beobachten.

Sehr abwechslungsreich gestaltet sich die Landschaft etwas weiter südlich zwischen Siliana, Ouesslatia und Makthar. Östlich der Kleinstadt Siliana erhebt sich der **Djebel Bargou** (36°4‘N 9°36‘E), dessen 1.266 m hoher Gipfel über dem Dorf El Bhirine thront. Von Siliana oder aus Richtung El Fahs zweigt von der P4 beim Dorf Sidi Saad die C171 ab, auf welcher der gesamte Bergzug auf der Ostseite umrundet werden kann. Die Straße führt an einem mit Oleander gesäumten und später von Felsen begrenzten Oued vorbei. Nach etwa 17 km folgt der Ort Sidi Saadia, dessen verlassenes Oberdorf über einen Fußweg erkundet werden kann. Auffallend sind die vielen Opuntienhecken, die hier wie in der gesamten Region als natürliche Zäune dienen. Der gesamte Bergzug des Dj. Bargou ist nur spärlich mit Aleppo-Kiefern,

Oleander ist an Gewässern oft Erstbesiedler

Südlich von Makthar

seltener noch mit Laubbäumen bewaldet. Vielmehr besteht die Vegetation aus einer niederen Macchie oder Garigue, die stellenweise mit Halfagras durchsetzt ist. Auf der Westseite trifft die Straße nach über 40 km im Dorf Bargou wieder auf die P4.

Weniger gut erreichbar ist der **Djebel Serj** nördlich des großen Dorfes Ouesslatia. Der 1.357 m hohe Berg gehört wie auch der Dj. Bargou zur Dorsale und besteht aus Gesteinen der Kreidezeit und des Paläogens. An seinen Flanken stockt ein 93 ha großer Aleppo-Kiefernwald, der besonders für die Vogelwelt wichtig ist. Wildschwein, Rotfuchs, Schakal und Stachelschwein sind die größten Säugetiere im Gebiet. In den 1990ern wurde sehr selten auch die Berggazelle beobachtet.

Trotz des karstigen Kalkuntergrundes gibt es bei Ain Dahab ein 560 ha großes **Feuchtgebiet** (35°53'N 9°28'E), das aufgrund seiner hydrologischen Beschaffenheit eine Besonderheit darstellt. In den umliegenden Bergen existieren zahlreiche teils noch unerforschte Höhlen, in denen die Zwergfledermaus lebt. Von Ouesslatia führt die C46 nach Süden in Richtung Makthar bzw. Haffouz und trifft nach 10 km auf die P12. Weit im Osten erhebt sich der 887 m hohe Dj. Ouesslat, der für seine neolithischen Höhlenzeichnungen berühmt ist. Bei den Dörfern Ain Khanfous und Dar Mellah gibt es Höhlen, in denen 5.000 Jahre alte Jagd- und Familienszenen dargestellt sind. Dabei handelt es sich teils um Petroglyphen, in Stein geritzte Abbildungen und Wandmalerein mit Farbe, die sehr verwitterungsanfällig sind.

Die landschaftlich schönere Strecke der P12 verläuft in Richtung Makthar. Nach 12 km rücken mächtige, senkrecht aufgeschobene Gesteinsplatten bei **Dechret el Garia** (35°46'N 9°26'E) ins Blickfeld. Sie bilden die Abgrenzung der Ebene vom dahinter liegenden bergigen Teil. In einem Tunnel durchfährt man

Übergangszone von der Steppe in die Halbwüste südlich von Makthar

diesen Felsriegel und gelangt in mit Aleppo-Kiefern bewachsenes Bergland. Vom Dorf Kesra gelangt man in die alte Berbersiedlung Le Kesra, die vom ältesten Kiefernwald Tunesiens umgeben ist. Die Zufahrt geht rechts der P12 ab. Am westlichen Ortsrand der alten Siedlung verläuft eine schmale Straße bergan durch den Kiefernwald. Sie trifft nach 17 km auf die C73 Siliana – Ouesslatia. Stellenweise gedeiht auch Steineichengebüsch zwischen den Felsen aus Nummulitenkalk.

Hauptort der Region ist **Makthar**, das schon zu römischer Zeit besiedelt war. Überreste der antiken Stadt können heute noch besichtigt werden. Das karge, steppenartige Umland von Makthar lässt sich entlang der C77 gut erkunden. Im Ort fährt man nicht in Richtung Tunis und Le Kef, sondern nach links die schmalere Straße gen Süden. Sie zieht sich über gut 70 km durch teils kahles oder bestenfalls spärlich bewachsenes Hügelland und wird stellenweise, vor allem im letzten Drittel, zur Piste. Sie durchquert den oft wasserführenden Oued el Hattab und trifft nach über 20 km auf die P3, die nach Kairouan und auch in Richtung Haffouz führt. Da die Wegführung am Ende der Strecke nicht immer eindeutig ist, sollte man sich als Orientierungspunkt den Djebel Mrihila suchen, den mit 1.378 m ü. NN höchsten Berg der Umgebung, der immer vor bzw. rechts vor uns liegt. Das wenig deckungsreiche Gebiet, in dem die einzigen auffallenden Gewächse verschiedene Mannstreu-Arten sind, bewohnen Berberskink und Westliche Eidechsennatter.

Die P3 führt in nordöstlicher Richtung in die Stadt Kairouan, wobei sie am Barrage Sidi Saad vorbei gelangt. Der große, bei normalem Wasserstand mit 2,20 m aber nicht sehr tiefe Stausee liegt eingebettet zwischen Bergen der Dorsale. Nach starken Regenfällen können die Zuflüsse Oued El Hattab und Oued El Hadjed den

Schafherde vor den Ouesslat-Bergen

Agaven bestandener Oued im Umland von Makthar

Wasserstand auf bis zu 40 m heben. Entwässert wird der Stausee über den Oued Zeroud, welcher die Sebkhet Kelbia im Nordosten von Kairouan speist.

Interessant ist der im Winkel der P3 und der von Makthar kommenden P12 befindliche **Stausee El Houareb** (35°35'N 9°54'E), 35 km westlich von Kairouan. Er wurde vor über 20 Jahren am Oued Merguellil als Wasserspeicher und zum Hochwasserschutz angelegt. Das Wasser wird in einem Kanal bis nach Sousse geleitet. Wo der Fluss aus der Dorsale tritt, ist der Stausee von Bergland umgeben, hat aber auch ausgedehnte flache Ufer. Er ist durchschnittlich 20 m tief, kann aber in niederschlagsarmen Jahren auch ganz austrocknen.

Nicht zuletzt wegen seiner üppigen Ufervegetation ist der Stausee einer der wichtigsten Brutplätze in Tunesien für 150–620 Marmelenten und einer stattlichen Anzahl Weißkopf-Ruderenten. Letztere ist im Winter mit bis zu 330 Tieren noch zahlreicher vertreten als im Sommer. Offen bleibt die Frage, wohin die Vögel bei Trockenheit ausweichen. Andere am Stausee brütende Arten sind Hauben- und Zwergtaucher, außerdem leben im Sommer hier 1.400 Moorenten, die seit 1970 etwa 93 % ihrer Populationen am Mittelmeer eingebüßt haben. Starker Jagddruck, Lärm und die Gewässerverschmutzung sind die Hauptursachen. Im Winter leben Kormoran, Silberreiher, Blässhuhn, Pfeif-, Spieß-, Löffel-, Tafel- und Reiherente am Stausee. Trotz der Tatsache, dass der Stausee von den Wasserwerkern beobachtet wird, kommt es immer wieder zu illegaler Jagd.

Zwischen Siliana und Ouesslatia

Der Sahel

Golfküste zwischen Hammamet, Sousse und Monastir

Die Küstenlinie am Golf von Hammamet weist eine Reihe von Sebkhas auf. Sie sind die Fortsetzung der Lagunen an der Südostküste von Cap Bon. Etwa 25 km südlich von Hammamet befindet sich der erste Salzsee, die Sebkhet Sidi Khelifa (36°14'N 10°28'E). Sie ist teils Küstenlagune, teils Salzbecken und wird durch die Ausläufer von Bergen der Dorsale geformt. In den meisten Jahren trocknet sie vollständig aus, im Gegensatz zu der viel weiter nördlich gelegenen Lagune von Korba.

Während die weitere Umgebung von landwirtschaftlich genutzten Flächen ge-

prägt ist, besteht die Vegetation an den Rändern aus salztoleranten Pflanzen. So bilden wie an allen Sebkahs im Sahel diverse Quellerarten, Glieder- und Salzmelden je nach Salzkonzentration im Boden einen dichten bis lockeren Bewuchs. Das Gebiet ist vor allem im Winter für Wasservögel interessant. Graureiher, Pfeif- und Löffelente überwintern hier; der Kranich nutzt es als Schlafplatz, vor allem in den Jahren, in welchen der südlich gelegene Sebkhet Kelbia bei Kairouan im Winter trocken liegt. Im Sommer brüten Zwerg- und möglicherweise auch Flussseeschwalbe auf dem Sandstreifen zwischen Lagune und Meer. Zeitweise leben 500–3.000 Rosaflamingos im Gebiet, brüten aber nicht. Etwas weiter südlich schließt sich die Sebkhet Assa Jiriba an, die im Sommer aber weitgehend austrocknet.

Interessanter ist die 30 km nördlich vor Sousse befindliche Sebkhet Halk el Menzel (36°0'N 10°30'E). Wie die Sebkhet Sidi Khelifa wird dieses Gewässer von einer Küstenlagune und teils einer Salzdepression gebildet. Halk el Menzel ist durch den Oued Sed mit dem Feuchtgebiet Kelbia bei Kairouan zeitweise verbunden.

Typische Sebkhet im tunesischen Sahel

Die Salinenanlage von Monastir

In regenreichen Jahren fließt das Wasser von Kelbia durch den Oued Sed und den Sebkhet Halk el Menzel ins Meer. Möglicherweise tragen Quellen um den Oued Sed mit dazu bei, dass die Lagune auch in den meisten Sommern nicht austrocknet.

Durch die Lage an der Nord-Süd-Hauptroute des Vogelzuges und durch das Vorhandensein von Wasser in den meisten Jahren ist diese Sebkhet als Nahrungsquelle und Schlafplatz besonders wichtig. Löffler, Brandgans, Spieß- und Löffelente überwintern, Uferschnepfe, Großer Brachvogel, Regenbrachvogel sowie verschiedene kleinere Limikolen und Seeschwalben rasten auf ihren Wanderungen. Im Winter, wenn andere Schlafplätze trocken liegen, nutzen bis zu 2.000 Kraniche die Lagune. Brutvögel sind im Sommer Zwerg- und eventuell auch Flussseeschwalbe sowie Seeregenpfeifer und Brandgans. Gute Beobachtungsmöglichkeiten bieten sich an der Straße zwischen Lagune und Meer.

Von Sousse gelangt man durch den noblen Urlaubsort Port el Kantaoui immer geradeaus in Richtung Hergla direkt zur Sebkhet. Ab April schlüpfen an den Sebkhas Milliarden von Mücken, die abgestorben einen schwarzen Saum an den Rändern der Gewässer bilden. Zu dieser Zeit empfiehlt es sich, nur langärmelig und mit Mückenspray ausgerüstet die Sebkhas zu erkunden. Eines der wenigen Reptilien in der näheren Umgebung der Salzbecken ist der Wüsten-Dünnfingergecko, der sich tagsüber unter den wenigen herumliegenden Steinen aufhält. Neben den typischen Halophytengesellschaften der Salzseen

Blick auf Sousse und die Sebkhet Halk el Menzel

wächst auf den Brackwasser-Schlickflächen um Hergla auch das Schlickgras *Spartina patens* var. *juncea*.

Der Oued Sed (35°59'N 10°27'E) ist ein Wasserlauf, der etwa 20 km nördlich von Sousse verläuft. In sehr regenreichen Jahren bildet er den Ablauf der Sebkhet Kelbia und mündet durch die Küstenlagunen ins Meer. Im Winter erhält der Fluss auch von Nebenbächen Wasser, im Sommer hauptsächlich durch lokale Quellen. Daher säumt stellenweise eine dichte Vegetation aus Schilf, Schmalblättrigem Rohrkolben und Tamarisken die Ufer. Dieser üppige Bewuchs ist durchaus nicht typisch im zentralen Tunesien, sodass dieses relativ kleinräumige Gebiet eine größere Bedeutung für viele Brutvögel besitzt: Es nisten Marmelente, Brandgans, Zwergdommel, Drossel- und Teichrohrsänger und wahrscheinlich auch das Purpurhuhn am Oued Sed. Durch die Küstennähe wird das Gebiet auch während der Zugzeit genutzt. Am Ende trockener Sommer sammeln sich hier zahlreiche Watvögel, so z. B. der Seeregenpfeifer, im Winter wurden vereinzelt sogar Moorenten beobachtet.

Gefährdet ist der Flusslauf durch die teilweise Verschmutzung durch Rückstände der nahen Olivenölindustrie. Außerdem entwickelt sich in den vegetationsreichen Abschnitten des Gewässers viel Faulschlamm, und auch die Müllablagerung stellt ein großes Problem dar. Störungen entstehen ferner durch die Autobahn und die Fernstraße P1, da beide Verkehrswege die wichtigste Nord-Süd-Trasse Tunesiens darstellen und ein entsprechend hohes Verkehrsaufkommen herrscht.

An zwei Stellen erreicht man den Oued Sed ohne große Anstrengung. Von Sousse in Richtung Enfida und Tunis führt die P1 durch Sidi Bou Ali. Kurz hinter dem Ortsausgang überspannt eine Brücke den Oued Sed. Hier sind die Ufer vorwiegend mit Halophyten bewachsen, nur wenige Stellen auch mit Schilf und Tamarisken. An eine Stelle mit dichterer Vegetation gelangt man, wenn man im Ortskern von Sidi Bou Ali von der P1 nach Kondar abbiegt. Etwa 2 km hinter dem Ortsausgang gelangt man ebenfalls über eine Brücke. Links überspannt eine Eisenbahntrasse den Oued. Beiderseits der Brücke befinden sich dichter Tamariskenbewuchs, Schilf und vereinzelt auch Dattelpalmen an den Ufern des Wasserlaufes. Mit etwas Glück kann man hier Vipernattern im Wasser jagen sehen.

Südlich von Sidi Bou Ali auf der P1 führt ein Feldweg noch vor dem Kilometerstein 120 zu einer Straußenfarm, die besichtigt werden kann. Die größere Attraktion wartet jedoch 52 km nördlich vor Sousse und 88 km südlich von Tunis an der P1 beim Ort Bouficha. Hinter einer auffällig gelben Mauer mit Tiermotiven befindet sich der Park Friguia, der modernste und wohl sehenswerteste Tierpark Tunesiens. Das tunesische Forstministerium stellt sich in Zusammenarbeit mit dem Zoologischen Garten Paris die Aufgabe, vor allem ursprünglich heimische oder im Bestand stark dezimierte Tiere zu halten und zu vermehren, um diese später auswildern zu können. Auf 63 ha Fläche leben 360 Tiere in 53 Arten. In Freigehegen kann man u. a. Säbelantilopen, Dorkasgazellen, Atlashirsche und Giraffen sehen, auf einem Hochweg spaziert man über Löwen, Tiger und Geparden hinweg. Geöffnet ist der Park täglich im Sommer von 9–19 Uhr, im Winter von 9–16 Uhr, Eintritt 5,50 TND.

Vegetationsreicher Abschnitt des Oued Sed bei Kondar

Die Großstadt **Sousse** ist nach Tunis und Sfax drittgrößte Stadt mit über 170.000 Einwohnern. Die ständig in Ausdehnung befindliche Stadt ist mittlerweile ein riesiger Ballungsraum aus den Städten Sousse und Monastir mit ihren Vororten Skanes, M´saken, Hammam Sousse und Port el Kantaoui. Zusammen leben in diesem Großraum etwa 430.000 Menschen.

Im 9. Jh. v. Chr. wurde die Stadt von den Phöniziern als Hadrumetum gegründet, ab 800 n. Chr. von den Arabern unter dem Berbernamen S‘sa geführt. Ende der 1960er-Jahre ist die aus dem 9. Jh. stammende Medina aufwendig restauriert worden. Sie ist von einer 2,25 km langen Stadtmauer umgeben und seit 1988 Weltkulturerbe der UNESCO. Neben dem Ausfuhrhafen und der Textilindustrie ist der Tourismus wichtigster Wirtschaftssektor von Sousse. An der Strandzone gibt es 40.000 Hotelbetten aller Preisklassen. In der Nähe der Medina befindet sich auch ein Tierpark, in dem die Tiere aber – wie in einigen anderen sog. Zoos des Landes – einfach nur bemitleidenswert sind.

Ornithologische Beobachtungsmöglichkeiten bieten sich direkt hinter der Strandzone überall entlang der ins Meer mündenden, temporär wasserführenden Oueds und auf Ruderalflächen an der Küste. Einfarbstar, Palmtaube, Amsel (*Turdus merula*), Samtkopf-Grasmücke, Weidensperling und Blaumeise (*Parus caeruleus*) lassen sich selbst in den Hotelanlagen beobachten. Letztere bringt in Nordafrika eine auf dem Rücken dunkelblau gefärbte Unterart *P. c. ultramarinus* hervor.

Hinter den Stranddünen lebt der Gefleckte Walzenskink, der sich auch am Tage zeigt. Die Ruderalflächen zwischen den umliegenden Feldern bewohnt die nur im Großraum Sousse vorkommende James-Rennmaus (*Dipodillus jamesi*).

Mit über 70.000 Einwohnern ist **Monastir** gegenüber Sousse eine vergleichsweise kleine Stadt. Sie ist Universitätsstadt und Geburtsort des ersten tunesischen Präsidenten Habib Bourguiba. Nach ihm ist auch der International Airport Monastir benannt, der für den Charterflugverkehr der wichtigste Flughafen des Landes ist. In Monastir existiert eine von zwei noch im Betrieb befindlichen Salinen des Landes. Die zweite Saline liegt viel weiter südlich bei Sfax. Die **Salzbecken** (35°45'N 10°46'E) befinden sich in unmittelbarer Nähe des Flughafens, und bereits beim Anflug lassen sie sich überblicken. Die Straße, welche den Flughafen mit Sousse verbindet, führt direkt an ihnen vorbei, gegenüber erstreckt sich die Touristenzone. In der entgegengesetzten Richtung befinden sich ebenfalls temporäre Wasserflächen einer ehemaligen Küstensebkha.

Die verschiedenen Salzpfannen mit unterschiedlicher Salzkonzentration, deren Wasserstand im Jahresverlauf variiert, finden viele Wasservögel attraktiv. Jährlich im März wird Meerwasser in die Becken geleitet, das den Sommer über verdunstet. Die hochkonzentrierte Sole gelangt später in Kristallisationsbecken, wo das Salz bei einer Konzentration von 300 g pro Liter auskristallisiert. Im September, noch vor den ersten Regenfällen, wird es geerntet; 90 % des Wassers sind dann verdunstet. Solange die Salzproduktionsanlagen noch in Betrieb sind, werden sie für die Vogelwelt auch interessant sein. Mit Blick auf den Verlust der Salinen von Rades/Mégrine bei Tunis ist es daher wichtig, ihren langfristigen Betrieb zu sichern.

Die Vegetation um die Salinen ist salzliebend und besteht aus Gliedermel-

Der Oued Sed bei Sidi Bou Ali

den und Quellerarten, in deren Schutz Stelzenläufer, Säbelschnäbler, Weißkopfmöwe, Zwerg- und einige Flussseeschwalben brüten. Zur Zugzeit und im Winter kommen neben zahlreichen Watvögeln bis zu 1.000 Brandgänse, 1.000–3.000 Rosaflamingos und 80–150 Silberreiher an die Salinen. Der Flughafen stellt eine permanente Störquelle dar, ebenso eine Vielzahl streunender Hunde.

Aus der Zeit der Stadtgründung im 8. Jh. v. Chr. stammt auch die in Hafennähe befindliche Festung (Ribat) in Monastir. Die Stadt war neben Sousse eine der ersten drei arabischen Siedlungen im heutigen Tunesien.

Die dritte Stadt, **Kairouan**, wurde um 670 n. Chr. von muslimischen Arabern gegründet. Abgelegen im Landesinneren entwickelte sich Kairouan bis zum 11. Jh. zur islamischen Hochburg in Nordafrika und trug maßgeblich zur Arabisierung der Berber bei. Ihre Herrscher waren Schiiten und standen oft im Konflikt mit den meist sunnitischen Einwohnern. Auch heute noch ist Kairouan religiöses Zentrum des Landes. Mitte des 10. Jahrhunderts hatte Kairouan bereits mehr als 100.000 Einwohner. Seitdem blieb die Einwohnerzahl unverändert stabil und liegt heute bei 118.000.

Das unverfälschte Stadtbild mit seinen orientalischen Märkten und den vielen Moscheen zog bereits Anfang des vorigen Jahrhunderts Maler und Dichter wie August Macke, Paul Klee und Louis René Moilliet oder Rainer Maria Rilke in die Stadt. Seit 1988 ist die von einer Stadtmauer umgebene Altstadt von Kairouan Weltkulturerbe der UNESCO. Neben der Hauptmoschee ist die Drei-Tore-Moschee eine der bekanntesten Anziehungspunkte. Wer nur auf der Durchreise ist, sollte Kairouan allerdings auf der P2 bzw. P12 umfahren. Im Straßengewirr der Stadt ist eine Orientierung nicht immer ganz einfach. Diese Tatsache nutzen zahlreiche selbsternannte Guides, die auf ihren Mopeds auf teils sehr aufdringliche Weise ihre Dienste anbieten.

Ölbaumhaine im Sahel

Salzsteppen und Feuchtgebiete um Kairouan

Nord- und südöstlich der Stadt Kairouan gibt es mehrere Salzseen und Feuchtgebiete. Nördlich der Stadt befindet sich eine Reihe alluvialer Ebenen, die durch die Städtchen Alam und Sbikha begrenzt werden. Von der P2 führt eine Straße zum ausgeschilderten Sbikha. Die Vegetation der Ebenen setzt sich zum einen aus Halophyten wie Gliedermelden und Queller, zum anderen aus typischen Steppenpflanzen wie Halfagras und Weißem Beifuß zusammen. Während große Bereiche durch winterliche Regenfälle zeitweise unter Wasser fallen, bilden in den Beifuß-Steppen Dreilappiger Essigbaum, Arabischer Bocksdorn und Jerusalemdorn vereinzelte Gebüschinseln.

Ornithologische Besonderheiten des Gebietes sind Kronenflughuhn und Kragentrappe. Für letztere Art ist dies die nördlichste bekannte Lokalität, in der sie brütend vorkommt. Brutvögel sind auch Weißbartgrasmücke, Mittelmeer-Steinschmätzer und Rothals-Ziegenmelker. Außerdem leben Lannerfalke, Felsenhuhn, Tropfenflughuhn, Samtkopf-Grasmücke, Akaziendrossling, Einfarbstar, Diademrotschwanz, Trauer- und Fahlbürzel-Steinschmätzer im Gebiet.

Auf der gegenüberliegenden Seite der P2, etwa 20 km nordöstlich von Kairouan und 30 km westlich von Sousse, befindet sich die **Sebkhet Kelbia** (35°50'N 10°20'E). Wie der Ichkeul-See im Norden ist Sebkhet Kelbia eines der großen Überschwemmungsbecken im zentralen Tunesien. Es erhält das Wasser von den

Die Sebkhet Kelbia zählt zu den Süßwasserseen

Gemalter Scheibenzüngler (*Discoglossus pictus*)

drei Hauptzuflüssen Oued Nebhana, O. Merguellil und O. Zeroud, die aus den Bergen der Dorsale kommen. Die Regenfälle über diesen Bergen Zentraltunesiens variiert von

Feuchtgebiet bei Metbassta

Jahr zu Jahr beträchtlich, sodass auch der Wassereintrag enorm schwankt. So gibt es Jahre, in denen Kelbia komplett austrocknet: 1942–45 und bis 1988 noch weitere fünf Mal lag der See trocken. Seltener ist so reichlich Wasser vorhanden, dass der See über sein Ufer, die natürliche Schwelle im Nordosten, tritt und über den Oued Sed und die Sebkhet Halk el Menzel entwässert. Die mittlere Wassertiefe des Sees liegt bei 0,75 m und kann bei Überflutung bis zu 2,25 m betragen. Obwohl für dieses Feuchtgebiet das arabische Wort „sebkha“ verwendet wird, handelt es sich hierbei nicht um einen typischen Salzsee, der durch Austrocknung eine Salzkruste hinterlässt. Bei reichlichem Süßwassereintrag ist die Sebkha ausgesüßt, so reicht die Salzkonzentration im Wasser von 4–70 g pro Liter.

In den letzten 20 Jahren veränderte sich die Ökologie dieses Gebietes ständig. Seit die drei Zuflüsse Dämme besitzen, gibt es durch die verminderte Wasserzufuhr lange Perioden der Trockenheit, in denen nur wenig Wasser über den Damm abfließt und die Sebkha nur noch durch kleinere Nebenflüsse zusätzlich Wasser erhält. Die Dämme haben den Wasserstand im See total verändert. Manchmal, nach starken winterlichen Regenfällen, erreicht er für kurze Zeit einen Zustand wie vor dem Dammbau. Durch den Zufluss der Nebenläufe bildet sich eine seichte Wasserfläche, die sich jedoch nicht lange halten kann. So ging auch der Fischfang im See drastisch zurück: 1966 wurde ein Ertrag von fast 192 Tonnen Fisch eingebracht, 1968 nur noch 18,5 Tonnen und vier Jahre später gar nur 600 kg. Der kleine Mittelmeerkärpfling ist der einzige Fisch, der sich an die ständige Austrocknung angepasst hat und in kleinen Restpfützen im Bereich der Zuflüsse überlebt. Es wird allerdings vermutet, dass auch der Valencia-Kärpfling (*Valencia hispanicus*) im See vorkommt.

Etwa zwei Drittel des Gebietes, 8.000 ha, wurden mittlerweile als Naturreservat ausgewiesen. Obwohl Brauchwasser der Umgebung, z. B. von Sousse, in den See abgeleitet wird, versucht man, das Wassermanagement der Zuflüsse im Sinne der Sebkhet zu optimieren.

Neben dem Ichkeul-See ist der Kelbia-See einer der wichtigsten Rastplätze und Überwinterungsorte für Tausende Vögel. Eine ungeheuer beeindruckende Anzahl paläarktischer Wasservögel überwintert in Jahren mit günstigem Wasserstand hier, darunter 400 Schwarzhalstaucher, 1.000–6.000 Brandgänse, 8.000–20.000 Pfeif-, 10.000 Löffel-, 14.000 Spieß-, 10.000–15.000 Tafel-, 500–1.000 Krick-, 50–2.200 Schnatter- und 20–100 Marmelenten sowie 5–40 Exemplare der seltenen Weißkopf-Ruderente; ferner Grau- und Seidenreiher, Grau- und Rostgans und Brauner Sichler. Außerdem wurden 1.000–15.000 Rosaflamingos, 1.000 Stelzenläufer, 1.600 Säbelschnäbler, 2.000 Seeregenpfeifer, 2.000–3.000 Zwergstrandläufer und 200–500 Lachseeschwalben gezählt. In nassen Wintern wird die Sebkhet zum Hauptschlafplatz von 2.500–4.300 Kranichen, welche sich um Kairouan aufhalten. Gegenwärtig brüten mitunter Brandgans, Rallenreiher, Marmelente, Lach- und Trauerseeschwalbe. Das Gebiet war einst Zentrum der reliktär vorkommenden tunesischen Population des Jungfernkranichs (*Anthropoides virgo*), der heute wahrscheinlich in Tunesien ausgestorben ist. Im Gegensatz dazu kann man die recht bunte Nilgans (*Alopochen aegyptiacus*) zunehmend beobachten. Sie breitet sich derzeit auch in Europa aus und gehört zu den Neozoen, die sich wahrscheinlich erfolgreich etablieren werden.

Die Ränder des Sees sind an einigen Abschnitten mit Afrikanischer Tamariske, Schilf und Schmalblättrigem Rohrkolben bestanden, und im Freiwasser gedeihen Sumpf-Teichfaden und Kamm-Laichkraut. Den besten Zugang hat man von der P2

In niederschlagsarmen Jahren trocknet die Sebkhet Kelbia aus

zwischen Enfida und Kairouan, unweit südlich von Kondar rückt die Sebkhet ins Blickfeld. Die Straße nähert sich bis auf wenige Hundert Meter der Wasserfläche. Durch die angrenzenden Felder und das Steppenland ziehen sich Feldwege, auf denen man bis weit an den Rand des Sees fahren kann.

Unmittelbar südlich Kelbia schließt sich beim Dorf **Metbassta** ein kleines Feuchtgebiet (35°42‘N 10°1‘E) an. Es wird ebenfalls durch die Oueds Merguellil und Nebhana gespeist, zusätzlich erhält es Wasser aus lokalen Süßwasserquellen. Im Sommer kann dieses Feuchtgebiet komplett austrocknen. Stellenweise gedeihen Schilf oder Binsen, viel mehr hat sich aber die trockenheitsresistentere Afrikanische Tamariske ausgebreitet, und vereinzelt wachsen Eukalyptusbäume. Durch die nahe Sebkhet Kelbia finden sich auch in Metbassta zahlreiche Wasservögel im Winter ein, u. a. kommt der Silberreiher vermehrt vor, und im November 1992 wurde hier der extrem seltene Dünnschnabel-Brachvogel beobachtet. Im Frühling nisten 15–30 Brutpaare der Marmelente in den dichten Schilfbeständen.

Auch östlich der Stadt beiderseits der P12 erstrecken sich weite Salzsteppen, die von temporären Wasserläufen durchzogen sind. Sie sind dicht mit Gliedermelden und Queller bewachsen, auf weniger salzigen, trockneren Bodenbereichen auch mit Harmel-Sträuchern. Die trockenen Steppenzonen versucht man, mit Akazien aufzuforsten. Die Steppe beherbergt eine Fülle an Insekten: Grüne Elefantenschrecken krabbeln träge über den Boden, Ölkäfer der Gattung *Mylabris* stechen mit ihren orange und schwarz gebänderten Flügeldecken auf den gelben Blüten der Golddisteln ins Auge, im Schutz kleiner Sträucher striduliert aufgeregt der schwarze, mit weißen Haaren gezeichnete Laufkäfer *Graphipterus serrator*, und auf vegetationslosem Boden jagt der Sandlaufkäfer *Cassolaia maura* ssp. *cupreothoracica*. Die Baue verschiedener Nager nutzen der Gefleckte Walzenskink, Wüstenrenner und die äußerst flinken Fransenfinger als Rückzugsmöglichkeiten.

20 km südöstlich von Kairouan und 25 km südwestlich von Sousse befindet sich Tunesiens drittgrößter Salzsee, die **Sebkhet Sidi el Hani** (35°34‘N 10°24‘E). Von der P12 erreicht man ihn in südlicher Richtung auf einem der zahlreichen Feldwege. Gewöhnlich trocknet der See im Sommer aus, nur manchmal enthält er das ganze Jahr über Wasser. Der Salzgehalt ist hier oft so hoch, dass Salz am Rand bereits auskristalliert, wenn noch Wasser im See vorhanden ist. Die umliegende Vegetation besteht aus Gliedermelden, Queller und Soden. Die Hauptbedeutung kommt diesem Gebiet in regenreichen Jahren zu, denn dann ist der See so groß, dass zahlreiche Rosaflamingos ungestört und in Sicherheit auf kleinen Inseln ihre Nester aus Schlamm bauen können. Je nach Größe der Wasserfläche fliegen zwischen 500 und 10.000 Flamingos die Sebkhet an. Überwinternde Kraniche, welche in den umliegenden Ebenen nach Futter suchen, nutzen den See als Schlafplatz. Selbst während der Brutsaison bleiben 1.000–2.000 Kraniche im Gebiet, brüten aber nicht. In sehr nassen Jahren, in denen die Salzkonzentration des Wassers abnimmt, halten sich auch andere Wasservögel den Winter über am See auf.

Am Golf von Gabès

Im Sahel stehen etwa 20 Mio. Olivenbäume. Damit ist er das Hauptanbaugebiet Tunesiens. Die Hochzeit der Ölbäume reicht in die römische Zeit zurück, der größte Teil des Öls wurde damals als Brennstoff für Öllampen verwandt; großer Bedarf entstand durch die aufkommende Straßenbeleuchtung. Ab dem 11. Jh. ebbte die Ölproduktion dann ab, und erst mit der Annektion zur Kolonie durch Frankreich Mitte des 19. Jh. wurden Olivenbäume wieder verstärkt angebaut. Von 600.000 stieg die Zahl bis zum Abzug der Franzosen auf 6,5 Mio. Bäume.

Die in Reihe stehenden Ölbäume bilden oft über viele Hektar ausgedehnte Monokulturen, die ohne Unterwuchs sind und sehr gepflegt wirken. Je nach Standortbedingungen variiert der Abstand der einzelnen Bäume. Bei guter Wasserversorgung können sie eng stehen, in niederschlagsärmeren Gegenden reicht der Wasserhaushalt nur für eine weit auseinandergezogene Bepflanzung. Nachdem Investitionen in moderne Maschinen getätigt wurden, kann das tunesische Olivenöl mittlerweile fast genauso billig produziert werden wie in Spanien. Nach Italien wird es exportiert, da dort das heimische Öl teurer ist. Nach Spanien und Italien ist Tunesien drittgrößter Weltproduzent.

Die direkt am Mittelmeer befindliche Stadt **Sfax** ist mit 340.000 Einwohnern die zweitgrößte Metropole Tunesiens. Sie ist die heimliche Hauptstadt des Südens und fasst im gesamten Großraum über 600.000 Bewohner. Aus römischen Grundfesten entstanden, war sie im 9. Jh. unter muslimischer Herrschaft ein Steinbruch und ist heute ein wichtiges Export- und Handelszentrum. In der Industriestadt gewinnt der Energieerzeugungssektor immer mehr an Bedeutung; jährlich werden große Mengen an Erdöl und Erdgas

Sehenswert ist das römische Amphitheater in El Djem

exportiert. Um die Stadt erstrecken sich ausgedehnte Plantagen mit über 6 Mio. Oliven- und 5 Mio. Mandelbäumen, die für etwa 40 % der Öl- und 30 % der Mandelproduktion verantwortlich sind. Aus dem Umland stammen die Hälfte der tunesischen Geflügelproduktion und der landesweit höchste Anteil der Milcherzeugung. Die Fischerei fährt jährlich 25.000 Tonnen Fisch ein, von denen ein großer Teil als Trockenfisch exportiert wird.

Unmittelbar südlich von Sfax befinden sich die **Salzanlagen von Thyna** (34°38'N 10°43'E). Sie sind neben jenen von Monastir die einzigen noch kommerziell genutzten Salinen, doch ist Thyna die größere Anlage. Sie befindet sich am Golf von Gabès, an einem von zwei Küstenabschnitten im Mittelmeer, in denen die Gezeiten einen Tidenhub von über 2 m verzeichnen. Die Küstenzone besteht aus künstlich angelegten Salzpfannen, ständig überschwemmten Schlickflächen und von den Gezeiten beeinflusstem Marschland. Die Salzpfannen besitzen unterschiedliche Größen und sind je nach Funktion mit mehr oder weniger konzentriertem Meerwasser gefüllt. Die mit Salz hochangereicherten Solebecken befinden sich im Norden.

Durch das ständige Vorhandensein von Wasser selbst in trockenen Sommern sind die Flächen ganzjährig ein Anziehungspunkt für Wasservögel. Sie suchen in den Becken und nahen Schlickflächen nach Nahrung. Zur Zugzeit und im Winter nutzen zahlreiche Rotschenkel, 400–3.500 Brandseeschwalben, 4.000 Kormorane, 2.000 Uferschnepfen, 600–2.500 Schwarzhalstaucher, 200–600 Löffler, 2.500–5.500 Zwerg- und 2.000–5.500 Sichelstrandläufer die reichen Nahrungsgründe. In Wintern, in denen die Süßwasserflächen der Umgebung trocken liegen, nutzt der Kranich die Pfannen als Schlafplatz. Vom sehr seltenen Dünnschna-

Oberhalb der Oase von Gabès bei Chenini

bel-Brachvogel wurden 1992 zum letzten Mal 1–4 Tiere gesichtet. Dieses einzigartige Ökosystem bietet vielen Vögeln auch ausgezeichnete Brutmöglichkeiten: So ziehen jährlich 500 Paare des Säbelschnäblers, 1–3 Marmelentenpaare, 100 Seidenreiherpaare, 700 Paare der Dünnschnabelmöwe, 70 Brutpaare der Lach-, 250 Paare der Fluss- und 80 Paare der Zwergseeschwalbe ihre Jungen auf. Auch 750–7.000 Rosaflamingos versuchen beinahe jährlich zu brüten, allerdings bislang ohne Erfolg. Die Saline gehört der „Tunisian General Salt Company" (COTUSAL),

Blick auf die Oase von Gabès bei Chenini

und obwohl sie in unmittelbarer Nähe der Vororte von Sfax liegt, gibt es keine größeren Störungen der Vogelwelt, da das Betriebsgelände bewacht wird. Dieser Umstand unterstützt das vom Landwirtschaftsministerium verordnete Jagdverbot effektiv.

Die Saline ist in Thyna von der P1 aus praktisch auf jedem Feldweg zu erreichen. Zur südlichen Begrenzung gelangt man von Gabès aus auf der P1 am Ortseingang von Thyna. Links befindet sich ein großer Schrottplatz mit Autowracks, rechts führt eine Piste an kleinen Häuseransammlun-

Salinenbecken von Thyna

gen vorbei direkt zum kleinen Gezeitenhafen ab, in dem die Fischerboote bei Ebbe auf dem Schlick aufsitzen – die ortsansässigen Fischer dürfen ihrer Arbeit in dem geschützten Gebiet nachgehen. Nach Norden führt ein befahrbarer Damm, von dem man die einzelnen Becken gut einsehen kann.

Die zweite Möglichkeit besteht in Thyna, indem man aus Richtung Gabès nach rechts in die ausgeschilderte Industriezone fährt und in unmittelbarer Meeresnähe über eine der Pisten über die trockenen Salzmarschen auf den Hauptdamm gelangt. An diesem befinden sich auch zwei Beobachtungshäuschen. Weithin ist der Leuchtturm zu sehen, der ganz nordseetypisch in weiß-rot geringeltem Anstrich inmitten der ausgedehnten Halophytenfluren thront. Im Herbst überzieht der sich verfärbende Queller das Marschland mit einem rötlichen Farbton. Man kann den Leuchtturm auch direkt erreichen: Auf der P1 sind es vom Schrottplatz aus ungefähr 4 km, bis die unbefestigte Zufahrt zum Leuchtturm rechts abgeht.

20 km östlich vor Sfax liegen die **Kerkennah-Inseln** (34°45'N 11°10'E) im Golf von Gabès. Der Archipel setzt sich aus zwei Hauptinseln, Chergui und Gharbi, sowie 12 kleineren Inselchen zusammen. Es gibt dort gute Sandstrände, und auch zum Schnorcheln bietet sich reichlich Gelegenheit. Das Relief ist flach, der höchste Punkt liegt bei 13 m, und so eignet sich die Hauptinsel hervorragend für leichte Radtouren. Die Inseln erscheinen angesichts der Abtragung durch das Meer und durch den Anstieg des Meeresspiegels gefährdet. Einst waren sie ein abgelegener Verbannungsort für Politiker – von Hannibal bis Habib Bourgouiba –, heute gelangt man mit der Fähre von dem neben La Goulette zweitgrößten tunesischen Hafen von Sfax in 75 Minuten dorthin.

Die Hauptinseln sind an den durch Meerwasser beeinflussten Küstenzonen

Befahrbarer Damm in der Salinenanlage

mit dem Queller *Salicornia radicans*, der Nitrarie *Nitraria nitraria* und Weißem Jochblatt (*Zygophyllum album*) bewachsen, an trockenen Stellen mit Dattelpalmen und Japanischem Blutgras. Turmfalke, Rennvogel, Bienenfresser, Raubwürger, Felsenhuhn, Einfarbstar, Diademrotschwanz, Mittelmeer-Steinschmätzer, Samtkopf- und Brillengrasmücke sind Brutvögel oder ständige Bewohner der Inseln. Auch sind die Inseln jeden Frühling und Herbst wichtiger Zwischenstopp für Tausende ziehende Singvögel, darunter die Weißbartgrasmücke. Im Winter sind sie Aufenthaltsort für 1.000–10.000 Kormorane, 400–800 Löffler, 400–1.500 Rosaflamingos, für Dünnschnabel-, Herings- und Weißkopfmöwe sowie Raub- und Brandseeschwalbe. Neben Mäusen und Springmäusen lebt die Kerkennah-Rennmaus (*Dipodillus zakariai*) auf den Inseln und ist hier endemisch.

50 km südlich von Sfax und 25 km südöstlich von Mahares (Mahrez) befindet sich an der Küste des Golfs von Gabès ein großes Feuchtgebiet von internationaler Bedeutung. Es umfasst neben dem marginal gelegenen halbwüstenartigen Terrain die Küstenlinie, vorgelagerte Gezeitensenken und fünf küstennahe Inseln; dieser **Kneiss-Archipel** gibt auch dem Feuchtgebiet (34°24'N 10°19'E) seinen Namen. Die Hauptinsel Djeziret Bessila hat eine Fläche von 650 ha. Gegenüber den Inseln mündet der Oued Maltine ins Mittelmeer. Das Erscheinungsbild der Küstenzone ist geprägt von den Gezeiten, der um 2 m zwischen Ebbe und Flut schwankende Meeresspiegel formt Schlickböden, Sandflächen und Marschland. Große Sandbänke bilden die Inseln, von denen fünf auch bei Flut aus dem Meer ragen.

Der Golf von Gabès ist ein seichtes, flaches Schelfmeer von 40–70 m Tiefe. Die untermeerischen Weichböden sind mit großflächigen Rasen des Kleinen Neptungrases (*Cymodocea nodosa*) überzogen. Die Böden der Randzonen um die Inseln beherbergen eine Vielzahl an Muscheln. Besonders die Kreuzmuster-Teppichmuschel (*Venerupis decussata*) wird für den Export nach Italien von den Bewohnern des Umlandes gesammelt, und obwohl seit 1988 nur lizenzierte Sammler die Schlickböden durchsuchen dürfen, ist immer noch ein massiver Raubbau an den Beständen zu verzeichnen.

Die Hauptinsel sowie die Randzonen der Schlickflächen sind mit salzliebenden *Halocnemum*-Fluren, Gliedermelden und Soden bewachsen. 1993 wurde das Gebiet per Dekret zum Naturreservat erklärt. Kneiss stellt das in der Sahelzone wichtigste Gebiet für Vögel dar und ist im gesamten Mittelmeerraum eines der bedeutendsten Rast- und Überwinterungsplätze. Die ausgedehnten Schlickflächen der Gezeitenzone bieten Watvögeln und fischfressenden Vögeln ein attraktives Nahrungsreservoir. Neben typischen Arten, die am gesamten Golf zu sehen sind, so rund 40.000 Rotschenkel, kommen hier auch Vögel vor, die andere Gebiete höchstens in kleiner Anzahl durchziehen, darunter Knutt und Sumpfläufer, 10.000–20.000 Austernfischer, 1.000–32.500 Kiebitz-, 3.000–10.000 Sand- und 5.000–10.000 Seeregenpfeifer sowie 600–4.000 Steinwälzer, 800–6.000 Exemplare des Großen Brachvogels, 2.000–7.000 Ufer- und 2.000–5.000 Pfuhlschnepfen. In historischen Meldungen ist auch der seltene Dünnschnabel-Brachvogel verzeichnet.

Am Golf von Gabès überwintern jährlich 350.000–400.000 Vögel, fast die Hälfte aller mediterranen Zugvögel. Einige davon haben hier ihr Hauptüberwinterungsgebiet; so verbringt der größte Teil der in Europa brütenden Populationen des Löfflers, rund 200–1.000 Tiere, den Winter am Golf von Gabès, außerdem eine stattliche Anzahl Silber-, Grau- und Seidenreiher. Auch für Trans-Sahara-Zieher ist das Gebiet ein wichtiger Rastplatz: Sanderling, 125.000 Alpen-, 5.000–8.000 Zwerg- und 3.000–9.600 Sichelstrandläufer kommen während der Zugzeit in großer Zahl vor. Einige bleiben auch den Winter über, so ist Kneiss das einzige Gebiet im Mittelmeerraum mit einer größeren Anzahl von überwinternden Sichelstrandläufern. Unter den Möwen und Seeschwalben verbringen Schwarzkopf- und 1.000–2.500 Dünnschnabelmöwen die kalte Jahreszeit, die meisten davon stammen aus Populationen vom Schwarzen Meer. Außerdem überwintern 1.000–3.000 Brand- und eine größere Anzahl Raubseeschwalben.

Weniger zahlreich kommt während der Zugzeit die Rüppellseeschwalbe vor, doch besteht der Verdacht, dass sie im Sommer im Gebiet auch brütet. Gesicherte Brutnachweise gibt es von Seeregenpfeifer, Säbelschnäbler, Stelzenläufer und Rotschenkel. Letzterer ist wegen seiner seltenen Bruten von Interesse, die hier isoliert von jenen weiter nördlich in Zentral- und Nordtunesien vorkommen. Außerdem brüten Weißkopfmöwe, 250–400 Lachseeschwalbenpaare sowie Zwerg- und Flussseeschwalbe, wobei Letztere wie der Rotschenkel im Süden nur am Golf von Gabès in kleinerer Anzahl brütet – isoliert von den Brutkolonien weiter nördlich. Auf der Hauptinsel gibt es ferner bodennistende Kolonien des Seidenreihers und Brutkolonien der Dünnschnabelmöwe;

die teilweise bei Flut überschwemmten Inseln bieten 600–7.000 Rosaflamingos Schlafplätze.

Der Besuch von Kneiss gestaltet sich etwas schwierig, da es keine direkten Zufahrten gibt. Man muss sich auf einer der Pisten immer gen Osten bis zur Küste bewegen. Eine Möglichkeit, die Inseln zu besichtigen, bietet sich vom Hafen in Skhira aus. Einige dort ansässige Fischer fahren gegen ein zuvor ausgehandeltes Entgelt zu den Inseln, nachdem man sich vorher die Erlaubnis der Hafenpolizei eingeholt hat.

Nach Skhira gelangt man auf der P1 am Kneiss-Schutzgebiet vorbei in Richtung Gabès. In Skhira weist das Schild „Port" den Weg nach links zum 3 km entfernten Hafen. Dort steht auch ein verfallenes Gebäude mit einer Leuchtanlage obenauf, die auf Karten oft als Leuchtturm eingetragen ist. Neben dem Hafen mündet ein kleiner Oued ins Meer, der sich seinen Weg durch den rötlichen Lehm gebahnt hat. Am mit allerlei Schwemmgut, Unrat und abgestorbenem Neptungras belasteten Sandstrand kann man zur Steilküste laufen, die aus 25 m hohen, rötlichen Lehmklippen besteht. Auch hier sind die Gezeiten deutlich wahrnehmbar. Auf den bei Ebbe begehbaren Schlickflächen suchen Einheimische nach Muscheln und verschiedenste Limikolen nach Nahrung. Im Norden sieht man die riesigen Tanks der Erdölraffinerie, die seit 2006 schrittweise modernisiert wird. Sie bildet mit dem Tankerhafen den größten Erdölumschlagplatz Tunesiens.

14 km südlich von Skhira gelangt die P1 an der **Sebkhet Dreïaa** (34°5'N 10°2'E) vorbei. Diese 380 ha große Salzsenke bildet zusammen mit einer etwa 200 ha großen Gezeitenzone und einem Teil des Oued Rimth, welcher die Sebkhet Dreïaa durchkreuzt und in den Golf von Gabès mündet, ein weiteres wichtiges Rast- und Überwinterungsgebiet. Die Gezeitenzone ist mit Seegras (*Zostera* sp.) überwachsen, und nahe der Uferlinie besteht eine reichliche Vegetation aus *Halocnemum*- und *Atriplex*-Meldengesellschaften. Die süßwasserbeeinflussten Zonen nahe des Oueds sind auch mit Schilf und Meerstrandbinse bewachsen. Weiter im Inland ist die Vegetation spärlicher und besteht hauptsächlich aus Gliedermelden, während Teile der Sebkhet auch unbewachsen sind. Unter den bis zu 14.000 ziehenden und überwinternden Wasservögeln kommen vereinzelte Austernfischer, 300–350 Heringsmöwen, 100 Kormorane, 35–50 Seidenreiher, 150–200 Löffler, 200–250 Brandgänse, 1.400 Pfeif- und 100 Spießenten, 7.000–8.000 Alpenstrandläufer, 700 Exemplare des Großen Brachvogels, 1.000 Rotschenkel, 1.500–2.000 Kiebitz-

Leuchturm von Thyna

und 700–1.000 Seeregenpfeifer im Herbst und Winter an die Sebkhet. Im Sommer brüten Weißkopfmöwe, Zwerg- und vermutlich auch Flussseeschwalbe.

Etwa 70 km südwestlich von Sfax, im Winkel zwischen der C89 und der Zufahrtsstraße zum Nationalpark Bou Hedma, befindet sich die **Sebkhet en Noual** (34°24‘N 9°46‘E). Sie stößt im Norden fast an die Südgrenze des Bou-Hedma-Nationalparks. Die Senke fängt das abfließende Regenwasser aus den nördlich angrenzenden Bergen auf. In niederschlagsarmen Jahren trocknet die Sebkhet aus. Sie stellt einen typischen Salzsee einer der Sahara vorgelagerten Savanne dar, umgeben von einer mit der Baumförmigen Akazie durchsetzten Steppe. Die Ränder der Sebkhet sind mit Halophyten, Gliedermelden und Quellerarten bewachsen. Im halbwüstenartigen Umland gedeiht die salzliebende Melde *Arthrophytum scoparium* und die Bewaffnete Bärenschote (*Astragalus armatus*), eine Tragant-Art.

Besonders in nassen Jahren, wenn das Wasser nahezu aussüßt, überwintern Grau- und Seidenreiher, Brand- und Rostgans, Löffelente und Kranich. In Zeiten mit geringerem Niederschlag, wenn der Salzgehalt des Wassers wieder zunimmt, kann man hauptsächlich Rosaflamingos beobachten, von denen 800–2.000 Exemplare an die Sebkhet kommen. Die umgebende Halbwüste wird von Kragentrappe, Rennvogel, Sandflughuhn, Raubwürger, Wüstenprinie, Hausammer, Sand-, Saharaohren- und Wüstenläuferlerche, Felsenhuhn, Samtkopf-, Weißbart- und Atlasgrasmücke, Akaziendrossling, Einfarbstar, Diademrotschwanz, Wüstengimpel, Rothals-Ziegenmelker, Pharaonenuhu, Trauer-, Fahlbürzel- und Mittelmeer-Steinschmätzer sowie im Winter vom Mornellregenpfeifer bewohnt.

Zwischen Gabès an der Küste und Gafsa in Zentraltunesien bilden zwei Gebirgszüge ein großes Becken in ihrer Mitte aus. Nördlich erstrecken sich der Djebel Orbata und der Djebel Bou Hedma, südlich der Djebel Hachichina. Dazwischen, am tiefsten Punkt dieses Beckens, liegt die **Sebkhet Sidi Mansour** (34°14‘N 9°3‘E). Die P15 Gabès – Gafsa führt etwa auf halber Strecke zwischen Sidi Mansour

Lehmklippen bei Skhira

und El Haffey an der südlich der Straße befindlichen Sebkhet vorbei. Obwohl die Bezeichnung „Sebkhet“ verwendet wird, hat dieser Salzsee größtenteils den Charakter einer „Garaet“, also einer Süßwassermarsch, denn er weist durchschnittlich nur eine Salzkonzentration von 1,2 g pro Liter auf. Meist liegt der See trocken, doch in nassen Wintern sammelt sich Wasser von den umliegenden Wasserscheiden, wie auch in anderen kleineren Senken der Region (Bled Es-Segui) oder in der Garaet Fatnassa und der Garaet Zougrata. Da die größte Fläche der Umgebung keine Salzkruste besitzt, gestatten es die Regenfälle, das Land östlich der Sebkhet zu kultivieren, während die Westseite aufgrund des höheren Salzgehaltes im Boden nicht zu bewirtschaften ist.

In vielem gleicht das Gebiet dem Ichkeul-See oder dem Kelbia-Feuchtland, nur die Auswirkungen durch den Dammbau bleiben hier aus. Es hat sein natürliches Ökosystem bewahren können, da keine wasserbaulichen Maßnahmen vorgenommen wurden. Die Sebkhet befindet sich in einer Zone, in der die Steppe langsam in Wüste übergeht. Die Ränder sind mit Halophyten wie Indischer Gliedermelde (*Arthrocnemum indicum*) und Arabischem Queller (*Salicornia arabica*) bewachsen. Der Bewuchs der Steppe gleicht dem der Sebkhet en Noual.

Bei ausreichendem Niederschlag ist eine reiche Avifauna im Winter wie auch im Sommer zur Brutsaison zu verzeichnen. Die Größe der Populationen von überwinternden und brütenden Wasservögeln variiert von Jahr zu Jahr mit dem Niederschlag. In nassen Wintern gibt es eine große Anzahl an paläarktischen Enten, darunter 40–80 Weißkopf-Ruderenten und 300 Marmelenten, von denen 50 Tiere im Sommer hier brüten. Auch 1.000–3.500 Säbelschnäbler und 1.000–2.000 Kraniche verbringen den Winter an der Sebkhet. Der ganzjährig mit bis zu 3.000 Individuen vertretene Rosaflamingo bildet immer wieder Brutkolonien, von denen im Sommer 1990 eine der größten mit 500 Brutpaaren entstand. Im Umland leben neben den Arten der vorigen Lokalität auch Dupontlerche sowie Sahara- und Schwarzrücken-Steinschmätzer.

Die für den über 100 km langen Golf, der auch Kleine Syrte genannt wird, namensgebende Stadt **Gabès** liegt direkt am Meer. Alle großen Zufahrtstraßen führen in die Nähe des Hafens. Gabès besitzt über 116.000 Einwohner und lebt vor allem von der Oasenwirtschaft und dem Tourismus. Die Stützpfeiler der Wirtschaft sind die Chemieindustrie und eine Erdölraffinerie, außerdem die Fischerei sowie eine Konservenfabrik. Bereits zu Zeiten der Phönizier war die Stadt Handelszentrum.

Außer der Altstadt mit seinem durchaus sehenswerten Souk ist in Gabès wenig zu besichtigen, da der Zweite Weltkrieg der Stadt große Zerstörungen brachte. Gabès ist vor allem wegen seiner ausgedehnten **Palmengärten** einen Besuch wert. Von der P1 fährt man eine der Zufahrtsstraßen zum Zentrum von Gabès ab und überquert den Oued Gabès. Gleich danach fährt man links ab und kommt an einen bereits außerstädtischen Kreisverkehr. Dort wählt man die Richtung Kebili/El Hamma, und am nächsten Kreisverkehr ist der Ort Chenini ausgeschildert. In Chenini weist ein Schild das „Musée Natural du Sud“ aus, gemeint ist damit ein kleiner Zoo im touristischen Herzen der Palmengärten. Auch vom Stadtzentrum aus gelangt man dorthin.

Am westlichen Ortsrand beginnt der Palmenhain, durch den nur eine touristische Route führt. Die Straße durch die Palmengärten ist mit dem PKW gut befahrbar, man kann aber auch eine der bereitstehenden Droschken nahe dem Busbahnhof nutzen. Die touristische Route windet sich durch die Gärten, die alle durch hohe Zäune aus trockenen Palmwedeln vor dem Zutritt Unbefugter gesichert sind. So lässt sich hier nur schwer ein Blick ins Innere des Haines

Bienenfresser (*Merops apiaster*)

erhaschen. Die Straße steigt immer weiter an und führt in den Ort Chenini, etwa 1 km Luftlinie von Gabès entfernt. Die touristische Route endet am Parkplatz, dem sich ein kleiner Zoo und ein Café anschließen, in dem man eine Kleinigkeit essen kann.

Auch die spärlichen Reste einer römischen Staumauer (Barrage Romain) kann man hier besichtigen. Bereits die Römer nutzten den Oued Gabès zur Bewässerung. Gegenwärtig wird das Wasser des Oueds in zwei Betonbecken gespeichert. Der Fluss hat seinen Ursprung 10 km weiter landeinwärts. Nur durch ihn und einige artesische Quellen ist es möglich, dass hier eine Oase entstehen konnte, in der eine Drei-Etagen-Wirtschaft möglich ist. Gemüse-, Salat- und Futterpflanzen, Korn, Tabak und Henna bilden die unterste Etage – Gabès ist das Zentrum des Henna-Anbaues in Tunesien, sodass der Farbstoff hier auch besonders preiswert ist.

Die mittlere Ebene der Oase bilden Obstbäume wie Feigen, Aprikosen, Pfirsiche, Granatäpfel, Äpfel, Birnen, Zitrusfrüchte, Pflaumen, gelegentlich Trauben und auch Bananen. Dann folgen die Dattelpalmen als dritte Ebene. Etwa 300.000 Bäume wurden in dieser Oase kultiviert. Durch hohe Luftfeuchtigkeit und geringere Temperaturen infolge der Meeresnähe liefern die Palmen allerdings nur Datteln minderer Qualität. Palmen, die keinen Fruchtertrag mehr bringen, werden noch zur Gewinnung von Palmenmilch genutzt. Hierzu schneidet man die oberen jungen Wedel ab und bindet an das Stammende einen Tonkrug. Da die Pflanze nach wie vor Wasser aufnimmt, sondert sie auch Flüssigkeit ab. Auf diese Weise kann eine Palme pro Tag bis zu 10 Liter leicht süßliche, trübe Palmenmilch erzeugen, die den Bewohnern als Getränk dient. Bereits nach 24 Stunden setzt die Gärung ein, und es entsteht ein bis zu achtprozentiger Palmwein. Dieses „geistige Getränk" ist den Moslems erlaubt zu trinken.

Verfolgt man die Straße am Zoo weiter bergauf und biegt gleich die nächste und übernächste Straße jeweils rechts ab, gelangt man bei Chenini auf eine Anhöhe, von der aus man einen fantastischen Blick über das Tal des Oued Gabès und die Oase genießen kann. Ein Spazierpfad zieht sich links vom Zoo durch die Oase (33°51'N 10°3'E), und auch von der Anhöhe aus gelangt man nach unten auf diesen Pfad. Von den Steilwänden des Oueds blickt man direkt auf das oft in Reiseführern empfohlenen Hotel Chela Club, das zwar idyllisch gelegen, aber seit Jahren geschlossen ist. Übernachten muss man in Gabès. In der Innenstadt gibt es einige mittelmäßige, dafür aber sehr preiswerte Hotels, die besseren Häuser befinden sich in Strandnähe rechts vom Hafen.

Entlang des Spazierweges sind die Palmengärten nicht umzäunt, sodass man sich hier wirklich ein Bild von der Drei-Etagen-Wirtschaft machen kann. Junge Männer präsentieren ihre hier gesammelten Chamäleons, in der Hoffnung, diese für ein paar Dinar zu verkaufen. Es versteht sich von selbst, dem nicht nachzukommen, denn letztendlich sind die Echsen auch durch das Washingtoner Artenschutzabkommen international geschützt. Das Europäische Chamäleon ist sicher das Highlight der hiesigen Herpetofauna, daneben kommt z. B. noch der Gefleckte Walzenskink vor. In den Lehmwänden des Oueds brüten Bienenfresser, offene Stellen besucht der Wiedehopf.

Insel Djerba und Medenine

Am Südende des Golfs von Gabès befindet sich 50 km nördlich der Stadt Medenine eine große, in zwei Teile gegliederte **Küstenlagune** (33°39'N 10°34'E) mit einer Gezeitenzone von 1.600 ha und ausgedehnten Salzmarschen. Die westliche Hälfte wird von zwei Oueds geprägt, die bei größeren Niederschlagsmengen die Marschen aussüßen. Allein der Name „Garaet el Ibel" weißt auf die Süßwassermarschen hin. Im Osten befindet sich eine kleine Lagune, die weit in einen dort einmündenden Oued reicht und eine Hakenform aufweist. Zwischen den beiden Abschnitten steht das alte Kastell Gourine. Zu erreichen ist es von der P1 aus. Hinter Mareth zweigt die C116 ab, die südlich

an der Küstenzone vorbei bis zur Insel Djerba führt. Von dieser Straße sind der östliche Lagunenteil und das Kastell über eine kleine Straße in knapp 6 km bis zu einem Werksgelände bzw. zum Kastell erreichbar. Zwischen der Halophytenvegetation aus Gliedermelden, Queller und Soden brüten an offenen Stellen Weißkopfmöwe und Zwergseeschwalbe. Wichtig ist das Gebiet auch für überwinternde Vögel, unter ihnen 12.000 Kormorane, 2.000–6.000 Weißkopfmöwen sowie einige Raubseeschwalben, Dünnschnabel- und Lachmöwen.

Der einfachste Weg, Djerba vom Festland aus zu erreichen, führt über den Römerdamm, dessen Errichtung in die Römerzeit zurückreicht. Heute ist der Damm 7 km lang, 10 m breit und wird von der Trinkwasserleitung flankiert. Seit dem Anschlag auf die Al-Ghriba-Synagoge im Jahr 2002 kommt es an den Auffahrten zum Damm zu verstärkten Polizeikontrollen. Touristen werden nach der üblichen Passkontrolle meist durchgewunken. Östlich des Dammes erstreckt sich eine Küstenlagune, die durch einen zu Djerba gehörenden Landsporn und einige Inselchen vom offenen Meer getrennt ist.

Auf dem Weg zum Sidi-Toui-Nationalpark

Gezeitenzone an der Westküste Djerbas

Auf dem Ausläufer des südlichen Djerba befindet sich die alte türkische Festung **Bordj Kastil** (33°42'N 10°58'E). Die Vegetation um diese Landmasse besteht in den Stranddünen aus so typischen Pflanzen wie Strandhafer, Stranddistel und Strandwolfsmilch und auf zeitweise vom Meerwasser durchnässten Flächen aus Gliedermelden, Queller sowie an trockeneren Stellen auch aus *Atriplex*-Melden. Weißkopfmöwen, Zwerg- und Flussseeschwalben können im Sommer hier ungestört brüten, allenfalls die wenigen Besucher des türkischen Kastells stellen eine Beunruhigung für die Vögel dar. Den Winter über kann man bereits vom Damm aus Kormorane, Graureiher, Rosaflamingos und Weißkopfmöwen beobachten. Auch Löffler, Raubseeschwalben und zahllose Watvögel finden sich dann hier im Gebiet ein.

Djerba ist mit 514 km^2 die größte Insel Nordafrikas. Sie ist topfeben und mit zahlreichen Palmen bewachsen. Außerdem prägen Olivenbäume, Obstgärten und die darum angelegten Opuntienhecken das Landschaftsbild. Die Bewohner der Insel stammen von Berbern und jüdischen Kaufleuten ab, die hier schon seit Jahrhunderten wohnen. Djerba war im 16. Jh. wichtiger Handelspartner von Venedig. Von hier bezog die Lagunenstadt ihr Salz. Heute gibt es im gesamten südlichen Mittelmeerraum nur noch in Tunesien zwei bedeutende Salinen. Neben der Landwirtschaft lebt Djerba seit den 1960er-Jahren vom Tourismus. Besonders die Küsten im Norden und Nordosten verfügen über gute Sandstrände. Entsprechend groß ist die Auswahl an Hotels aller Preisklassen. Eine Pipeline versorgt von Medenine aus die Insel mit Trinkwasser, wovon 80 % für den Tourismus benötigt werden.

Hauptort und Verwaltungssitz von Djerba ist Houmt Souk. Diese Stadt hat 65.000 Einwohner und besitzt einen Fi-

Dieser Weg an der mit Palmen gesäumten Küste bekam eine zweispurige Asphaltdecke

schereihafen sowie westlich angrenzend einen internationalen Flughafen. Houmt Souk verfügt über zahlreiche Einkaufsmöglichkeiten, gute Restaurants und ein Volkskundemuseum.

Auf der Insel angelangt, bietet sich ein Ausflug zur Westküste an. Gleich hinter der Polizeikontrolle biegt links eine Straße nach **Ajim** ab. Von El Kantara verläuft eine Straße nach Guellala und weiter ins Dorf Ajim. Die Strecke führt an der reich gegliederten Südküste entlang, an der zur Zugzeit Flamingos und Löffler beobachtet werden können. Ajim ist das Zentrum der Schwammtaucher – Tunesien produziert in den Schwammzentren von Ajim, Zarzis und Sfax heute fast die Hälfte des weltweiten Schwammangebotes, obwohl die Schwammtaucherei ihren Ursprung in Griechenland hat. Als Badeschwämme werden die Tiere der Gattungen *Spongia* und *Hippospongia* von den Hartböden des Mittelmeeres gesammelt. Lebende Badeschwämme sind dunkelbraun bis schwarz. Durch Trocknen und Bleichen mittels Chemikalien werden die organischen Bestandteile beseitigt, übrig bleibt das weiche, elastische und trotzdem feste Skelett aus Sponginfasern. Durch ihre enorme innere Oberfläche – 4 g Schwamm weisen eine Fläche von 25–34 m^2 auf – können sie das 20–35-fache ihres Gewichtes an Wasser aufsaugen. Es gibt im Handel über hundert Sorten, die von wenigen Arten und ihren Unterarten gebildet werden.

Anderen Schwammarten des Mittelmeeres gilt das besondere Interesse der Pharmaindustrie, denn Schwämme bilden eine Vielzahl an biologisch aktiven Substanzen, sog. Sekundärmetaboliten. Etwa die Hälfte aller jährlich 750–800 neu entdeckten Wirkstoffe mariner Lebewesen stammt von Schwämmen. So sind diese Stoffe entzündungshemmend, fungizid, bakterizid, zytotoxisch oder antiviral. Am meisten widmet man sich derzeit zytoto-

Die Halbinsel Ras Rmel ist ein Vogelschutzgebiet

xischen Stoffen in der Krebsforschung und antiviralen Produkten bei der AIDS-Bekämpfung.

In Ajim befindet sich der Fährhafen, der Djerba mit dem Festland verbindet. Ein Übersetzen mit der Fähre erweist sich als günstig, wenn man nach Gabès oder weiter ins Landesinnere will. So spart man sich die aufwendige Fahrt über den Römerdamm und den großen Umweg, den die Straßenführung erzwingt. In weniger als 20 Minuten gelangt man äußerst preiswert über den **Golf von Bou Grara** (33°37'N 10°48'E). Er reicht weit ins Land hinein und wird durch die Insel Djerba und einige kleine Inselchen weitgehend von Meer abgegrenzt. Es existiert eine ausgedehnte Gezeitenzone, und inmitten des Gewässers befindet sich eine große Insel. Vor allem im Winter wird Bou Grara von zahlreichen Vögeln aufgesucht. Dazu zählen Grau-, Seiden- und Silberreiher, Kormoran, Löffler, Seeregenpfeifer, Alpen- und Zwergstrandläufer, Weißkopf- und Dünnschnabelmöwe, Raub-, Fluss- und Zwergseeschwalbe. Teilweise nutzt auch der Rosaflamingo dieses Gebiet. Hauptsächlich ein- und zweijährige Vögel überwintern hier, es wird aber vermutet, dass an vegetationslosen Stellen der Insel im Sommer auch einige Flamingos brüten. Bedroht sind diese Bruten durch Störungen, welche durch die Fischerei erfolgen.

An die Westküste Djerbas gelangt man auf der Straße, welche von der Fähre kommt. Nach wenigen Metern geht links eine erst vor kurzem neu geteerte Straße nach Borj Jelij und zur Sidi-Jimour-Moschee ab. Die Straße, durch die das ehemals nur über einen Sandweg erreichbare Strandgebiet etwas von seinem Reiz verliert, verläuft direkt hinter dem Strand, der auf der gesamten Strecke bis zur Moschee nur an ganz wenigen Stellen zum Baden einlädt. Der Küstenverlauf zeigt deutlich den Einfluss der Gezeiten: Berge von Seegras türmen sich am Strand, und unzählige angespülte Muscheln, Schnecken und anderes Getier locken viele Reiher und Watvögel an, die im Schlick nach Nahrung suchen. Der Gezeitenzone mit ihren Schlickböden folgen Hartböden aus vom Salzwasser scharfkantig geschliffenen Sandsteinriffs.

Unterwegs trifft man auf das Haus des Jedi-Meisters Obi-Wan Kenobi aus Star Wars (33°44'N 10°44'E), das George Lucas einst als Filmkulisse diente. Einige Kilometer weiter verbreitert sich der Streifen zwischen Küste und Straße. Ein Palmenhain, der schon bessere Zeiten gesehen hat, säumt die Küste. Um die Sidi-Jimour-Moschee wurden gezielt junge Palmen, aber auch Wacholder, Akazien und Eukalyptus angepflanzt, um den Sandstrand zu verfestigen und den absterbenden Palmenbestand zu verjüngen. Die noch buschförmigen Bäume stellen den optimalen Lebensraum des Europäischen Chamäleons dar, welches auf Djerba weit verbreitet ist und sich selbst in Hotelanlagen wohlfühlt. Die häufigste Schlange ist die Westliche Eidechsennatter, die vor allem spätnachmittags beim letzten Sonnenbad beobachtet werden kann. Unter den Spinnentieren ist der Dickschwanzskorpion *Androctonus australis* am bemerkenswertesten, selbst in den Stranddünen findet man ihn.

Die Straße führt im Norden in den Ort Melitta, der sich unmittelbar südöstlich des Flughafens und schon in Reichweite der Hauptstadt Houmt Souk befindet. Östlich von Houmt Souk liegt auf der Halbinsel **Ras Rmel** (33°52'N 10°54'E) ein Vogelschutzgebiet. In Houmt Souk fährt man am Hafen vorbei und östlich aus der Stadt etwa 10 km auf der an der Küste entlangführenden Straße. Kurz vor der nun ins Blickfeld rückenden Hotelzone zweigt in einer leichten Linkskurve ein Feldweg zwischen den mit Halophyten dicht bewachsenen Salzmarschen ab und verläuft schnurgerade bis zum Sandstrand. Dort stehen einige vom Wind zerzauste Palmen. Von hier gelangt man über Fahrwege weit auf die sich etwa 10 km gen Nordwesten erstreckende Halbinsel. Unweit von der Landspitze entfernt liegt die Flamingoinsel. Auf ihr überwintern Flamingos aus Spanien und Frankreich, die hier auf Jungvögel stoßen, welche das ganze Jahr im Gebiet verbringen.

Einige Reiseveranstalter bieten auch Ausflugfahrten nach Ras Rmel an. Teile der Küstenzone zwischen Houmt Souk und der Halbinsel formen kleine Lagunen, die wegen ihrer Bedeutung für die Vogelwelt geschützt sind. Seeregenpfeifer und Triel sind ständige Vertreter, und während der Zugzeit rastet der Löffler im Gebiet. Störend wirkt sich der Tourismus auf die Vögel aus, denn hier beginnt die Hotelzone Djerbas, die sich etwa 20 km an der Ostküste bis Aghir zieht. Am naturbelassenen Strand der Halbinsel sammelt sich auf der dem Meer zugewandten Seite diverser Plastikmüll. Direkt bedroht ist das Gebiet in den nicht geschützten Teilen durch den Abbau von Bausand.

Sebkhet bei Zarzis

Entlang der Ostküste führt die Straße am Ras Tourguenes vorbei, einem Kap beim gleichnamigen Ort. Hier gibt es den „Djerba Explore", einen 12 ha großen Freizeitpark. Er ist gleichzeitig die größte Krokodilfarm des Mittelmeerraumes. Rund 400 aus Madagaskar stammende Nilkrokodile (*Crocodylus niloticus madagascariensis*) werden hier gehalten. Des Weiteren gibt es ein Museumsdorf und das Lalla-Hadria-Museum, in dem man etwas über die Gesellschaft und Kultur der Einwohner erfährt; Kinder können sich spielerisch in verschiedenen Kunsthandwerken erproben. Der Eintrittspreis gleicht sich mit etwa 7 Euro dem Preis europäischer Vergnügungsparks an. Etwas weiter südlich befindet sich eine große, von sandigen Stränden gesäumte Lagune. Sie wird durch die ansässigen Fischer traditionell von kleinen Holzbooten aus befischt.

Verlässt man die Insel Djerba wieder über den Römerdamm, gelangt man nach 18 km in den Ort Zarzis. Der aufstrebende Urlaubsort wird gern Djerba zugeordnet, befindet sich aber auf dem Festland. Es gibt hier gute Sandstrände, die sich weit nach Süden erstrecken. Von Zarzis führt die C109 in die letzte größere Stadt vor der libyschen Grenze, nach Ben Guerdane. Die Strecke verläuft am Meer entlang und kreuzt die Sebkhet el Melah. Sofern in ihr auch nur etwas Wasser ist, finden sich zahlreiche Vögel ein.

Ungefähr 10 km südöstlich befindet sich der **See von Bibane** (33°0'N 11°15'E). Dieser See ist eigentlich eine riesige Küstenlagune, die von zwei langen, schmalen Landzungen fast ganz vom Meer abgetrennt ist. Der Bhiret el Bibane befindet sich 10 km nördlich von Ben Guerdane, 20 km südlich von Zarzis und 15 km vor der libyschen Grenze. Er ist 32 km lang und bis zu 10 km breit, bei einer durchschnittlichen Tiefe von 4 m. Mit dem Meer steht er durch eine etwa 3 km breite Lücke zwischen den beiden aus Kalkgestein bestehenden Landzungen in Kontakt. Diese stehen untermeerisch in Verbindung und ragen als Kette aus neun Inselchen aus dem Wasser. Die westliche Landzunge ist bis zur Spitze befahrbar und weist einen guten Sandstrand auf.

Der See wird traditionell befischt. Die beachtenswerte Gewässergüte nutzen Fischschwärme, die im Jugendstadium in die Lagune einschwimmen und erst im Erwachsenenalter ins offene Meer zurückkehren. Den reich gedeckten Tisch wissen im Winter Schwarzkopf-, Lach-, Dünnschnabel-, Zwerg-, Herings- und Weißkopfmöwe sowie Lach- und Raubseeschwalbe zu schätzen. Besonders zahlreich sind in der kalten Jahreszeit mit 1.000–3.000 Tieren der Rosaflamingo

Rosaflamingos (*Phoenicopterus ruber*)

Afrikanischer Monarch (*Danaus chrysippus*)

und mit 3.000–10.000 Exemplaren der Kormoran. Außerdem wird der See im Winter von Pfeif-, Spieß- und Löffelente, Kranich, Regen- und Großem Brachvogel bevölkert. Historische Meldungen aus dem Jahr 1979 verweisen auch auf eine Gruppe von 32 Dünnschnabel-Brachvögel. Im Sommer brüten Weißkopfmöwe sowie Fluss- und Zwergseeschwalbe.

Am Südufer bietet der See beim Dorf El Marsa einen guten Badestrand. Danach entfernt sich die C109 von der Lagune und trifft in Ben Guerdane, das vom grenzüberschreitenden Handel geprägt ist, auf die P1. Entlang der aus der Stadt in Richtung Grenze führenden P1 erstreckt sich das Krämerviertel. Dicht gedrängt verkaufen hier Benzinhändler den billigeren Kraftstoff aus Libyen, Teppichverkäufer ihre Knüpfwaren und Händler die verschiedensten Haushaltswaren.

In der Südostecke des Landes, 54 km südöstlich von Ben Guerdane, befindet sich bei Borj Stil der eingezäunte **Wüstennationalpark Sidi Toui** (32°44'N 11°22'E). Seine höchste Erhebung ist der Djebel Sidi Toui, ein niedriger Hügel von 172 m Höhe, der von einem weiten Becken mit kleinen Dünen, Sebkhas und trockenen, sandigen Oueds umgeben ist. Der Park repräsentiert die einzelnen typischen Habitate der östlichen Sahararegion Tunesiens. Im Norden wird die Vegetation vom Korbblüter *Rhanterium suaveolens* und dem Federgras *Stipa lagascae* dominiert. Um den Djebel Sidi Toui ist die Vegetation strauchförmig mit Glatter Baumschlinge, Dreilappigem Essigbaum und in sandigen Gebieten mit Rutenginster bestanden.

In der Vergangenheit wurden immer wieder Gazellen und die seltenen Kragentrappen gewildert. Daher ist das Gebiet, wie die meisten anderen Nationalparks des Landes auch, von einem Zaun umgeben. Anfangs lebten nur ein Dutzend Dünengazellen im Park, eine Art, die früher in der Sahara sehr häufig war; daneben gab es rund 40 Dorkasgazellen. Heute beherbergt der Nationalpark auch 31 Säbelantilopen. Ihre Anzahl variiert allerdings, da sie zwecks besserer Zuchterfolge zwischen den Schutzgebieten ausgetauscht werden, um blutsfremde Tiere miteinander zu kreuzen. Eine der ersten Säbelantilopen kam 1998 aus dem Leipziger Zoo, eine Herde von etwa 100 Tieren ist für den Park anvisiert. Auch die Kragentrappe brütet wieder im Nationalpark. Der Erfolg einer Wiederansiedlung des Nordafrikanischen Straußes steht aber noch aus. Für die Region typische Vogelarten sind Pharaonenziegenmelker, Wüstenläufer-, Stein- und Saharaohrenlerche, Samtkopf-Grasmücke, Akaziendrossling, Einfarbstar, Diademrotschwanz, Trauer-, Schwarzrücken-, Fahlbürzel- und Mittelmeer-Steinschmätzer. Auf dem Frühjahrszug bewegen sich große Zahlen von ziehenden Greif- und Singvögeln durch das Gebiet. So sind Steppenweihe und Weißbartgrasmücke regelmäßig während dieser Zeit zu sehen.

Da der Nationalpark recht weit in der Wüste liegt, ist er nicht ganz einfach zu finden. Südlich führt die C203 aus Ben Guerdane. Im Ortszentrum ist sie mit der Richtung El Mguissem ausgeschildert. Die Straße führt geradeaus bis zum Ortsende, dort folgt man ihr weiter auf Asphalt nach rechts und bald wieder nach links. In

Trockengefallene Sebkhet bei Zarzis

einem müllüberschwemmten Vorort wird sie zur Schotterpiste. Ab hier wechseln sich auf über 30 km festgefahrener Sand und grober Schotter ab. Keinesfalls darf man eine andere Piste links nach El Mguissem abbiegen, da diese in die komplett falsche Richtung führt, sondern man muss immer stur relativ geradeaus die „Hauptstraße" entlangfahren. Nicht weit hinter einer Kameltränke gewinnt der Sand die Oberhand. Nach etwa 45 km muss man sich scharf rechts halten und nach Westen bis zum Zaun des Nationalparks fahren.

Der Eingang befindet sich auf der Nordseite und kann auf einer Piste entlang des Zaunes erreicht werden. Im Park gibt es ein Ökomuseum, welches über die Entstehung und die Tier- und Pflanzenwelt des Parks informiert. Besonderes Augenmerk gilt dabei den 200 hier vorkommenden Heilpflanzen. Die Tour ist wegen des Sandes nur für Allrad-Fahrzeuge geeignet, mit dem PKW muss man damit rechnen, öfter im losen Sand stecken zu bleiben. Eine andere Möglichkeit, zum Eingang zu gelangen, bietet sich von Ben Guerdane aus auf der P1 aus Richtung Medenine. Etwa 2 km vor dem Ortszentrum zweigt rechts in spitzem Winkel eine Straße von der P1 ab, die bis zu einem Kreisverkehr führt. 350 m davor biegt man rechts in eine Straße ein, die in südwestlicher Richtung aus dem Ort führt. Nach ungefähr 5,5 km geht bei einem ummauerten Gebäudekomplex eine Piste nach links ab. Nun hält man sich immer geradeaus und gelangt nach weiteren 38 km ans Ziel. Jährlich im Oktober ist der Park Ziel zahlreicher Einheimischer, die in den Marabouts, kleinen Tonnengewölben für verehrte Heilige, die 14 Heiligen feiern.

Europäischer Halbfingergecko (*Hemidactylus turcicus*)

Zentraltunesien

Zwischen Table de Jugurtha und Djebel Chambi

In das Zentrum des Landes gelangt man von Le Kef (arab. El Kef) aus auf der P17. Diese Route bietet sich geradezu an, wenn man zügig vorankommen und dazu noch ein paar landschaftliche Eindrücke aufnehmen will. Die Hauptroute dagegen, welche von Tunis als P1 über Sousse und weiter nach Sfax und Gabès führt, ist sehr befahren, und Lastkraftwagen behindern den zügigen Verkehrsfluss. Außerdem ist diese Straße ab Sousse einspurig, die neu gebaute Autobahn M´saken – Sfax noch nicht fertig und landschaftlich wegen der ausgedehnten Ölbaumplantagen wenig abwechslungsreich.

Die P17 führt von Le Kef nach Kasserine. Etwa auf halber Strecke kann man westlich ganz am Horizont den **Table de Jugurtha** sehen, den mächtigsten Tafelberg Tunesiens mit einer beachtlichen Höhe von 1.271 m. Man erreicht den 1,5 km langen und 500 m breiten Tafelberg auf der C79, vorbei am Dorf Sidi Amor Ben Salem in Richtung algerischer Grenze. Vom Ort Ain Senam aus gelangt man auf einem Weg zur Felstreppe, die auf das Plateau führt. Der Table de Jugurtha ist ein sog. Zeugenberg, der durch starke Abtragung des Umlandes geschaffen wurde. Ursprünglich war der aus hartem Nummulitenkalk bestehende Berg eine Mulde, umgeben von höheren Gebirgssätteln,

Table de Jugurtha ist der einzige Tafelberg des Nordens

Auf Wanderung durch den Nationalpark

die aus weicheren Gesteinen bestanden und durch Verwitterung und Abtragung ausgeräumt wurden. Übrig blieb der Table de Jugurtha, der heute 700 m aus der Ebene ragt. Einen solchen Vorgang nennt der Geologe Reliefumkehr.

Etwa 40 km nordöstlich von Kasserine befindet sich **Sbeitla**. Die bei den Römern Sufetula genannte Stadt ist nach Dougga eine der besterhaltenen Zeugnisse dieser Epoche in Tunesien. Erwähnung fand die Stadt erst im 1. Jh. n. Chr. in einer Inschrift. Gut erhalten sind die Thermen, der Triumphbogen, das Forum Romanum und aus späterer byzantinischer Zeit die Vitalis-Basilika. Durch die hier gefundenen Ölpressen weiß man von der großen wirtschaftlichen Bedeutung des Olivenöls zu dieser Zeit.

Nördlich der Grabungsstätte erhebt sich der zur Dorsale gehörende Djebel Mrihila. Dieser 1.378 m hohe Berg besteht aus Formationen der Oberkreide: Aus der Epoche des Cenomans kennt man eine reiche Muschel- und Seeigelfauna sowie vereinzelte Ammonitenspezies, besonders häufig ist die Auster *Ostrea syphax* vertreten.

38 km westlich von Sbeitla liegt die 82.000 Einwohner zählende Stadt Kasserine. Sie ist Zentrum der Halfagrasverarbeitung. Halfa- wie auch Espartogras sind das Material für verschiedene Flechterzeugnisse und dienen als Rohstoff zur Zellstoffproduktion. Kasserine ist auch ein wichtiger Verkehrsknotenpunkt im westlichen Zentraltunesien. Nördlich der Stadt und des davor liegenden Djebel Semmama befindet sich das Erdölfeld Douleb. Von dort führt eine Pipeline direkt zur Raffinerie bei Skhira am Golf von Gabès.

Die Stadt Kasserine ist Verwaltungssitz und Ausgangspunkt für Unternehmungen in den **Chambi-Nationalpark**. Zum Betreten des Parks benötigt man eine Genehmigung, die man zuvor beim Arrondissement Forestiére in Kasserine

Aleppo-Kiefern bilden die natürliche Bewaldung

bekommt. Am Kreisverkehr vor der Stadt fährt man dazu von der P17 in Richtung Zentrum, und nach 2,7 km erreicht man links der Straße einen Flachbau mit roter Staatsflagge. Hier wird die Genehmigung erstellt, auf die man in der Regel gleich warten kann und für die man Pass und Autopapiere benötigt.

Um zum Nationalpark zu gelangen, biegt man von der P17 nicht nach Kasserine ein, sondern fährt auf der P13 weiter nach Süden in Richtung Feriana. Nach etwa 7,5 km weist ein Schild „Parc de Nacional el Chaanbi“ die Richtung zum Djebel Chambi, den man hier schon weithin sieht. Die knapp 10 km lange Zufahrtsstraße, welche die Halfagras-Steppe durchschneidet, endet am Parkplatz vor dem Eingang, sofern man keine Besuchserlaubnis besitzt. Auf der anderen Seite des Tores führt eine schmale Straße durch den Park und windet sich den Berg hinauf bis zum Gipfel. Gut 9 km davon sind befahrbar, der Gipfel ist militärisches Sperrgebiet. Unweit des Eingangs befindet sich ein Picknickplatz, und wenige Hundert Meter weiter wurde ein Ökomuseum errichtet, das seit Jahren schon kurz vor der Eröffnung steht. Das Innere lohnt keinen Besuch, nur ein paar urkomische Tiernachbildungen aus Ton wurden bisher geschaffen. Das Haus stellt in keiner Weise einen Vergleich zu dem Museum am Ichkeul-See dar.

Von der Straße gehen immer wieder Waldwege ab, auf denen man den Park zu Fuß erkunden kann (35°11‘N 8°38‘E). Den Gipfel erreicht man auf einem kurz vor der Militärstation abgehenden Pfad in wenigen Minuten. Zu Fuß sind es vom Eingang bis auf den Gipfel etwa 2,5 Stunden Gehzeit. Statt eines Gipfelkreuzes befindet sich der Halbmond des Islam auf der Spitze des Berges. Im Park selbst gibt es keine Bevölkerung, lediglich die Wärter und das Personal der TV-Station auf dem Gipfel.

Der Djebel Chambi ist mit 1.544 m ü. NN der höchste Berg Tunesiens und erhebt sich jäh aus der Ebene. Er stellt die östliche Verlängerung der Dorsale dar und gehört zum Tebessa-Gebirgsmassiv, das sich westlich von Kasserine bis weit nach Algerien zur Stadt Tebessa zieht. Der Djebel Chambi besteht aus kreidezeitlichem Kalkgestein des Cenomans und Turons sowie Formationen des oberen Juras, dem Tithonium. Das schmale Gebirgsmassiv weist größtenteils Dolomitkalke der Oberkreide, vor allem aus dem Cenoman auf. Der Nordteil wird durch eine Triasmasse vom flacher einfallenden Südteil des Djebel Zebbes unterbrochen. Diese Triasformation ist mit Sandsteinen und Salz-Gips-Mergeln vertreten.

Bereits in den 1960er-Jahren wurde der Vorschlag unterbreitet, den Berg zum Nationalpark zu erklären – dem folgte 1977 die Ausweisung als Biosphärenreservat. Damals grasten die Hirten mit ihren Viehherden noch im Park, Wilderer

Der Djebel Chambi erhebt sich aus einem Steppenhochland

waren ein Problem, und Gazellen drangen auf die Felder der Bauern vor, um dort zu äsen. 1980 erhielt der Berg dann den Status eines Nationalparks, der mittlerweile eingezäunt ist; die Hauptbedrohung stellt heute die Waldbrandgefahr dar.

Einige Schluchten und etliche kleine Täler durchziehen den Nationalpark, doch kein einziger ständig wasserführender Fluss kreuzt den Park; lediglich vier kleine Quellen gibt es. Der Park befindet sich in einer semiariden, mediterranen Bioklimazone, vergleichbar dem Kontinentalklima – auf warme Sommer folgen also kalte Winter. Nur der Gipfel befindet sich in der subhumiden Klimazone. Der durchschnittliche Niederschlag beträgt 200 mm am Fuß und bis zu 500 mm am Gipfel des Bergs. Regen gibt es reichlich im Frühling, von März bis Mai, und im Winter. Schnee fällt relativ oft, bleibt jedoch selten für mehr als ein paar Tage liegen. Auch die Vegetation besitzt mediterranen Charakter. Der Berg ist mit dem größten und besterhaltenen Kiefernwald der ganzen Dorsale bestockt. Die Aleppo-Kiefer bildet diesen offenen Wald, der weitestgehend primär ist; nur einige Flächen wurden infolge Waldbrand und Beweidungsschäden wieder aufgeforstet.

Am Fuß des Berges gibt es Stellen, die frei von Bewaldung sind, hier breitet sich eine Pseudosteppe mit Halfagras aus. Neben diesem Federgras treten auch andere Arten an lichten Stellen auf, wie *Stipa senecia* oder das endemische *S. fontanesii.* Typisch für nordafrikanische Koniferenwälder ist die Vergesellschaftung mit Rosmarin. Dieser blüht vom Spätherbst bis in den Frühsommer. Je nach Standortbedingungen gedeihen von den über 100 gezählten Pflanzenarten des Parks

u. a. Gehölze wie Gemeine Felsenbirne (*Amelanchier ovalis*), Wildrose (*Rosa sicula*), Strauchige Kugelblume, die Zwergmispeln *Cotoneaster racemoflora* und *C. nummularia* sowie zahlreiche krautige Blütenpflanzen, darunter der Rittersporn *Delphinium balansae* und die Glockenblume *Campanula atlantica*.

In den mittleren Lagen bis 900 m Höhe werden die Kiefernwälder allmählich von Phönizischem Wacholder und Stechwacholder durchsetzt. Dazwischen gedeihen Retama-Ginster (*Retama sphaerocarpa*) und verschiedene Zistrosenarten. Mit zunehmender Höhe verbessert sich der Wasserhaushalt des Bodens, und Espartogras ersetzt die Federgräser. Auf degenerierten Flächen breiten sich in kurzer Zeit Diss-Hochgrasfluren aus, die ab 1.000–1.100 m Höhe auch das Espartogras ersetzen. Ab 1.200 m bildet die Steineiche vermehrt niedrige Wälder zwischen den Kiefern, und anstelle der Horstgräser treten als Unterwuchs schattenliebende, auf einen humusreicheren Boden angewiesene Pflanzen auf. Die Zweifelhafte Strauchscharte (*Staehelina dubia*) ist in dieser Zone besonders gut vertreten.

Am Nordhang des Dj. Chambi bilden Aleppo-Kiefer und Echte Mehlbeere (*Sorbus aria*) eine weit verbreitete Vegetationseinheit. Der Südhang besitzt dagegen mit Mastixstrauch, dem Beifuß *Artemisia atlantica*, dem Gamander *Teucrium flava*, Dornigem Hasenohr (*Bupleurum spinosum*), dem Johanniskraut *Hypencum ericoides*, der Hundskamille *Anthemis montana* und Großer Affodeline eher Macchiencharakter. Auf dem Gipfel existiert eine einzigartige Vegetation aus Steineiche und Niederliegender Kirsche

Das sub-humide Klima des Gipfels mit reichlich Niederschlag im Winterhalbjahr

oder Kirschmandel (*Prunus prostrata*), die besonders in der nördlichen Gipfelregion gut ausgeprägt ist.

Die Fauna ist paläarktisch geprägt, beinhaltet aber auch etliche nordafrikanische Endemiten. Die Region des Dj. Chambi verzeichnet 24 Säugetierarten und ist eine der letzten Refugien für die Berggazelle. Etwa 300 dieser Tiere leben im Gebiet zwischen dem Chambi-Massiv, der algerischen Grenze und dem südlicher gelegenen Schutzgebiet Khechem El Kelb. Historisch war die Berggazelle eine häufige und weit verbreitete Art der Atlas- und Anti-Atlasberge von Marokko bis Tunesien. Heute liegt die Hauptkonzentration ihres Vorkommens nahe dem algerischen Tebessa. Bereits 1971 bzw. 1975 wurden Berggazellen zur Arterhaltung in den „Parque de Rescate De La Fauna Sahariana“ im spanischen Almería verbracht. Mit einer Zuchtgruppe von zwei Männchen und neun Weibchen, gefangen im marokkanischen Anti-Atlas, begann man mit der Zucht. Später wurden zur genetischen Auffrischung erneut Wildfänge in die Herde verbracht, und gegenwärtig ist die Herde über 280 Tiere stark. Die Berggazellen der Chambi-Region werden zwecks Genaustauschs regelmäßig mit denen vom Dj. Bou Kornine ausgetauscht.

Im offenen Wald des Gebiets leben auch Ginsterkatze, Streifenhyäne und Wildkatze. Der Mähnenspringer wurde am Dj. Chambi zuletzt um 1960 gesehen. Durch starke Bejagung starb er aus, doch im März 1987 begann die Wiederansiedlung im Park von in Gefangenschaft geborenen Tieren, welche nahe Kasserine gezüchtet wurden. Ein etwa 1 ha großes Eingewöhnungsgatter für die Mähnenspringer befindet sich an der Straße etwa auf halber Strecke.

Berberkröte (*Amietophrynus mauritanicus*)

Der Dj. Chambi ist eines der zwei von BirdLife International ausgewiesenen „Important Bird Areas", in denen der Atlas-Grünspecht (*Picus vaillantii*) vorkommt. Während Ringeltaube (*Columba palumbus*) und Fichtenkreuzschnabel (*Loxia curvirostra*) mitteleuropäische Vertreter der Avifauna des Parks sind, repräsentieren Felsenhuhn, Samtkopf-, Weißbart- und Atlasgrasmücke, Einfarbstar, Diademrotschwanz, Trauer-, Fahlbürzel- und Mittelmeer-Steinschmätzer die mediterrane Vogelwelt. Insgesamt wurden 109 Vogelarten im Park erfasst. Darunter befinden sich auch verschiedene brütende

Halfagras-Steppe um Kasserine

Greifvögel wie Schmutzgeier, Schlangen- und Zwergadler, Adlerbussard, Wander- und Turmfalke. Seltener halten sich Habichtsadler und Steinadler im Gebiet auf.

Von den 16 Reptilien- und Amphibienarten ist das Europäische Chamäleon eine – wenn auch im Geäst schwierig zu lokalisierende – mit etwas Glück zu beobachtende Echse. Das häufigste am Boden lebende Reptil ist das Westliche Schlangenauge, eine dunkelbraune Eidechse mit vier hellen Längslinien.

Unter der Vielzahl wirbelloser Tiere befinden sich eine erst 2006 neu beschriebene Skorpionart, *Buthus chambiensis*, die dem Okzitanischen Skorpion und seinen Formen sehr ähnlich ist. Außerdem sind Vogelspinnen der Gattung *Ischnocolus* weit verbreitet, die ihre Wohnbaue wie die Skorpione bevorzugt unter flach aufliegenden Steinen anlegen. Am Spätnachmittag und in der Dämmerung erscheint die zu den Sattelschrecken gehörende *Eugaster guyoni*, eine schwarzbraune Schrecke, die am Halsschild rote Dornen besitzt. Sie krabbelt auf der Suche nach pflanzlicher Nahrung meist träge am Boden umher.

Fast parallel zum Südausläufer des Dj.-Chambi-Massives verläuft der Bergzug des **Djebel Khechem El Kelb** (35°09'N 8°6'E), dessen höchste Erhebung 1.303 m ü. NN ist. Er besteht aus Kalkstein der Oberkreide, der dem Turon zugeordnet wird. 1975 wurde hier in einem kleinen Tal am Südhang des Berges ein Naturreservat für die letzten Berggazellen eingerichtet. Die P17 führt zwischen Kasserine und Thelepte an diesem 307 ha großen, mit Aleppo-Kiefern bestockten Bergzug vorüber. 1982 wurde eine Zisterne errichtet, um den Berggazellen, die vom nahen Dj. Chambi überwechselten, eine Tränke bereitzustellen. Sie wird durch das Regenwasser im Winterhalbjahr gespeist. Im Sommer ist es möglich, die Tränke bei Bedarf mit Trinkwasser zu befüllen, außerdem wurden Futterstellen eingerichtet, die eine Zufütterung erlauben. Neben Salzlecken pflanzte man Opuntien, die gern verbissen werden, denn aus den Kakteengliedern stillen die Gazellen im Sommer ihren Wasser- und Calciumbedarf. Solche Maßnahmen verhindern, dass die etwa 20 Berggazellen auf die angrenzenden Felder überlaufen oder in andere Gebiete abwandern. Zusätzlich sichern breit angelegte Waldbrandschutzstreifen den Erhalt ihres Lebensraumes – nicht zuletzt nutzen auch Streifenhyänen und zahlreiche Vogelarten die Tränke.

Verlässt man die Chambi-Region gen Süden, gelangt man nach etwa 30 km in die Stadt **Thelepte**. Um Thelepte breitet sich eine Hochlandebene aus, über die besonders im Frühjahr heftige Winde jagen und die stellenweise nur durch kleinere Eukalyptushaine unterbrochen wird. Die P15 führt nordwestlich nach Algerien und in die Berge des Tebessa-Gebirgsmassives, das bald aus der Ebene auftaucht. Die Bergkette ist locker mit Aleppo-Kiefern bewachsen, und je näher die Grenze rückt, desto dichter stehen die Bäume. In Grenznähe muss man mit vermehrten Kontrollen durch Polizei und Militär rechnen. Wer eine Unterkunft im Gebiet sucht, dem sei der Club Dorra am Ortseingang von Thelepte empfohlen. Das preiswerte, sehr niveauvoll ausgestattete Hotel bietet auch ein gutes Speiserestaurant, einen bewachten Parkplatz und ist die erste Wahl gegenüber allen sog. Hotels in Kasserine.

Gafsa und das angrenzende Bergland

Die P15 führt in südliche Richtung fast 80 km durch die Atlas-Steppe, die nun allmählich in die Wüste übergeht, in die Stadt Gafsa. 14 km vor Gafsa erhebt sich im Winkel der P15 und der C201 der **Djebel Ben Younes**. Dessen Nordausläufer sowie die Wasserläufe Oued El Kebir und Oued Sidi Aïch bilden die Grenze eines Schutzgebietes, welches das typische Erscheinungsbild der Halbwüste bewahrt. Bei einem Jahresniederschlag von weniger als 150 mm gedeiht hier Halfagras mäßig bis spärlich. In den umliegenden Bergen, welche die Grenze des Schutzgebietes markieren, wächst an den Nordhängen vereinzelt Phönizischer Wacholder. Häufig in dieser Halbwüstengegend oder zumindest zur Zugzeit vertreten sind Lannerfalke, Rennvogel, Wüstengimpel, Felsenhuhn, Sand- und Tropfenflughuhn, Pharaonenuhu, Sand- und Dupontlerche, Samtkopf-, Weißbart- und Atlasgrasmücke, Einfarbstar, Diademrotschwanz, Sahara-, Trauer-, Schwarzrücken-, Fahlbürzel-, Wüs-

Le Lézard Rouge – Schluchterlebnis mit dem Zug

ten- und Mittelmeer-Steinschmätzer. Die Wilderei, vor allem von Flug- und Felsenhühnern, bedrohen aber den Vogelbestand. Ein Problem stellt auch die Desertifikation dar, die durch das Pflügen des Graslandes zur Ackergewinnung verursacht wird. Die Nordwestverlängerung des Dj. Ben Younes stellt der 1.156 m hohe Dj. Bou Ramli dar, dessen Hänge am Fuß mit Halfagras bestanden sind und dessen Nordseite mit Phönizischem Wacholder und Steineichengebüsch bewachsen ist.

Am Nordostrand von Gafsa befindet sich der **Orbata-Park**. Dieser Freizeitpark hat schon bessere Zeiten hinter sich und beherbergt in engen Käfigen noch einige heimische Säugetiere und Vögel. Die umschließende Mauer mit den Tiermotiven verspricht viel mehr, als es innen zu sehen gibt. Die etwas größeren Gehege der Gazellen sind längst verwaist und dienen als Fußballfelder. Einzig wegen des großzügig angelegten Straußengatters im hintersten Teil des Parks lohnt sich eine Besichtigung. Der Orbata-Park liegt direkt am Kreisverkehr zwischen der P3, die Richtung Tunis verläuft, und der nach Sfax führenden P14.

Das nach dem 20 km südöstlich von Gafsa befindlichen Djebel Orbata benannte Aufzuchtareal – u. a. von Dorkasgazellen – vor den Toren der Stadt wäre sicherlich interessanter, doch bleibt Touristen eine Besichtigung meist verwehrt; möglicherweise können ein paar nette Worte in französischer Sprache das Tor öffnen. Die Anlage befindet sich an der P3 kurz vor dem Ortseingang von Gafsa. Das Areal ist von einem Drahtzaun und am Eingangsbereich bei den Servicegebäuden von einer Mauer mit Tiermotiven umgeben.

Das **Naturreservat Orbata**, das seit 1968 besteht, gilt als ein Beispiel der Erhaltungsszucht von Dorkasgazellen. Etwa 90 % des Areals sind mit Eukalyptusbäumen bestanden, dazwischen bedeckt natürliche Vegetation den Boden, die dem trockenen, kontinentalen Klima mit einem durchschnittlichen Niederschlag von 150 mm im Jahr angepasst ist. Rutenginster, Glatte Baumschlinge, Zickzackdorn, Strauch-Melde, Bewaffnete Bärenschote sowie Spatzenzungen- und Doppelsamenarten zählen hierzu. Auf der restlichen Fläche werden verschiedene Getreidesorten angebaut. Neben Mähnenspringern, Damwild, Pfauen und Helmperlhühnern liegen die Zuchtschwerpunkte auf dem Nordafrikanischen Strauß und auf der Dorkasgazelle: So dienen zwei große umzäunte Gehege der Haltung von derzeit rund 200 Dorkasgazellen und über 80 Nordafrikanischen Straußen.

In der Seldja-Schlucht

Die Zucht der Dorkasgazellen begann mit ungefähr 30 Tieren, die aus der Umgebung von Gafsa stammten; die maximale Anzahl wurde 1982 mit 250 Individuen erreicht. Zu Beginn des 19. Jh. konnte die Dorkasgazelle noch in ganz Tunesien im Grasland der Ebenen in großen Herden von 50–80, mitunter sogar 100 Tieren beobachtet werden, doch ab dem Ende der zwanziger Jahre nahm die Zahl rapide ab. In den 1960er-Jahren verschwand die Art ganz aus dem Norden und lebt heute fast ausschließlich südlich der Linie Gafsa – Gabès. Auch in anderen afrikanischen Ländern ist ihr Bestand im Rückgang begriffen. Vielfach wird sie allein wegen ihrer Hörner gejagt, die als Wandschmuck verkauft werden. So erzielten die Hörner einer Dorkasgazelle 2007 bei ebay einen Preis von 38,50 Euro und ein kompletter Schädel einer Dorkasgazelle aus dem Sudan 53,71 Euro.

Den Anfangsbestand bei den Straußen bildeten fünf Paare des Südafrikanischen Straußes. Seine Überlebensrate ist mit 75 % recht erfolgreich, die höchste Sterblichkeit tritt bei den Jungvögeln zwischen einem und vier Monaten auf; vor allem Füchse, Schakale und Ichneumons stellen den jungen Straußen nach. Bis ins Alter von sechs Monaten lebt der Nachwuchs bei den Müttern, danach werden die Jungen in ein separates Gatter überführt. Ein Teil der in dieser Anlage erzielten Nachzuchten wurde bereits in tunesische Nationalparks umgesiedelt sowie nach Deutschland, Algerien, Kuwait und Saudi-Arabien exportiert.

In der Stadt **Gafsa** laufen die Fernverkehrsstraßen aus dem Norden und Süden zusammen und bilden einen großen Verkehrsknotenpunkt. Die Straßen der rund 85.000 Einwohner zählenden Stadt sind daher die meiste Zeit des Tages verstopft. Gafsa lebt heute vom Phosphatreichtum der nahen Berge und ist wegen der guten Straßen- und vor allem Schienenanbindungen Umschlagplatz dieses Rohstoffs. Ein anderer bedeutender Wirtschaftszweig ist die Herstellung von Tapeten. In zahlreichen Webereien werden Teppiche und Decken mit traditionellen Nomadenmustern hergestellt, für die Gafsa berühmt ist.

Südlich der Stadt gliedert sich die Oase an, die etwa die gleiche Fläche wie die Stadt selbst einnimmt. Neben Datteln werden dort auch Granatäpfel, Orangen, Birnen und Oliven erzeugt, in den Bewässerungsgräben lebt der Blaulippen-Maulbrüter. Gafsa wurde von den Römern im 2. Jh. v. Chr. gegründet. Sehenswert aus dieser Zeit sind vor allem die römischen Bäder, 4 m tiefe Becken, die durch Tunnel verbunden und mit 25 °C warmem Thermalwasser gefüllt sind, in dem ebenfalls Blaulippen-Maulbrüter leben.

42 km westlich von Gafsa liegt Metlaoui. Seit Ende des 19. Jh. ist die 37.000 Einwohner zählende Kleinstadt ein Zentrum des Phosphatabbaues. In der Ortsmitte von Metlaoui gibt es ein kleines naturhistorisches Museum, in dem

Das verlassene Chebika

unter anderem Fossilien der Region und präparierte Schmetterlinge ausgestellt sind sowie kulturhistorische Zeugnisse der Römerzeit, v. a. Mosaike, präsentiert werden. Im Stadtpark existiert ein kleiner Zoo mit Tieren der Halbwüste.

Unweit dieser Kleinstadt befindet sich eine der schönsten Schluchten des ganzen Landes, die **Seldja-Schlucht** (34°20'N 8°20'E). Mit dem restaurierten Nostalgiezug „Le Lézard Rouge" lässt sich die Schlucht von Metlaoui aus bequem besichtigen. Die entsprechend ihrer Farbe „Rote Eidechse" genannte und bis 1945 in den Dienst gestellte Bahn hatte der tunesische Bey 1913 als Geschenk der Königin Victoria von England erhalten. Die Schlucht durchschneidet von Nord nach Süd das Zentrum der Gafsa-Bergkette, die sich etwa 160 km in West-Ost-Richtung ausdehnt. Ungefähr in der Mitte unterbricht die Stadt Gafsa diese Kette.

Das Gebirge besteht größtenteils aus Gesteinen der Kreidezeit. In kieseligen Inoceramen-Kalken treten Muscheln der

Gattung *Inoceramus* als typische Leitfossilien dieser erdgeschichtlichen Epoche auf. Auch *Cardita*-Muscheln, welche unsymmetrischen Herzmuscheln gleichen, sind häufig darin zu finden. Crustaceen (Krebstiere), wie die Geistergarnele *Callianassa* sp., oder Echinodermen (Stachelhäuter), zu denen der Seeigel *Bothriolampas tunetanus* zählt, sind ungleich seltener fossil erhalten. In schwarzen Mergeln sind die Austern *Ostrea ungulata* und *O. larva* beinahe schon gesteinsbildend, oft sind ihre perlmuttfarbenen Schalen sehr gut erhalten; in trockenen Oueds lassen sich bereits freigewitterte fossile Austernschalen leicht sammeln. Obenauf liegen rote Phosphatkalke, in denen die Zähne des Hais *Corax pristodontus* und Koprolithen, versteinerte Exkremente mariner Tiere, eingebettet sind. Wirtschaftlich bedeutend ist die westliche Gafsa-Kette aber aufgrund ihrer Phosphatvorkommen. Dieser Rohstoff ist in Form von kleinen Kalkphosphatkörnchen mit Kalkzement im Sandstein gebunden. Nicht selten tritt auch Glaukonit auf, ein blaugrünes, eisenhaltiges Mineral marinen Ursprungs.

Die besten Eindrücke von der gelegentlich auch Selja oder Theldja genannten Schlucht erhält man auf einer Wanderung. Am Ortsausgang von Metlaoui in Richtung Tozeur zweigt eine Straße nach rechts ab. Diese gabelt sich bald, und wiederum die rechte, nicht asphaltierte Straße führt zum kleinen Ort Seldja, der eigentlich nur aus einer Pumpstation besteht. Ein recht aufdringlicher Parkwächter versucht meist, eine Parkgebühr zu kassieren, man kann jedoch sein Auto überall kostenlos abstellen. Bittet man die Betriebswerker um Erlaubnis, ist es sogar möglich, im Gelände der Pumpstation teilweise im Schatten zu parken.

Um in die Schlucht zu gelangen, geht man am besten wenige Meter in Richtung der Berge, bis man auf die Eisenbahngleise stößt. Man muss nun durch den ersten Eisenbahntunnel laufen und könnte danach theoretisch schon in die Schlucht absteigen. Allerdings gelangt man im Frühjahr nicht durch eine Engstelle, die auch Säbelhieb genannt wird, da sich hier ein Fluss durch die Felswände zwängt. An seinen Ufern ist grauschwarzer Schlamm abgelagert, den man kaum durchwaten kann. Besser geht man also noch durch den zweiten Tunnel und steigt dann zum Talgrund ab – oder am besten erst nach der Eisenbahnbrücke, wo die Guides kleine Stufen in die Uferwände getrieben haben. Die Eisenbahntunnel sind unbeleuchtet, aber relativ kurz und zügig zu durchqueren. Die ankommenden Züge fahren langsam und geben vor der Einfahrt ein akustisches Signal ab. In den Tunnels befinden sich auch kleine Aussparungen im Fels, in die man sich bei Bedarf hineinflüchten kann.

Man sollte im Hochsommer unbedingt auf Giftschlangen Obacht geben, die sich vor der Mittagshitze in die dunkle Kühle retten; Afrikanische Kobra und Atlasotter sind die beiden häufigsten Giftschlangen der Region. In Wassernähe lebt die ungiftige Vipernatter, die hier juvenilen Wasserfröschen nachstellt. Auch die Hausammer ist häufig am Wasser zu beobachten. Verschiedene Singvögel nutzen ebenfalls den Fluss und im Frühjahr die Überschwemmungspfützen als Tränke. In den Abbruchwänden brüten Bienenfresser.

Obwohl das Gebirge aus der Ferne vegetationslos erscheint, überrascht die

Schlucht stellenweise mit üppig grünen Palmenhainen, flussbegleitendem Tamariskengebüsch und Schilf. In der schützenden Vegetation bewegt sich die Atlasgrasmücke, während die Felshänge vom Schwarzrücken-Steinschmätzer bewohnt werden. Von mehreren Rennmausarten ist die Shaw-Rennmaus eine der häufigen – und oft der einzige Säuger, den man tagsüber beobachten kann. Das Gebirge bildet die südliche Verbreitungsgrenze des Maurischen Skorpions, den man gelegentlich unter Steinen findet, wo er seine Wohngänge gräbt.

Mit dem Auto kann man die Gebirgslandschaft um die Seldja-Schlucht von Metlaoui aus erkunden. Aus der Stadt führt die C122 nach Norden in Richtung Moulares. Etwa 23 km nach Metlaoui trifft die Straße auf die C201. Rechts gelangt man nach ungefähr 10 km zum Feuchtgebiet **Garaet Douza** (34°28'N 8°29'E). Dieses links der Straße befindliche Gelände ist eine niederschlagsabhängige, seichte Senke, die sich saisonal mit Regenwasser füllt. Die Vegetation entlang des temporären Feuchtgebietes besteht an den Rändern aus Schmalblättrigem Rohrkolben, Schilf und Stechender Binse. Die Umgebung setzt sich aus einer Steppenvegetation mit Halfagras und Weißem Beifuß zusammen. Das Gebiet ist bei ausreichendem Wasserstand wichtig für durchziehende und überwinternde Wasservögel, wie Seidenreiher, Weißstorch, Löffelente, Blässhuhn, Brand- und Rostgans. Der Rosaflamingo ist mit einer stattlichen Anzahl von 1.000–4.000 Tieren vertreten.

In die andere Richtung, nach Westen, führt die C201 in 5 km nach Moulares und von dort ins 12 km südwestlich gelegene Redeyef. Die Strecke führt durch eine Bergwelt, die von reger Bergbautätigkeit gezeichnet ist. Auch bei Molares und Redeyef wird Phosphatgestein abgebaut und in Güterzügen durch die Seldja-Schlucht nach Metlaoui transportiert.

Mineraliensucher schätzen die hier im weichen Mergel häufig vorkommenden Geoden. Dabei handelt es sich um knollenförmige Steine, in denen gut ausgebildete Kristalldrusen eingeschlossen sein können. Besonders schön sind die wenige Zentimeter großen prismatischen oder tafeligen Coelestin-Kristalle. Coelestin ist farblos bis schwach hellblau, gemäß dem lateinischen Namen, der für Himmelblau steht. Dieses seltene Mineral, das chemisch gesehen Strontiumsulfat ist, kommt hauptsächlich in Tunesien und auf Madagaskar vor. Häufiger noch sind Calcit-Drusen, deren Vorkommen sich auf diese Region beschränken. Die farblosen bis milchigweißen Kristalle werden nicht selten von findigen Händlern mit blauer Tinte eingefärbt und dann als Amethyst verkauft. Während Amethyst ein Halbedelstein ist, der aus Quarz und somit dem viel härteren Siliziumoxid besteht, ist Calcit ein Kalziumcarbonat, das bereits durch sauren Regen gelöst wird. Die Souvenirstände um die folgenden drei Schluchten bieten verschiedene Mineralien und Fossilien an, die aus dem umgebenden Bergland stammen.

Von Redeyef sind es auf der C201 etwa 20 km bis zum Kreisverkehr, von dem die 5 km lange Zufahrtsstraße zur **Midès-Schlucht** abbiegt. Sie führt in einiger Entfernung an einem von zwei Bergzügen umrahmten Stausee mit recht flachen Ufern vorbei. Dem Dorf Midès schließt sich ein Palmenhain an, hinter dem die Zufahrt

Eindrucksvoll geschliffene Wände der Midès-Schlucht

endet. Rechts gelangt man in die Schlucht oder oberhalb ins alte verlassene Dorf, links verläuft der Weg oberhalb durch die Dorfruinen bis zu den Aussichtspunkten, von denen man einen fantastischen Blick in die Schlucht hat. Vom Fluss gleichmäßig herausgeschliffen, windet sie sich kurvig durch das Felsgestein. Deutlich lassen sich die einzelnen Gesteinsdecken voneinander abgrenzen. Kurz vor der algerischen Grenze befindet sich der Ausgang der Midès-Schlucht, die hier etwa 60 m tief ist; ein Wasserfall ergießt sich in die Tiefe. Vom verfallenen Dorf aus durchwandert man die Schlucht in 2–2,5 Stunden. Gute Kondition und festes Schuhwerk sind erforderlich, da die Strecke stellenweise über Geröll und Felsen führt.

Der Ausgang der rund 5 km langen Schlucht trifft auf die Straße, die zur großen Kaskade der **Tamerza-Schlucht** führt. Tamerza ist touristisch gut erschlossen, denn das alte Tamerza ist heute der Besuchermagnet der Region. Übrig gebliebene sind die Ruinen der Häuser, die nach Unwettern Ende der 1960er-Jahre aufgegeben wurden, die Moschee ist das einzige noch intakte Gebäude. Dem alten Dorf schließt sich eine üppig grüne, palmenbestandene Bergoase an. Möglich wird das durch einen kleinen Gebirgsbach, der durch die Oase fließt und sich etwas unterhalb der Oase an einer Engstelle im Fels als 8 m hoher Wasserfall ergießt. Zu dieser Kaskade weisen auch Hinweisschilder, am Wasserfall selbst befinden sich Souvenirstände.

Die Straße führt weiter durch die Bergwelt, und oberhalb des Wasserfalles befindet sich ein kleiner Parkplatz, wieder mit Souvenirständen. Von hier bietet sich ein guter Ausblick auf den Bach und die enge Tamerza-Schlucht. Im Sommer, wenn der Bach trockenliegt, kann man diese 5 km bis zur Oase Poum El Khango abwärts in etwa 2,5 Stunden entlangwan-

Tamerza-Schlucht südlich des gleichnamigen Ortes

dern. In den Felsen leben Lannerfalke, Haussegler und Blaumerle. Um Tamerza hat man auch Gelegenheit, ohne große Mühe Fossilien, vor allem Austern, zu sammeln.

Von Tamerza aus schlängelt sich die Straße nun am Berg entlang nach Süden. Kurz vor der Ebene befindet sich eine dritte Schlucht, die **Chebika-Schlucht**. Hier gibt es ebenfalls ein altes Dorf, das 1980 nach einem Bergrutsch, dem starke Regenfälle vorausgegangen waren, aufgegeben wurde. Wie auch in Tamerza gibt es hier Gastronomie und Souvenirläden. Vom Parkplatz kann man an einem Bach, der von Palmen gesäumt ist, einen halbstündigen Spaziergang in die Schlucht unternehmen. Der Weg endet an einer Quelle, die einen kleinen Wasserfall bildet. An der etwa 30 °C warmen Quelle angelangt, führen links Stufen den Hang hinauf. Oben hat man einen schönen Blick auf die Bergwelt.

Die P16 verläuft schließlich südlich aus dem Bergland durch das Chott el Gharsa, das nördlichste Chott Tunesiens, und trifft unweit von Tozeur auf die P3.

Die Dorsale wird im schluchtenreichen Bergland gestaut und umgelenkt. Sie verläuft nun südlich von Gafsa nach Nordwesten bis Maknassy und von dort steil nach Norden bis in die Nähe der Stadt Sidi Bouzid. Hier trifft ihr Ausläufer fast wieder auf das orografische Rückgrat des Gebirgszugs. Im Süden stößt die Dorsale, die hier die Gafsa-Kette bildet, an die Ausläufer der Algeriden, von denen sie nur durch die Chotts getrennt ist. Der Djebel Orbata, welcher dem Freizeitpark bei Gafsa den Namen gab, ist mit 1.165 m ü. NN der höchste Gipfel der Gafsa-Kette, dicht gefolgt von Djebel Biada mit 1.163 m Höhe.

Nach Osten senkt sich der Gebirgszug allmählich ab und endet im 790 m hohen **Djebel Bou Hedma**, bevor er scharf nach Norden abknickt. Am Dj. Bou Hedma

Große Kaskade in der Tamerza-Schlucht

(34°40'N 9°38'E) wurde 1980 ein Nationalpark gegründet, der das Aushängeschild Tunesiens in Sachen Naturschutz und Arterhaltung darstellt. Hier wurden in den 1980er-Jahren die weltweit vom Aussterben bedrohten Säbelantilopen ausgesetzt, mit dem Ziel einer späteren Auswilderung. Innerhalb der Gesamtfläche von 16.488 ha machen 8.684 ha die drei Kernschutzzonen aus. Außerdem gibt es eine Zone, die agrarwirtschaftlich genutzt wird, sowie den Teil des Parks, der sich noch in der Regeneration und im Aufbau befindet.

Der Bou-Hedma-Nationalpark repräsentiert ein in Tunesien heute einzigartiges Ökosystem, denn in der Ebene vor dem Südabfall der Gafsa-Kette wurde diese ursprüngliche Savannenlandschaft durch die Unterschutzstellung als Nationalpark und auch als Biosphärenreservat erhalten. Grasland, das sich aus hohen Süßgräsern wie Wimper-Stachelgras (*Cenchrus ciliaris*), Fingerhirse (*Digitaria nodosa*) oder den Dreigrannengräsern *Aristida plumosa* und *A. obtusa* zusammensetzt, bildet einen ausgezeichneten Lebensraum für viele Tiere, denen die Gräser Nahrung und Deckung bieten.

Charakterbaum dieser Busch- und Baumsavanne ist die Baumförmige Akazie, die im Alter eine typische schirmförmige Baumkrone entwickelt. Jüngere Akazien dagegen bilden dichte, dornige Büsche. Einst dehnte sich die an Ostafrika erinnernde Savanne über weite Teile Zentraltunesiens aus und wurde erst mit dem Bevölkerungswachstum und der damit verbundenen Siedlungsexpansion sowie der vermehrten Viehhaltung so stark verdrängt, dass sie heute nur noch hier zu bestaunen ist. Begleitsträucher sind Glatte Baumschlinge, Dreilappiger Essigbaum und der für die Steppen und Halbwüsten Nordafrikas charakteristische gelbblühende Korbblüter *Rhanterium suaveolens*. In Randzonen werden die typischen Gräser der Savanne durch

Halfagras ersetzt, das mit Zehnstaubblättriger Nacktfrucht, Weißem Beifuß sowie den Melden *Arthrophytum scoparium* und *A. schmittianum* der Landschaft einen Steppencharakter verleiht.

Vor allem der Südrand des Nationalparks ist durch die Nähe zur Sebkhet en Noual mit den salztoleranten Melden- und Beifußgewächsen bedeckt, während die nördlich den Park begrenzenden Berge um den Hauptgipfel Dj. Bou Hedma mit einer typisch mediterranen Vegetation aus Wildem Ölbaum, Phönizischem Wacholder und Atlantischer Terebinthe (*Pistacia atlantica*) bewachsen sind. In kleinen Tälern finden sich auch Dattelpalmen. Begünstigend für das Pflanzenwachstum ist das Vorhandensein einiger kleiner, ständig wasserführender Oueds. Insgesamt sind rund 300 Pflanzenarten im Park verzeichnet.

Am Fuße des Berges wurde ein Teich angelegt, der auch als Tränke für die im Park gehaltenen Tiere dient. Tunesien verfolgt das ehrgeizige Ziel, möglichst viele Tierarten, die ursprünglich im Land vorkamen, eines Tages wieder anzusiedeln. Der Afrikanische Elefant, der vor 1.800 Jahren zu Hannibals Zeit noch zahlreich im Gebiet des Dj. Bou Hedma vorkam, wird wohl für immer fehlen, doch haben verschiedene Antilopen und Gazellen, die noch bis ins 19. oder sogar 20. Jh. weit verbreitet waren, eine reelle Chance zur Wiederansiedlung. Dazu bedarf es individuenstarker Populationen, und so wurden 1985 und 1986 zehn Säbelantilopen aus den Zoos von Marwell und Edinburgh in Großbritannien zusammen mit acht Mendesantilopen aus dem Zoo Hannover in der Kernzone des Nationalparks freigelassen. Da der Park für die Säbelantilopen ideale Bedingungen bietet, kamen bereits ein Jahr nach dem Aussetzen der Tiere die ersten Kälber zur Welt. Die Sterblichkeit der Jungtiere ist bei beiden Antilopenarten ziemlich hoch, wobei verschiedene Faktoren eine Rolle spielen. So verhalten sich die Arten gegenüber Feinden unterschiedlich: Während die Männchen der Säbelantilopen Mutter und Kind schützen, verteidigen Mendes-

Savannenlandschaft des Bou-Hedma-Nationalparks

Auf dem Weg zum Dorf Sakket

Felsiger Lebensraum des Gundis südlich von Gafsa

antilopen ihre Jungtiere gegen Angriffe weit weniger.

Säbelantilopen benötigen Schatten und sind keine Wüstenbewohner – sie stellen sich tagsüber unter Akazien oder suchen die höher gelegenen Berge auf. Nur früh morgens und spät am Nachmittag kommen sie in die Ebene und sind dann auch am Zaun zu sehen. Sie benötigen nur wenig Trinkwasser, sofern ausreichend Grünfutter vorhanden ist. So beträgt der Wassergehalt der Akazienblätter 75 %, aber auch Melden sind reich an Wasser und werden daher als Futter geschätzt.

Mendesantilopen hingegen sind reine Wüstentiere, die sich mit der Savannenlandschaft des Parks erst arrangieren mussten. Um an bessere Weidegründe zu gelangen, wanderten sie zur 17 km entfernten Nordseite des Parks und überwanden dabei die steile, 600 m hohe Bergkette.

Im Laufe der Jahre wurden die Herden durch weitere Tiere ergänzt, da ein Überleben und der gesunde Fortbestand einer Population nur durch genetische Variabilität (möglichst geringer Verwandtschaftsgrad) erreicht werden kann. Diese Tiere stammten aus nordamerikanischen und europäischen Erhaltungszuchtprogrammen, dem „North American Species Survival Plan“ (SSP) und dem „European Endangered Species Programme“ (EEP). In beiden Programmen sind insgesamt rund 670 Mendes- und 1.400 Säbelantilopen registriert. Der Zoo Hannover verwaltet das Zuchtbuch der Mendesantilopen, während der Zoo in Marwell das Zuchtbuch für die Säbelantilopen führt.

Derzeit beherbergt der Bou-Hedma-Nationalpark eine Population von etwa 130 Säbelantilopen. Damit auch die Mendesantilopen in Zukunft optimale Lebensbedingungen finden, wurde ein Teil der Herde zusammen mit weiteren Tieren aus den EEP- und SSP-Programmen in die Nationalparke Djebil und Senghar am Rande der Sahara umgesiedelt. Es ist ein langer Weg, bis die Antilopen eines Tages ganz in Freiheit ohne Umzäunung leben und sich fortpflanzen können, aber es ist ein realistisches Ziel, das auf 20 Jahre ausgelegt ist. Weltweit haben 12 Länder großes Interesse bekundet, die Säbelantilope wieder anzusiedeln, unter anderen auch der Nachbarstaat Algerien.

Neben den beiden großen Antilopen leben noch 100 der kleineren Dorkasgazellen sowie rund 30 Mhorr-Gazellen in der Savanne. Außerdem sind Stachelschwein, Große und Kleine Wüstenspringmaus, Kaphase und Algerischer Wanderigel weit verbreitet. Die Berge bieten Rüsselspringer, Gundi und Mähnenspringer optimale Lebensbedingungen.

Der Südafrikanische Strauß wurde in den 1980er-Jahren zunächst in Bou Hedma angesiedelt, um zu testen, ob auch eine Wiederansiedelung des seltenen, dort einst heimischen Nordafrikanischen Straußes möglich ist. Leider scheint dies aufgrund der vielen Prädatoren nicht der Fall zu sein. Im Park leben Streifenhyäne, Goldschakal, Rüppells Fuchs und Rotfuchs, Streifenwiesel, Karakal, Ginster- und Wildkatze, die alle potenzielle Nesträuber sind und auch eine Gefahr für junge Huftiere darstellen. Der letzte Nordafrikanische Strauß wurde von einem französischen Offizier 1902 bei Gabès getötet. Seine ehemalige Verbreitung in dem Gebiet belegen Eierschalen, die man immer wieder um Bou Hedma fand, so beispielsweise 15 km südlich Hamilet Babouch. Derzeit gibt es lediglich noch zwei männliche und drei weibliche Straußenvögel im gesamten Park.

Neben den größten Vögeln der Welt leben zahlreiche weitere Vogelarten im Nationalpark. Steinadler und Lannerfalke brüten in den Bergen, und der Park ist

Gebirgskette südlich von Gafsa

Säbelantilope (*Oryx dammah*) im Bou-Hedma-Nationalpark

eines von zwei „Important Bird Areas" in Tunesien, in denen die Knackerlerche vorkommt. Helmperlhuhn, Felsenhuhn, Wüstenläufer-, Sand- und Saharaohrenlerche, Samtkopf-, Weißbart- und Atlasgrasmücke, Akaziendrossling, Einfarbstar, Diademrotschwanz, Sahara-, Trauer-, Fahlbürzel- und Mittelmeer-Steinschmätzer sowie Wüstengimpel sind häufig zu beobachtende Vögel im Park. Pharaonenuhu und Rothals-Ziegenmelker sind ebenfalls häufig, aufgrund ihrer nächtlichen Aktivität aber selten zu sehen.

In einem Informationszentrum, welches 1996 in Zusammenarbeit mit dem Aquazoo Düsseldorf, der Deutschen Gesellschaft für Technische Zusammenarbeit GmbH (GTZ) und einem Ökologischen Büro aus Krefeld im Park errichtet wurde, werden Besucher über den Nationalpark und seine Tier- und Pflanzenarten informiert. Um das Besucherzentrum und den Nationalpark besichtigen zu können, benötigt man von der staatlichen Nationalparkbehörde in Tunis (Anschrift: Republique Tunisienne, Ministere de l´Agriculture et des Ressourcen Hydrauliques, Direction Generale des Forets, Tunisie, Fax 21671 794 107) eine Besuchererlaubnis. In den Touristenzentren gibt es aber auch Reisebüros, die eine Fahrt durch den Nationalpark mit dem Geländewagen anbieten. Bei Buchung erspart man sich den umständlichen Papierkram.

Der Park selbst befindet sich 60 km südlich der Stadt Sidi Bouzid und 20 km südlich Maknassy. Die Anfahrt erfolgt aus Richtung Gabès auf der P1 bis Skhira und weiter in Richtung Kairouan auf der P2. Wenig später folgt man dem Schild Mezzouna nach links. Nach über 20 km geht an einem Kreisverkehr etwa 5 km vor Mezzouna links die Zufahrt zum Bou-Hedma-Nationalpark ab. Nach knapp 24 km auf der C124 gelangt man durch ein Dorf und 3 km weiter zum Eingang des Nationalparks. Ohne Besuchserlaubnis bleibt man wie erwähnt allerdings Zaungast.

Die Säbelantilopen lassen sich meist schon vom Zaun aus erspähen, erst bei Annäherung entfernen sie sich. Einen weiteren Teilbereich des Nationalparks erreicht man auf der C124, die den Zaun entlang weiterführt. Die asphaltierte Straße endet im nächsten Dorf. Vom Eingang des Parks sind es etwa 13 km, bis in einer leichten Kurve eine unbefestigte Piste gerade abgeht, die nach weniger als 3 km in südwestlicher Richtung die Haddej genannte Schutzzone 3 erreicht. Am Zaun entlang kann man das Gatter mit dem PKW auf einer Piste umrunden und bekommt Dorkasgazellen, Mendesantilopen und Strauße zu sehen. Auch Haddej und das Umland bestehen aus der typischen Baumsavanne, Haddej ist außerdem mit Jerusalemdorn begrünt.

Abenteuerlicher erreicht man den Nationalpark aus Richtung Gafsa. Im 20 km südöstlich vor Gafsa gelegenen El Guettar führt die C124 nach Osten dicht an den Bergen entlang. Etwa 15 km führt diese Straße am Fuß des Dj. Orbata entlang, an dem zurzeit ein 3.000 ha großer Nationalpark entsteht, bis sich südlich eine niedrigere Bergkette parallel vorschiebt. Diese erreicht mit 1.163 m ü. NN am Dj. Biada die höchste Amplitude. Die C124 verläuft südlich dieser Berge, auf Asphalt kann man aber auch zwischen beiden Gebirgszügen bis ins Dorf Sakket fahren. Von dort windet sich eine Militärstraße bis zum Kamm und zu der auf dem Gipfel befindlichen Antennenanlage Sened. Hier endet die Straße. Den Nordabfall führt nur eine üble, nicht PKW-taugliche Piste hinab.

Vom Dorf Sakket aus gelangt man auf einer Piste durch die bei Offroadern beliebte Sakket-Schlucht wieder

Tafelberge südlich von Gafsa

auf die C124. Gleich am Ortsanfang befindet sich rechts bei einem öffentlichem Gebäude, das an der Staatsflagge erkenntlich ist, ein Schotterweg. Dieser führt bald talabwärts und wird zur Holperpiste. Das Gestein der Umgebung nimmt hier eine graugrüne bis dunkelgraue Färbung an, in der Schlucht selbst überwiegen dann wieder gelbliche Kreidekalke. Die Piste schlängelt sich wenige Hundert Meter durch die sehr enge Schlucht (34°22'N 9°12'E) und trifft im Tal wieder auf Asphalt. Bevor man die Schlucht mit dem PKW durchfährt, sollte zu Fuß die Befahrbarkeit getestet werden. Vor allem nach längeren Regenphasen empfiehlt sich dies, da ein Rückwärtsfahren oder gar Wenden unmöglich ist. Schwierig wird es auch für Wohnmobilfahrer, die engen Kurven unbeschadet und ohne „zu verkanten“ zu durchfahren.

Die C124 verläuft nach Osten bis ins Dorf Bou Saad. Hier endet der Asphalt. Hält man sich auf der nun zur Piste gewordenen C124 weiter geradeaus, trifft man nach gut 21 km in nordwestlicher Richtung ebenfalls auf die eingezäunte Haddej-Schutzzone. Bei Regenwetter ist dieser Fahrweg für PKWs jedoch nicht zu empfehlen, zumal er von den Einheimischen, die ihre Felder mit Pick-ups anfahren, zerfurcht wird. Am Zaun entlang fährt man nach Norden, biegt dort rechts ab und gelangt immer in Gatternähe zum verschlossenen Eingang und an einem im eingezäunten Bereich stehenden Aussichtsturm vorbei. Die Ostseite ist aufgrund des hohen Grases etwas schwieriger zu befahren.

Von der Südwestecke des Areals führt eine Piste schließlich geradewegs auf die 9 km südlich befindliche Bergkette des 587 m hohen Dj. Khirr. Sie durchmisst die Kontaktzone zum benachbarten Dj. Chamsi und trifft nach insgesamt rund 15 km im Dorf El Haffey auf die P15, die Gafsa mit Gabès verbindet.

Südtunesien

Am Nordrand des Chott el Djerid

Die gedachte Linie Gabès – Gafsa – Tozeur grenzt Zentraltunesien vom Süden des Landes ab. Die erste größere Stadt und Tor zum Süden ist das 32.000 Einwohner zählende **Tozeur**. Berühmt ist diese Stadt für ihre Lehmziegelarchitektur: Da in der Gegend kaum Steine vorhanden sind bzw. lokales Gestein für den Hausbau wenig geeignet ist, werden aus dem reichlich vorhandenen Lehm Ziegel gebrannt. Lehm, Sand und

Wasser werden dazu in eine Holzform gegossen und an der Sonne getrocknet. In mit Palmholz beheizten Öfen müssen die Ziegel dann 2–3 Tage bei bis zu 1000 °C gebrannt werden. Die Ziegel werden beim Hausbau zu geometrischen Ornamenten angeordnet – hervorstehend und zurückgesetzt – verbaut. Das dient nicht allein der Schönheit, sondern durch den damit verbundenen Schattenwurf wird auch die Wand gekühlt. Im Sommer steigen die Außentemperaturen im Süden oft auf über 40 °C an. Da gebrannter Ziegel eine hervorragende Isolierwirkung hat, bleibt es in den Häusern deutlich kühler. Der Lehmziegelbaustil stammt von Arabern, die im 10. Jh. aus Mesopotamien nach Nordafrika einwanderten.

Die Gehsteige in der alten Medina von Tozeur sind in Rundbogenarchitektur überdachte, tunnelartige Wege, wie sie auch in anderen Städten des Südens vorzufinden sind. Früher lebte Tozeur vom Karawanenhandel. Zwar gibt es auch heute noch

Chott el Djerid – Nordafrikas größter Salzsee

Restwasser im Chott

wöchentlich einen großen Markt, doch ersetzt der Tourismus die fehlenden Einnahmen. Tozeur besitzt einen Flughafen, auf dem aber zum größten Teil Inlandsflüge ankommen. Die meisten Touristen sind individuell angereiste Sahara-Fans oder Busausflügler, die in den Badeorten am Mittelmeer untergebracht sind.

Auskristallisiertes Salz am Chott el Djerid

Südlich der Stadt schließt sich eine 1.000 ha große **Palmenoase** an. Die hier produzierten Datteln der Sorte „Deglet en Nour“ sind die besten des Landes, und auch weltweit steht diese Sorte für Spitzenqualität. Die Datteln erwirtschaften das Haupteinkommen der Stadt, doch ein Großbrand in den 1990er-Jahren vernichtete Teile der Oase und damit auch viele Palmen.

Die vier wichtigsten Zentren des Dattelanbaues in Tunesien sind neben Tozeur Nefta sowie die bei Gabès befindlichen Oasen El Hamma und El Ouidane. Allein von den 1,6 Mio. Palmen dieser vier Oasen stammt über die Hälfte der jährlichen Dattelerzeugung des Landes. Von den etwa 70 Dattelsorten ist die goldfarbene Deglet en Nour, der „Finger des Lichtes“, die beste. Diese Dattel gedeiht in den heißen Djerid- und Nefzaoua-Oasen besonders gut, da sie für eine optimale Reife hohe Temperaturen bis 50 °C, bei sehr niedriger Luftfeuchte

Von Halobakterien rot gefärbtes Wasser

und geringem Niederschlag von nur 80–120 mm im Jahr, benötigt. So werden insgesamt jährlich etwa 1.000 Tonnen dieser Spitzensorte hauptsächlich für den Export geerntet.

Palmenhaine benötigen eine ganzjährige Bewässerung. Die Dattelpalmen werden im März von Hand befruchtet, indem männliche Blütenteile in die Kronen der weiblichen Bäume gesteckt werden. Die Bestäubung geschieht dann durch den Wind. Im Herbst werden abgestorbene Palmwedel abgeschnitten. Je früher eine Sorte reift, desto besser ist ihre Qualität. So ist der Haupterntemonat der Deglet en Nour der Oktober, die Ernte zieht sich aber bis in den Winter.

Die Vermehrung der Dattelpalmen geschieht entweder über ihren Kern oder, weil dabei das Geschlecht nicht feststellbar ist, durch Schösslinge. Diese werden von der Stammbasis abgetrennt und in feuchter Erde bewurzelt. Nach 3–7 Jahren kann die erste Ernte erfolgen. Die Palmen können bis zu 200 Jahre alt werden, wobei die größten Ernten mit 50 bis maximal 150 kg zwischen dem 40. und 80. Lebensjahr erzielt werden.

Die Palmengärten sind heute wie früher im Besitz reicher Patrons, die sesshaften Nomadenclans angehören, oder der

Sandsturm im Chott

Grundbesitz befindet sich in den Händen von Zawiyas, religiösen Bruderschaften. Die Bewirtschaftung der Oasen erfolgt durch die Khammes, Pächter, welche einen Teil der Ernte bekommen, der oft von minderer Qualität ist. Früher waren die Harratin, schwarzafrikanische Sklaven, in den Oasen beschäftigt. Heute sind es deren Nachfahren, die sich als Erntehelfer verdingen. Der Staat versucht immer wieder, diesen feudalen Zustand durch Gesetze zu lockern, doch der Einfluss der Clans ist bisher zu groß.

Sehenswert ist neben der Altstadt von Tozeur das **Museum Dar Cheraït**. Es zeigt Dinge des tunesischen Alltags, einen nachgebauten Basar sowie eine Koranschule, aber auch Szenen aus dem Leben türkischer Beys und kunsthandwerkliche Gegenstände der verschiedensten Art. Ein weiteres Projekt von Dar Cheraït ist das Chak Wak, ein Freizeitpark inmitten der Oase, der die Erdgeschichte und Entstehung der Menschheit zum Thema hat. Man erreicht ihn von der Hauptstraße, die durch Tozeur führt, indem man in die Zone touristique einbiegt. Die Straße entlang der zahlreichen Souvenirläden endet am Hotel L'Oasis. Von hier führt rechts neben dem Hotel eine Straße durch die Oase, der Parkplatz vor dem Chak Wak ist nicht zu verfehlen.

Die Straße schlängelt sich weiter durch die Oase, an deren Rand sich 200 m links der Straße der Paradiesgarten befindet. Dieser Zoo zeigt einheimische oder ursprünglich vorkommende Tierarten, die in teils recht kleinen Gehegen untergebracht sind. Der Zooanlage schließt sich ein botanischer Garten an, in dem die verschiedensten subtropischen Gewächse und zahlreiche Rosen gepflanzt sind. Er ersetzt den Stadtpark, und besonders an den Wochenenden treffen sich hier die Pärchen.

Durch die Oase zieht sich auch ein Netz aus Bewässerungskanälen, in denen Blaulippen-Maulbrüter und Gambusen leben. Ersterer ist einer von zwei autochthonen Buntbarscharten, die durch das Verschwinden natürlicher Gewässer im Süden sehr rar geworden sind – sehr gut lassen sich die Buntbarsche an der zweiten Kanalüberquerung beobachten. Hier ist der Wasserstand etwas höher als an anderen Stellen, und etwas Brot lockt die großen Fische an.

Der an feuchten Stellen lebende Bombardierkäfer *Pheropsophus africanus* ist entlang der Kanäle zu finden. Er ist rotorange, die Flügeldecken sind schwarz mit je einem orangefarbenen Fleck. Interessant ist sein Abwehrverhalten: Bei Bedrohung stößt er aus dem Hinterleib ein explosives Gasgemisch aus, das Angreifer optisch wie auch akustisch abschreckt. Der Käfer bildet Hydrochinon und Wasserstoffperoxid, welches bis zum Verteidigungsfall in einer Sammelblase verbleibt. Bei Bedrohung gelangen die Chemikalien in eine besondere Explosionskammer am Ende des Hinterleibs und werden dort mithilfe zweier Enzyme in ein explosives Gas umgewandelt, das bei der Explosion bis zu 100 °C Hitze erzeugt.

Ein weiterer Zoo liegt gleich am Ortsanfang von Tozeur, nahe der von Gafsa kommenden P3. Den Tijani-Zoo erreicht man stadteinwärts auf der linken Seite. Er ist gut ausgeschildert und zeigt im Wesentlichen dieselben und einige weitere Tierarten Nordafrikas.

Eine der ältesten Djerid-Oasen befindet sich südlich der Stadt **Nefta**, 22 km westlich von Tozeur. Diese Anpflanzung von Palmen machen acht artesische Quellen möglich, die mit einer konstanten Schüttung von 1.100 Litern pro Sekunde die Oase permanent mit Wasser versorgen. Artesische Brunnen oder Quellen sind nach der französischen Landschaft Artois benannt, in der 1126 zum ersten Mal ein solcher Brunnen angelegt wurde. Das Wasser steigt durch natürlichen Überdruck selbstständig auf, da der Auslauf niedriger als der Grundwasserhorizont liegt; erst wenn der Grundwasserspiegel unter das Niveau des Auslaufes gesunken ist, versiegt die Quelle. Dieses Quellwasser ist fossilen Ursprungs; es entstand in der Kreidezeit und ist in wasserführenden Gesteinsschichten in 2.500 m Tiefe gespeichert, dem Grundwasserleiter oder Aquifer, der hier aus Sand und porösem Kalkgestein besteht. Andere Gesteine, z. B. Tongesteine, dichten das Wasservorkommen nach unten und oben hin ab, sodass auch durch Zusickerung kein neues Wasser in dieses Vorkommen gelangt. Das zutage tretende Wasser ist bis zu 70 °C heiß und leicht salzhaltig. Ein weiterer, jüngerer Wasserhorizont aus dem Miozän und Pliozän wurde noch in 600 m Tiefe entdeckt. Dieses Wasser ist qualitativ besser.

Jede Oase benötigt eine Ableitung des Bewässerungswassers, denn die gelösten Salze würden sich bei Verdunstung im Boden ablagern und diesen unbrauchbar machen. So fließt das Bewässerungswassers in einen flachen See vor der Oase und der Boden wird ständig durchspült. Durch den steigenden Wasserverbrauch sinkt allerdings der Grundwasserspiegel, denn die

Bewässerungskanal in der Oase von Tozeur

natürliche Schüttung reicht nicht mehr aus. Eine Aufrechterhaltung ist gegenwärtig nur durch Tiefenbohrungen möglich, und Pumpstationen versorgen heute alle großen Oasen mit Wasser. Betrachtet man die landwirtschaftlichen Flächen, auf denen wegen der geringen Jahresniederschläge kein Regenfeldbau erfolgen kann und die daher künstlich bewässert werden müssen, so ist festzustellen, das sich die

Bewässerungsfläche im Land von 2.380 km^2 im Jahre 1970 auf 5.600 km^2 im Jahr 1997 mehr als verdoppelt hat. Tunesien hat nach Libyen von allen Mittelmeerländern die ungünstigste Situation im Hinblick auf erneuerbare Wasserressourcen.

Moschee am Djebel Krefane

Nefta ist besonders durch seinen Markt für Sandrosen bekannt. Diese durch ihre blattförmige Kristallstruktur unverkennbaren Gesteine bilden sich nur in der Sahara Nordafrikas. Durch die Kapillarkräfte wird vorhandenes Wasser im Sandboden nach oben befördert und verdunstet an der Oberfläche. Die im Wasser enthaltenen Mineralien, hauptsächlich Gips, kristallisieren durch die fortschreitende Verdunstung aus und bilden zusammen mit dem Sand die als Urlaubssouvenir so beliebten Sandrosen.

Unweit von Tozeur an der Straße, die über das Chott el Djerid führt, befindet sich ein recht junger Nationalpark inmitten einer Kulisse aus vegetationslos erscheinenden Berghängen und der unendlichen Weite des Chotts. Von Tozeur kommend, zweigt von der P3 die C106,

Bergland hinter Dghoumes

welche hinter dem Dorf Degache in die P16 übergeht, nach Kebili ab. Noch bevor der letzte Palmenhain am Rande des Chotts erreicht ist, steht links das Dorf Dghoumes. Die Straße durch den Ort geht am Ende in eine Piste über.

Der **Dghoumes-Nationalpark** (34°03'N 8°33'E) befindet sich in der Nähe des Chott el Djerid, etwa 50 km östlich von Tozeur. Im Norden wird er durch die Bergkette des Djebel Krefane, im Süden durch das Chott el Djerid und im Westen vom Dorf Dghoumes begrenzt. Der Park hat eine Fläche von 8.000 ha, wovon 3.000 ha auf die Berghänge entfallen. Deutlich sieht man die Arbeit des abfließenden Niederschlagswassers in den Bergen, die von tiefen Rinnen durchzogen sind. 3.800 ha bilden die Übergangszone am Fuß der Berge, wo eine Menge Feinsediment in den Betten der meist trockenliegenden Oueds abgelagert ist. Dem schließt sich das Chott mit 1.200 ha an.

Die ursprüngliche Vegetation des Gebiets bestand aus einer Akaziensteppe, in der die Baumförmige Akazie mit Mastixstrauch, Glatter Baumschlinge, Dreilappigem Essigbaum und Rutenginster vergesellschaftet war. Die Akazie ist jedoch schon seit mehreren Jahrzehnten verschwunden, und auch die Sträucher sind infolge der ungünstigen klimatischen Bedingungen stark zurückgegangen. Der Kampf gegen die Erosion wird nun mit Akazien- und Baumschlingen-Anpflanzungen sowie Bodenbelüftungsröhren und Erdwällen zur Wasseranstauung aufgenommen. So konnte bereits eine Sekundärsavanne gezogen werden, welche der Hälfte des vorgesehenen Aufforstungsumfanges entspricht. Besonders wichtig ist die Befestigung der Oueds. Dafür eignet sich vor allem der Dreilappige Essigbaum, dessen Bestand auf natürliche Weise derzeit stark zunimmt und der schnell die felsigen Gelände in den Bergen erobert. In der Ebene des Nationalparks entstand eine Dattelpalmenoase.

Erste Überlegungen zum Errichten eines Schutzgebietes stammen aus den 1980er-Jahren, im Februar 1995 begannen die Arbeiten. Tunesien unternahm große Anstrengungen, um das Gebiet wieder zu renaturieren. Baum-, Busch- und Graspflanzungen wurden nach den ursprünglichen Gegebenheiten geschaffen, Wassereinzugsgebiete zur Bewässerung und für das Wild angelegt sowie Eingewöhnungsgatter für neue Tiere und ein Ökomuseum für Besucher gebaut. Das zum Teil berittene Personal besteht aus acht Wärtern.

Anfangs lebten im Park nur die kleinen Dorkasgazellen. Aus dem Dutzend Exemplare, welches 2002 aus dem Naturreservat Orbata umgesiedelt wurde, hat sich heute eine Herde von rund 20 Tieren entwickelt. Die letzten Sichtungen der Berggazelle dagegen stammen aus dem Jahr 1992. Geplant ist auch der Aufbau einer Herde Säbelantilopen. Günstig für das Vorhaben erwies sich die nur rund 50 km vom Flughafen Tozeur entfernte Lage des Parks, denn das ersparte den sehr stressanfälligen Tieren eine längere Transportzeit – der Transport ist gerade bei einer Umsiedlung von Antilopen immer kritisch, da die Tiere sich zu Tode stressen können. Insgesamt 16 Säbelantilopen konnten vom Bou-Hedma-Nationalpark und aus europäischen und amerikanischen Arterhaltungsprogrammen nach Dghoumes umziehen. Heute sind es einschließlich der bereits im Park geborenen Kälber wieder 32 Tiere.

Oued im Bergland des Djebel Krefane

Die Berghänge des Gebiets werden außerdem von 100–150 Mähnenspringern bewohnt, und es leben hier Streifenhyäne, der sehr seltene Karakal, Wildkatze, Streifenwiesel, Ginsterkatze, Ichneumon, Rüppells Fuchs und Gundi. In den Bergen existieren auch mehrere Grotten, in denen es Kolonien der Kleinen Mausschwanz-Fledermaus sowie verschiedener Hufeisennasen gibt. Am Fuß der Berghänge sind Stachelschwein, Kaphase, Rüsselspringer und mehrere Gerbilarten zu Hause. In der Randvegetation der Palmenoase halten sich Wildschwein und Goldschakal auf. Die mit Salz liebenden Gänsefußgewächsen bestandene Chott-Ebene ist der Lebensraum der Fetten Sandratte.

Ein künstlich geschaffener Palmenhain spielt eine Rolle als Anziehungspunkt für Vögel aus dem Umland. Zählungen ergaben insgesamt 31 ständig im Park lebende und 26 durchziehende Vogelarten. Im Park gefundene Eierschalen des Nordafrikanischen Straußes beweisen, dass auch dieser Vogel hier einst günstige Lebensbedingungen hatte. So wurde 2008 der Versuch gestartet, den Strauß wieder anzusiedeln.

Südlich der Djerid-Oasen beginnt die Chott-Region. Das **Chott el Djerid** befindet sich zwischen den Städten Tozeur und Kebili und ist der größte Salzsee in Nordafrika; er gibt einer ganzen Region den Namen. Mit dem sich nordöstlich anschließenden Chott el Fedjadj und der Sebkhet el Hamma nimmt er eine Fläche von 7.700 km² ein und erreicht eine West-Ost-Ausdehnung von rund 200 km. In sehr nassen Wintern erweckt das Chott den Eindruck eines Binnensees, der eine Wassertiefe von 1 m nie übersteigt. In den meisten Jahren ist er aber eine weite, nasse Sandebene, die durch

Chott el Fedjadj

Behausung halbnomadisch lebender Hirten am Rande der Wüste

ihre hohe Salinität keinen Pflanzenwuchs zulässt. Rings um das Chott befinden sich Steppen, Wüste und ausgedehnte Palmenoasen. Djerid bedeutet in der arabischen Sprache Palmenland.

Die Chott-Region weist eine durchschnittliche Niederschlagsmenge von nur 134 mm im Jahr auf. Bei hochsommerlichen Temperaturen von bis zu 50 °C übersteigt die Verdunstung die Niederschlagsmenge um das 25-fache. Wasser aus den umliegenden Bergen bringt gelöste Salze, Gips und andere Feinsedimente mit und lagert diese vor allem in den Randzonen ab. Dadurch entstehen meterhohe Salzsümpfe. Im Sommer trocknet die Oberschicht des Bodens, und Salz kristallisiert zu einer festen Salzkruste aus. An einigen Stellen ist das Chott befahrbar, andere sind lebensgefährlich, wenn die feste Kruste nachgibt: So ist aus dem 14. Jh. das Verschwinden einer Karawane mit 1.000 Dromedaren im Chott überliefert, und auch später kam es immer wieder zu tödlichen Ausgängen beim Versuch, den Salzsumpf zu überqueren. Auch Karl May beschrieb in seinem Buch „Durch die Wüste“ bzw. „Durch Wüste und Harem“ eine Reise von Tozeur über das Chott nach Douz.

Um die Wasserknappheit der Region zu beseitigen, gab es immer wieder Pläne, den See zu fluten. So stellte sich der Erbauer des Suez-Kanals, Ferdinand de Lesseps, einen Kanal vor, der das Mittelmeer mit dem Chott el Djerid verbindet. Die Tatsache, das der Salzsee etwa 15 m über dem Meeresspiegel liegt, verhinderte letztendlich die Umsetzung seiner Idee. In den 1960er-Jahren wurde sogar ein Atombombenabwurf in Erwägung gezogen, um den See tiefer zu legen.

Das Chott liegt in einem paläogenen Grabenbruch. Bereits im Neogen versiegten die Zuflüsse, die den See mit dem sich zurückziehenden Meer verbanden. Das verraten fossile Herzmuschelbänke, die in 25 m Tiefe liegen. Herzmuscheln leben auch heute noch in allen Weltmeeren. Bis in die 1970er-Jahre führte nur eine dammartige Piste durch das Chott, gebaut von französischen Legionären. Aus militärischen Gründen wurde in den 1980ern eine feste Straße durch den über 80 km breiten Salzsee gebaut. Diese Straße führt schnurgerade über die topfebene Landschaft. Im Bereich kleiner, einfachster Straßencafés sind einige Restwasserlöcher erhalten, an denen Salz gewonnen wird. Das Wasser schimmert in pastellfarbenen Grüntönen, einige Wassergräben sind durch Halobakterien auch rot gefärbt. Diese Bakterien benötigen eine 15–20%ige Salzlösung, um zu überleben – bereits im Meerwasser würden sie absterben.

Das Chott ist selbst für die meisten Vögel zu unwirtlich. Lediglich in sehr nassen Wintern nutzen einige Arten den See, der wahrscheinlich das einzige Gebiet ist, in dem der Rosaflamingo regelmäßig brütet. Die Brutgebiete sind aber so unzugänglich, dass ein Besuch unmöglich ist. Etwa 3.000–15.000 Flamingos halten sich am See auf.

Die Randgebiete des Chott el Djerid sind wichtige Habitate für Steppen- und Wüstentiere. Etwa 26 km vor Kebili geht von der Dammstraße die Zufahrt nach Fatnassa ab. Nach 1 km fallen zwischen vereinzelten Palmen aus Sand und Gips festgebackene und vom Wind erodierte, kleine Dünenhügel auf. Diese sind typisch für die Chott-Böden und finden sich auch entlang der Südumfahrung des Chott el Djerid.

Die Nefzaoua-Oasen

Kebili ist Verwaltungssitz und größte Siedlung innerhalb der Nefzaoua-Oasen. Gleichzeitig stellt die Stadt das Handelszentrum der Region dar. Bereits in früherer Zeit war sie der Mittelpunkt des Karawanenhandels. Bis ins 19. Jh. wurde hier mit Sklaven aus Schwarzafrika gehandelt, deren Nachfahren heute das Stadtbild mitbestimmen.

Östlich der Stadt erhebt sich der **Djebel Tebaga**, der sich leicht sichelförmig gekrümmt von Kebili bis El Hamma zieht und bei 469 m ü. NN seine größte Erhebung besitzt. Der unterste Sattel dieses Bergzuges besteht aus marinen Sand- und Kalksandsteinen des Perms. Das ist insofern bemerkenswert, da Gesteinsschichten der Erdurzeit in den jungen tunesischen Gebirgen nur sehr selten auftreten. Man kennt aus dieser Tebaga-Formation etwa 80 Arten an Fossilien. Obenauf liegen jura- und kreidezeitliche Gesteinsschichten wie Kieselkalke und Mergel.

Nordöstlich führt die P16 aus der Stadt, die wenige Kilometer weiter auf die C103 führt und gerade über das Chott el Fedjadj verläuft. Dessen nass wirkender, dunkelroter Boden kontrastiert mit den weit im Hintergrund liegenden, weißen Sanddünen. In manchen Jahren ist stellenweise entlang der Straße auch tatsächlich Wasser im Chott vorhanden. An den Rändern dieser temporären Gewässer hat sich eine Schilf- und Binsenvegetation entwickelt, die verschiedenen Wasservögeln Deckung bietet. So lassen sich Stelzenläufer oder sogar die hier seltene Zwergdommel beobachten. Möglicherweise speisen auch lokale Quellen Teile des Chotts, denn in 3.000 m Tiefe befinden sich fossile Wasservorkommen.

In Richtung Gafsa verläuft die C103 durch eine sanft ansteigende Steinwüste, die in die Bergkette des 515 m hohen Djebel Hachichina übergeht, welche nördlich an das Chott el Fedjadj grenzt. In der Steinwüste findet man die typischen Beduinenzelte aus schwarzem Tuch, die Schaf- und Ziegenhirten heute als provisorische Behausung dienen. Fast immer wird man auf Rennvogel und Wüstenläuferlerche treffen, die, einmal aufgeschreckt, nach wenigen Metern querfeldein wieder verharren.

Über die fast vegetationslose Bergkette windet sich die Straße vorbei an einem Kontrollposten der Nationalgarde. Nur in den meist trockenen Oueds konnte sich eine Vegetation aus Halfagras, Phönizischem Wacholder sowie typischen Halbwüstensträuchern und annuellen Blütenpflanzen etablieren. Von der Erosion losgelöste und sich im Tal türmende Felsblöcke bilden den Lebensraum des Gundis, der sein Versteck und den Abortplatz über Jahre hinweg benutzt. Auch Mauergeckos bewohnen die felsigen Berghänge. Ein beliebter Aufenthaltsort dieser teilweise tagaktiven Echsen sind die betonierten Abflusskanäle, die unter der Straße hindurchführen.

Nördlich der Berge folgt eine grasige Steppenlandschaft. An den Straßenrändern, die durch abfließendes Niederschlagswasser begünstigt sind, bilden sich Wildblumenraine, die von zahlreichen Insekten aufgesucht werden. Am auffälligsten sind die verschiedenen bronzen und metallisch grün gefärbten, zottig behaarten Prachtkäfer der Gattung *Julodis*. Bei Annäherung fliegen sie brummend davon. Sie

Feuchtgebiet Snam im Winter

sind im Land weit verbreitet und entwickeln sich in den Stängeln verschiedener krautiger Pflanzen. Der Steinkauz nutzt das Gelände als Jagdrevier und brütet in den aus Blocksteinen und Maschendraht errichteten Straßenrandbefestigungen.

Die C103 trifft etwa 45 km hinter Kebili auf die P15 Gafsa – Gabès. Um Kebili formen etwa 25 Dörfer mit ihren Palmengärten die Nefzaoua-Oasen. Auf einer Gesamtfläche von über 15.000 ha wachsen hier 1,7 Mio. Dattelpalmen. Die Mehrzahl der 72.000 Einwohner lebt direkt oder indirekt von der Oasenwirtschaft. Das Gebiet selbst stellt eine flache Mulde am Südostrand des Chott el Djerid dar. Das Wasser zur Bewässerung der Palmengärten stammte früher aus artesischen Quellen und gelangte über Foggaras, unterirdische Kanäle mit leichtem Gefälle, in die Oasen. Durch vermehrten Wasserbedarf der Oasenwirtschaft wie auch der expandierenden Siedlungen, verbunden mit der staatlich gelenkten Sesshaftmachung der Nomaden, und zum Teil auch durch den Tourismus wird fossiles Wasser mittlerweile aber aus größeren Tiefen hochgepumpt. Es stammt wie das der Djerid-Oasen aus der Kreidezeit und ist hier etwa 50 °C heiß. Um Kebili sind die ersten Sanddünen der Sahara zu bestaunen, und hinter der 28 km südlich gelegenen Kleinstadt Douz beginnt der Grand Oriental Erg. Die Sandfelder des Großen Östlichen Ergs haben ihre größte räumliche Ausdehnung in Algerien, ziehen sich aber weit bis auf tunesisches Territorium.

Douz ist das touristische Zentrum der Nefzaoua-Region. Hier sind Hotels aller Preisklassen sowie die letzten Wechselstuben und Tankstellen zu finden. Viele der über 30.000 Einwohner gehören dem halbnomadisch lebenden Mrazig-Stamm an. Durch staatliche Programme zur Abschaffung des Nomadentums, die diverse Vergünstigungen und Beihilfen bieten, sinkt die Anzahl der Nomaden seit Jahren. Jeweils donnerstags findet hier traditionell der größte Markt Südtunesiens statt, daher steuern an diesem Tag auch viele Reisebusse Douz an.

Am südlichen Ortsende, im Stadtteil Ghlissia, befindet sich der Startpunkt für Dromedar-Ritte oder Touren mit dem chauffierten Geländewagen in die Wüste. Die Touristenzone verläuft westlich vom großen Kreisverkehr im Ortszentrum nahe dem Friedhof. Hier gibt es ein kleines Sahara-Museum, welches die traditionelle Behausung, Kleidung und Bemalung der Beduinen zeigt, über die Haltung der Dromedare informiert und medizinisch bedeutsame Wüstenpflanzen benennt. Die Straße der Touristenzone trifft auf jene, die nach links entlang des Palmenhains vorbei am Hotel Touareg direkt zu den Dromedaren führt. Auf halber Strecke befindet sich auf der rechten Seite der Zoo Bordji Sahara, der jedoch in keiner Weise eine Besichtigung wert ist. Seine Dünengazellen musste der Zoo abgeben, und die restlichen Bewohner, vor allem Haus- bzw. Nutztiere, vegetieren in kleinen, unsauberen Käfigen dahin.

Vorbei an den Dromedaren und den mächtigen El-Hofra-Dünen, die den Stadtteil Ghlissia zu versanden drohen, gelangt die Straße in die Oase **Douz Laala** (33°28'N 8°58'E). Am Beginn dieser Oase legt sich die Straße in eine leichte Linkskurve. Geradeaus verläuft beiderseits eines Bewässerungskanals je ein Fahrweg durch die Oase und mündet jenseits in ein mit Binsen und Schilf dichtbestandenes Feuchtgebiet. Stellenweise stehen auch von den Dromedaren stark verbissene Afrikanische Tamarisken an den Ufern. Das Wasser des Douz Laala ist Süß- bis Brackwasser und stammt von der Drainage der umliegenden Oasen und von den winterlichen Regenfällen. Die Tiefe variiert von 1 m im Winter bis zu 30 cm im Sommer.

Wie alle wasserführenden Gebiete um Douz ist diese Oase für Wasservögel besonders wichtig. Zwergtaucher, Seidenreiher, Brandgans, Moorente, Bläss- und Purpurhuhn, Stelzenläufer und Seeregenpfeifer sind die häufigsten Arten, lassen sich aufgrund der dichten und hohen Vegetation aber nur schlecht beobachten. Doch gerade diese Röhrichtzone macht das Gebiet für auf dem Frühjahrszug befindliche Singvögel interessant, außerdem brüten hier Rohrschwirl und Teichrohrsänger. Weitere Brutvögel sind einige der 120–200 hier lebenden Marmelenten und 5–10 Paare der Moorente. In den umliegenden Oasen der Seen von Douz Laala und Snam lebt auch der Pharaonenuhu. Die Flächen dieses Gebiets befinden sich in Privathand und sind ungeschützt, sodass negative Einflüsse durch die Jagd auf Enten und Flughühner sowie durch die Schilfernte bestehen.

Snam (33°28'N 9°06'E) ist ein kleiner schilfbestandener See an der Straße nach Nouail, 10 km westlich von Douz. Er wird durch Wassereinleitungen der nahen Oasen gespeist. Seine Wassertiefe beträgt bis zu 1 m im Winter, doch im

Fast ausgetrocktes Oasengewässer vor Zaafrane

Sommer verringert sich die Wasserfläche signifikant. Die Vegetation gleicht der des Douz Laala. Das Gebiet ist neben dem Feuchtgebiet von Ghidma eines der wichtigen Oasengewässer für die Vogelwelt um Douz und eines der wichtigsten Überwinterungsgebiete in Tunesien für Marmelente und andere paläarktische Enten. Die ausgedehnte Schilfzone macht den See auch zum idealen Brutgebiet für viele Arten, so wurden im Hochsommer Zwergtaucher, Nachtreiher, Zwergdommel, Moorente und Wasserralle gesichtet.

Straßenszene in Douz

Von Douz aus erreicht man das Snam-Feuchgebiet über den Kreisverkehr, der auch zur Touristenzone führt, biegt jedoch nach Zaafrane ab und fährt am Friedhof vorbei aus der Stadt heraus. Man folgt nun der Straße etwa 7 km durch Oasengärten, bis an einer Kreuzung geradeaus Nouail ausgeschildert ist. Gleich dahinter beginnen die Entwässerungsflächen der Oase.

Im Gegensatz zu Vögeln lassen sich Säugetiere meist weniger gut beobachten. Das Wildschwein lebt zurückgezogen im gesamten Gebiet der Nefzaoua-Oasen und verlässt erst am Abend die schützenden Röhrichtzonen. Auch der Goldschakal ist überall vertreten – nachts hört man sein Kläffen –, doch nur selten gelingt eine

Feuchtgebiet in Ghidma

Sichtung in den Abend- oder Morgenstunden. Der Hauptgrund für den Mangel an Beobachtungsmöglichkeiten ist die allgemeine Lebensfeindlichkeit der Sahara.

Von Douz sind es 12 km, an der Kreuzung nach Nouail noch 5 km bis in den Ort **Zaafrane**. Die hier wohnenden Nachfahren der Adhara-Nomaden leben vom Ertrag der Dattelpalmen und geringfügig auch vom Tourismus. Am Rand des langgezogenen Ortes beginnt ein größeres Dünenfeld. Von hier starten gegenüber dem Hotel Zaafrane die Dromedar-Ritte. In der Region gibt es viele Zelt-Camps, die einen Hauch von Abenteuer verbreiten. So gelangt man beispielsweise von Zaafrane auf dem Rücken eines Dromedars in etwa einer Stunde zum Camp Mehari, in dem abends unter freiem Himmel gegessen, am nächtlichen Lagerfeuer erzählt, getanzt und inmitten der Dünen in nachempfundenen Beduinenzelten übernachtet wird.

Den Palmenhain von Zaafrane umgibt ein allgemein gut befahrbarer Chott-Boden, dessen Salze den Sand verfestigt haben. Überwiegend ist er mit Jochblattgewächsen der Gattung *Zygophyllum* bewachsen. Dem Ort vorgelagerte Dünenfelder besitzen eine aufgelockerte Vegetation aus Ru-

Alle Wüstensiedlungen – so auch Zaafrane – sind vom Sand bedroht

tenginster, Jerusalemdorn, Hackenkopfarten und dem Strandflieder *Limoniastrum guyonianum*. Letzterer lockt zur Blütezeit vom Frühjahr bis zu Beginn des Sommers zahlreiche Insekten an. Neben dem kleinen, erzschwarzen Rosenkäfer *Oxythyrea pantherina*, der strahlendweiße Tupfen trägt, fällt vor allem der Afrikanische Monarch auf. Dieser schöne Tagfalter saugt hier Nektar, und auch seine farbenfrohe Raupe hängt ihre grüne Tönnchenpuppe gern an diese Sträucher. Gut getarnt leben in der Vegetation die Nasenschrecke *Truxalis nasuta* und die Ägyptische Gottesanbeterin. Zwischen den Wurzeln der Sträucher haben zwei Laufkäferarten der Gattung *Thermophilum* und die verschiedensten Schwarzkäfer, darunter *Prionotheca coronata*, ihre Verstecke im Sand. Nachts streifen Sahara-Dickschwanzskorpion und der Sandlaufkäfer *Megacephala euphratica* auf der Suche nach Beute umher, und die Männchen der riesigen Grille *Brachytrupes megacephalus* zirpen vor dem Eingang ihrer Wohnhöhle.

In der Dunkelheit sind auch zahlreiche Nagetiere unterwegs. Häufig ist die Große Wüstenspringmaus, die sich auf ihren langen Hinterbeinen hüpfend fortbewegt. Sie ist sehr neugierig und nähert sich auch dem Lagerfeuer bis auf wenige Meter. Die Avifauna um Zaafrane wird von Pharaonenziegenmelker, Wüstenläuferlerche, Akaziendrossling, Heckensänger, Raubwürger, Palmtaube, Wiedehopf und im Sommerhalbjahr Bienenfresser gebildet.

Die Straße führt an Zaafrane vorbei ins 6 km entfernte Dorf **Ghidma** (33°26'N 8°48'E). Am Ortsausgang, nahe der Straße, befindet sich ein zum Teil ständig wasserführendes Feuchtgebiet. Es handelt es sich um eine mit Brackwasser gefüllte Senke, die zwischen der Oase Ghidma im Osten und den Sanddünen im Westen und Süden liegt. Ihr Wasser stammt aus den Oasen, und dieses artesische Wasser wird offenbar von weiteren Quellen ergänzt, sodass sich hier eine der dichtesten Vegetationen aller Oasen entwickeln konnte. An den Rändern wächst Schilf, wo es fehlt, ersetzt es die Afrikanische Tamariske. Das Feuchtgebiet wird von den Einheimischen auch Guelta anstelle Sebkha genannt, da es eher einem Süßwassersee entspricht. Die Wassertiefe variiert von etwa 1 m im Winter bis zu 30 cm im Sommer. Bei Normalwasserstand ist die Wasserfläche klein und befindet sich außerhalb der Oase.

Das Gebiet ist sehr wichtig für überwinternde Wasservögel. Es scheint, dass Tunesiens Brutpopulationen der Marmelente hier zusammen mit einer Anzahl von Moorenten überwintern, außerdem Brauner Sichler und verschiedene Watvögel wie Fluss- und Seeregenpfeifer, Bruchwasserläufer und Kampfläufer. Ghidma ist als spätsommerlicher Rastplatz für die Sahara überquerenden Vögel besonders wichtig, aber mehr noch für nordwärts ziehende Vögel, welche nach ihrem Saharaüberflug im Frühjahr Futter und Wasser benötigen. In Jahren mit günstigem Wasserstand ist der See Brutgebiet für Rostgans, Marmelente und Blässhuhn. Außerdem sind Teichhuhn, Stelzenläufer, Silber- und Purpurreiher ständig vertreten. Das Tropfenflughuhn nutzt diese wie auch die anderen Wasserflächen um Douz als Tränke. Da das Gebiet in Privatbesitz und damit ungeschützt ist, sind die Jagd auf Wasservögel und Flughühner wie auch das Schneiden von Schilf zum Errichten von Viehunterständen menschengemachte Probleme.

Sanddünen bei Zaafrane

Eine natürliche Bedrohung stellt dagegen das Vordringen des Sandes dar. Auch der Ghidma folgende Ort Sabria ist von der Versandung massiv bedroht. Einige Straßen hat der Sand bereits verschluckt, nur die Verkehrsschilder markieren noch ihren Verlauf. Das effektivste Mittel, um diesem Schicksal zu entgehen, besteht in der Errichtung von Zäunen aus trockenen Palmwedeln. In deren Windschatten häuft sich der Sand an, und es bildet sich mit der Zeit eine künstliche Düne. Überragt diese dann den Zaun, wird ein neuer aufgesteckt. Auf diese Weise entstanden auch die mehrere Meter hohen El-Hofra-Dünen vor Douz.

Während in Sabria Angehörige der Sabria-Nomaden sesshaft geworden sind, leben im rund 4 km entfernten El Faouar die Nomaden des Ghrib-Stammes. El Faouar ist mit 3.000 Einwohnern der letzte größere Ort der südlichen Chott-Region und verfügt über kleine Läden für den täglichen Bedarf sowie ein Drei-Sterne-Hotel vor dem Ortseingang.

Vor einer Südumfahrung des Chotts sollte unbedingt in Douz aufgetankt werden. Von Douz nach El Faouar sind es über 30 km. Nach dem Ort folgt erst nach 72 km das nächste Dorf Rjim Maatoug. Die Strecke gelangt an ebenen Chott-Flächen vorbei, die sich mit Dünenfeldern abwechseln. Nach weiteren 22 km ist die Siedlung Matrouha erreicht. Von hier verläuft die Straße nach Nordwesten parallel zur algerischen Grenze, die wenige Hundert Meter neben der Fahrbahn durch die Wüste verläuft. In der hier hauptsächlich aus flachen, welligen Sandfeldern bestehenden Landschaft wachsen vermehrt Federgräser zwischen den Wüstensträuchern. Häufig werden auf der Fahrt Wüstenläuferlerchen aufgeschreckt, seltener quert der große Laufkäfer *Thermophilum sexmaculatum* die Straße. Insgesamt sind es von Douz etwa 145 km auf einer asphaltierten schmalen Straße, die allgemein in gutem Zustand ist und in Hazoua unmittelbar vor dem Grenzübergang nach Algerien auf die P3 trifft, die östlich nach Nefta führt.

Etwa 60 km südlich von Douz befindet sich der mit 1.500 km² größte Nationalpark Tunesiens. Er setzt sich aus einem Teil des Großen Östlichen Ergs und einem 220 m hohen Hügel, dem Djebil, zusammen. Der **Djebil-Nationalpark** (33°14'N 9°26'E) wurde erst 1994 zum Nationalpark erklärt. Früher fielen immer wieder Dünengazellen, Sandflughühner und Kragentrappen Wilderern zum Opfer. Daher ist das Gebiet nun wie fast alle Nationalparks im Land komplett eingezäunt. Dennoch stellt die Wilderei in vielen Teilen des Landes und speziell im ärmeren Südtunesien noch ein Problem dar. Die Wilderer sind heute mit Allradfahrzeugen oder Quads ausgestattet, und deren Bekämpfung erfordert viel Personal, Zeit und Geld. Die Wildhüter müssen 10–15 Nächte im Monat in der Wüste verbringen und sind dabei Gefahren ausgesetzt, wie Fahrzeugpannen oder unberechenbares Verhalten der Wilderer. Durch die Militärpräsenz ist die Jagd mit Waffen jedoch zurückgegangen.

Anfangs beherbergte der Park nur Dorkas- und Dünengazellen. Gerade letztere Art war im Gebiet einst weit verbreitet und hervorragend an die Gegebenheiten der Wüste angepasst. Beispielsweise „granuliert" die Dünengazelle die Blätter der Wüstensträucher und kann allein dadurch ihren Bedarf an Wasser zufriedenstellen. Außerdem kann sie ihre Körpertemperatur wie auch andere Huftiere der Sahara auf 43 °C erhöhen. Damit setzt das Schwit-

Anpassungen an Hitze und Wassermangel

Hauptmerkmale arider Wüsten sind der Wassermangel, die Vegetationsarmut bis hin zum vollständigen Fehlen von Pflanzen und vergleichsweise wenige Tierarten. Die Tiere der Halbwüste und Wüste haben sich generell an Wassermangel angepasst: Huftiere und Nager, die kein Trinkwasser aufnehmen, beziehen ihren Wasserbedarf allein aus pflanzlicher Nahrung. Pflanzen, Samen und selbst trockene Stängel bestehen immer noch zur Hälfte aus Wasser, frische Blätter und halbsukkulente Gewächse sogar aus bis zu 95 %. Raubtiere beziehen die nötige Flüssigkeit zum Teil aus ihrer tierischen Nahrung, die im Schnitt 66 % Wasser enthält.

Einige Tiere decken ihren Bedarf auch, indem sie chemisch gebundenes Wasser aus den Fettstoffen ihrer Nahrung gewinnen. Vereinfacht dargestellt, wird bei der Verdauung Wasserstoff frei, der sich mit dem Sauerstoff der Atmung bindet und so Wasser erzeugt. 1 kg Fett erzeugt ungefähr 1 Liter Wasser, 100 g Samen ergeben 54 g Wasser. Besonders Nagetiere machen sich dieses Verfahren zunutze, aber z. B. auch Schwarzkäfer. In guten Zeiten bilden manche Tiere ein Fettpolster für Dürrezeiten. Das Dromedar lagert Fett im Höcker ein, die Dornschwanzagame und die Fettschwanz-Rennmaus in ihrem verdickten Schwanz.

Anpassungen an die extreme Hitze erfolgen durch einen vielfach sehr speziellen Aufbau von Fell und Federn, durch spezielle Membranen in den Nüstern mancher Säugetiere, die als Kühlsystem dienen, oder durch die Erhöhung der Körpertemperatur bei einigen Huftieren und durch Hecheln vieler Raubtiere, um ein Schwitzen zu verhindern.

Die Konzentrierung von Kot und Urin verhindert bei vielen Säugern unnötigen Wasserverlust. So ist bei der Wüstenspringmaus der Urin 25%ig konzentriert, beim Menschen liegt der Maximalwert bei 6 %. Das Dromedar besitzt Bakterien, die den Stickstoff im Urin reabsorbieren, sodass er nicht mit Wasser ausgeschieden werden muss. Schlangen zischen nicht durch die Mundspalte, um keine Feuchtigkeit zu verlieren, sondern erzeugen durch Aneinanderreiben der Körperschuppen ein Warngeräusch.

Viele Tiere verlagern ihre Aktivität in die Nacht, graben sich tagsüber im Sand ein oder rennen auf langen Beinen, um ihren Körper möglichst weit vom heißen Sand entfernt zu halten. Das lässt sich bei vielen Schwarzkäfern beobachten, aber auch Fransenfingerechsen zeigen dieses Verhalten. Wenn die Tiere verharren, heben sie wechselseitig je ein Vorder- und Hinterbein.

Der Dornschwanz reagiert mit einem Farbwechsel auf die Temperatur: In der Kühle des Morgens ist er dunkelgrau, mit zunehmender Temperatur färbt sich die Oberseite hellbraun bis gelb. Bei extremer Hitze legen viele Tiere, z. B. Nager, Igel wie auch Reptilien, eine sog. Dormanz ein. Bei dieser Übersommerung werden ähnlich dem Winterschlaf alle Körperaktivitäten auf ein Minimum zurückgefahren.

zen später ein, und wertvolles Wasser verbleibt im Körper.

Im Dezember 2007 erreichten 13 Mendesantilopen aus verschiedenen nordamerikanischen und europäischen Zoos (Hannover, Stuttgart, Prag) den Nationalpark. Sie waren die ersten der anvisierten etwa 100 Tiere starken Herde. Aus dem Bou-Hedma-Nationalpark kamen 15 Tiere hinzu, sodass heute zwischen 45 und 60 Mendesantilopen in mehreren Herden den Nationalpark durchstreifen.

Die Mendesantilope ist aufgrund intensiver Bejagung und der Zerstörung ihres Lebensraums durch Nutzviehherden in ganz Afrika stark bedroht. Auf ausgedehnten Suchexpeditionen Ende der 1990er-Jahre wurden nur noch 24 Exemplare in der südlichen Sahara gesichtet. Da diese Antilope in kleinen Herden von 5–20 Tieren durch die Wüste zieht und dabei durchschnittlich 300 km im Monat zurücklegt, ist ihre tatsächliche Anzahl schwer zu bestimmen. Der wildlebende Gesamtbestand wird aber auf 200–500 Exemplare geschätzt. Durch die große räumliche Trennung in der Wüste ist eine Fortpflanzung zwischen den verbliebenen Herden, die ein Überleben der Art sichern würde, allerdings kaum möglich.

Dagegegen hat sich die Population der Kragentrappe durch erfolgreiche Bruten erholt. Der gut getarnte Vogel ist im Gelände nur selten zu sehen. Eher gelingt die Beobachtung des Nordafrikanischen Straußes, der in jüngster Zeit Einzug im Nationalpark gehalten hat und nun auf seine Auswilderung wartet. Der Park ist ferner Lebensraum für Tropfenflughuhn und Pharaonenziegenmelker. Typische Singvogelarten der Wüstenregion sind Wüstensperling, Wüstengimpel sowie Sand-, Stein-, Saharaohren-, Wüstenläufer- und die sehr seltene Knackerlerche, außerdem Trauer-, Fahlbürzel- und Mittelmeer-Steinschmätzer. Neben diesen Arten leben in Arealen mit einer ausreichenden Strauchvegetation auch Wüstenprinie, Einfarbstar, Diademrotschwanz sowie Samtkopf-, Weißbart- und Atlasgrasmücke.

Sandwüste bei Zaafrane

Man erreicht den Nationalpark fast nur mit dem Geländewagen. Von Douz führt eine Straße am südlichen Vorort Ghlissia vorbei durch die Oase Douz Laala. Dahinter wird aus der asphaltierten Straße eine Sandpiste, die zum hier letztmalig ausgeschilderten Ort Jbil in rund 70 km führt. Der Fahrweg verläuft über eine Wüstenebene, die mit für die Nordsahara typischen Gewächsen mehr oder weniger locker bestanden ist. Stechendes Dringras, Rutenginster, die Hackenkopfarten *Calligonum arich* und *C. azel* sowie der Korbblüter *Rhanterium suavolens* zählen dazu. Auf kleinräumigen Chott-Flächen wächst die Melde *Arthrophytum schmittianum*,

Südlich von Douz beginnt der Große Östliche Erg

Infolge leichten Windes kommt es zur Rippelmarkenbildung

nur vereinzelt treten kleinere, niedrige Dünenfelder auf.

Bei klarer Sicht lohnt ein solcher Ausflug mit dem Geländewagen. In Douz und auch in allen touristischen Einrichtungen der Region kann man Allradwagen samt Fahrer buchen. Die ortskundigen Chauffeure fahren von Douz in weniger als drei Stunden zum Djebil-Nationalpark. Zwar erreicht man den Djebil von Douz oder Zaafrane aus auch auf dem Rücken eines Dromedars, doch dauert ein solcher Ausflug hin und zurück fünf Tage, straff geritten drei Tage. Am Park gibt es ein während der Saison geöffnetes Zeltcamp, in dem man übernachten kann.

Südlich des Djebil erhebt sich ein Bergzug, dessen bekanntester Punkt der **Tafelberg Tembaine** (32°55'N 9°11'E) ist. Dieser von West nach Ost verlaufende Ausläufer der Algeriden stellt die letzte Erhebung im Südwesten Tunesiens dar und ist ein beliebter Zielpunkt vieler Offroader. Südlich folgen die Dünenfelder des Großen Östlichen Ergs.

Einen ersten Eindruck der Dünen erlangt man in Ksar Ghilane. Der kleine Ort selbst ist unbedeutend, die Oase mit ihrem Quellteich aber Anziehungspunkt zahlreicher Saharatouristen. Erst in jüngster Zeit wurde eine Straße fertig gestellt, die es nun auch PKW-Fahrern ermöglicht, dorthin zu gelangen. Das Dorf befindet sich 147 km südöstlich von Douz und war bisher nur auf einer etwa siebenstündigen Fahrt mit dem Geländewagen oder in fünf Tagen auf dem Dromedar zu erreichen.

70 km von Douz und 30 km von Matmata entfernt zweigt die neu entstandene Straße von der C104 nach Ksar Ghilane ab. Stellenweise ist die Straße mit Sand überweht, lässt sich aber dennoch gut befahren. Die Fahrbahn führt 78 km in relativer Nähe einer Pipeline entlang, die vom ganz im Süden liegenden Erdölfeld El Borma bis Gabès und Skhira reicht. Unter dem Wüstenboden der Region ruhen zahlreiche Erdgasfelder, die vielerorts er-

schlossen sind, und so liegt auch an dieser Strecke eine Erdgasförderanlage.

Unterwegs lassen sich Rennvogel sowie Saharaohren- und Wüstenläuferlerche beobachten. Durchstreift man das Gebiet zu Fuß, stößt man auf die Hornviper und sehr selten auch auf den Wüstenwaran. Nach über 60 km folgt man rechts dem Streckenverlauf. Mit dem PKW sollte man vor der Oase parken, da es hier sehr sandig wird. Der Hauptweg in die Palmenoase ist mit Tamariskensträuchern und -bäumen gesäumt. In den Kronen der Dattelpalmen hausen Wüstenrabe und Palmtaube. An einer Kreuzung hält man sich rechts und gelangt an den Quellteich, der früher von einer artesischen Quelle gespeist wurde und mittlerweile durch eine Pumpe unterstützt wird. Das Wasser wird in Kanäle geleitet und zur Bewässerung der Oase genutzt. In der Oase Ksar Ghilane (32°59'N 9°38'E) gibt es gepflegte Zeltcamps und nahe dem Quellteich werden Dromedar-Ritte durch die meterhohen Sanddünen angeboten.

Die ersten Sanddünen des Großen Östlichen Ergs

Vegetationsinseln sind Rückzugsgebiete für zahlreiche Tiere

Das Dahar-Bergland und der Süden

Von Douz führt eine Straße durch die Sandwüste und erreicht nach rund 100 km das große Dorf Matmata. Auf der Fahrt können häufig Dromedarherden beobachtet werden, die frei in der Wüste umherstreifen. Nach etwa 70 km wird der Sand von einer Steinwüste verdrängt und schließlich steigt daraus das **Dahar-Bergland** empor.

Am Ende des Mesozoikums zog sich das Meer aus dieser Region zurück und hinterließ Kalk-, Ton- und Gipsablagerungen. Diese Schichten wölbten sich allmählich auf, der Ostteil der Falte stürzte ein und bildet die heutige Djeffara-Ebene, die sich bis zum Mittelmeer erstreckt. Der Westteil sind die Dahar-Berge. Sie bilden einen 600–700 m hoch aufragenden Gebirgskamm, dessen höchster Punkt mit

Die Oase Ksar Ghilane ist touristisch stark frequentiert

715 m ü. NN südlich des Dorfs Toujane liegt. Das Dahar-Hochland zieht sich über 100 km von Nordwest nach Südost, von Matmata bis weit südlich der Stadt Tataouine. Dann flacht es stark ab, verläuft bis zur libyschen Grenze und setzt sich

Seltener als die graue Wüstenassel *Hemilepistus reaumuri* ist diese Art der Gattung *Porcellio*

im Nachbarland weiter fort. Nach Westen dachen die Dahar-Berge leicht ab und sind von zahlreichen Oueds durchzogen, die in den Großen Östlichen Erg münden.

Im Paläogen und Neogen bildeten sich in den Dahar-Bergen infolge Erosion viele Täler und Schluchten. Die Täler, die nach Osten entwässern, sind tief eingeschnitten und steil. Im Neogen entstanden durch Windanwehung und Ablagerungen des abfließenden Wassers in den Talmulden Lehmsandböden, deren maximale Mächtigkeit südlich von Matmata im Techine-Becken 20 m erreicht. Die äolischen Ablagerungen entstanden im Lee der Berge, also vor allem im Nordosten. Nach Süden flachen die Berge ab, die Lössdecke ist dort weniger mächtig. Letztendlich wird hier der Boden auch durch die fehlende Vegetation schneller abgetragen.

In einigen Grotten des Gebirges finden sich mit Ockerrot gezeichnete menschliche Figuren und Tiere aus der Jungstein-

Bewässerungskanal in der Oase

zeit. Ähnliche Zeichnungen gibt es auch in Mitteltunesien am Ouesslat-Berg und in der Wüste.

Das trockene Klima und die dadurch fehlende oder nur spärlich vorhandene Vegetation begünstigen die Entstehung sog. Badlands. Plötzlich eintretender heftiger Niederschlag zerfurcht dabei Berghänge, indem das Feinsediment ausgespült wird. Die Bewohner um Matmata sowie der gesamten Dahar-Berge haben eine Technik entwickelt, um dem entgegenzuwirken: In den trockenen Tälern zwischen den Berghängen oder in Oueds werden Terrassenfelder angelegt. Diese Djessour genannten Anlagen dienen dazu, den fruchtbaren Boden und das Niederschlagswasser zu halten. Kleine Dämme aus Steinen oder auch einfache Erdwälle erfüllen diesen Zweck. Da es keine natürlichen Wasserquellen im Gebiet gibt und die Quellen in Südosttunesien für eine Bewässerung der Dahar-Berge nicht ausreichen, ist dieser Terrassenfeldbau existenziell notwendig, zumal auch die Jahresniederschläge nur 200 mm um Matmata und 50 mm im südlicher gelegenen Tataouine betragen. Nur so können Bäume außerhalb ihres klimatisch geeigneten Verbreitungsgebietes wachsen. Angebaut werden Pal-

Das Feuchtgebiet Douz Laala

Die Piste zum Djebil

Dattelpalmen in den Sanddünen

Künstlich angelegte El Hofra Düne in Douz-Ghlissia

Palmwedelzäune zum Schutz gegen Versandung

In der tunesischen Sahara

men und Obstbäume, vor allem Feigen, sowie Ölbäume.

Beim Ölbaum wird eine Vermehrungstechnik eingesetzt, bei der einzelne Olivenzweige nahe dem Mutterbaum in die Erde gesteckt werden. Diese Stecklinge beginnen zu wurzeln, verwachsen nach und nach „fugendicht" mit dem Mutterbaum und werden als Ableger ein und desselben Baumes angesehen. Solch eine Ansammlung miteinander verwachsener Ölbäume ist sehr ertragreich. Eines dieser Exemplare, der Khatma genannte Baum beim gleichnamigen Ort, ein paar Kilometer südöstlich von Tataouine in Richtung Ezzahra, brachte es bei einer Ernte auf 1.000 Liter Öl!

Matmata ist ein großes Dorf, das wegen seiner Höhlenwohnungen in der Umgebung zu einem touristischen Magnet geworden ist. Die früher hier lebenden Berber gruben ihre Wohnhöhlen in den Lehmboden, da dies aus verschiedenen Gründen günstiger war als der Hausbau. Die troglodytische (höhlenbewohnende) Lebensweise der Berber schützte einerseits vor Hitze im Sommer und Kälte im Winter, andererseits entzogen sich die Bewohner so dem Blick der Feinde. Heute werden die wenigsten unterirdischen Behausungen noch bewohnt. Einige Wohnhöhlen können von Touristen besichtigt werden oder dienen gar als ausgefallene Übernachtungsmöglichkeit. Zu diesem Zweck wurden auch zahlreiche neue Wohnhöhlen anlegt.

In der Matmata-Region dominiert der Schachttyp, bei dessen Bauweise breite Schächte von 8–15 m im Durchmesser senkrecht in den Boden gegraben werden; sie können bis zu 10 m tief sein. Von diesem offenen Hof gehen dann waagerecht die Wohn-, Schlaf- und Vorratsräume der Familie ab, manchmal auch mehrerer Einzelfamilien. Die Wohnräume besitzen meist eine Fläche von etwa 7 x 5 m. Alle Räume sind etwa 3 m hoch und haben wegen der Stabilität meist eine Gewölbeform. Die Schachtwände sind weiß gekalkt, um der Witterung zu trotzen, oder auch mit Steinen gemauert. Über den Wohnräumen gibt es mitunter eine zweite Etage mit Vorratsräumen, die oft durch ein Loch in der Decke mit der Außenwelt verbunden sind. Bei Bedarf kann so Getreide u. Ä. hineinrieseln. Seile oder Steigmulden im Lehm ersetzen in den Vorratsräumen die Treppen. Zur Hangseite ist die Großfamilienhöhle mit einer Holztür verschlossen. Seitliche Aushöhlungen dienen als Viehunterkünfte.

Besonders im Frühjahr lohnt aus botanischer Sicht ein Ausflug in die felsigen Berghänge um Matmata. Dann stehen die meisten Halbwüstenpflanzen in Blüte. Arabische Reseda, Blasen-Ampfer und die Winde *Convolvulus supinus* zählen zu den auffälligen und weit verbreiteten Arten. Zu Beginn des Sommers lassen sich auch zahlreiche Reptilien finden: Der Dornschwanz wärmt sich in der Sonne und zeigt dabei sein auffallend buntes Rückenmuster. Verschiedene Gecko- und Eidechsenarten, wie Tripolitanischer Zwerggecko und Wüstenrenner, leben zwischen den Steinen. Eine häufige, aber meist versteckt unter Steinen lebende Schlange ist die Nordafrikanische Kapuzennatter. Die Felsblöcke bieten auch

Wüstengebiet zwischen Douz und Matmata

dem Gundi zahlreiche Verstecke. Die Vogelwelt ist mit Adlerbussard, Diademrotschwanz, Fahlbürzel- und Schwarzrücken-Steinschmätzer vertreten.

Von Matmata windet sich in endlos erscheinenden Serpentinen die C104 durch das Dahar-Bergland in die **Djeffara-Ebene**. Bei ihr handelt es sich um eine sehr flache Wölbung aus Perm-, Trias- und Kreideschichten. Die Abtragungskante zur Djeffara-Ebene, die aus teils fossilreichen Kalken der Oberkreide besteht, reicht als Bogen von Gabès 600 km weit nach Libyen. Sie beginnt südlich von Gabès, verbreitert sich bei Medenine und setzt sich so bis Libyen fort. Das aus dem Arabischen mit Rücken übersetzte Dahar-Bergland ist der am weitesten nach Nordosten vordringende Teil der Hammaden-Kreide, bei Tataouine treten aber auch tiefere Stufen aus der Trias- und Jurazeit auf. Vor allem die Jurastufe in der Umgebung von Tataouine ist sehr fossilreich. Zahlreich in diesen Gesteinen vertreten sind die Muscheln *Trigonia pullus, Lima cordeiformis, Lucina rotundata, Cardium stricklandi, Isocardia striata, Astarte myrina* und *Pholadomya decemcostata*, aber auch die Seeigel *Pseudocidaris gauthieri, Acrosalenia meslei, Monodiadema cotteaui, Holectypus douvilléi, Acropeltis aequituberculata, Phyllobrissus jourdyi, Pygurus meslei* und *P. perreti*. Ebenfalls fossil erhalten sind die Meeresschnecke *Monodonta labadeyi* und die Brachiopoden *Terebratula subsella, Rynchonella* spp. sowie *Zeilleria* spp., muschelähnliche, zweischalige Armfüßer.

Die 40.000 Einwohner zählende Stadt Medenine präsentiert sich modern, aber charakterlos. So dient dieser im Zentrum der Djeffara-Ebene liegende Ort meist nur als Durchgangsstation auf dem Weg nach Süden. Die C113 führt südwestlich aus der Stadt ins Dahar-Bergland und verläuft hier als C207 gen Süden, durch eine durch ihre Kargheit beeindruckende

Die Djessour ermöglichen einen Terrassenfeldbau im Bergland um Matmata

Gebirgslandschaft bis in die Kleinstadt Tataouine.

In den Cheguimi-Bergen zwischen Toujane und Tataounine, vor allem auf dem isoliert gelegenen Djebel-Miteur-Plateau, im Beni-Ghdir-Tal und bei Oued el Khil und O. Zaafrane, fand man Zähne, Knochen und sogar ganze Skelette von Dinosauriern aus der Jura- und Kreidezeit, die dem Gebiet internationale Bekanntheit verschafften. Besonders in der Chenini-Formation um Tataouine kommen neben Resten anderer Wirbeltiere Zähne der gigantischen Theropoden *Carcharodontosaurus saharicus* und *Spinosaurus aegyptiacus* vor, ferner Reste des kleineren *Spinostropheus gautieri*. Letzerer war ein immer noch 2 m hoher, 6 m langer und 200 kg schwerer Dinosaurier, der einen häutigen Rückenkamm trug. Theropoden waren fast ausnahmslos fleischfressende Saurier, die auf zwei Beinen gingen. In der gleichen Formation wurden aber auch Extremitätenknochen und Wirbel des mittelgroßen Sauropoden *Rebbachisaurus tamesnensis* gefunden. Zu den pflanzenfressenden Sauropoden gehörten die größten landlebenden Tiere, die jemals die Erde bevölkerten.

Im Aufbau ist ein Rundfahrtsweg durch diesen „Jurassic Park" des Südens. An verschiedenen Fundorten wurden schon lebensgroße Dino-Nachbildungen aufgestellt und sind teils auch beschildert. So steht 2 km nach dem Ortsende von Tataouine auf einem Hügel an der Straße nach Chenini ein *Spinosaurus*-Modell – ein 3–6 m hoher, 9–17 m langer und schätzungsweise 4–6 Tonnen wiegender Theropode mit Rückenkamm. Vor dem Ksar Ouled Debab wacht ein mit spitzen Hornplatten versehener *Stegosaurus*. An

Höhlenwohnungen bei Matmata

anderen Orten im Gebirge stehen zwei *Iguanodon*-Nachbildungen, bis zu 9 m lange Sauropoden, die vor 125 Mio. Jahren lebten, sowie ein *Carcharodontosaurus*, eines der gefährlichsten und mit 14 m Länge und 6 m Höhe größten Raubtiere aller Zeiten. Er wog bis zu 8 Tonnen. Der 1 m lange Schädel war größer als der des *Tyrannosaurus rex*, allerdings auch schmaler. Zu Beginn der Oberkreide, vor 90 Mio. Jahren, starb diese Art aus. Viele weitere Info-Tafeln werden folgen, die erklären, was an den einzelnen Fundortlokalitäten zu welcher Zeit hier lebte.

Ebenfalls an der Straße nach Chenini befindet sich ein kleines Museum, welches über die Dinosaurierfunde informiert sowie eine kleine Ausstellung mariner Fossilien der Region zeigt (Anschrift: AAMTT, Route de Chenini, 3200 Tataouine, Tel.: 00 216 75 850 244).

Im kargen Dahar-Gebirge fangen Djessour das Niederschlagswasser auf

Im Süden des Dahar-Gebirges lebten die Menschen ebenfalls in Höhlenwohnungen. Sie wurden aufgrund anderer geologischer Verhältnisse allerdings senkrecht in den Berg getrieben; man spricht vom Hangtyp. Zu diesem Zweck wurde in die weichere Schicht zwischen zwei harten Gesteinsdecken hineingegraben. Der vordere Raum war der Wohnraum, der eine Fläche von etwa 5 x 3 bis 8 x 4 m hatte, bei einer durchschnittlichen Höhe von 2 m. Dahinter befand sich ein kleiner Lagerraum von 4–5 m Länge, und vor der Wohnhöhle befand sich der Hof, der von einer 2 m hohen Legesteinmauer begrenzt war. Darin waren Stall, Toilette und Küche untergebracht.

Neben den Höhlenwohnungen gibt es noch eine andere interessante Siedlungsform, die sog. Ksour (Einzahl: Ksar). Neben den Behausungen der Dorfbewohner bestehen sie aus einer Vielzahl von Vorratsspeichern, die als Ghorfas bezeichnet werden. Die Grundfläche jedes Speichers passt sich der Umgebung an, wobei jede geologische Formation ausgenutzt wird. Die Ksour sind aus lokalem Lehm oder Steinen gebaut und so von Weitem in der Umgebung kaum zu erkennen. Der Innenraum kann rund oder rechteckig sein und misst 4–5 x 2 m, bei einer Höhe von rund 2 m. Zur Hofseite ist der Speicher durch eine aus Palmenholz gefertigte Tür verschlossen. Ein Ksar umfasst gewöhnlich 150–200 Ghorfas, die von einer Mauer umgeben und ein- oder oft auch mehrstöckig sind. Der Ksar ist ein Gemeinschaftsspeicher für mehrere Familienverbände, in dem hauptsächlich Nahrungsmittel, aber auch Wertgegenstände aufbewahrt wurden. Bis zu sieben Jahre konnten hier im trockenen Klima Nahrungsmittel gelagert werden.

Einige Ksour sind als Festung auf oder an Bergen ausgebaut. Diese Kalaa genannten Siedlungen dienten bei nomadischen Überfällen als Zufluchtsort. Fast alle Ksour wie auch die Höhlenwohnungen werden heute nur noch aus Denkmalschutzgründen und des Tourismus wegen erhalten und sind größtenteils unbewohnt.

Eines der bekanntesten Berberdörfer ist **Chenini**. Es ist über die P19 in Richtung Remada zu erreichen. Aus Tataouine führt westlich eine kleine Straße – und auch 2 km südlich von der P19 eine Zufahrt – zu diesem alten Ksar. Die Straße verläuft in Wellen über das Hügelland und an imposanten Tafelbergen vorbei.

Eine weitere Besonderheit dieser Region stellen die unterirdischen Ölmühlen dar. Mit dem Anschluss an das Stromnetz und dem Einzug der modernen Technik werden sie allerdings immer seltener genutzt. Die Ölmühlen bestehen aus einem Mahlstein, der an einem Baumstamm befestigt ist und von Dromedaren oder Eseln bewegt wird, um Öl zu gewinnen. Die gemahlene Olivenpaste kommt hierzu in runde, aus Halfagras geflochtene Filtermatten, sog. Chwami. Mehrere dieser Matten werden in der Ölpresse übereinandergestapelt. Gepresst wird über einen großen Hebel, der aus dem Stamm einer Palme, eines Öl- oder Johannisbrotbaumes gefertigt ist. Das Olivenöl fließt in Becken aus Ton oder anderem Mauerwerk. Je nach Anzahl der Pressvorgänge unterscheidet

Nördliches Dahar-Gebirge

sich die Qualität des Öls; das der ersten Pressung ist das Beste.

Der Nationalpark **Oued Dekouk** (32°08'N 10°32'E) befindet sich 37 km südlich der Stadt Tataouine beiderseits der P19, die nach Remada führt. Er wurde nach dem Oued Dekouk benannt, welcher das Gebiet von West nach Ost durchquert. Der Park besitzt eine Fläche von 6.000 ha, von denen der Hauptteil östlich der Straße liegt. Gegründet wurde er 1994 als Naturreservat, zuvor war das Gebiet schon in den 1970ern und 80ern Objekt verschiedener Studien über das südliche Tunesien. Begrenzt wird der Park durch die Ortschaften Henchir El Meyet, Mechhed Hecine und El Atla. Der Nationalpark verfügt in Spitzenzeiten über ein Personal von 80 Angestellten.

Das Wüstenklima weist Jahresniederschlagsmengen zwischen 138 mm um Tataouine und 90 mm um Remada auf. Trotz dieser Aridität wurden hier mehr als 90 ein- und mehrjährige Pflanzenarten gezählt. Unter den 143 Wirbeltierarten befinden sich eine Amphibien- (Nordafrikanische

Tafelberg im südlichen Dahar bei Tataouine

Wüstenameise der Gattung *Cataglyphis*

Wechselkröte) und 28 Reptilienarten, 90 Vogelarten sowie vier größere und weitere kleine Säugetierarten. Schwerpunkt der Unterschutzstellung bilden die großen Hufttiere: Es existiert eine 30 Individuen starke Population der Säbelantilope, außerdem leben Mähnenspringer und etwa ein Dutzend Dorkasgazellen in einem eingezäunten Areal.

Zwischen Oued Dekouk und dem im Verwaltungsgouvernorat Medenine gelegenen Nationalpark Sidi Toui befindet sich ein weiterer Nationalpark. Das **Senghar** (31°57'N 9°33'E) genannte Gebiet ist mit dem PKW von Remada aus anfangs über die P19 in etwa 130 km zu erreichen. Es befindet sich südwestlich von Remada inmitten der Wüste, in einem Areal bei El Ouara am Rande der Felswüste südlich des kleinen Militärflugfeldes Bir Ezzobas. Neben der hier lebenden Dünengazelle gehört auch die Mendesantilope zum Park. Zur Zuchtgruppe gehören derzeit zehn erwachsene Tiere mit zehn Kälbern. Die Antilopen leben innerhalb des Nationalparks im umzäun-

Jungtier von Boscs Fransenfinger (*Acanthodactylus boskianus*)

ten Bereich des Oued Zebbes. Probleme bereiten wandernde Sanddünen, welche die Zäune verschütten, sodass die Tiere das Gebiet verlassen können.

Der äußerste Süden Tunesiens ist militärisches Sperrgebiet. Die C112 führt bis an die libysche Grenze, darf aber nur bis in die Stadt Remada befahren werden. Für alle Touren südlich Remada benötigt man eine Genehmigung. Diese erhält man, zumindest theoretisch, in der Touristeninformation auf der Insel Djerba, im Gouvernorat in Tataouine sowie beim Militär in Remada.

So liegt das Biospährenreservat **Jenein-Oued Ouni** unbehelligt von jeglicher Störung im Südosten des Landes am Rand des Erg el Djeneine. Lediglich ein paar wenige Nomaden und Halbnomaden kreuzen das Gebiet, das zwischen den Routen Dehibet (Dehiba) – Remada und Bordj Bourguiba – Bir Zar und entlang der libyschen Grenze eine trapezförmige Fläche bildet. Erste Empfehlungen zum Schutz des Gebietes gab es 1960 und 1964; 1986 kam dann der Vorschlag, hier ein Biosphärenreservat einzurichten. Von einem Wissenschaftler wurde zudem vorgeschlagen, das Schutzgebiet viel weiter nach Osten bis Bordj Machehed Salah zu erweitern, bisher ergebnislos.

So hat das Reservat heute eine Fläche von 3.600 km^2 und umfasst im Norden und Nordosten viele Felsen, Plateaus und Berge. Im Süden werden Höhen um 400 m erreicht, im Nordosten liegt der höchste Punkt bei 608 m ü. NN – der höchste Berg ist der Djebel Segdel, während der ein wenig außerhalb des vorgeschlagenen Reservates liegende Dj. Senirher 436 m ü. NN erreicht. Es gibt zahllose feste und wandernde Dünen. Wasser tritt im Oued Ouni sowie im O. el Kheneg und O. Zar durch eine Anzahl von Oasenquellen zutage. Am Dj. Segdel liegt fossiles Holz über den Wüstenboden verstreut.

In der tunesischen Sahara wurden gegen 1900 hier am Rand des Großen Östlichen Ergs, zwischen der Wasserstelle Bir Aouin und dem Erg el Jenein, die letzten Mendesantilopen gejagt und 1932 für ausgestorben erklärt. Die letzten zwei oder drei Exemplare der Säbelantilope wurden in den Jahren 1912 und 1926 erlegt. Einige Wissenschaftler vermuten aber, dass noch

Chenini ist die bekannteste Berbersiedlung im südlichen Dahar

in den 1950er-Jahren und vielleicht sogar in den frühen 60ern Säbel-, Mendes- und selbst Kuhantilopen in diesem Gebiet lebten.

Tatsache ist, dass der Mähnenspringer und auch der Gepard bis vor ein paar Jahrzehnten in dem Areal des jetzigen Reservates noch vorkamen. Während der Mähnenspringer durch gezielte Bejagung mit modernen Waffen ausgerottet wurde, entzog sich mit dem rapiden Rückgang der Gazellenpopulationen die Nahrungsgrundlage der Geparde. Der letzte sichere Nachweis eines Gepards reicht ins Jahr 1968 zurück, als ein Exemplar von einem LKW überrollt wurde. Detailierte Studien über all diese Tierarten und ihre einstige Verbreitung sind in naher Zukunft vom Institut des Régions Arides (IRA) de Medenine zu erwarten.

Heute beherbergt das Reservat Dorkas- und Dünengazelle, Große Wüstenspringmaus, Shaw-Rennmaus und den in Nordafrika endemischen Gundi. Rüppells Fuchs, Fennek, Sandkatze, Streifenhyäne und Nordafrikanisches Streifenwiesel sind die größten Beutegreifer im Gebiet.

Bergland um Matmata

An der Südspitze Tunesiens befindet sich direkt an der algerisch-libyschen Grenze die Siedlung Bordj el Khadra (30°15'N 9°33'E) inmitten des Großen Östlichen Ergs. Eingerahmt von hohen Dünen befindet sich hier ein teilweise mit Schilf bestandener kleiner See. Er ist Anziehungspunkt für zahlreiche Wasservögel, und selten nutzen auch Dünengazellen die Wasserfläche als Tränke.

Jungtiere der Westlichen Eidechsennatter (*Malpolon monspessulanus*) sind noch kontrastreich gezeichnet

Praktische Informationen

Einreise

Aus Deutschland können Urlauber, die eine Pauschalreise gebucht haben, in Verbindung mit dem Hin- und Rückflugticket sowie dem Hotelvoucher, mit dem noch mindestens sechs Monate gültigen deutschen Personalausweis einreisen. Kinder benötigen einen Kinderreisepass, auch der Kinderausweis mit Lichtbild wird noch akzeptiert. Individualreisende benötigen den ebenfalls noch mindestens sechs Monate gültigen deutschen Reisepass. Ein Visum ist bis zu einer Aufenthaltsdauer von vier Monaten nicht erforderlich. Bei der Ankunft muss ein zweiteiliges Einreiseformular ausgefüllt werden. Ein Abschnitt davon ist bis zur Ausreise aufzubewahren und muss bei Reisen im Land immer in Verbindung mit dem Pass oder Personalausweis mitgeführt werden. Bei Einreise mit dem Fahrzeug wird eine Verkehrserlaubnis von drei Monaten erteilt. Die Kfz-Daten werden in den Pass des Halters eingetragen.

Fotografieren

Zollfrei eingeführt werden dürfen zwei Fotokameras, eine Videokamera und 20 Filme – oder mehr Filme, sofern diese ausgepackt sind und damit ihren kommerziellen Wert verloren haben.

Geld

1 Tunesischer Dinar = 1.000 Millimes 1 Euro = 2,06 Tunesische Dinar (TND) bzw. 0,48 EUR = 1 TND (Stand März 2015).

Tunesische Dinare dürfen weder aus- noch eingeführt werden.

Gesundheit

Bei Ankunft aus Europa sind keine Impfungen vorgeschrieben, empfohlen werden aber Impfungen gegen Tetanus, Diphtherie, Hepatitis A und Polio. Besonders bei Langzeitaufenthalten sollten gegebenenfalls ein Impfschutz gegen Hepatitis B, Tollwut und Typhus in Erwägung gezogen werden. Auch Cholera-Fälle sind jüngst aufgetreten.

Tunesien ist malariafrei. Um Gafsa und in den Oasen der Chott-Region besteht aber ein Bilharziose-Infektionsrisiko beim Baden in stehenden Süßgewässern, in denen Wasserschnecken als Zwischenwirt des Erregers, den Pärchenegeln, leben.

Das Leitungswasser der größeren Städte ist in der Regel von guter Qualität und trinkbar. Auf Nummer sicher geht man aber beim Kauf des sehr preiswerten Mineralwassers; man sollte immer darauf achten, dass die Flaschen noch mit Originalverschluss fest verschlossen sind.

Eine kleine Apotheke aus Medikamenten gegen Durchfall, Fieber und Schmerzen, Verbandsmaterial und

Heftpflaster sowie persönliche Medikamente sollten stets mitgeführt werden. In jeder größeren Stadt gibt es Apotheken (Pharmacie), die einheimische wie auch ausländische Präparate führen; einige sind selbst nachts geöffnet. Empfehlenswert ist der Abschluss einer privaten Auslandsreise-Krankenversicherung, da der Auslandskrankenschein der gesetzlichen Krankenkassen nur den Versicherungsschutz einer Standardversorgung in den staatlichen Krankenhäusern vorsieht.

Mietwagen

Mietwagen sind in Tunesien teuer. Hauptsächlich an den Flughäfen, aber auch in großen Städten befinden sich Filialen großer internationaler Anbieter, wie Avis, Europcar, Hertz, Sixt und Budget. Daneben existieren etliche lokale Verleihfirmen. Hier sollte man genau auf die Bedingungen achten. Sehr guten Service und neueste Fahrzeuge bei einem deutlich niedrigeren Preisniveau gegenüber den international agierenden Anbietern bietet z. B. die Firma Camelcar (www.camelcar.com).

Zur Anmietung genügt der nationale Führerschein. Geländewagen für Fahrten in die Wüste dürfen offiziell nur mit Fahrer gemietet werden. Der Wagen wird üblicherweise mit leerem Tank übergeben. Insofern ist bei nächtlichen Übernahmen am Flughafen daran zu denken, dass viele Tankstellen nachts geschlossen haben. Eine Kreditkarte ist für die Absicherung der Kaution empfehlenswert. Achten sollte man auch auf Ersatzrad und Wagenheber.

Souvenirs

Die Gegend um Mornag südwestlich von Tunis sowie die Halbinsel Cap Bon gelten als Weinanbaugebiete von internationalem Rang. Empfehlenswerte Weine der Region Mornag sind die Rotweine Sidi Saad, Edler von Mornag und Château de Mornag Mandagon. Aus den Anbaugebieten auf Cap Bon stammt der Weißwein Muscat de Kelibia. Zur Dattelernte von Oktober bis in den Winter und auch danach, bis etwa April, erhält man auf den Märkten Datteln bester Qualität für 3–3,5 TND pro Kilogramm. Sie werden oft auch als komplette Rispen verkauft. Die billigen, für nur 1 TND angebotenen Datteln sind vielfach eingetrocknet und von den Raupen der Dürrobstmotte befallen, die sich im Innern in einem seidigen Gespinst verpuppen.

Beliebt ist in Tunesien Feigenkonfitüre, die zum Frühstück in vielen Hotels gereicht wird. Liebhaber können diese auch in den meisten Geschäften oder speziell als Mitbringsel abgefüllt im Souvenirhandel erstehen. Die Auslagen in den Patisserien sind mit einer großen Vielfalt an Gebäck bestückt. So können verschiedenste Kekse leckere Urlaubserinnerungen sein. Eines der teuersten ätherischen Öle ist das Jasminöl. In kleinen Flacons abgefüllt findet man es in einigen Souvenirshops.

Die Oase von Gabès/Chenini ist das Zentrum der Henna-Produktion. Reines Henna färbt in Brauntönen, benötigt eine Einwirkzeit von 6–8 Stunden und ist in der Anwendung unbedenklich. Da nur die Oberhaut gefärbt wird, sind Henna-Tattoos in 2–3 Wochen wieder verschwunden. Ein schwarz färbendes und bereits nach einer halben Stunde dauerhaft sichtbares Henna-Tattoo ist mit dem Haarfärbemittel Para-Phenylendiamin (PPD) gemischt, welches zu allergischen Reaktionen bis hin zu schweren Haut- und Leberschäden führen kann. In der EU ist PPD in Hautfärbemitteln verboten.

Lederwaren sind in Tunesien sehr preiswert und qualitativ gut verarbeitet, beliebt sind auch Berberteppiche. Mit dezenten Nomadenmustern versehene Stücke können mit zunehmender Faden- und Knotenanzahl oft beträchtlichen Wert haben. Für den Erwerb sollte man die von der tunesischen Tourismusbehörde ONTT empfohlenen Geschäfte aufsuchen. Die Souvenirstände bieten Ketten, Armbänder und anderen Schmuck mit einer Fünfersymbolik, wie der erhobenen Hand, außerdem Widderhörner oder Fische als Talismane, die traditionell Unheil fernhalten. Auch die vielfältigen Töpferwaren sind vielfach mit jenen Zeichen bemalt.

Eine dekorative Urlaubserinnerung an Tunesien bilden auch die aus Sand und Gips bestehenden blätterartigen Kristalle der Sandrosen oder die wasserklaren Kristalle vieler Geoden. Gänzlich die Finger sollte man von lebenden oder präparierten Tieren lassen, die auf vielen Märkten und an Souvenirständen angeboten werden. Landschildkröten, Chamäleons und Fenneks sind ohnehin durch das Washingtoner Artenschutzabkommen international geschützt und dürfen nur mit CITES-Papieren gehandelt werden. Getrocknete Skorpione und schlecht präparierte oder einfach nur ausgestopfte Reptilien werden ganz legal in allen Souvenirläden, in einigen Zoos und selbst am Flughafen verkauft. Darunter finden sich aber auch Arten, für die bei uns aufgrund der Bundesartenschutzverordnung Einfuhrverbote bestehen.

Sand- oder Gipsrosen sind beliebte Souvenirs

Ein Freikauf von Dornschwanz, Hornviper oder Rotfuchs sollte ebenfalls unterlassen werden. Es bringt nur dem Einzeltier – vielleicht – ein längeres Leben, während die Händler zum Fang weiterer Tiere animiert werden.

Sprache

Die Amts- und Landessprache ist Arabisch, doch durch die französische Kolonialzeit ist Französisch Verkehrssprache im Business, bei Behörden und im öffentlichen Leben. In Tourismusregionen wird auch Deutsch und Englisch gesprochen.

Tauchen

Durch die Lage am Mittelmeer mit seiner faszinierenden Unterwasserwelt ist Tunesien ein lohnendes Ziel für Unterwassersportler. Entlang der Küste liegen 14 offiziell zugelassene und vom tunesischen Tauchverband zertifizierte Tauchzentren. Die Clubs arbeiten mit der CMAS („Confédération Mondiale Aquatique Submarine“) zusammen und bilden auch danach aus. Nur wenige Clubs tauchen auch nach PADI („Professional Association of Diving Instructors"). Die erforderliche Ausrüstung steht zur Verfügung, getaucht wird mit 12-Liter-Stahlflaschen (kein Nitrox-Tauchen). Anfängern ist es möglich, einen Tauchschein 1. und 2. Klasse zu machen.

Ausgewählte Tauchclubs sind: Bizerte Plongée Cité la Corniche / Bizerte, Blue Dolphin Djerba / Djerba - El May, Odysea Diving School und Venus Diving Center Hammamet / Hammamet, Club Thapsus Mahdia, Mahdia Cap Afrique und Subway Mahdia / Mahdia, Alyssa Diving Center, Diving Center Plongée & Loisir und S.A.A.M. Diving Center Monastir / Monastir, Scuba Dive Centre Hergla / Sousse Nord, Abou Nawas Diving Center und Le Merou / Tabarka.

Unterkünfte

In einigen Städten, vor allem aber in den Touristenzentren um Tabarka, Hammamet, Sousse, Monastir, Zarzis und auf Djerba, befinden sich gute bis sehr gute Drei- und Vier-Sterne-Hotels mit Preisen zwischen 15 und 60 Euro pro Person/Nacht mit Halbpension. Im Inland gibt es meist nur in den größeren Städten Hotels, in denen der Komfortstandard dem der Touristenregionen oft weit unterliegt.

Verkehr

Fährverbindungen nach Tunis bieten die „Linee Lauro" von Genua in 24 Stunden sowie die „Compagnie Tunisienne de Navigation" von Marseille in 23 und von Neapel in 18 Stunden an.

Tunesien verfügt mit 2.700 Gleiskilometern eines der besseren Eisenbahnnetze Afrikas. Das Streckennetz wird von der staatlichen Eisenbahngesellschaft SNCFT betrieben. Die Verbindungen des Nordens, Tunis – Ghardimaou und Tunis – Bizerte bestehen aus der Normalspur von 1.435 mm. Alle anderen Gleise, die von Tunis nach Süden und Südwesten führen, sind nur 1.000 mm breit. Die Hauptroute verläuft von Tunis über Sfax nach Metlaoui, Nebenstrecken sind Tunis – Gaafour – Kalaa Kasbah und Sfax – Gabès. Jede der Strecken wird täglich mindestens ein Mal bedient. Alle Züge besitzen Wagen 1. und 2. Klasse.

Expresszüge benötigen für die 280 km lange Strecke von Tunis nach Sfax drei Stunden. Für alle klimatisierten Züge ist ein Zuschlag zu bezahlen, die Platzreservierung ist dabei inklusive. Für Touristen gibt es einen Railpass mit dem Namen Carte-Bleue für eine, zwei oder drei Wochen. Zusätzlich verkehrt einmal am Tag ein Lokalzug von Metlaoui nach Redeyef. S-Bahnverbindungen gibt es zwischen Tunis – Rades – Hammam Lif – Erriadh und Tunis – Karthago – La Marsa – Gammarth sowie zwischen Sousse, Monastir und Mahdia. Die Haltepunkte werden ein- bis mehrmals in der Stunde angefahren. In die östlichen Vororte von Tunis verkehrt der TGM, die erste elektrische Bahn des afrikanischen Kontinentes. Die Züge fahren ab der Station Tunis Marine und bedienen La Goulette, Carthage (Karthago), Sidi Bou Saïd und den Küstenort La Marsa. Da diese Strecke privat betrieben wird, benötigt man hier andere Fahrscheine. Seit 2010 wird das Schnellbahnnetz im Großraum Tunis um 85 Streckenkilometer ausgebaut. Zur

Baufertigstellung 2013 sollen neue, bis 120 km/h schnelle Züge fünf Linien bedienen.

Weitere Infos bei: www.fahrplancenter.com/Fahrplan_SNCFT.html

In Tunis existiert außerdem ein modernes Straßenbahnnetz. Es nennt sich Métro Léger und reicht bis in die Vororte Ben Arous, Ibn Khaldoun und Ariana.

Sammeltaxen, sog. Louages, ersetzen in Tunesien den öffentlichen Nahverkehr. Diese Kleinbusse mit neun Sitzen transportieren nur so viele Fahrgäste, wie es Sitzplätze gibt. Die Preise sind tariflich festgelegt; um Missverständnisse zu vermeiden, sollte man sich darüber aber vorher beim Fahrer noch mal erkundigen. Erkennbar sind die weißen Fahrzeuge an den je nach Region unterschiedlich farbigen Längsstreifen. Zwischen den größeren Städten verkehren auch Expressbusse, die ohne Zwischenstopp durchfahren. Sie sind etwas teurer als die Sammeltaxen, benötigen für dieselbe Strecke aber weniger Zeit.

In Tunesien herrscht Rechtsverkehr. Der Straßenzustand ist als gut zu bezeichnen, nur in ländlichen Gebieten gibt es entweder sehr schmale oder durch Schotterpisten ersetzte Straßen. Auf der Autobahn A1 von Tunis über M´Saken nach Sfax bzw. auf der A2 von Tunis nach Bizerte besteht Mautpflicht. Nach Süden soll die A1 einmal bis Gabès reichen. Im Bau ist eine Autobahn A3 nach Algerien, die von Tunis bis vor Beja derzeit gegen Entgelt befahrbar ist. Sie ist Teil des derzeit weltweit größten Straßenbauprojektes und soll durch Tunesien, Algerien und Marokko führen und mittelfristig auch Libyen und Mauretanien anbinden.

Innerorts gelten in Tunesien 50 km/h, außerhalb von Ortschaften 90 km/h, auf der Autobahn 110 km/h und auf der Insel Djerba 70 km/h Höchstgeschwindigkeit. Es besteht Gurtpflicht, Telefonieren am Steuer und Fahren unter Alkohol sind verboten. Geldstrafen werden in bar gegen Quittung kassiert. Die Kraftstoffpreise sind relativ niedrig (ca. 0,63 Euro für Benzin sans plomb, Stand März 2015).

Wüstenfahrten sollten nie allein und möglichst mit zwei Fahrzeugen unternommen werden. Abseits unbefestigter Straßen müssen sie bei der Nationalgarde gemeldet werden. Gleiches gilt für Kamel- und Trekkingtouren. Straßen in Dünengebieten werden oft überweht. Die größte Gefahr geht von Regenfällen aus, die trockene Oueds zu reißenden Flüssen werden lassen. Vielfach sind die Oueds nur mit Betondurchfahrten versehen, an denen das Befahren nur bei Trockenheit kein Problem darstellt.

Auf unbefestigten Pisten kommt es durch die Rollbewegung der Fahrzeuge zum sog. „Wellblech“, kleinen Rippelmarken, die nur bei erhöhter Geschwindigkeit erträglich überfahren werden können. Die Fahrweise in weichem Gelände sollte folgendermaßen angepasst werden: niedrigen Gang wählen, aber Räder nicht durchdrehen lassen, kein scharfes Bremsen. Ersatzrad, dazu passendes Werkzeug, Wagenheber und ein Brett o. Ä. als Unterlage für den Fall des Steckenbleibens sollten im Fahrzeug nicht fehlen. Bei Nachtfahrten oder Sandsturm gilt erhöhte Aufmerksamkeit besonders schlecht oder unbeleuchteten Fahrzeugen sowie auf der Fahrbahn befindlichen Tieren.

Strom

Die Nennspannung beträgt 220 Volt. In ländlichen Gebieten gibt es Steckdosen, in die nur Euro-Stecker passen, und es kommt gelegentlich zu Stromausfällen.

Telefonieren

Öffentliche Münzfernsprecher sind am hellblauen Publiphone-Schild zu erkennen. Hier können auch Auslandsgespräche sehr preiswert geführt werden. Teurer wird es mit dem Handy. Tunis Telecom deckt das Netz landesweit ab.

Landesvorwahlen: Deutschland 0049, Österreich 0043, Schweiz 0041, Tunesien 00216.

Zeit

Tunesien liegt in der Mitteleuropäischen Zeitzone (MEZ). In den Jahren 2009–2014 gab es keine Umstellung auf Sommerzeit. In den nächsten Jahren wird es wahrscheinlich auch so sein. Der Umstand resultiert aus dem in diesen Jahren in den Sommer fallenden Fastenmonat Ramadan, in dem erst nach Einbruch der Dunkelheit gegessen werden darf.

Glossar

Adrar | Gebirge, Bergland
Ain (Pl. Aioun) | Quelle
Bab (Pl. Biban) | Eingang, Tor
Ben | Sohn von ...
Beni | Söhne von ...
Bir | Brunnen, Wasserstelle
Bled | Land
Bordj | Fort, Festung
Chott | Salzsee der Sahara
Corniche | Küstenstraße
Dahar | Bergrücken
Dar | Haus, Palast
Djebel | Berg, Gebirgszug
Djesser (Pl. Djessour) | Terassenfeld
Erg | Sandwüste
Garaet | Süßwassermarsch, -sumpf
Ghar | Höhle
Hammada | Geröllwüste
Henchir | Bauernhof, Gut
Houmt | Viertel
Kalaa | Bergfestung
Kebir | groß
Kef | Fels, Klippe
Ksar (Pl. Ksour) | Speicherburg
Maghreb | westliches Nordafrika
Medina | Altstadt
Medjez | Furt
Menzel | Garten, Rastplatz
Oued | Fluss, trockenes Flussbett
Ouled | Kinder von ...
Ras | Kap, Felsvorsprung
Reg | Stein- oder Geröllwüste
Sahel | tunesisches Küstengebiet
Sebkha, Sebkhet | flacher Salzsee, -sumpf
Serir | Kieswüste
Souk | Marktviertel

Literatur

BAUMANN, H., S. KÜNKELE & R. LORENZ (2006): Orchideen Europas mit angrenzenden Gebieten. – Eugen Ulmer, Stuttgart, 333 S.

BELLMANN, H. (1997): Kosmos-Atlas Spinnentiere Europas. – Kosmos, Stuttgart, 304 S.

BERGBAUER, M. & B. HUMBERG (1999): Was lebt im Mittelmeer? – Franckh-Kosmos, Stuttgart, 319 S.

CROPP, W.-U. (1989): Tunesien: Landschaft, Tier- und Pflanzenwelt. – Landbuch, Hannover, 200 S.

DEBELIUS, H. (1998): Fischführer Mittelmeer und Atlantik: von Spanien bis zur Türkei. Von Norwegen bis Südafrika. – Top Jahr Spezial, Hamburg, 305 S.

– & P. WIRTZ (2003): Niedere Tiere in Mittelmeer und Atlantik – Von Spanien bis zur Türkei. Von Norwegen bis zum Äquator. – Top Jahr Spezial, Hamburg, 305 S.

DITTRICH, P. (1983): Biologie der Sahara. Ein Führer durch die Tier- und Pflanzenwelt der Sahara mit Bestimmungstabellen. – Dittrich-Verl., München, 213 S.

ECKERT, U. & I. RETTERRATH (2009): Tunesien – vom Mittelmeer zu den Oasen der Sahara. – Reise-know-how-Verl. Rump, Bielefeld, 732 S.

ENGELMANN, W.-E. & J. FRITZSCHE, R. GÜNTHER, F.-J. OBST (1993): Lurche und Kriechtiere Europas. – Neumann Verl., Radebeul, 440 S.

FISHPOOL, L.D.C. [Hrsg.] (2001): Important bird areas in Africa and associated Islands: priority sites for conservation. – BirdLife International, Cambridge, 1144 S.

GERSTMEIER, R. & T. ROMIG (1998): Die Süßwasserfische Europas für Naturfreunde und Angler. – Franckh-Kosmos, Stuttgart, 367 S.

GÖRNER, M. & H. HACKETHAL (1987): Säugetiere Europas. – Neumann Verl., Leipzig, Radebeul, 370 S.

GRIMMBERGER, E., K. RUDLOFF & C. KERN (2009): Atlas der Säugetiere Europas, Nordafrikas und Vorderasiens. – Natur und Tier - Verl., Münster, 496 S.

GRUBER, U. (2009): Die Schlangen Europas: Alle Arten Europas und des Mittelmeerraums. – Franckh-Kosmos, Stuttgart, 304 S.

KINGDON, J. (1997): The Kingdon Field Guide to African Mammals. – Academic Press, San Diego, XVIII, 464 S.

HAUPT, J. & H. HAUPT (1993): Insekten und Spinnentiere am Mittelmeer. – Franckh-Kosmos, Stuttgart, 357 S.

KNAPP, R. (1973): Die Vegetation von Afrika: unter Berücksichtigung von Umwelt, Entwicklung, Wirtschaft, Agrar- und Forstgeographie. – Gustav Fischer Verl., Jena, XLIII, 626 S.

KRENKEL, E. (1957): Geologie und Bodenschätze Afrikas. – Akademische Verl.-Ges. Geest & Portig, Leipzig, XV, 597 S.

– (1938): Geologie der Erde Bd. 3; 2. Hälfte. – Gebrüder Borntraeger, Berlin, VIII S., 1305-1918 S.

KWET, A. (2005): Reptilien und Amphibien Europas. – Franckh-Kosmos, Stuttgart, 252 S.

LINDNER, G. (2000): Muscheln und Schnecken an europäischen Urlaubsstränden. – BLV, München, 95 S.

MAIRE, R. (1952-1987): Flore de l`Afrique du Nord. – Lechevalier, Paris; 16 Bände.

PIQUÉ, A. (2001): Geology of Northwest Africa. – Borntraeger, Berlin, Stuttgart, 310 S.

POTTER-ALAPETITE, G. (1979, 1981): Flore de la Tunisie. – Ministére de l'Enseignement Supérieur et de la Recherche Scientifique [u. a.], Tunis; 2 Bände.

ROLLI, K. (1991): Pflanzen Nordafrikas. – GTZ, Eschborn, 235 S.

SCHATANEK, V. & H. ELKHARASSI (2006): Sahara: Tiere, Pflanzen, Spuren. – Kosmos, Stuttgart, 331 S.

SCHLEICH, H.-H., W. KÄSTLE & K. KABISCH (1996): Amphibians and Reptiles of North Africa. – Koeltz Scientific Books, Koenigstein, 630 S.

SCHÖNFELDER, I. & P. SCHÖNFELDER (2002): Kosmos-Atlas Mittelmeer- und Kanarenflora. – Kosmos, Stuttgart, 304 S.

STERRY, P. (2004): Die Vögel am Mittelmeer: Europa, Nordafrika, Vorderasien. – Franckh-Kosmos, Stuttgart, 192 S.

SVENSSON, L., P.J. GRANT, K. MULLARNEY & D. ZETTERSTRÖM (1999): Der neue Kosmos-Vogelführer: alle Arten Europas, Nordafrikas und Vorderasiens. – Franckh-Kosmos, Stuttgart, 400 S.

TOLMAN, T. & R. LEWINGTON (1998): Die Tagfalter Europas und Nordwestafrikas. – Franckh-Kosmos, Stuttgart, 319 S.

Stranddünen vor Tabarka